格致
人文

陈恒 主编

14

[英]
兰博臻
Jennifer M. Rampling
著

吴莉苇
译

实验之火

The Experimental Fire

锻造英格兰炼金术（1300—1700年）

Inventing English Alchemy, 1300–1700

格致出版社 上海人民出版社

总　序

人类精神经验越是丰富，越是熟练地掌握精神表达模式，人类的创造力就越强大，思想就越深邃，受惠的群体也会越来越大，因此，学习人文既是个体发展所必需，也是人类整体发展的重要组成部分。人文教导我们如何理解传统，如何在当下有效地言说。

古老且智慧的中国曾经创造了辉煌绚烂的文化，先秦诸子百家异彩纷呈的思想学说，基本奠定了此后中国文化发展的脉络，并且衍生为内在的精神价值，在漫长的历史时期规约着这片土地上亿万斯民的心灵世界。

自明清之际以来，中国就注意到域外文化的丰富与多彩。徐光启、利玛窦翻译欧几里得《几何原本》，对那个时代的中国而言，是开启对世界认知的里程碑式事件，徐光启可谓真正意义上睁眼看世界的第一人。晚清的落后，更使得先进知识分子苦苦思索、探求"如何救中国"的问题。从魏源、林则徐、徐继畬以降，开明士大夫以各种方式了解天下万国的历史，做出中国正经历"数千年未有之大变局"的判断，这种大变局使传统的中国天下观念发生了变化,从此理解中国离不开世界,看待世界更要有中国的视角。

时至今日,中国致力于经济现代化的努力和全球趋于一体化并肩而行。尽管历史的情境迥异于往昔,但中国寻求精神补益和国家富强的基调鸣响依旧。在此种情形下,一方面是世界各国思想文化彼此交织,相互影响;另一方面是中国仍然渴盼汲取外来文化之精华,以图将之融入我们深邃的传统,为我们的文化智慧添加新的因子,进而萌发生长为深蕴人文气息、批判却宽容、自由与创造的思维方式。唯如此,中国的学术文化才会不断提升,中国的精神品格才会历久弥新,中国的现代化才有最为坚实长久的支撑。

此等情形,实际上是中国知识界百余年来一以贯之的超越梦想的潜在表达——"不忘本来、吸收外来、面向未来",即吸纳外来文化之精粹,实现自我之超越,进而达至民强而国富的梦想。在构建自身文化时,我们需要保持清醒的态度,了解西方文化和文明的逻辑,以积极心态汲取域外优秀文化,以期"激活"中国自身文化发展,既不要妄自菲薄,也不要目空一切。每个民族、每个国家、每种文明都有自己理解历史、解释世界的方法,都有其内在的目标追求,都有其内在的合理性,我们需要的是学会鉴赏、识别,剔除其不合理的部分,吸收其精华。一如《礼记·大学》所言:"欲诚其意者,先致其知;致知在格物。物格而后知至,知至而后意诚。"格致出版社倾力推出"格致人文",其宗旨亦在于此。

我们期待能以"格致人文"作为一个小小的平台,加入到当下中国方兴未艾的学术体系、学科体系、话语体系建设潮流中,为我们时代的知识积累和文化精神建设添砖加瓦。热切地期盼能够得到学术界同仁的关注和支持,让我们联手组构为共同体,以一种从容的心态,不图急切的事功,不事抽象的宏论,更不奢望一夜之间即能塑造出什么全新的美好物事。我们只需埋首做自己应做的事,尽自己应尽的责,相信必有和风化雨之日。

陈　恒

译者序

说起炼金术，多数人头脑中可能会弹出早年科学史教育中约略出现过的几句评语，进而可能奇怪，我怎么会选择翻译一本科技史范畴的书。其实，本书不仅不是关于炼金术与现代化学科学之关系的书，也不是关于“炼金术”是什么的书，它压根不是科技史透镜下的炼金术历史书。它是关于书籍与人的互动的书，这个互动过程创造出一种独特的知识实体。具体而言，它展现了权威与发明的融合如何有助于“炼金术”这个自然知识的特定实体在一种关乎国家传统的语境下发展。换而言之，它是关于文本与观念互相塑造、互相呈现的书，从这个角度而言，它恰恰是我比较熟悉的主题。对于听闻过炼金术的传说而实际上对之没有了解的人，本书的切入角度可能有些令人失望，但又是很有意义的观念启蒙。对于深究过炼金术主题的人，本书则为如何看待一个特定时期的炼金术作品、如何判断它们的价值或如何使用它们给出了促人思考的提示。

作者提到，当今对炼金术的研究已经趋向于离开现代科学这个脉络。虽然它曾经是科学研究的一个高产出话题，但学者们终于承认，炼金术的思想和实践与当今的科学不相关，或者说，它们“没用”。学者们不再把炼金术看作通往化学的成果斐然的路径或关于往昔的可靠记载。然而，正因为炼金术的目标虽然是密切关注自然的运作，却在现代科学中没有明确相似物，才为探究“炼金术”本身提供了有前途的燃料。如今，大多数历史学家都赞同，不能仅尝试按照当今的定义、标准和预期来解读炼金术。所以，本书属于用炼金术自身的历史术语和历史脉络对待它这一较新路径的一次尝试。

限于篇幅，本书并没有呈现炼金术历史语境下的“炼金术场景”，作者说那是一本待出版专著的内容(截至译稿完成尚未出版)。本书呈现的是中世纪晚期到近代早期炼金术实践的历史同阅读往昔文本的历史如何密切联系。“炼金哲学家”或读者-践行者的炼金术阅读体验改变了自己对自然中可能达成什么且英格兰以往已经达成什么的意识，这种意识因他们自己对炼金术转化的解剖而巩固。他们使用理性和经验能提供的最巧妙尝试，对他们的权威进行研究、测试和重新解释。虽说读者们必定曾希望他们的书籍也能开启实践之门，但其实他们破译文本的技巧展示出的是，当使用一本书打开另一本书时，什么东西利害攸关。自15世纪以来，随着英格兰践行者们开始了寻求炼金术赞助之旅，解释模糊文本和重构困难实践将构成一体两面。最终，重构往昔流程这一进程转变了权威作品的内容，进而也转变了它们的实际产物，这构成作者称为“实用注解”的循环往复的进程。此进程同时被哲学的连贯性和践行者的经济环境、宗教信仰及对正确道德行为之观点等一堆因素塑造，可以想见，同一份原始材料会被不同读者施加不同阐释，或类似实践结果会在不同践行者那里引出不同结论。然而进入近代早期，这些多样化解读却塑造出一种具有连贯性的“英格兰炼金术传统”和一部特立独行的“英格兰炼金术历史”，这又要联系到大的环境因素——寻求赞助这种非常个人化的动机如何受制于国家形成这个群体议题。也正是在国家财政困境的背景下，社会上层才长期对“炼金术”具有实际需求，从而助推炼金术的发展。

为了重构阅读和实验之间的关系，本书通篇都把阅读上的互动用作证据，在追踪炼金术书籍如何流通的过程中展现出一张读者与践行者之网。在炼金术这项事业中，僧侣和律修会修士同在俗神父、商人和工匠携手合作，他们交换书籍、争辩成分、分享空间，并在论文、诗歌和配方集中记下他们的经验。他们的存在挑战了离群索居的“炼金术士”这一刻板印象，他们那些持续不断的对实践、文本和历史叙述的改编为近代早期炼金术的勃勃生机提供了最强有力的证据，证明炼金术在几百年时间里都是一个会应时而变的鲜活传统。曾经是一种鲜活传统，这本身就是炼金术值得被研究的理由之一。

书中采用“炼金哲学家”这个历史术语或作者自拟的对应术语“读者-践行者”来指所谓“炼金术士”，也体现了在炼金术的历史语境下看待炼金术这一用心。“炼金哲学家”是自然哲学家的一种很特殊的实例，此概念指一个读者-践行者，他的兴趣既非全然学术性的，也非全然以工艺为基础，但他被推测已获得关于制作哲学家之石的特殊洞见。许多炼金术作者都自认是哲学家,而“哲学家”这个术语也由后来的读者当作一种荣誉授予他们。所以,对于“哲学家”这个概念的含义,我们也应加以历史性拓展。

本书更多的内容就请大家多翻几页,从书中探究吧。作为译者序,下面还需赘述一些与翻译有关的问题。

这本书最大的翻译难题就是主题词“炼金术”。事实上,用“炼金术”来翻译 alchemy 本来就不妥,汉字的望文生义特点让人一望之下便彻底误解、至少是片面理解 alchemy。“炼金术”这个汉语词汇的字面意思仅指“炼制黄金”,而该意思有另一个专门术语 chrysopoeia,这在本书中也多次出现。alchemy 的含义无疑远远大于 chrysopoeia,也大于现代意义上的 chemistry。按照我对这门知识的微末认知,我更愿意称之为“转化术”,给“转化术”加上不同的前缀,则能表达它的多个分支或多个面向,比如生命/精神转化术、医学转化术、矿物/黄金转化术。无奈,“炼金术”已是习语,本书中只好因袭,但于此作一些辩解,也希望就此播下术语修订的种子,毕竟,翻译术语定名这种事并没有后来者必须遵从先到者的天然法则。

书中也会出现 chemical、chemist、chemistry,如果不是明确指向现代意义上的“化学”,那么在本书涉及的时代依然指炼金术方面的人与事,所以直接翻译为“炼金术的”“炼金术士”或“炼金术”。chemistry 一词大约 1600 年之后才开始具有现代科学意义,逐渐与 alchemy 分道扬镳。毕竟,“al”只是一个来自阿拉伯语的定冠词前缀,alchemy 与 chemistry 的词根是一样的。本书“导论”部分的注释[10]提到有学者提议用 chymistry 作为通用术语,以避免在 alchemy 和 chemistry 之间搞区分的危险,但在中文里,如上所述,还无人提倡一个对应的新术语。

若说“炼金术”一词作为对一种知识的规定性翻译,只要对这门知识的内涵有较全面的认识,沿袭一个不是很恰当的译名也勉强可以接受,那么另有一些术语便不该容忍以讹传讹,亦即那些在原文的术语命名中包含着对历史事件的错误认知和偏颇态度的术语,这类术语照字面翻译根本不可能传递正确信息。比如我近年翻译的几本书中都会遇到且本书中再度出现的“拜占庭”这个名词。历史上这个帝国始终自称“罗马”,随着罗马帝国一分为二,旁人与后人将其称为“东罗马”以与“西罗马”区分无疑是合理的。“拜占庭”这个名词来自一位 16 世纪西欧历史学家,他出于对西方“正统”罗马后继者的优越感而否定东方的“罗马”,非要翻出一个东罗马人从来不用的希腊殖民时代对君士坦丁堡的旧称“拜占庭”来称呼该帝国,这无论从史实角度还是态度方面,皆不足取。因此我决定,与其每一次加注说明,不如翻译中直接改为“东罗马”,不再助长这种错误行为。后世治欧洲史的历史学家潜移默化被“拜占庭”这个有着欧洲-西罗马帝国优越感的术语浸染而不自知,抑或觉得已成习语而无须纠正,一如治欧洲基督教史的学者多数被“聂斯脱利教会”这个对古代波斯教会的错误称呼浸染而不自知,这类体现出学科边界之局限的缺失每每令人心情复杂。专业学者们往往对自身领域中错误的观念或概念具有敏感性,比如本书作者提到,认为亨利八世对炼金术不感兴趣这种观念源出1884年某人的一句评论,后来就变为成见。但是,学者们在拥有自身专长的同时,也往往被困在这个专长中而不能、无暇或没兴趣触及更广,专与博似乎罕能兼顾,此现象值得学人省思。

本书的另一关键词“水银”有多个西文名词,只能都翻译为“水银”,偶尔在一些合成词中使用“汞”。这次没把隐修院修士译为“修道士”,而是译为“僧侣”,以便明确区分于常常出现的“律修会修士”。律修会是遵从一定规章并且过半隐修生活的宗教团体,介于隐修院和游方的托钵修会之间。译文用“拉丁文”和“英语”“法语”“德语”“加泰罗尼亚语”这种“文”和“语”的区别来表明公认为书面语言的拉丁文同各种本地俗语间的差异,算是继承了《从记忆到书面记录:1066—1307年的英格兰(第三版)》中的区分法,因为在本书涉及的时段,欧洲人对语言的高下和使用范围依旧存有这种认知,各国语言都被视为vernacular——本地话、方言俗语。

关于“圣经”这个名词,当它作为一个文本集合体出现,亦即用非斜体大写英文词出现时,比照中文对“六经”的标注,使用引号而非书名号。当它作为形容词出现,亦即biblical或scriptural的形式时,与后面的中心词连写,不加引号。原书注释中引用的拉丁文句子或中世纪英语句子,凡已在正文被翻译或意译的皆略去,不再重复翻译。作者的缩写已经还原,相关体例说明也已化入译文,因此原书中的缩写表和体例表略去。各条参考文献中人名的中间名缩写字母,作者时写时不写,对此也不再一一调整,从参考文献中可以知道是同一个人。其余具体说明事项参见各条译注。在此建议,读者阅读中不要略过作者的注释,作为一部学术专著,注释始终是必要的补充。

至此,到了要跟这本书说再见的时候。有一些书是基于自己的关注点而一直要使用的,它们进入你的生命就紧密伴随。但作为工作对象的书,常常是相伴数月后终有一别,从此未必再仔细阅读,哪怕它也将一些东西恒久地融入我的头脑和心灵。所以,每次一本译著交稿,都隐约有点不舍,仿佛是在跟一位相处了几个月的新朋友道别，且不知会否再见。但尽管我与它的关系暂时止步于此，仍希望这位与我交谈过的、相互汲取过内容的朋友能与这世间的其他人，哪怕只是几个人产生连接，或许还是深远的连接。

吴莉苇

2024年6月

致 谢

一如炼金术著述的惯例，本书建基于此前权威人士的作品，(一反诸多中世纪汇编的惯例)我在此满怀感激地述说他们。倘若没有彼得·福肖(Peter Forshaw)和斯蒂芬·克卢卡斯(Stephen Clucas)的热情与博学，我的学术生涯绝不会起步，他们在伦敦大学伯贝克学院(Birkbeck, University of London)指导我的硕士生学习，鼓励我考虑博士研究，并在我整个博士在读期间提供了珍贵的忠告和友情。一旦着手，多亏我的论文导师劳伦·卡塞尔(Lauren Kassell)冷静的判断力、幽默感与不懈的耐心，我的计划才能保持平稳运行。她的智慧与慷慨既为本书也为后续诸多学术冒险签下承保书。彼得·默里·琼斯(Peter Murray Jones)以博学的忠告为许多话题调整风帆，张夏硕(Hasok Chang)在我剑桥博士后研究期间给予了无尽鼓舞。我那些普林斯顿大学历史系尤其是科学史项目的同事们提供了学术港湾最令人欣喜的一切。

我对那些在本书酝酿期各个阶段不惮耗时阅读它的人不胜感激。劳伦斯·普林西比(Lawrence Principe)、斯蒂芬·克卢卡斯、宝拉·芬德兰(Paula Findlen)、彼得·福肖和托尼·格拉夫顿(Tony Grafton)读过全部初稿，不消说，他们独具慧眼的评论和挑剔的严谨度令最终成果获益匪浅。此外，彼得·琼斯、塞巴斯蒂安·穆罗(Sébastien Moureau)、威廉·纽曼(William Newman)、索菲·鲁(Sophie Roux)和德米特里·莱维丁(Dmitri Levitin)都读过个别章节，同样讨论过个别章节的还有普林斯顿大学科学史项目研讨会的大量专家以及罗琳·达斯顿(Lorraine

Daston)在马克斯·普朗克科学史研究所(Max Planck Institute for the History of xvi Science)二处组织的专题讨论会。对所有这些读者,我都致以深切谢意。

本书在一系列精彩的学术访问历程中成形,这些访问(按时间顺序)分别在费城化学遗产基金会(Chemical Heritage Foundation, Philadelphia),莱顿大学斯卡利杰研究所(Scaliger Institute, Leiden University),雅典国立希腊研究基金会(National Hellenic Research Foundation, Athens),圣保罗天主教宗座大学西芒·马蒂亚斯科学史研究中心(Centre Simão Mathias for Studies in History of Science, Pontifical Catholic University of São Paulo),耶鲁大学拜内克珍本书籍与手稿图书馆(Beinecke Rare Book & Manuscript Library, Yale University),剑桥大学克莱尔学堂(Clare Hall, Cambridge),剑桥大学艺术、社科与人文研究中心(Centre for Research in the Arts, Social Science, and Humanities, University of Cambridge),柏林马克斯·普朗克科学史研究所二处和牛津万灵学院(All Souls College, Oxford)。我万分感谢所有这些机构为我提供住所、阅读材料和更多其他东西。此计划也要求我在世界各地的档案馆查阅大量原始资料,我无比感激这些机构的图书管理员与档案管理员的好客与善意协助,尤其感谢牛津大学基督圣体学院图书馆(Corpus Christi College Library, Oxford)的朱利安·莱德(Julian Reid)、剑桥大学三一学院图书馆(Trinity College Library, Cambridge)的乔纳森·史密斯(Jonathan Smith)和仙蒂·保罗(Sandy Paul)以及莱比锡大学图书馆(Leipzig Universitätsbibliothek)的路易兹女士(Frau Ruiz)。

我的博士学位得到爱丁堡达尔文信托基金会马丁·波洛克奖学金(Darwin Trust of Edinburgh Martin Pollock Scholarship)资助,我的博士后研究则得到维康信托基金会博士后奖学金(Wellcome Trust Postdoctoral Fellowship)资助。在普林斯顿大学,我的工作得到69级的大卫·A.加德纳尔魔法计划(David A. Gardner '69 Magic Project)、大学人文与社科研究委员会(University Committee on Research in the Humanities and Social Sciences)以及系主任研究办公室(Office of the Dean for Research)的补助。我于不同时间从不列颠科学史学会(British Society for the History of Science)、剑桥欧洲信托基金会(Cambridge European Trust)、剑桥大学克莱尔学堂的科学史与科学哲学系、理查三世学会(Richard III Society)、皇家历史学会(Royal Historical Society)、炼金术史与化学史学会(Society for the History of Alchemy and Chemistry)、文艺复兴研究学会(Society for Renaissance Studies)以及剑桥的约翰·布兰德·特兰德基金会(John Brande Trend

Fund)获得更多档案研究的资金。我要对这些让我的研究实质上得以进行的实体和机构表达谢意。

在整个学习期间及随后的职业生涯中,我从许多学者的专长、友谊和好客中获益良多。他们是安娜·玛丽亚·阿丰索-戈德法布(Ana Maria Alfonso-Goldfarb)、罗伯特·安德森(Robert Anderson)、德比·班纳姆(Debby Banham)、马可·贝雷塔(Marco Beretta)、唐娜·比拉克(Donna Bilak)、哈姆特·布罗斯金斯基(Harmut Broszinski)、查尔斯·伯内特(Charles Burnett)、安东尼奥·克莱里库奇奥(Antonio Clericuzio)、柯安哲(Angela Creager)、奇亚拉·克里斯齐亚尼(Chiara Crisciani)、苏雷克·戴维斯(Surekha Davies)、珍妮·唐斯(Jenny Downes)、塞布·法尔克(Seb Falk)、玛西亚·费拉斯(Marcia Ferraz)、哈尔玛·福斯(Hjalmar Fors)、丹尼尔·加伯(Daniel Garber)、玛格丽特·加伯(Margaret Garber)、罗杰·加斯克尔(Roger Gaskell)、迈克尔·戈丁(Michael Gordin)、莫莉·格林尼(Molly Greene)、约翰·哈尔顿(John Haldon)、安妮·哈迪(Anne Hardy)、凯瑟琳·赫露(Katherine Harloe)、费莉希蒂·亨德森(Felicity Henderson)、平井宏(Hiro Hirai)、詹姆斯·希斯洛普(James Hyslop)、尼克·贾丁(Nick Jardine)、威廉·切斯特·乔丹(William Chester Jordan)、迪迪埃·卡恩(Didier Kahn)、薇拉·凯勒(Vera Keller)、伊丽莎白·利汉姆-格林(Elizabeth Leedham-Green)、马泰奥·马特利(Matteo Martelli)、埃里克·米拉姆(Erika Milam)、伊里斯·蒙泰罗·索夫雷维利亚(Iris Montero Sobrevilla)、布鲁斯·莫兰(Bruce Moran)、尼克莱特·毛特(Nicolette Mout)、西格尼·尼珀·尼尔森(Signe Nipper Nielsen)、塔拉·努默达尔(Tara Nummedal)、加斯帕尔·冯·奥曼(Kasper van Ommen)、切萨雷·帕斯托里诺(Cesare Pastorino)、米凯拉·佩雷拉(Michela Pereira)、威尔·普勒(Will Poole)、卡佳·普拉维洛娃(Katya Pravilova)、瓦伦蒂娜·普里亚诺(Valentina Pugliano)、尼基·李维斯(Nicky Reeves)、赫尔姆特·莱米兹(Helmut Reimitz)、安娜·玛丽·卢斯(Anna Marie Roos)、西蒙·谢弗(Simon Schaffer)、丹妮拉·塞克尔(Daniela Sechel)、凯蒂·泰勒(Katie Taylor)、皮埃尔·泰西耶(Pierre Teissier)、布里吉特·范蒂格伦(Brigitte van Tiggelen)、安科·蒂默曼(Anke Timmermann)、科恩·费尔迈尔(Koen Vermeir)、基思·维洛(Keith Wailoo)和特莎·韦伯(Tessa Webber)。如果我漏了谁,还请见谅。此外,剑桥大学的彼得·沃瑟思(Peter Wothers)和普林斯顿大学的克雷格·阿诺德(Craig Arnold)慷慨地为我提供了炼金术实验的实验室空间,劳伦斯·普林西比为"里普利式"(Ripleian)炼金术提供了重要的实际示范。拉

法尔·普林科(Rafał Prinke)和伊沃·普尔斯(Ivo Purš)把我的注意力引向几部重要的欧陆手稿。我对伊丽莎白、保罗、哈索克和格雷琴(Gretchen)致以特别谢意,因为他们帮我完成所有事情,还有罗宾·萨顿(Robin Sutton),他从一开始就参与进来。

感谢我的编辑凯伦·达令(Karen Darling)以及芝加哥大学出版社的综合董事会(Board of Synthesis at the University of Chicago Press)给予本书的切实支持,感谢特里斯坦·贝茨(Tristan Bates)和卡特琳娜·麦克莱恩(Caterina Maclean)在呵护此书并使其变为成品上的帮助,也感谢玛丽安·罗杰斯(Marian Rogers)对初稿一丝不苟的文字编辑。

最后,对我的父母约翰和苏珊·兰普林(John and Susan Rampling)、我的兄弟亚当(Adam)和乔纳森(Jonathan)以及我的祖父母致以最深沉的感激之情,他们的支持构成了我所有努力得以挥洒的画布。

目　录

导论:水银是什么?

一物,一玻璃,一火炉,再无他物。[1]

1577年7月20日,绅士炼金术士萨缪尔·诺顿(Samuel Norton)完成了一部写给他的君王英格兰女王伊丽莎白一世(Elizabeth I)的论著的序言。《炼金术之钥》(*Key of Alchemy*)为伊丽莎白展示了些许经炼金术而发生的非凡物质转变。诺顿问道,看到坚硬的铁变成柔软的水,或玻璃被造得能经受住锤子一击,看到流淌的水银形成"坚固的一团",以及硬实的钢"灰飞烟灭",谁能不惊叹错愕?仿佛这些令人瞠目结舌的冶金效果还不够,他的科学也教导如何将金属和矿物用于治疗人体:"铜变得有药效,金和银可饮用,锡消除重病,而铅的优点胜过一切,几乎拥有糖的甜味。"采用炼金术的技艺,则连矿物和致命毒药都能变成完美药剂——诺顿向女王保证,转变工作"需要做的很少,亦非很难"。[2]

不过,在这番引人注目的罗列中有一项令人在意的省略。诺顿压根没提质变术,而质变术是炼金术士的梦想,他们梦想着能完善令基础金属转变成金银的技艺。他的中世纪权威们常常提到质变剂是"哲学家之石",它是使用炼金术技艺制作之物质的超级完美形态。[3]介绍这种"石头"时的典型方法是用单数形式,暗示炼金术的全部实践都趋向于这个独一的普遍终点。然而,较之在一块独一无二的石头上驻足不前,诺顿更愿提供各种各样的炼金术产品,包括一些有医疗效用的。除了矿物石、植物石和动物石,《炼金术之钥》还描述了一种养命仙丹,这是一种用途多样的"混合"石头,也是一种用于制作珍贵宝石的"透明"石头。

诺顿没有宣称他那多头并进的路径有多新奇。相反,这位萨默塞特(Somerset)

践行者急于通过把自己置于英格兰的重要行家谱系中来声明他的炼金术资格证明。他宣称自己的曾祖父是15世纪的布里斯托尔（Bristol）炼金术士托马斯·诺顿（Thomas Norton，1513年卒），托马斯是一部著名诗歌《炼金术序列》（*Ordinal of Alchemy*，1477）的作者。萨缪尔也大可声称《炼金术之钥》衍生自另一位15世纪的大师，因为其配方摘自一部由伟大英格兰炼金术士、布里德灵顿（Bridlington）律修会修士乔治·里普利（George Ripley，活跃于15世纪70年代）编辑的书。诺顿在整部《炼金术之钥》中都反复诉诸中世纪英格兰行家的权威，评论说，鉴于他们在澄清炼金术艺术的晦涩难懂方面的可敬工作，没人值得比他自己的同胞们享有更高荣誉。[4]

诺顿的论著是16世纪后期对炼金术之专注性的标志，这时期的特征就是对该艺术的潜力充满强烈的乐观精神。作者们被炼金术操作的转换能力所鼓舞，但也受到为经济、政治和医疗问题提供行之有效的解决方法这一迫切需要的驱使。全欧洲的王侯们都为炼金术计划投入资金和信用，医学从业者们挪用了炼金术技艺，诗人们利用炼金术语言同时表达有形的理念和玄奥的理念。与此同时，炼金术正日益成为讽刺和论战的靶子，因为批评者对着那些自称拥有质变术知识之人的诡计与道德沦丧喋喋不休。“哲学家”之间出现名誉分歧，分为那些真正掌握炼金术秘密的人和其他没有掌握的人或仅仅宣称已经掌握的人，后者被以各种称呼责难——傻瓜、吹牛皮的、骗子或就简单称为“炼金术士”。[5]

正是在这个乐观主义和怀疑主义交织混杂的环境下，炼金术践行者为了给他们当前的努力寻求权威支持而转向往昔。在英格兰，这通常意味着视线越过英吉利海峡看向欧洲大陆的土地，那里是中世纪有影响的炼金术文本及译本的发源地，在16世纪还是采矿、冶金、化学药品和化工厂不断革新的地方，而这些都被英格兰践行者们急于效仿。不过，随着16世纪推进，宗教改革重塑了欧洲的文化生活，都铎王朝的炼金术士们开始日益关注他们自己的中世纪遗产。在与外国践行者们竞争读者和赞助者时，他们提请人们注意他们自身的英格兰属性。从梅林（Merlin）和圣邓斯坦（Saint Dunstan）到罗杰·培根（Roger Bacon）和约翰·达斯汀（John Dastin），过去那些真实的和想象的行家们都在炼金术赞助提案中被调用，他们那些所谓的工作风格被模仿，他们的成就通过无数实验被再现（他们的近代早期门徒如是声称）。比较晚近的作者如乔治·里普利和托马斯·诺顿转而获得了成功实践的名声，并被供奉在英格兰炼金术万神殿中，作为新生世代里满怀希望的内行们的典范。就连萨缪尔·诺顿这位致力于为伊丽莎白解说里普利和诺顿的人，最终也在这座万神殿赢得了一块小点的地盘，因为他的著作将英格兰炼金术的火炬传递给他 17 世纪的读者们。于是，后人通过重新发现作为一个炼金术哲学家的萨缪尔而实现了他生前未能实现之事——他是能回溯到古代的金链条中新的一环。

像个炼金术士般阅读

萨缪尔·诺顿不是第一个寻找实验实践同本国历史之关联的人。欧洲人关于自然世界的知识在整个 16—17 世纪急剧扩大，这个时期依然经常被冠以科学革命的特点，尽管是在“科学革命”日趋广义的意义上。不过，当近代早期自然哲学家常常强调他们工作中的新东西时，他们也非常关心恢复旧东西。由于重新发现古代文本和人工制品而被催化出的与往昔的这份密切关系超越了学科畛域，并且在一定程度上超越了领土边界[6]，因此它也必然受主观价值影响。无论是收集古代碑铭、仿制古典艺术品还是彻底翻检中世纪文献以寻找早期教会实践的证据，近代早期的知识探求者都被自己时代的考量所激励，将他们在政治、宗教和学术上的先入之见强加到经常晦涩朦胧或支离破碎的原始材料上。当这些资料有缺失或毁坏，有独创性的读者们甚至可能试图通过重构“丢失的”内容来全文或部分填补空隙。[7]此举的一个产物就是打着旧名义捏造出新传统——从继宗教改革而来的重写祈祷文和祷告式，到为关于物质结构的新视野寻求哲学先例和手稿先例。[8]

4

我在本书中追踪权威与发明的融合如何有助于自然知识的一个特定实体——炼金术——在一种关乎国家传统的语境下的发展。在过去半个世纪里，研究科学与医学的历史学家已经揭示出炼金术作为一种也是基于关于自然之精妙理论的实验性事业，在塑造近代早期科学思想及实践方面发挥的重要作用。研究书籍和阅读的历史学家也已展示出，读者对往昔文本的研习如何使他们充分理解在自己时代所面临的难题。但书本学习如何确切地同实践经验相互影响呢？炼金术践行者们是刻意做出革新，还是说他们更把自己的实验工作看作一种历史重构形式——一种恢复中世纪先驱们那些不复存在之实践的尝试？

为尝试回答那些问题，我选择将自己的重构努力限定在一个特定空间和一段特定时间——从 14 世纪伊始到 17 世纪结束的岛国英格兰。[9]我在限定地理范围的同时，力图扩展时间范围，为此要跟踪炼金术士们如何在一个意义重大的年代区间内基于英格兰历史精心炮制出一种新型炼金术实践。英格兰在这段扩展时期里见证了瘟疫到来、隐修院解散、帕拉塞尔苏斯医学理论（Paracelsianism）来临以及好

5

古之风与实验科学的兴起，所有这些都影响了阅读炼金术书籍的方式和目的。只有跟随流逝的时间不厌其详地追踪文本和实践，我们才能把握递增式变化对科学本身的累积影响。

正因为炼金术的目标虽然是密切关注自然的运作，却在现代科学中没有明确相似物，才为这项调查提供了有前途的燃料。炼金术不再被当作科学研究的一个高产出话题，然而它在前近代的全盛期构成许多活动的基础，并为诸多问题提供了答案，而那些依旧被认为同今日的化学科学有密切关系。无论如何，炼金术与现代"化学"不是一回事，大多数历史学家也同意，若仅尝试按照当今的定义、标准和预期来解读炼金术，就只能让它的历史一片贫瘠。[10]不过，我们要用炼金术自身的历史术语来对待它，这一愿望恰恰由它的思想和实践不再与当今的科学相关——或者更坦白地说，它们"没用"——这一假定促成。

近代早期的炼金术士们可没那种假定。炼金术知识的复原唤起了一种特殊类型的对古物的敏感性，这种敏感性不只关心以往的实践形式，还关心它们在眼下的效用。16世纪和17世纪的炼金术士打开书本时或收集材料搞实践时，他们与作为一种传统的中世纪文库建立联系，这种传统虽说为时已远，但依然鲜活，且这传统许诺了无数物质利益，同样还有无与伦比的关于自然之运作的洞见。[11]在此语境下，中世纪书籍为理论洞见和操作指示提供了至关重要的资源。[12]即使在17世纪化学发展的前沿阵地，自然哲学家如罗伯特·波义耳（Robert Boyle）和艾萨克·牛顿（Isaac Newton）也怀着专注、兴趣和对有用成果的期待之心研究15世纪乔治·里普利的著作。[13]

一如所有生生不息的系统，中世纪炼金术也服从变化。近代早期的读者们知道，从这些资料中提取可应用知识的任务并非一蹴而就，而且他们也像古代文本的编辑们一样，寻求弥补空缺。他们对自己的权威进行研究、测试和重新解释，使用理性和经验能提供的最巧妙尝试，常常用原始作者意料之外的方法。翻译就是阐释，为此，恰恰是重构往昔流程这一进程不可避免（也经常是不经意间）地转变了它们的内容，进而也转变了它们的实际产物，这是个循环往复的进程，我称之为"实用注解"。[14]

我在本书中追踪了这种重塑循环如何在英格兰长达四个世纪的历程中反复发生，而它又如何导致了炼金术的变化。在这个时期，继往开来的一代代英格兰炼金术士转变了他们那门艺术的理论和实践，他们拆解先驱们的线索，力图追随他们的指示，而最终以新论述、新配方和新注释的形式，用自己的实际发现回馈文本记载。

这个循环依赖一个双向重构过程——不仅要复制实践,还要复原隐藏在文本里面的含义。往昔的哲学家们将那些被编成难懂的密码且常常简明扼要的指示遗赠给他们希望满怀的后继者们,这些指示要求大量特殊的解释技巧,对近代早期的读者构成挑战,一如近代早期的人们继续令现代学者困惑不解。实践的历史就这样同阅读的历史密切联系在一起。若要找回一篇文本的原始含义并进而尽其所能重构原始实践,就要求我们也学会像炼金术士那般阅读,或更确切地说,像炼金哲学家那般阅读。

我通篇使用"炼金哲学家"这个概念,把它当作自然哲学家的一种很特殊的实例,这个概念指一个读者-践行者,他的兴趣既非全然学术性的,也非全然以工艺为基础,但他被推测已获得关于制作哲学家之石的特殊洞见。许多炼金术作者都自认是哲学家,而"哲学家"这个术语也由后来的读者当作一种荣誉授予他们,这些读者承认,在这门艺术上的成功胜过任何正式教育资质。因此该术语囊括了范围广阔的一众历史角色,从那些堪称欧洲名人的受过大学教育的学者如罗杰·培根(约1214—1292? 年)和约翰·迪伊(John Dee,1527—1609 年),到有着商业或手工业背景的平民如布匠托马斯·彼得(Thomas Peter,16 世纪 20 年代至 30 年代活跃)和无证医学从业者托马斯·查诺克(Thomas Charnock,1524/1526—1581 年)。那些被判定为炼金哲学家的人也倾向于把他们的知识看作获取社会进步和经济进步的一条道路,因此,尽管迪伊和查诺克的背景、教育及人脉天差地别,他俩却都渴望变成伊丽莎白一世的御用"哲学家"。[15]相应地,炼金哲学常常与赞助密切关联,尽管在谁能被算作行家里手一事上总是莫衷一是——如我们将看到的,某人眼里的哲学家就是另一人眼里的骗子。[16]

炼金术这种混合地位引出如下问题:它的践行者们如何首先把自己的事业看作哲学事业。尽管在希腊-罗马时代的埃及和伊斯兰世界,炼金术早就被视为一个有哲学起源的科目,但在 12 世纪的拉丁欧洲,依其他知识领域的标准,它仍是个新鲜事物。[17]为此,它的早期拥护者们不愿将它定位为"技巧型知识",而是力图通过将它定位为"有学问的知识"并因此与自然哲学研究相适来为其树立名望。经院自然哲学这一学科的名称源于它产生自学校①,这一学科本身就是个中世纪发明,涉及亚里士多德自然学书籍的内容。[18]它的目标是通过从特殊中求导出普遍原理来生成确定性知识,此种知识建造形式与牵连在许多炼金术活动中的那种工匠式的

8

① scholastic(经院的)出自拉丁词 *scholasticus*(of a school)。——译者注

或“技工式的”实践泾渭分明。[19]炼金术的拥护者们力主,他们的工作也类似地建基于普遍的、自然的原则,由此声称炼金术与有学问的知识的其他分支一样是一门
9 “科学”,因此值得算作哲学。英格兰哲学家罗杰·培根甚而提出炼金术是科学和医学的基础,因为它教导万物如何从元素中生成。[20]

尽管有这些努力,炼金术却没能在中世纪的大学课程中获得立足之地,虽说它的践行者们没有放弃他们的哲学志向。到了 15 世纪,即使受教育没那么多的践行者们也懂得,要用“哲学”论述的形式来呈现他们那些既阐述炼金术理论也阐述其实践的作品。这种定位没有说服像自然学家康拉德·格斯纳(Conrad Gessner, 1516—1565 年)那样的批评者。格斯纳承认炼金术的对象(如金属)适合于自然哲学,但他把它指定为技工式的艺术而非自由艺术,理由是它由无知之徒和文盲实践。[21]面对这样的批评,许多炼金术士将游说读者和赞助人的目标设立为,他们在正式教育方面容或有缺,但他们在炼金哲学的特定语境下有高超的读写能力。如此游说的一个方法就是在他们自己的炼金术作品中再现早前权威的独特方法和基本主题。此番谋略维护了炼金术作为知识的一种特许形式的地位,同时允许践行者保留自己的个人权威性并保守他们的秘密。[22]

这类策略把炼金术士置于同近代早期欧洲其他技艺精湛的工匠相仿的位置,
10 那些工匠选择把自己重新界定为某类不只是体力劳动者的人。画家和建筑师强调自己对主题和材料的掌握,诉诸古典范型如维特鲁维乌斯(Vitruvius)以提升自己的实践在赞助人眼里的地位。[23]这股知识之流不是单向流动,当赞助人注意到古代知识的功利化应用时,人文主义学者们也因为将古代知识联系到他们那个时代的实际难题而受益。[24]

然而,炼金术不同于大多数知识领域之处在于,它有意令其语言难以企及,这种语言要求广泛并仔细地阅读文本记载以从中提炼实际含义。炼金术哲学导向的论述不仅仅为了充当炼金术操作指南,它们也发挥着阅读实践手册的功能,教育它们的读者用恰当的模式交流炼金术知识。[25]了解此种功能有助于解释许多炼金术论述的古怪形式,但也能展示出它们打算被如何阅读,因此我们也必须要如何努力阅读它们。例如,炼金术的研习者们不断被警告要对字面阅读存怀疑之心并取而代之,要多层次处理炼金术文本,其方式让人想起中世纪的圣经注解技巧。即使对表面上直白的术语如“水银”,也要深入探究其隐喻阐释和类比阐释。

在如此这般的注解雷区里,改变或误构一个单词就可能改变工作成果。爱任

纽(Irenaeus)是教会教父中出了名的警告他的抄写员在誊录其作品时要小心的人,历经千年之后,这条劝告在炼金术书写人当中依然举足轻重。[26]毕竟,抄写高度压缩的中世纪资料时,笔尖一滑或眼角一跳就足够让 vitriolum(蓝矾,一种用于制作矿物酸的碱金属硫酸盐)质变为 vitrum(玻璃),此种错误就会给粗心大意的读者造成显而易见的危险。如托马斯·诺顿在其著名的诗歌《炼金术序列》的"序言"中警告的, 11

只要改变一个音节
此书便即好处阙离。[27]

即使频加警告如斯,实际中也几乎不可能避免有意或无意改动文本。阅读天生就是一个历史进程,因为生活在不同时间和不同地点的读者不会用同样的方法触及文本。他们对炼金术文本的阐释及由此而来的实践被他们自身对于物质和材料的经验塑造,也被他们工作于其中的独特的社会语境、知识语境及宗教语境塑造。当我们学着注意炼金术论述言辞间的裂隙,也学着实际上该如何阅读它们时,必须将这些条件牢记于心。

复原炼金术实践

宗教改革令英格兰生活的方方面面发生质变,炼金术也不例外。自16世纪30年代起,塞满炼金术书籍的宗教修院的图书室便风流云散,这些书籍由从前的修会弟兄书写或为他们所有。那些逃过解散之劫而幸存的藏书让人可望不可即地瞥见隐修院实践的失落世界,乱七八糟地堆着神父、僧侣、托钵会士的名字,还有在会和在俗的律修会修士的名字,他们都为令人眼花缭乱的一大批炼金术理论和实践押上自己的信誉。明明存在这样一笔赏金,我们却对宗教改革之前英格兰隐修院炼金术的状况知之甚少,这着实可怪。[28]留下姓名的炼金术士,如索尼的约翰·扫特里(John Sawtrey of Thorney,约活跃于1400年)和布里德灵顿的乔治·里普利,他们的作品在一片匿名文本和托名文本的海洋中留下了可确立背景的珍贵里程碑,而那些匿名和托名文本的出处与日期已被证明与水银本身一样难以解决。但是,假如我们要为整个海洋绘制地图,就不能只依赖这些由"炼金哲学家"撰写的小岛,"炼金哲学家"就算不用实践也用修辞表明,他们的活动隔绝于世、秘密从事并符合 12

一种统一的学问传统。只有当我们勇敢面对周围的水域,才能发现英格兰炼金术士采用的路径和材料的真实种类,而那些路径保存在数以百计的手抄本中,只有一小部分已经得到系统研究。

一旦我们想找个着手之地,就立刻会对绘制这片疆域的艰苦卓绝了然于胸。炼金术论述经常勾勒出炼金术进程的详细演替序列,但就如在其他序列化程序中一样,对成功至关重要的是知道从哪里开始,除非夯实第一步,否则没人能架起梯子。然而在炼金术作品中,最后那些阶段经常被描述得远比第一步——起点物质或初始物质的选择——连贯得多。在诸多炼金术文本中,难以捉摸的第一物质的身份既是被最严密保守的秘密,也是被最用心追寻的对象。

例如,炼金哲学家们常常宣称他们的工作建基于一种不需要添加其他成分的单一初始物质。关于该要点的权威性,读者可以参考最受尊敬的炼金术权威作品。比如《翡翠板》(*Emerald Tablet*)这篇据说是传说中的炼金术奠基人、三倍伟大的赫耳墨斯(Hermes Tresmegistus)刻写在一块珍贵石头上的文本,该篇描述了日为父、月为母的"一物"令人叹为观止的运行。[29]被推测包含着亚里士多德对亚历山大大帝之秘密教导的《众妙之妙》(*Secret of Secrets*/*Secretum secretorum*)则进一步强调了该物质无所不在,它"在每地每时和每个人身上都能找到"。[30]

13 中世纪炼金术士常常认为这类谜语指的是水银,水银的拉丁文写作 *mercurius* 或 *argentum vivum*,中世纪英语写作 argent vive。水银对炼金术践行者而言是种迷人的东西,既因为它独特的物理属性,也因为它在中世纪金属生成理论中的角色。根据硫汞论,两种原始蒸汽——干燥的土性"硫磺"和冷冽潮湿的"水银"——以不同比例在土中结合能产生各种金属,它们就是最普遍意义上的初始物质。这两种物质本原不对应单质水银和单质硫磺,而是为所有金属提供基本成分。[31]

水银对那些寻求将炼金术的地位擢拔为一种"有学问的知识"的中世纪作者有着特殊价值。在亚里士多德的自然哲学中,相似物必定来自相似物,因此一棵桃树结出的是桃子而非无花果,一头雌狮生出的是幼狮而非驴子。炼金术理论家将此种类比法扩展到矿物王国,力主一种能产生金和银的质变剂也应当得自一种金属实体,典型的说法是,得自水银纯粹且精细的形态。通过假定水银早已包含了它自己的内在"硫磺",这种路径的拥护者们宣称在工作中不需要额外的硫磺,以此证明选择水银作为他们的单一初始成分是合理的。这种观点是很久之后的中世纪质变术理论的基础,它曾被琳恩·桑代克(Lynn Thorndike)命名为"唯独水银",最近又被威廉·纽曼和劳伦斯·普林西比命名为"水银主义的"。[32]

不过，关于"一物"的语言在实践中设置了难题。水银主义的路径以金属的生成为前提，它更适合作为炼制黄金与炼制白银的正当理由，不怎么适合其他炼金术应用，尤其是医药。严格解释起来，该哲学思想从自然的各个领域中消除了范围广大的潜在成分，包括诸如药草、血液、尿液、卵以及多种多样的盐类与石头之类有炼金术吸引力的物质。尽管那些坚持金属品类的作者发出俗套的抗议声明，但在中世纪晚期的英格兰，实践的多样性事实上似乎已是标准做法而非例外。就连水银主义的权威们也承认，蓝矾和盐这类矿物在工作中是必要的"帮手"，可以为金属的进一步操作做准备。也没人能质疑由盐类、烈酒和有机产品造成的令人瞩目的化学效果，这些效果早已在从事金属加工、酿酒、绘画、染色以及其他手艺的工匠当中被普遍运用。从黄金溶于王水，到铅在醋的作用下变成白色的甜味黏胶这一奇怪转化，金属一再屈服于性质同它们有根本差异的物质的力量。

14

水银既是金属般的水银，又是物质本原，这种双重生命只不过标志着它身份危机的开端，因为它的性质不断经受重新阐释和辩论。就像另一个万应术语"石头"，"水银"变成既指炼金术工作中的起点物质，又指在制造水银过程中使用的任何液态物质，这囊括了一大堆出自动物、植物和矿物的物质，范围从金属般的水银和矿物酸到蒸馏过的酒精及人血。此种多样性反映在石头不止有一种这一（继承自阿拉伯炼金术的）观念，此观念认为每种石头是用不同物质制作的，并且指向不同的目的。到 1390 年，后面这种观点在英格兰已经算得上众所周知，因为诗人约翰·高尔（John Gower，约 1330—1408 年）在他的中世纪英语诗歌《恋人的忏悔》（*Confessio amantis*）中关于炼金术的一节里纳入了此观点。高尔诗歌的一页除了描述更为人熟知的能转换"每座矿藏之金属"的矿石，还描述了一种用于医疗的"植物石"和一种加强人类感官的"动物石"。[33]

多样性引发了解释问题，不仅是"水银"一词在一篇给定文本中的含义有问题，它在各个不同时间点对一位既定读者或一个读者群而言是何含义也成问题。我在本书中聚焦于鉴定、描绘和分析英格兰实践中最独特也最有影响的几个流派中的一派，并依据其琢磨不透的初始物质将其称为"色利康"（sericonian）①炼金术，这种初始物质是一种由基本金属提取出的不昂贵的"水银"，里普利及其追随者们称之为"色利康"。[34]此路径最早于 15 世纪时以 14 世纪的欧陆权威为基础

① sericon是炼金术中使用的一种成分不明的溶液，可能是一种红色酊剂，常被等同为铅丹。——译者注

被明确表达,并在近代早期的英格兰继续蓬勃发展,尤其是在赞助请求这个语境
15 中。它也依赖无异议的哲学权威,成为一种明显依托整个炼金术主体中最大和最有影响的那一支的实践,亦即依托以托名方式归给加泰罗尼亚(Catalan)哲学家拉蒙·柳利(Ramon Llull, 1232—1316年)或他在英格兰的行世之名"雷蒙德"的大量作品。[35]

色利康路径不像欧洲实践中另一个主要流派——以托名贾比尔·伊本·哈延(Jābir ibn Ḥayyān,拉丁名 Geber)的著作为基础的流派,它提供了范围广阔的应用,不仅令金属质变,也治疗人体,延年益寿,还恢复青春。[36]另一方面,它也不同于帕拉塞尔苏斯(Paracelsus, 1493—1541年)及其追随者们以医疗为主的考虑,它提供了负担得起的制作黄金的方法。[37]色利康炼金术如此这般提供了多姿多彩的产品列表,被证明对一系列背景各异且怀有各式实用决心和哲学决心的践行者们富有吸引力。它也提供了一个诱人的投资机会,被一代又一代英格兰炼金术士采用,他们寻求用关于健康和财富的双重许诺来吸引潜在赞助人。

复原英格兰践行者

"色利康"的含义不是静态的。一如其他炼金术代号,它的形式在几个世纪里
16 随着践行者将中世纪实践改编得可容纳新物质和新技术而改变。描绘这些变化要求我们主要依据手抄本而非印刷品工作,我们在此项任务中得到了近代早期读者们的帮助,他们的注释和誊录(及偶尔的溢滥之笔)透露出他们研习和讨论中世纪资料的强度。

我们通过追踪这些书籍如何流通而邂逅了此前未被鉴定的读者与践行者之网,他们的存在挑战了离群索居的行家里手这一刻板印象。医用药剂固然可以在家里静静地蒸馏,但炼制黄金需要的劳动和成本,更别提它那成问题的法律地位,意味着求索矿石经常是一项团体事务。在炼金术这项事业中,僧侣和律修会修士同在俗神父、商人和工匠携手合作,他们交换书籍,争辩成分,分享空间,并在论文、诗歌和配方集中记下他们的经验。践行者们并不比他们誓要维护的水银更"孤单",他们的背景也如他们用的材料一般林林总总。

在炼金术协作这种经常架通多种手艺和多个团体的混合经济之内,传递炼金术知识的媒介既有中世纪英语也有拉丁文。自14世纪末期起,践行者们日益用中

世纪英语记录他们在阅读和实验方面的实践,尽管我们得注意,整个15世纪,拉丁文文本的数量依然碾压可获得的英语文本数量。炼金术是中世纪英语科学作品中最大的类别,仅乔治·里普利一个人的名字就比所有其他作者更多地与一众以中世纪英语写就的科学文本和医学文本发生联系,超过了杰弗里·乔叟(Geoffrey Chaucer)、罗杰·培根、盖伦(Galen)和希波克拉底(Hippocrates)。[38]这些作品并非只出自神职人员之手。英格兰的匠人和商人也撰写本地语言评注,对此前世纪里那些有学问的拉丁文论述做出评判,还常常模仿它们的风格和哲学框架,哪怕他们剥离了概念性材料而优先对待实用性的可复制内容。

纵使有宗教改革造成的损耗,这些文本仍有大量以手抄本形式幸存,其中只有少部分已获得细致的学术关注。[39]因此,即使是众所周知的人物如迪伊和里普利, 17 也仍有很多有待了解之处,无论是从他们拥有或编辑的书籍中了解,还是在原件已经不存的情况下从随后的16—17世纪抄本中了解。例如,伊丽莎白时代的誊录本(它们本身就是16世纪晚期读者兴趣强度的证据)让我们能够重构英格兰炼金术中最重要的"古董"——里普利的《怀中书》(*Bosome Book*),这是关于他的实用主题和哲学主题之作品的手抄纲要。找回这部逸失已久的书在伊丽莎白时代的读者当中引起了小小的轰动,轰动效应还迅速传递到位于布拉格(Prague)的(神圣罗马)帝国都城,可是它的存在如今几乎被彻底遗忘。不过,如萨缪尔·诺顿16世纪70年代认识到的,这部手稿为理解里普利包括《炼金术合成》(*Compound of Alchemy*)在内的那些更出名的作品提供了一把钥匙,《炼金术合成》是英格兰炼金术的拱顶石。如诺顿所知,即使最令人费解的"哲学"作品,若比照另一本阅读,也能透露更多。

对这些材料之接受情况的追踪提供了关于英格兰炼金术士的生平和习性的其他线索,这些通过他们对文本的注释、增补和改动而透露出来。对于一门成功和可靠性视乎老练的阅读技巧而定的科学,读者-践行者以格外热切之心处理他们的书籍,笔不离手。这种态度对研究学术和书籍的历史学家而言稀松平常,他们长期以来都在描绘人文主义学者们既运用已确立的阅读技巧剖析自己的阅读材料,又把由此获得的书本知识运用到真实世界的情景和事件中的努力,在我们的例子里就是运用到炼金术实践和医学实践中。[40]在手工艺语境和家用语境下,手册和配方 18 集(尤其是那些保留于一个店铺或一个家庭内部的)也可能留存了在漫长时间里不断增加的修改,因为新一代总是会给页面加上微调和变动,而这个进程常常以一种绝少在"哲学"小册子里遇到的方式保存了女性践行者的贡献。[41]虽说炼金术论述与配方文学有所交叉，但前者的修辞显然能将哲学作品同单纯的配方杂纂明确区分开，（它们宣称）配方杂纂删除了复杂且有细微差别的炼金术秘密。

为了重构阅读和实验之间的关系，我通篇都把阅读上的互动用作证据。尽管我力图以细节充沛的方式这样做，但限于本书篇幅造成的可以理解的条件，我也会量力折中。书中不可能讨论每一位英格兰炼金术士，包括许多有趣和重要的人物，从中世纪宗教人物如约翰·达斯汀（约 1295—约 1383 年）和约翰·扫特里到 16—17 世纪的践行者如数学家托马斯·哈利奥特（Thomas Harriot，约 1560—1621 年）、医师弗朗西斯·安东尼（Francis Anthony，1550—1623 年）和坎伯兰（Cumberland）公爵夫人玛格丽特·克利福德（Margaret Clifford，1560—1616 年），他们只好在此受冷遇。出于类似原因，我也不详细讨论炼金术的画面，而将此分析留待将来的一项研究。[42]

相较于这些耳熟能详的名字与主题，我选择贯注于绝大部分都还新鲜的材料。我讨论的许多资料此前都不曾与留下姓名的践行者联系起来，但这些人脉透露出迄今为止不为人知的读者、通信人和赞助寻求者的圈子，他们对往昔行家作品的了解也清楚显示出他们自己的职业生涯和实用决心。例如，新近鉴定的文本让我们得以重访威廉·布洛姆菲尔德（William Blomfild）和爱德华·凯利（Edward Kelley）的轨迹，这两位杰出的炼金术士在请求从狱中获释时使用他们的专长施加影响力，分别急切地为亨利八世国王（King Henry VIII）和鲁道夫二世皇帝（Emperor Rudolf II）撰写论文。另一位著名践行者托马斯·查诺克则在他 15 世纪的亲笔手抄本的页面上发挥了别种功能，此前我们对查诺克的了解仅来自 17 世纪的誊录本。我们对都铎时期的宇宙志学者理查德·伊顿（Richard Eden，约 1520—1576 年）的炼金术癖好的直观认识从前是通过朝廷的记录和通信重构的，现在终于能够比照他自己那些此前未经鉴定之手稿的一部分来检验。在这些耳熟能详的名字之外，我们必须补充那些工作曾经多多少少遭忽视的英格兰践行者的贡献，他们有些是匿名的，但有些仍留下姓名，如曾向亨利八世请愿的托马斯·彼得，以及曾向伊丽莎白一世请愿的理查德·沃尔顿（Richard Walton）。

挖掘这项炼金术传统也暴露出其他一些东西，即在更广阔的国家史的语境下，个人化的实验性实践的角色。英格兰的男男女女置身政治、宗教和技术都发生变化的时期，紧紧抓住炼金术，视之为知识和进步的一个源泉。他们的炼金术阅读体验改变了自己对自然中可能达成什么且英格兰以往已经达成什么的意识，这种意识因他们对炼金术转化的解剖而巩固。因此，追随这些炼金术士获取、应用和推销自然知识的步伐，就相当于在炼金术知识史同近代早期的赞助人、医学及科学这些更广阔的世界中搭建桥梁。

【注释】

[1] George Ripley，*Compound of Alchemy*，in *Theatrum Chemicum Britannicum*：*Containing Severall Poeticall Pieces of Our Famous English Philosophers*，*Who Have Written the Hermetique Mysteries in Their Owne Ancient Language*. *Faithfully Collected into One Volume with Annotations Thereon*，ed.Elias Ashmole（London：J. Grismond for Nathanial Brooke，1652），107—193，on 159.

[2] Oxford，Bodleian Library，MS Ashmole 1421，fol. 169r-v.

[3] 用"石头"这个术语表达质变剂的做法起源于阿拉伯炼金术，在那里，"石头"（*ḥajar*）意指用于制造仙丹的物质，无论那物质的性质是动物的、植物的还是矿物的。该术语被直译为拉丁词 *lapis*。Sébastien Moureau，"*Elixir Atque Fermentum*：New Investigations about the Link between Pseudo-Avicenna's Alchemical *De anima* and Roger Bacon；Alchemical and Medical Doctrines"，*Traditio*：*Studies in Ancient and Medieval Thought*，*History*，*and Religion* 68（2013）：277—323，on 288—289.

[4] Oxford，Bodleian Library，MS Ashmole 1421，fol. 172v.

[5] 关于近代早期欧洲尤其是日耳曼地区的炼金术骗子这种人物，见 Tara Nummedal，*Alchemy and Authority in the Holy Roman Empire*（Chicago：University of Chicago Press，2007）。与货币犯罪的关系，见 Jotham Parsons，*Making Money in Sixteenth-Century France*：*Currency*，*Culture*，*and the State*（Ithaca，NY：Cornell University Press，2014），223—231。

[6] 关于自然哲学家采用人文主义方法，包括研究古代和中世纪的文本与哲学，尤其见 Anthony Grafton，*Defenders of the Text*：*The Traditions of Humanism in an Age of Science*，*1450—1800*（Cambridge，MA：Harvard University Press，1991）；专论英格兰语境的，见 Dmitri Levitin，*Ancient Wisdom in the Age of the New Science*：*Histories of Philosophy in England*，*c*. *1640—1700*（Cambridge：Cambridge University Press，2015）。

[7] 圣经注解中长期采用的依据推测而校正就提供了这样一种技巧，见 Anthony Grafton，*Joseph Scaliger*：*A Study in the History of Classical Scholarship*，vol. 1，*Textual Criticism and Exegesis*（Oxford：Clarendon Press，1983），12—14。

[8] 教会传统见 Anthony Grafton，"Church History in Early Modern Europe：Tradition and Innovation"，in *Sacred History*：*Uses of the Christian Past in the Renaissance World*，ed.Katherine Van Liere et al.（Oxford：Oxford University Press，2012），3—26；物质理论见 Dmitri Levitin，*Ancient Wisdom in the Age of the New Science*，chap.5。

[9] 因为我聚焦于英格兰而非整个不列颠群岛，所以令人遗憾地将苏格兰、威尔士和爱尔兰的实践排除在外。不列颠的其他地方当然也有人实践炼金术，而且引起苏格兰朝廷的极大兴趣。例如可见 John Read，"Alchemy under James IV of Scotland"，*Ambix* 2（1938）：60—67，其中总结了约翰·达米安（John Damian）的例子。

[10] 在"炼金术"和"化学"之间搬弄术语是非的危险已经被威廉·纽曼和劳伦斯·普林西比提出，他们提议的解决方法是把 chymistry 作为通用术语，见 William R. Newman and Lawrence M. Principe，"Alchemy vs. Chemistry：The Etymological Origins of a Historiographic Mistake"，*Early Science and Medicine* 3（1998）：32—65。我在本书中的典型做法是追随我的历史角色们，使用"炼金术"（alchemy），而且更一般的情况下还使用"哲学"。为避免误植年代的比较，我在讨论对自然世界的正式研究时通常使用"自然哲学"而非"科学"。我偶尔使用"科学"一词时，是指更广义的、近代早期意

义上的“有学问的知识”(*scientia*)。

[11] 关于英格兰炼金术的近代早期读者当中正在产生的对往昔的关心,见 George R. Keiser, “Preserving the Heritage: Middle English Verse Treatises in Early Modern Manuscripts”, in *Mystical Metal of Gold: Essays on Alchemy and Renaissance Culture*, ed. Stanton J. Linden(New York: AMS, 2007), 189—214; Lauren Kassell, “Reading for the Philosophers' Stone”, in *Books and the Sciences in History*, ed. Marina Frasca-Spada and Nick Jardine(Cambridge: Cambridge University Press, 2000), 132—150。更一般性的英格兰的好古之风,见 T. D. Kendrick, *British Antiquity*(New York: Barnes & Noble, 1950); Mary McKisack, *Medieval History in the Tudor Age*(Oxford: Clarendon Press, 1971); Graham Parry, *The Trophies of Time: English Antiquarians of the Seventeenth Century*(Oxford: Oxford University Press, 1995); Thomas Betteridge, *Tudor Histories of the English Reformations, 1530—83*(Aldershot: Ashgate, 1999); Angus Vine, *In Defiance of Time: Antiquarian Writing in Early Modern England*(Oxford: Oxford University Press, 2010)。

[12] 资料可见 Timothy Graham and Andrew G. Watson eds., *The Recovery of the Past in Early Elizabethan England: Documents by John Bale and John Joscelyn from the Circle of Matthew Parker*(Cambridge: Cambridge University Press, 1998)。家庭语境下的中世纪手抄本,见 Margaret Connolly, *Sixteenth-Century Readers, Fifteenth-Century Books: Continuities of Reading in the English Reformation*(Cambridge: Cambridge University Press, 2019)。

[13] 17 世纪对里普利的接受,见本书第九章。波义耳和他的资料来源,见 Lawrence M. Principe, *The Aspiring Adept: Robert Boyle and His Alchemical Quest*(Princeton: Princeton University Press, 1998); William R. Newman and Lawrence M. Principe, *Alchemy Tried in the Fire: Starkey, Boyle, and the Fate of Helmontian Chymistry*(Chicago: University of Chicago Press, 2002)。关于牛顿,见 William R. Newman, *Newton the Alchemist: Science, Enigma, and the Quest for Nature's “Secret Fire”*(Princeton: Princeton University Press, 2018)。

[14] 我在拙文“Transmuting Sericon: Alchemy as ‘Practical Exegesis’ in Early Modern England”, *Osiris* 29(2014):19—34 引入该术语,也见下文第二章。

[15] 迪伊的出名之举是在寻求有如亚历山大大帝提供给老师亚里士多德那种赞助般的王室赞助时,把自己设想为“基督徒亚里士多德”,对这个譬喻的讨论见 Nicolas H.Clulee, *John Dee's Natural Philosophy: Between Science and Religion*(Oxford: Routledge, 1988), 189—199; Paula Findlen, *Possessing Nature: Museums, Collecting, and Scientific Culture in Early Modern Italy*(Berkeley: University of California Press, 1994), 352—365。查诺克对其志向的陈述见其 *Booke Dedicated vnto the Queenes Maiestie*, British Library, MS Lansdowne 703, fol. 45v,下文第六章会讨论。

[16] 关于炼金术宫廷赞助人的经典研究是 Bruce T. Moran, *The Alchemical World of the German Court: Occult Philosophy and Chemical Medicine in the Circle of Moritz of Hessen(1572—1632)*(Stuttgart: Franz Steiner Verlag, 1991)。其他重要研究包括 R. J. W. Evans, *Rudolf II and His World: A Study in Intellectual History 1576—1612*(Oxford, 1973; repr., London: Thames & Hudson, 1997); Pamela H. Smith, *The Business of Alchemy: Science and Culture in the Holy Roman Empire*(Princeton: Princeton University Press, 1994); Tara Nummedal, *Alchemy and Authority in the Holy Roman Empire*; David C. Goodman, *Power and Penury: Government, Technology, and Science in Philip II's Spain*(Cambridge: Cambridge University Press, 1988); Alfredo Perifano, *L'alchimie à la cour de Côme Ier de Médicis: Culture scientifique et système politique*(Paris: Honoré Champion, 1997); Nils Lenke, Nicolas Roudet, and Hereward Tilton, “Michael Maier—Nine Newly Discovered Letters”, *Ambix* 61(2014): 1—47。乔纳森·休斯(Jonathan Hughes)针对中世纪英格兰王室对炼金术的兴趣写过两部揣测性的论著,需谨慎参考,见 Jonathan Hughes, *Arthurian Myths and Alchemy: The Kingship of Edward IV*(Stroud: Sutton Publishing, 2002); Hughes, *The Rise of Alchemy in Fourteenth-Century England: Plantagenet Kings and the Search for the Philosopher's Stone*(London: Continuum, 2012)。

[17] 炼金术的到来是12—13世纪将阿拉伯文译为拉丁文这一伟大运动的产物，见注释[29]。炼金术早期历史的概述见 Lawrence M. Principe，*The Secrets of Alchemy*（Chicago：University of Chicago Press，2013），chaps. 1—3。关于在拉丁欧洲作为新生事物的炼金术，见 Robert Halleux，*Lestextes alchimiques*（Turnhout：Brepols，1979），70—72。

[18] 关于亚里士多德的《自然哲学之书》（*libri naturales*）被吸收进中世纪课程，见 Edward Grant，*The Foundations of Modern Science in the Middle Ages：Their Religious，Institutional，and Intellectual Contexts*（Cambridge：Cambridge University Press，1996）；Grant，*God and Reason in the Middle Ages*（Cambridge：Cambridge University Press，2009）。对托钵修会在塑造中世纪自然哲学之身份时的重要角色的审视（虽说有些过激）见 Roger French and Andrew Cunningham，*Before Science：The Invention of the Friars' Natural Philosophy*（Aldershot：Ashgate，1996）。

[19] 关于艺术和自然在经院自然哲学中的关系，及其对炼金术作为"有学问的知识"这一地位的相应影响，见 William R. Newman，"Technology and Alchemical Debate in the Late Middle Ages"，*Isis* 80(1989)：423—445，及其 *Promethean Ambitions：Alchemy and the Quest to Perfect Nature*（Chicago：University of Chicago Press，2004）。

[20] Roger Bacon，*Opus tertium*，in *Opera quaedam hactenus inedita Rogeri Baconis*，fasc. 1，ed. J. S. Brewer(London：Longman，Green，Longman，and Roberts，1859)，3—310，on 39—40，译文见 William R. Newman，"The Alchemy of Roger Bacon and the *Tres Epistolae* Attributed to Him"，in *Comprendre et maîtriser la nature au moyen age：Mélanges d'histoire des sciences offerts à Guy Beaujouan*（Geneva：Librarie Droz，1994)，461—479，on 461—462。

[21] Conrad Gessner，*Bibliotheca universalis，sive catalogus omnium scriptorum locupletissimus，in tribus linguis，Latin，Graeca，& Hebraica：extantium & non extantium veterum & recentiorum* ...（Zurich：Christophorus Froschouerus，1545)，及其 *Pandectarum sive Partitionum universalium libri XXI*（Zurich：Christophorus Froschouerus，1548)；引自 Jean-Marc Mandosio，"L'alchimie dansles classifications des sciences et des arts à la Renaissance"，in *Alchimie et philosophie à la Renaissance*，ed. Jean-Claude Margolin and Sylvain Matton(Paris：Vrin，1993)，11—41，on 15—16。

[22] 关于秘密知识的智识价值和经济价值以及在中世纪和近代早期的科学中（颇为矛盾地用出版的方式）保守秘密的各种方法，尤见 Pamela O. Long，*Openness，Secrecy，Authorship：Technical Arts and the Culture of Knowledge from Antiquity to the Renaissance*（Baltimore：Johns Hopkins University Press，2001)；William Eamon，*Science and the Secrets of Nature：Books of Secrets in Medieval and Early Modern Culture*（Princeton：Princeton University Press，1994)；Elaine Leong and Alisha Rankin eds.，*Secrets and Knowledge in Medicine and Science，1500—1800*（Farnham：Ashgate，2011)，47—66。关于炼金术的保密传统，见 Barbara Obrist，"Alchemy and Secret in the Latin Middle Ages"，in *D'unprincipe philosophique à un genre littéraire：Les secrets；Actes du colloque de la Newberry Libraryde Chicago，11—14 Septembre* 2002，ed. D. de Courcelles（Paris：Champion，2005)，57—78；Lawrence M. Principe，*The Secrets of Alchemy*，esp. chap.6。

[23] 关于文艺复兴画家的自我展示有大量文献，概述可见 Francis Ames-Lewis，*The Intellectual Life of the Early Renaissance Artist*（New Haven：Yale University Press，2000)；Bram Kempers，*Painting，Power，and Patronage：The Rise of the Professional Artist in the Italian Renaissance*，trans. Beverley Jackson(London：Penguin，1984)。

[24] Pamela O. Long，*Artisan/Practitioners and the Rise of the New Sciences，1400—1600*（Corvallis：Oregon State University Press，2011).帕梅拉·史密斯（Pamela Smith）提出，中世纪后期以降的工匠们成功地把他们基于对工作材料之经验的"本地语言认知论"作为同基于书本之知识的对应物推广开来，Pamela H. Smith，*The Body of the Artisan：Art and Experience in the Scientific Revolution*（Chicago：University of Chicago Press，2004)；也见 Sven Dupré ed.，*Laboratories of Art：Alchemy and Art Technology from Antiquity to the 18th Century*（Cham：Springer，2014)中各篇论文。

[25] 关于援引哲学文本作为阐述炼金术阅读技巧之手册，见 Jennifer M. Rampling，"Reading Alchemically：

Early Modern Guides to 'Philosophical' Practices", in "Learning by the Book: Manuals and Handbooks in the History of Knowledge", ed. Angela Creager, Elaine Leong, and Matthias Grote, *BJHS Themes* 5(forthcoming)。关于17世纪一些杰出英格兰炼金术士采用的阐释技巧,见 Newman and Principe, *Alchemy Tried in the Fire*, 174—188; Newman, *Newton the Alchemist*, chap.2。包括自然魔法和喀巴拉(Kabbalah)在内的其他一些有争议的领域也要求类似的阐释专长,一如法律学科所为,见 Ian Maclean, *Interpretation and Meaning in the Renaissance: The Case of Law*(Cambridge: Cambridge University Press, 1992)。

[26] 如 Eusebius, *Historia ecclesiastica* 提及的,引自 Anthony Grafton and Megan Williams, *Christianity and the Transformation of the Book: Origen, Eusebius, and the Library of Caesarea*(Boston: Harvard University Press, 2008), 187。中世纪欧洲的类似考虑,见 Daniel Hobbins, *Authorship and Publicity before Print: Jean Gerson and the Transformation of Late Medieval Learning*(Philadelphia: University of Pennsylvania Press, 2013), 165—168。

[27] *Thomas Norton's The Ordinal of Alchemy*, ed. John Reidy(Oxford: Early English Text Society, 1975), 10(ll. 73—74).

[28] 隐修院炼金术依然有待被系统处理。虽然索菲·佩吉(Sophie Page)主要聚焦于魔法而非炼金术,但她的作品也为英格兰炼金术提供了有用的语境,Sophie Page, *Magic in the Cloister: Pious Motives, Illicit Interests, and Occult Approaches to the Medieval Universe*(University Park: Pennsylvania State University Press, 2013)。一份简短的全景概述见 W. R. Theisen, "The Attraction of Alchemy for Monks and Friars in the 13th—14th Centuries", *American Benedictine Review* 46 (1995):239—251。关于托钵会士的炼金术实践,见 Andrew Campbell, Lorenza Gianfrancesco, and Neil Tarrant, eds., "Alchemy and the Mendicant Orders of Late Medieval and Early Modern Europe", *Ambix* 65(2018)中各篇论文,及本书第二章注释[3]。

[29] Hermes Trismegistus, *Tabula Smaragdina*, in J. Manget, *Bibliotheca Chemica Curiosa*(Geneva, 1702), 1:381.

[30] 译文依据 Oxford, Bodleian Library, MS Ashmole 396(fifteenth century), in *Secretum Secretorum: Nine English Versions*, ed. Mahmoud Manzalaoui(Oxford: Oxford University Press, 1977), 67。

[31] 该理论基于阿拉伯人对亚里士多德《气象汇论》(*Meteorology*)的改编,相关考察见 John A.Norris, "The Mineral Exhalation Theory of Metallogenesis in Pre-Modern Mineral Science", *Ambix* 53 (2006):43—65。中世纪对该理论某些方面的接受,见 Newman, "Technology and Alchemical Debate in the Late Middle Ages"; Newman, *Atoms and Alchemy: Chymistry and the Experimental Origins of the Scientific Revolution*(Chicago: University of Chicago Press, 2006), chap.1。

[32] Lynn Thorndike, *A History of Magic and Experimental Science*(New York: University of Columbia Press, 1923—58), 3:58, 89—90; Principe, *The Aspiring Adept*, 153—155。威廉·纽曼论证了"唯独水银"路径在13世纪托名贾比尔的著作《完美掌握大全》(*Summa perfectionis magisterii*)中的源头,见 William R. Newman ed., *The Summa perfectionis of Pseudo-Geber: A Critical Edition, Translation, and Study*(Leiden: Brill, 1991), 204—208。

[33] John Gower, *Confessio Amantis*, vol. 2, ed. Russell A. Peck, trans. Andrew Galloway, 2nd ed. (Kalamzoo, MI: Medieval Institute Publications, 2013), bk. 4, ll. 2553—2554.

[34] 我讨论过炼金术术语的这个方面,见 Rampling, "Transmuting Sericon"。

[35] 关于托名柳利炼金术,见 Michela Pereira, *The Alchemical Corpus Attributed to Raymond Lull* (London: Warburg Institute, 1989); Pereira, *L'oro dei filosofi: Saggio sulle idee di un alchimista del Trecento*(Spoleto: Centro Italiano di Studi sull'Alto Medioevo, 1992); Pereira, "*Medicina* in the Alchemical Writings Attributed to Raymond Lull(14th—17th Centuries)", in *Alchemy and Chemistry in the Sixteenth and Seventeenth Centuries*, ed. Piyo Rattansi and Antonio Clericuzio (Dordrecht: Kluwer, 1994), 1—15; Pereira, "Mater Medicinarum: English Physicians and the Alchemical Elixir in the Fifteenth Century", in *Medicine from the Black Death to the French Dis-

ease，ed. Roger French，Jon Arrizabalaga，Andrew Cunningham，and Luis Garcia-Ballester（Aldershot：Ashgate，1998），26—52；William R. Newman，*Gehennical Fire*：*The Lives of George Starkey*，*an American Alchemist in the Scientific Revolution*（Cambridge，MA：Harvard University Press，1994），98—103。文集中的关键文本《遗嘱》（*Testamentum*）已经由米凯拉·佩雷拉编校，见 Michela Pereira and Barbara Spaggiari eds.，*Il Testamentum alchemico attribuito a Raimondo Lullo*：*Edizione del testo latino e catalano dal manoscritto Oxford*，*Corpus Christi College*，255（Florence：SISMEL，1999）。

[36] 托名贾比尔炼金术的内容和影响见 William R. Newman ed.，*The Summa perfectionis of Pseudo-Geber*；Newman，*Atoms and Alchemy*。

[37] 帕拉塞尔苏斯医学见 Wilhelm Kühlmann and Joachim Telle eds.，*Corpus Paracelsisticum*：*Dokumente frühneuzeitlicher Naturphilosophie in Deutschland*（Tübingen：Max Niemeyer，2001— ）；Didier Kahn，*Alchimie et Paracelsisme en France à la fin de la Renaissance*（*1567—1625*）（Geneva：Librairie Droz，2007）；Allen G. Debus，*The Chemical Philosophy*：*Paracelsian Science and Medicine in the Sixteenth and Seventeenth Centuries*，2 vols.（New York：Science History Publications，1977）。德布斯（Debus）的开创性研究虽然对该领域的发展有所助益，但在很大程度上已经被更新的研究取代。

[38] Linda Ehrsam Voigts，"Multitudes of Middle English Medical Manuscripts，or the Englishing of Science and Medicine"，in *Manuscript Sources of Medieval Medicine*：*A Book of Essays*，ed.Margaret R. Schleissner（New York：Garland，1995），183—195.琳达·艾尔萨姆·沃伊格兹（Linda Ehrsam Voigts）的发现详见 Linda Ehrsam Voigts and Patricia Deery Kurtz，comps.，*Scientific and Medical Writings in Old and Middle English*：*An Electronic Reference*（Ann Arbor：University of Michigan Press，2000），CD-ROM。

[39] 虽说还有很多待刊，但近些年重要编校本已经在以振奋人心的速度增长，包括一部关于相互关联的炼金术韵文的重要文库，见 Anke Timmermann，*Verse and Transmutation*：*A Corpus of Middle English Alchemical Poetry*（Leiden：Brill，2013）。也见 Robert M. Schuler，*Alchemical Poetry 1575—1700*，*from Previously Unpublished Manuscripts*（New York：Garland，1995）；Peter J. Grund，"*Misticall Wordesand Names Infinite*"：*An Edition and Study of Humfrey Lock's Treatise on Alchemy*（Tempe：Arizona Center for Medieval and Renaissance Studies，2011）。对其他重要手抄本材料的讨论见 Charles Webster，"Alchemical and Paracelsian Medicine"，in *Health*，*Medicine*，*and Mortality in the Sixteenth Century*，ed. Charles Webster（Cambridge：Cambridge University Press，1979），301—334；Deborah E. Harkness，*The Jewel House*：*Elizabethan London and the Scientific Revolution*（New Haven：Yale University Press，2007）。

[40] 特别参见 Lisa Jardine and Anthony Grafton，"'Studied for Action：How Gabriel Harvey Read His Livy'"，*Past and Present* 129（1990）：30—78。科学文本的其他有学问读者采用的实践见 William H. Sherman，*John Dee*：*The Politics of Reading and Writing in the English Renaissance*（Amherst：University of Massachusetts Press，1995）；Renee Raphael，*Reading Galileo*：*Scribal Technology and the "Two New Sciences"*（Baltimore：Johns Hopkins University Press，2017）。在较广阔的近代早期图书室语境下的"以炼金术方式阅读"，见 Richard Calis et al.，"Passing the Book：Cultures of Reading in the Winthrop Family，1580—1730"，*Past and Present* 241（2018）：69—141；常规意义上的人文主义者的阅读，见 Anthony Grafton，*Commerce with the Classics*：*Ancient Books and Renaissance Readers*（Ann Arbor：University of Michigan Press，1997）。

[41] 关于英格兰配方书的文化，见 Elaine Leong，*Recipes and Everyday Knowledge*：*Medicine*，*Science*，*and the Household in Early Modern England*（Chicago：University of Chicago Press，2019）；Melissa Reynolds，"'Here Is a Good Boke to Lerne'：Practical Books，the Coming of the Press，and the Search for Knowledge，ca. 1400—1560"，*Journal of British Studies* 58（2019）：259—288；Elizabeth Spiller，"Recipes for Knowledge：Maker's Knowledge Traditions，Paracelsian Recipes，and

the Invention of the Cookbook”, in *Renaissance Food from Rabelais to Shakespeare*, ed.Joan Fitzpatrick（Aldershot: Ashgate, 2009）, 55—72。精英女性当中的蒸馏实践，见 Alisha Rankin, *Panaceia's Daughters*: *Noblewomen as Healers in Early Modern Germany*（Chicago: University of Chicago Press, 2013）。

[42] Jennifer M. Rampling, *The Hidden Stone*: *Alchemy*, *Art*, *and the Ripley Scrolls*（Oxford: Oxford University Press, forthcoming）.对炼金术画面的一份出色介绍，见 Barbara Obrist, “Visualization in Medieval Alchemy”, *HYLE—International Journal for Philosophy of Chemistry* 9（2003）: 131—170, www.hyle.org/journal/issues/9-2/obrist.htm; Lawrence M. Principe, *The Secrets of Alchemy*, chap.6。

第一部分　英格兰炼金术的中世纪起源

第一章　哲学家与国王

因此，取动物的、植物的和矿物的石头，它们不是石头，没有石头的性质。[1]　23

根据一则近代早期的传闻，英格兰国王爱德华三世（Edward III，1313—1377年）曾经接待一位来自外国的访问炼金术士。此故事一个译自法语范本的版本只简单介绍这位炼金术士是雷蒙德（Raymond），一位艺术大师和神学博士，"经过长期的痛苦学习"而获得炼金术知识。他为了找寻一位愿意为保卫基督徒王国而贡献一己之力的品格高尚的君王而去见爱德华，并提出要质变出足够的金银以资助一支对抗突厥人的十字军。但这位年轻的国王背信弃义不守承诺，转而用炼金术得来的金子资助了一场针对法兰西人的领土扩张战争：

因此这位国王一直将他秘密囚禁在自己的国家，不许他离开。当军队准备就绪时，国王派他们进入法兰西，而不是去对抗撒拉逊人。于是，在那个英格兰人自称对法兰西享有之头衔的伪装下，法兰西遭受巨大伤害。[2]

故事中的这个雷蒙德不是低位教士，而是马约卡（Majorcan）哲学家、逻辑学家和神学家拉蒙·柳利（1232—1316年），他的名字被英语化为"雷蒙德·柳利"。按　24
照这个传说版本，这位倒霉的哲学家要么被爱德华囚禁，要么逃回了欧洲大陆。[3]无论何种方式，柳利的不幸都不是因为缺乏虔诚或技能，而是因为对一位肆无忌惮的君王披露了他的专长。这则故事的道德意味一目了然，炼金哲学家应当小心不让自己的专长落入错误的手，哪怕那是一位得上帝膏傅的国王的手。第二层道德含义是，英格兰人不可信任，尤其当他们追逐对法兰西王位的权利主张时，那些阅读该报告原始法语本的人肯定一眼就看到这层含义。

对此报告而言很遗憾的是，历史上的柳利从未造访英格兰，而且在爱德华三世于 1327 年登基之前就已去世。柳利不仅不是炼金术士，而且他的真作也排除了涉及质变术的可能性。[4]尽管如此，柳利的作品的确在一种意义上塑造了英格兰炼金术实践的大方向。在 14 世纪到 17 世纪之间，超过一百部炼金术论著以托名的方式归于这位马约卡哲学家名下，包括一些最有影响力的拉丁文炼金术作品。[5]这些柳利托名作品被既寻求达成金属质变也寻求获得医用仙丹的英格兰炼金术士们仔细研究，经常还带着确保王室赞助的目的。为了将柳利实实在在重新安置在英格兰，关于柳利的传说将一种实际上不存在于国王同哲学家之间却存在于大批书籍同其读者之间的关系具象化了。

这个传说也象征着英格兰王国迫切需要金银块这一政治和经济真相。爱德华三世从未碰到历史上的雷蒙德·柳利，但他的确把质变术当作英格兰不容忽视之财政忧虑的潜在解药来追求。饥馑、瘟疫和战争的恶果因为银币大肆流向海外而加重，而且反对伪造铸币和铸币剪边的斗争反反复复，哪怕在整个 14 世纪出台了费力又不讨好的措施，还是持续到 15 世纪。[6]在此背景下，炼金术既构成一个机会，也构成一个威胁，炼金术士们对此种冲突一清二楚，因为他们寻求将自己和自己的艺术定位成国家收入的源泉而非通货稳定性的威胁。在贯穿 14 世纪的一连串事件中有柳利传说的现实相似物，这些事件迫使炼金术士们既要重新定义自己的践行者身份，又要重新定义他们这门科学的哲学地位。

25

炼金术的法律地位

如我们从瓦尔登的约翰（John of Walden）的不幸职业生涯中获悉的，爱德华三世是第一位赞助炼金质变术的英格兰国王。14 世纪 40 年代早期，约翰从王室国库收到 500 金克朗和 20 银镑，“为了国王的利益用炼金艺术努力工作”。[7]国王想必赞成这项安排，因为约翰是从爱德华的内务府①总管菲利普·韦斯顿（Philip

① 此处使用的词语是 chamber。中世纪英格兰的内务府先叫 Wardrobe；13 世纪早期新设立 Treasurer of the Chamber，后来又并入 Wardrobe；进入 14 世纪爱德华二世时期，Wardrobe 影响力消失，Chamber 重新成为内务府的主体机构，沿袭到爱德华三世时期；14 世纪末期又与一个新的 Privy Wardrobe 合并。由此可知，爱德华三世时期的 chamber 就是实际上的内务府。——译者注

Weston)那里收到这笔资金的,韦斯顿以前是国王的施赈员和告解神父。然而约翰没能说服这一大笔钱繁衍滋生。他随即在伦敦塔里了无生气地过了七年半,直到1350年在一次审核过程中与其他几位遭遗忘的囚犯一起被发现,且他的证词被记录下来。但是,除了这少量细节,我们对约翰在实践中采用的方法或他认可的哲学学说一无所知。

虽说法律记录对描绘个人实践的轮廓线无所助益,但它们还是能就政府对质变炼金术的反应告诉我们大量信息,这种反应转而会影响英格兰炼金术士在15世纪及以后选择如何呈现他们的工作。此种反应甚至影响到该艺术如何被称呼。14世纪政府文件和法律记录中最常见到的术语不是拉丁词 *alchemia*,甚至不是英语词 alchemy,而是一个借自法语的词 *alconomie*。造出 *alconomie* 这个词可能是力图让这门新艺术与天文学(astronomy)比肩,这个词在1400年之前是同时指炼金术的实践与产物的官方术语。[8]瓦尔登的约翰的誓言记录则是罕见的例外,里面保留的 Alkemie 一词肯定是他自己选的词语,与该词一同闪现的还有他的哲学志向。

26

在约翰的时代,恐怕 *alconomie* 一词早已令人倒胃口地同"假货"和"骗子"联系在一起。到了该世纪末期,此术语已经被用于指伪造的金属以及制作它的那种艺术,此事实导致它没什么可能被推荐给炼金术士们使用。虽说该词语在之后出版的少量论著中幸存下来,比如托名大阿尔伯特(Albertus Magnus)的《直路》(*Semita recta*)一书的一个15世纪译本,但到1400年,炼金术士们在自己的报告中已鲜少用它。[9]该词语在非践行者当中的运用持续得稍久,从官方用法迁移到通俗文学中,并在那里受到各式对待,比如在朗兰(Langland)的《农夫皮尔斯》(*Piers Plowman*)中被作为欺骗性实验的源泉而受到批评,但在高尔的《恋人的忏悔》中被作为立足自然的一门艺术而受到褒扬。[10]

这些记录暗示,到14世纪伊始,*alconomie* 这种炼金术被广泛实践,但还未受正式约束。铸币厂需要金银块,商人需要现款,而炼金术为这两类稀缺商品提供了潜在资源。爱德华三世只不过是把炼金质变术视为王国财政潜在支柱的一系列英格兰君主中的第一位。英格兰政府文件中最早提及炼金术的日期是1329年,当时约翰·勒鲁斯(John le Rous)和威廉·德·达比大师(Master William de Dalby)获得了"通过炼金艺术"制造优质银子的声誉。爱德华三世下令,这两人都得带着他们的工具被领到他面前来,不管愿不愿意。[11]除了国王,还有其他人渴望得到该领域的专家,如1336年一位伦敦香料商托马斯·克劳普(Thomas Crop)绑架炼金术士约克的托马斯(Thomas de Euerwyke/Thomas of York)一事所示。约克的托马斯也声称有本事“通过炼金术科学”制作银片,绑架他的人希望通过查抄他的设备和正在制作的仙丹而索取这项技能,并强迫托马斯指导他如何使用它们。[12]

27

中世纪炼金术士们在自己的作品中很少明确声明他们是否对这类本地的迫切经济要求做出回应,而是更偏爱把制出石头当作目的本身,或者发布道德上无可指摘的目标,如帮助穷人。另一方面,英格兰的法律记录的确暗示出,许多践行者对于他们希望达成之事都有明确的物质意识,亦即制作质量足以供铸币的贵金属。直到 1343 年爱德华首次在金子上打上自己的名字时,这个国家都几乎完全依赖银铸币。[13]但是英格兰同欧洲多数地区一样,在整个 14 世纪和 15 世纪都遭受银块短缺之苦。没有充足的法币供应,导致贸易有着不确定性,经济增长放缓。因此,找到一个便宜的银源不仅令人向往,也是政府的当务之急。

14 世纪法律记录中提及炼金术士时总是与炼银有关联。我们或许能识别出这种兴趣的实用层面,因为一般而言,让金属变白要比把它们染黄容易,这种冶金偏好也见于中世纪晚期的炼金术配方集。但就算金铸币问世以后,“白钱”的供应短缺也令炼银对赞助人和践行者而言都是有吸引力的选项,“白钱”是银与铜或锡熔合制成的小额硬币,对于日常交易至关重要。[14]

金银块短缺为炼金术士提供的不只是经济机会,还有相当大的风险。英格兰的不一般之处是,铸币一贯由国王发行,而欧洲其他部分的铸币权常常由城市或地方统治者行使。[15]因此,包括伪造和剪边等威胁到铸币贬值的犯罪活动被国家严肃对待,尤其当金属供应短缺时,人们会产生焦虑,担心优质英国格罗特①被换成号称“卢森堡”(Lushbournes)的银含量较低的小额外国硬币。当伪造货币是可获死刑的重罪时,连货币剪边都要受到严厉处罚并可能获判死刑。1278 年有一项精心设计的严酷行动,旨在限制剪边实践,此行动导致大约 600 名犹太人和大量铸币厂官员及金匠被捕。伦敦铸币厂的铸币员菲利普·德·坎比奥(Philip de Cambio)就是几百位被判死刑的人之一,而看守人巴塞洛缪·德·卡斯泰洛(Bartholomew de Castello)因为声明神职人员的好处②而逃过一死。[16]虽然失败者会遭受严刑峻法,但随着更多大额金铸币问世,成功地对货币进行伪造和剪边的回报实际上却日益

28

① groat,4 便士银币。——译者注

② 中世纪后期的英格兰,一个被控重罪的人倘能阅读拉丁文诗篇集中指定的一句,就在理论上享有神职人员的好处,亦即可以免死。——译者注

增长。伪造国王的硬币一贯被视为谋反，但1351/1352年①的《叛逆法案》才正式确立这一法律地位。[17]

非法活动不仅仅限于平信徒。虽说犹太人在1278年的打击行动中首当其冲，但大量英格兰天主教徒也投入这种实践，包括宗教修院的领袖们。萨默塞特一所克吕尼修会(Cluniac)的修院蒙塔丘特(Montacute)的小修道院院长居伊·德·米兰特(Guy de Mereant)于1279年因硬币剪边被罚款，1284年再被罚款(此次在剪边之外还加上流通伪造货币)。[18]没有任何一个宗教修会或地理区域能在货币犯罪中独揽专断。来自埃塞克斯(Essex)的小邓莫(Little Dunmow)小修道院的奥古斯丁派律修会修士威廉·德·斯托克(William de Stoke)于1369年被指控伪造金币和银币，虽说罪名可能不成立。[19]而1414年，柴郡(Cheshire)一所穷困潦倒的西多会(Cistercian)修院康伯米尔(Combermere)的修道院院长被控给金币剪边。[20]僧侣和律修会修士的宗教誓愿没有阻止他们涉足可疑的冶金实践，不过它的确在一定程度上让他们免受刑罚后果——此事实需牢记在心，因为数量庞大的英格兰僧侣、律修会修士、托钵会士乃至修院首脑们在亨利四世(Henry IV)于1403/1404年给“增殖”金属烙上重罪烙印之前和之后都实践和撰写炼金质变术相关内容。[21] 29

可见，中世纪晚期的英格兰炼金术在一个政府对金银块短缺、通货不足和伪造猖獗牵肠挂肚的令人紧张的语境下发展。犯罪团伙必定令学术捍卫者们头痛，对后者而言，质变术完全不同于铸币这种肤浅的人工制品，它需要金属在实质和外观上都发生转变。哲学论述清楚讲明这种质变术不同凡响的性质，它的典型之处在于要求原始金属在重组为一种更高级也更精细的物质形态之前，先要通过一系列复杂度和成本都远超铸币实践的程序，被煎熬成一种更原始的物质状态。例如，伪造者可能使用水银的混汞法技术给廉价金属片镀上银，但“哲学家们”把这种初级混汞法看作仅是更剧烈变化的准备阶段。许多伪造活动甚至都不需要化学知识，其典型做法涉及在某些基础金属制作的内核上使用捶打金银薄片的机械过程，而非金属本身的彻底改变。[22]

站在负责制定通货政策的地方行政官和铸币厂官员的角度，这些在任何炼金哲学家眼里显而易见的差异就不那么明显。炼金术技术可能通过生产“增殖”金属

---

① 按照作者的体例说明，近代早期英格兰把3月25日算作一年的开端，因此属于1月1日到3月24日之间的日期在标识时采用斜杠跨年的格式，比如“5 March 1573/4”。本章两次法案出台年份采用了斜杠标识，意味着它们的日期正属于这段新旧历法重叠的时间，比如此处，英格兰历法仍在1351年，现代历法已经是1352年。——译者注

而被牵连在铸币活动中，这种产品就是外表酷肖金和银的合金，但生产起来便宜太多。1393年，图克斯伯里(Tewkesbury)的一位名叫约翰·皮格斯(John Pygas)的僧侣被拖到布里斯托尔地方行政官面前接受申斥，因为他和共谋者“大逆不道地用被称为‘炼金术’的假金属制作了60个格罗特，造得像优质货币”，他们还用这些来购买本地货物。[23]由于造伪指控已不再能因为神职人员的好处而减轻处罚，所以此时造伪者最大的希望就是获得王室赦免。国王理查二世(Richard II)确乎介入了皮
30
格斯的案子，要求法庭暂缓执行任何宣判，直到有进一步指示。[24]皮格斯恐怕提出了赦免请求，而国王可能已经被他的炼金术金属的成分深深迷住，以致他倾向于“仁慈地处理”本来属于惊天大案的非法铸币之举。

但是，就算法律认为炼金术和货币犯罪之间有关联，炼金术程序的技术应用也仅限于创造金属，而不涉及更为严重的伪造货币的罪行。与把炼金术产生的金属用于铸币相比，另一个不那么明显谋逆的替代做法是把这种金属直接卖给铸币厂，专职神父威廉·德·布伦利(Willelmus de Brumleye) 1374年就选择了这条路。布伦利用了一个从威廉·希尔丘奇(William Shilchurch)——温莎(Windsor)的国王圣堂的一名律修会修士——那儿获悉的加工方法，成功将一批“用炼金术艺术”制成的金属卖给了伦敦塔铸币厂。[25]效果有足够说服力，因为管理人用18先令买下了它。威廉后来因为拥有四块伪造黄金而被捕，这也是他想努力卖掉的，尽管不清楚这批金属同之前令管理人印象深刻的那批是否同类。

这些案子透露出官方涉及炼金术时有一定矛盾态度。接连几任政府都力图维持英格兰硬币的金银成色，这方面的基本品质保证了人们对通货的信心。伪造硬币是最可憎的犯罪，但像威廉·布伦利这样的人，虽然在铸币上无辜，却威胁着要用可疑的增殖金属充斥铸币厂，因此依旧危及铸币的品质和名誉。[26]与此类实践联系起来的难题无疑是亨利四世1403/1404年法令的基础，该法令指示，自此以后，谁都不许“增殖金或银，也不得使用增殖的诡计”。[27]

31

此法令的用语宣告了增殖不等同于伪造，因为它影响的是金属这种物质而非其形式。但是，通过禁止生产不寻常的金属合金，此措施堵上了一个可能存在的法律漏洞，那些希望把假金属卖给铸币厂的践行者可能已经利用了这个漏洞。即使这种金属不用于铸币，但若它导致货物价格被高估，也依然可能构成欺诈，正如罗切斯特的约翰·赫沃德(John Herward of Rochester)于1414年10月发现的。约翰因为制作假的供大酒碗使用的金银箍而被定罪，被判戴枷站立，那些骗人的金银箍绕在他脖子上。[28]

这些案件中记载的炼金术的形象同哲学论文中精心阐述的那种虔诚又博学的行家里手的肖像截然不同。14 世纪末存在一种显著的情况，炼金术既被当作高尚的哲学形式而受赞扬，又被当作威胁到英格兰硬币诚信的骗人实践而遭谴责。哲学家与造伪者之间的修辞差异在 15 世纪只是进一步加大，因为对一种严格意义上违法但依旧许下令人惊叹之回报的艺术，政府既要管理，又要利用其蓬勃而生的利益。

炼金术的哲学地位

官方记载中透露出的英格兰炼金术历史是一部被对质变术和金属增殖的忧虑主导的历史。作为历史，它肯定是一面之词，因为它只记录非法的或被担心变成非法的实践。不过，对炼金术不够光彩之联想的焦虑也对那些自命哲学家之人的著述中透露出的炼金术历史视野产生影响。这类作者的典型做法是强调虔诚和哲学性强过实用性和盈利性，此策略加强了这门科学作为自然哲学一个分支的名声，同时将践行者与对骗子的联想远远隔开。在这些多是僧侣或托钵会士的虔诚读者-践行者的著述之中，我们也发现了炼金术中得到最充分探索的医学和宗教维度。

炼金术知识最初(若说只是短暂地)被局限在学者团体中。最早的论文于 12 世纪到达拉丁西方，这是拉丁文对阿拉伯文的翻译运动的一个成果，此运动刺激了诸如巴斯的阿德拉德(Adelard of Bath)和克雷莫纳的杰拉德(Gerard of Cremona)这样的学者。[29]略早于此，源自东罗马炼金术资料的些许配方集就出现在欧洲，而且欧洲的工匠们早就熟悉各种各样的化学技术，包括给金属表面着色的方法。[30]然而一直到第一批阿拉伯文论著被翻译，拉丁读者才真正面对作为一门科学的炼金术，即一个因其权威哲学起源而高贵的知识领域，一套深奥的技术术语，也是一种对保密之重要性的坚决主张。

所有这些特征都出现在托名亚里士多德的著作《众妙之妙》中，这是一部译自阿拉伯文的早期译著，成为拉丁中世纪阅读面最广的著作之一，肯定也是对中世纪的炼金术历史视野最有影响的作品之一。[31]《众妙之妙》的形式是这位斯塔利亚人(Stagyrite)哲学家给其学生亚历山大大帝的书信，时值后者在波斯征战期间。信中传递了据信为亚里士多德小心不在其“正式”作品中透露的秘密知识，包括相面术、魔法、炼金术、占星学这类话题，还有统治艺术。一个著名段落示范了此作品的神秘性质，哲学家在该段落影射一块石头，它不是石头也不具有石头的性质。这种矛盾的物质是“动物的、植物的和矿物的”——这就是一代代炼金术士用来表示亚里士多德本人对于炼金术工作中那种初始物质之见解的辅助论点。就像蒙默斯的杰弗里(Geoffrey of Monmouth)的《不列颠列王史》(*History of the Kings of Britain*)中关于梅林的晦涩预言式韵文,这个辅助论点必须被阐释;也像预言那样,对它的阐释视不同的历史可能性而变。[32]“动物的、植物的和矿物的”石头就这样开始指不同时期的不同实践传统,从独一的普遍仙丹到用不同成分制作的适合不同用途的缤纷缭乱的炼金术产品。拉丁读者们从这些谜题中很快获悉,要掌握炼金术知识就必须要有一种特殊的阅读路径,它需要那种比起科学作品或医学作品来,更常在阐释“圣经”或预言中用到的注解技巧。

他们也学到其他一些东西,即炼金术知识可能适合由哲学家传递给国王。这个教导在最早的拉丁文纯炼金术论著之一《论炼金术的组成》(*De compositione alchemiae*)中得到巩固,该论著于1144年或在此前后由英格兰人切斯特的罗伯特(Robert of Chester)翻译。[33]此文本描述了基督徒圣人莫里安努斯(Morienus)对34一位穆斯林君王哈利德·伊本·雅兹德(Khālid ibn Yazīd)的教育,莫里安努斯是一位虔诚的隐士,被这位求知若渴的国王说服来到宫廷。就像假托亚里士多德的人,莫里安努斯将他的忠告掩盖在哲学说辞之下,用一系列代号比如绿狮子、白火苗和恶臭水伪装他的成分。但他比亚里士多德慷慨得多,部分地透露出它们的含义——绿狮子是玻璃,白火苗是水银。[34]

对那些有兴趣靠自己寻求赞助的践行者而言,亚里士多德给亚历山大的书信和莫里安努斯对哈利德的教导都成为他们自己请愿书久负盛名的范例。不过,直到15世纪才听说有英格兰作者向王室寻求炼金术赞助。[35]在此之前,他们更倾向于对以国外为基地的高级教会人物提出陈述,反映出来自这时期的大多数论述依然由僧侣和托钵会士撰写这一事实,他们中的许多人(尤其是那些托钵修会的人)都喜爱流动性和国际人脉。跻身第一流学者的英格兰方济各会士(Franciscan)罗杰·培根在巴黎教书,对炼金术的著名讨论是在其赞助人克莱芒四世教宗(Pope Clement IV)要求下撰写的一系列论述。他把炼金术当作一种得自经验的知识形式来颂扬,思考了它在延年益寿方面和为即将到来的末日劫难做准备的双重前景。[36]他写了一篇对《众妙之妙》的评注,并在他的全部作品中影射这封托名亚里士多德的书信,包括写给克莱芒的《大作品》(*Opus maius*)和《第三作》(*Opus*
35 *tertium*)。[37]14世纪早期的另一位英格兰僧侣约翰·达斯汀为拿破仑·奥尔西尼(Napoleon Orsini)枢机主教写过炼金术书信集,并可能在阿维尼翁(Avignon)的教廷待过一段时间，虽说人们关于他的生平或他是在英格兰还是国外获得知识都所知甚少。[38]英格兰人约翰·邓布雷(John Dombelay)似乎是在特里尔(Trier)大主教选帝侯库诺·冯·法尔肯施泰因二世(Kuno II von Falkenstein，1320—1388年)的请求下准备了他的两篇已获证实的作品——《星团》(*Stella complexionis*，1384)和《真正炼金术实践》(*Practica vera alkimica*，1386)。[39]

这些国际人脉也让英格兰得到包括新论述和实践革新在内的国外炼金术材料的持续供应。有时候，欧陆手抄本随着回国学生来到英格兰。索菲·佩吉已经重构了一些英格兰僧侣的书籍藏品，包括迈克尔·德·诺斯盖特(Michael de Northgate)和伦敦的约翰(John of London)，他们于14世纪20年代早期落户坎特伯雷(Canterbury)的圣奥古斯丁修道院，之前曾在巴黎学习，除了神学文本之外，他们也带回来天文学、医学、魔法和炼金术文本。[40]在图卢斯(Toulouse)教书的炼金术士菲利普·奥利芬特(Philippe Éléphant，或姓 Oliphant，活跃于14世纪50年代)似乎出身不列颠群岛，可能来自苏格兰。[41]约翰·邓布雷创作《真实炼金术实践》时显然在法兰西，他在此书中吸收了来自另一部三十年前撰于巴黎之论著(它本身是对一部更早作品的评注)的材料。[42]一个世纪之后，理查德·达夫(Richard Dove)于德文郡(Devon)巴克法斯特利(Buchfastleigh)修道院加入西多会之前曾在奥尔良(Orléans)和牛津学习，他在该修道院编写了一部现为不列颠图书馆斯隆(Sloane)手稿513的手抄本，炼金术论著在里面与关于几何学、天文学和法语动词的作品并处。[43]　36

通过这类学术旅程，炼金术理论的重心转移不需要多久就能从国外传到英格兰。阐释方法也一样。随着新一批权威资料产生，较早的论述在兼容新信息的情况下被重新阅读，这种联系有时会带来变化激烈的重新阐释。这些重新配置中最重要的那些伴随着13世纪后期"唯独水银"理论的兴起，可通过追踪读者对《众妙之妙》里关于动物性、植物性和矿物性石头的著名辅助论点的接受而观察到该理论的影响。

以炼金术方式阅读

截至1300年，关于在炼金术中使用有机成分的最有影响力的权威作品之一是《论灵魂》(*De anima*)，它辑自并译自三部已逸失的阿拉伯文论著，并托名阿维森纳(Avicenna)。[44]作者运用《众妙之妙》中那个著名的辅助论点来证明他把动物产品用作"石头"是合理举动，力证"非石之石"的真正性质就是人血，它加上毛发和卵，　37

就提供了炼金术工作中三种本质成分之一。[45]这些自然产物应当通过一种加工方法被分离成其构成"要素",我们今天会认出这种加工方法就是分馏。[46]

不清楚《论灵魂》在英格兰首次被知晓是几时。此文本的最早见证人是博韦的文森特(Vincent of Beauvais),他在1259年左右完成的浩瀚著作《更大的镜子》(*Speculum maius*)中把该文本用作谈论金属且尤其是炼金术时的主要资料来源。[47]文森特这部百科全书在英格兰和欧洲其他地方的广泛传播无疑有助于托名阿维森纳的有机炼金术模式的成功。[48]例如,罗杰·培根在他本人为《众妙之妙》写的词语注释中利用了托名阿维森纳,力主亚里士多德使用"石头"一语时不过是指一场炼金术操作的起点物质。这种初始物质实际上可能来自范围宽广的动物、植物或矿物产品,包括血液。[49]培根又在别的地方引述《论灵魂》来支持此立场,评论此书使用不同的石头作为有机产品的代号,因此"药草石头"指毛发,"自然石头"指卵,"动物石头"指血液。[50]

也以伊夫舍姆的沃尔特(Walter of Evesham)之名行世的沃尔特·奥丁顿(Walter 38 Odington,约活跃于1280—1301年)采用了类似路径,他是伍斯特(Worcester)附近伊夫舍姆的本笃会(Benedictine)修道院的僧侣。[51]我们对沃尔特有如培根的广博兴趣略知一二,他的兴趣覆盖数学艺术的全域[一部论音乐理论的论著《音乐沉思大全》(*Summa de speculatione musicae*)可证],也有关于光学和算术的作品,还有一本1301年开始为其修道院编写的历书。[52]沃尔特的兴趣范围也体现于他在炼金术论著《二十面体》(*Ysocedron*)中考虑的多种多样的成分,这个标题反映出全书分为二十章。[53]沃尔特大力吸收《论灵魂》,从自然界的各个王国中选择他的起点物质:

> 医药物质取自三种东西:动物、植物和矿物。我们从动物中取用人血、毛发和鸡蛋,它们被哲学家们称为"石头"。[54]

《二十面体》也讨论了医学应用。沃尔特认为矿物和人体之间存在亲和性。一方面,矿物制成优秀药物,正如黄金在医治麻风病方面的价值所示。另一方面,人血在处理金属方面很出色。[55]沃尔特对面面俱到的关心并未因为该论著的实用偏好而受损。例如,在他的诸多配方中,他描述了一种通过蒸馏蛋黄制成的红油,评论说这项操作只对卵有用,对毛发不管用。[56]

但是,并非所有读者都信服于《论灵魂》中石头的多样性。对一位中世纪自然39 哲学家而言,金属能够从完全独立的各个种类中生成——从血液、卵乃至矿物盐中生成,这种观念败坏了哲学的得体性。承袭自阿拉伯炼金术的硫汞论坚称,金属通过两种原初物质的混合及缓慢煎熬而在土里生成，这个自然步骤原则上可以被炼金术士在地面上的操作复制（但用时较短）。[57]此路径随纯粹的“水银”和“硫磺”可以通过把金属还原为更原始的成分而获得这一理论而来，但它很难容纳那些性质与金属性质无关的成分。自13世纪以来，拉丁作者们对于在炼金术实践中使用非矿物（甚至非金属）成分日益表达怀疑之情。这种怀疑论虽然没有彻底移除有机物质——例如直到14世纪，血液依然是受欢迎的药用蒸馏对象——但它对哲学论述的修辞的确造成重大影响，尤其是那些涉及质变术而非治疗的修辞。[58]

这一转移强调了哲学的条理性，因此便强调了炼金术作为一门科学的地位，但是这有代价。因为聚焦于水银和其他金属实体，以及分解它们的方法（例如通过在矿物酸中溶解），“水银主义的”炼金术士们牺牲了更丰富的成分选择，由此也牺牲了可能获得的更多样的化学知识。此趋势由最富影响力的中世纪炼金术文本之一《完美掌握大全》示例。该论著可能在临近13世纪末时编纂，托名8世纪的阿拉伯权威贾比尔·伊本·哈延，但如威廉·纽曼力证的，它更可能是一位名叫塔兰托的保罗（Paul of Taranto）的方济各会士撰写。[59]贾比尔的首要兴趣是炼制黄金，他偏爱冶金而非医疗效果的考虑在他对金属成分的偏好中一览无余。不过，就连贾比尔也不得不承认使用了某些非金属物质，尤其是诸如水银、硫磺和砷那类挥发精油，它们似乎与金属实体结合得最容易。[60]需要有这些挥发液在金属中引出特定变化，践行者们“因此不能摆脱使用它们”，因为它们是“改变实体的真正药剂”。[61]

40

这样，尽管贾比尔没有将其他成分绝对排除在炼金术实践之外，但他的确以怀疑之心看待对它们的使用和它们的使用者，并评论许多践行者“从五花八门的原理入手”。相应的后果是，“有人断定要在挥发液中找到这门科学和这种特效成分，另一些人断定是在实体[即金属]①中找到，又有一些人断定是在盐类、矾类、硝石和硼砂中，而还有一些人断定是在所有植物物质中”。[62]贾比尔坚称他已亲自测试过这些主张，只有凭借“长期的枯燥实验和砸入大笔金钱”才能暴露出它们的错误。[63]他自己的工作旨在纠正这些错误，“并教导这门科学中的真相”。[64]他通过这种方式让自己那基于连贯自然原理及缜密实践的方法同那些或缺乏清晰原理或缺乏实践技能的炼金术士们的方法形成鲜明对照。一位真正的哲学家不能只通过自己的书本研究开展工作，因为通过亲自测试而获得的对材料和流程的个人经验，对于该

① 方括号中是作者为使读者理解引用文本的文句而增补的词语或字母，以下同。但是方括号套用圆括号的例外，那表示双重括注。——译者注

科学的恰当举止至关重要。

贾比尔对金属尤其是水银的优待标志着炼金术撰述中一般趋向的转变。许多随后问世的作品，包括一些在14世纪最富影响力的论述都有敌视使用植物产品和动物产品的鲜明特点，而早前的作品如《论灵魂》或罗杰·培根与沃尔特·奥丁顿的作品，都展现出对植物产品和动物产品的使用。虽然贾比尔勉强承认改变这些物质是可能的，但他又评论说那“极其困难”。即使非金属矿物如矾类和盐类也日益被挑出来加以嘲讽。例如在归给蒙彼利埃（Montpellier）医师威兰诺瓦的阿纳德（Arnald of Villanova，约1238—1311年）的系列托名作品中，使用矾类和盐类受到粗暴批评。托名阿纳德评论说，只有傻子才在自然中寻找不属于自然的东西，“因此，鉴于金和银都不在矾类或盐类里，我们不应该在它们里面寻找”。[65]

这些作者站在他们的立场上强调水银在炼金术工作中的重要性，以及“同种相生”的必然性，即金属只来自金属，通过从包括水银在内的金属实体中提炼精华（也被称为“水银”）达成。只是，这种水银主义的哲学还得顾及在炼金术工作中采用植物和动物成分的传统，如《论灵魂》的各式石头所示范的，因为这种做法根深蒂固并具权威性。一个解决方法是“以炼金术方式”阅读这些权威，断定尽管权威们高深莫测的词语**仿佛**描述了有机物质，但它们实际上隐含着对矿物物质的指涉。如此这般的隐喻式修正既维护了哲学家们的共识，也否认了骗子、竞争者和其他傻瓜的权威性，这些人缺乏解锁先驱们的谜语的睿智。

碰巧，托名阿维森纳此前也在《论灵魂》中确切地讨论了这种阅读法，但却是为了相反的实际议程。他以堪称炼金术撰述中常见举措的方式警告践行者们，不要被哲学家使用的术语欺骗。例如他们不应断定，对四种矿物性“挥发液”——雌黄、硫磺、卤砂和“快金”（即水银）——的命名提供了对工作中所用成分的直接描述。这些术语应作为代号阅读，它们指这种石头的土、水、风、火各元素。但就连这种阅读也可能因语境而各异：

> 当你看到“雌黄”时，这里用它指的是石头的火；当你看到“硫磺”时，要理解为风，有时还要理解为火；看到“不溶解的卤砂”时，要理解为土；看到“快金”时要理解为水，而有时就是指快金本身。[66]

托名阿维森纳在此保留了水银的双重身份，既是常见的水银，又是石头的“水”性，这种液体物质显然与通常在自然界遇到的水不匹配。

于是，《论灵魂》提供了一种本质上有鲜明炼金术色彩的阅读方法，通过这种方法，一篇早期文本（如《众妙之妙》）可以被阐释成与一种预期中的实践产物一致。但假如我们设想一下把这种方法更普遍地运用于炼金术作品，问题就来了。若把托名阿维森纳的词汇忠告用作成分阐释指南，将立刻让一份直白的配方质变为一篇完全不同的文本——一篇以不同种类的炼金术为基础的文本，并因此可能产生不同的实际效果。

这恰恰是水银主义的炼金术士开始阐释包括《论灵魂》在内的早期文本时发生的事，他们断定，看似对有机成分的指涉实际上指水银或各元素。这种策略在归到威兰诺瓦的阿纳德名下的全体托名作品中格外明显。在富有影响的论著如《哲学家的玫瑰园》（*Rosarius philosophorum*）和《论自然之秘》（*De secretis naturae*）中，托名阿纳德详述了水银是炼金术的唯一初始物质。[67]他支持该立场的方法是力陈古代行家里手在把石头的特征说成动物的、草本的或自然的时候，或宣称石头以血液、毛发或卵为基础时，都以隐喻的方式说话。例如，石头之所以能被称为“动物的”，因为它有精神，因此也有灵魂。它之所以能被称为“血液”，因为血液与石头一样是红色的。[68]但这些词语被那些断定哲学家们在字面上指卵和血的无知践行者误解了。这些傻子“只懂字面”，然后就试着用卵、血、矾类、盐类和其他东西工作，但一无所获。他们脱离语境阅读资料，以配方形式传阅这些经过删改的碎片，“而凭着这些配方，”阿纳德说，“他们欺骗了全世界。”[69]

因此，炼金术的失败被呈现为注解的失败，这同被呈现为缺乏实践技能的失败不相上下。在包括寓意在内的多种层次上阅读文本的能力属学者的职权范围，由此该路径有效地将工匠和其他未受教育的践行者排除在该科学之外。托名阿纳德声称：“因此，假如一个人不先学会逻辑学继而学会哲学，并知道万物的因果和性质，就不应该接触这门艺术。”[70]这种规划暗示，成功的炼金术士必须至少有着艺术大师级别的教育，这个区分支持了炼金术关于自己是自然哲学的主张，同时与工匠的实践保持距离。以炼金术方式阅读意味着以**哲学方式**阅读，像个哲学家那样阅读意味着以隐喻的方式阅读。炼金哲学家通过他们这种方式的文本阅读技巧，把自己同拘泥于字面意思的手艺人区分开。重要的是，他们也把自己的工作同货币犯罪这一污点区分开，这是整个14世纪的教俗两界权威们都日益关心之事。

43

此种修辞的成果是强调炼金术**阅读**的重要性。只有智者才能决断哲学家的深奥词语，这些哲学家的典型做法是在隐喻和寓言之下隐藏他们制作方法的真相。相应地，英格兰哲学家寻求让自己的名声同那些其论著要求复杂阅读技巧的权威结盟。但是，以炼金术方式阅读这一进程对原始文本和实际产物都可能有不期然的后果。

由于炼金术士学会在诸多层次上阅读自己的资料，一篇给定文本的可能阐释的范围扩大了，创造出基于个人经验以及新的实验观察的新颖阅读方式。托名柳利文集的情况是，这种努力最终熔炼成一种炼金术新路径，传统对炼制黄金的强调被卓有成效地同对蒸馏葡萄酒①之医学应用兴趣的发展相糅合。英格兰炼金术通过将金属和医药这两种急需之物合并到雷蒙德·柳利的权威作者身份下而最终达到其至高点。

雷蒙德的到来

从年代顺序讲，柳利炼金术的故事不始于雷蒙德被爱德华三世神秘囚禁，而始于一篇文本。文集中最早的一部作品是《遗嘱》（*Testamentum*）②，可能是14世纪30年代用拉丁文创作，并在14世纪末期被译为加泰罗尼亚语和法语。[71]虽然在每个副本中它的结构不同，但原始版本似乎由三篇构成——一篇《理论》（Theorica）、一篇《实践》（Practica），还有一篇《水银书》（Book of Mercuries），外加一首加泰罗尼亚语的歌谣《抒情曲》（*Cantilena*）。根据此书与加泰罗尼亚的联系和它用圆形图案表达该艺术的原理，它的作者看来把自己看作历史上的柳利某种意义上的追随者，这位作者被米凯拉·佩雷拉授予"遗嘱教师"的称号。随着时间流逝，读者们开始断定柳利本人就是此著的作者，此种归属被文集中晚出的那些故意打造成这位马约卡哲学家之作的作品所巩固。这类作品中最有影响力的是《关于自然秘密亦即精质的书》（*Liber de secretis naturae, seu quinta essentia*），它们不仅宣称自己是柳利的作品，还断定柳利对《遗嘱》和其他柳利作品的著作权。

44

现代学者固然识别出这些论著写于不同时间和不同地点，相应地叙述了五花八门甚至相互矛盾的方法论，但托名因素意味着，中世纪后期的读者们倾向于把所有这些都看作柳利的真正作品。这种见解也要求一种特定的阅读路径，因为要证明那些实际上讲述大相径庭事物的文本之间的一致性。炼金术的阅读和书写惯例能轻而易举地解释不调和之处，例如，**离散**技巧早已出现在阿拉伯炼金术作品中，

① wine除了指葡萄酒，也指用葡萄以外的植物酿制的果蔬酒。但一方面欧洲历史上葡萄酒最为普遍易得，另一方面书中引述当时炼金术士的文本时多次指明是葡萄的汁液，所以通篇译为"葡萄酒"。——译者注

② 该词既指遗嘱，也指证词或证明，后文引述作者的创作意图时表明，作者有意把该书作为一份知识遗嘱，故此译为"遗嘱"。——译者注

提供必要信息时跨越了一系列作品，而非集中在一部书中。[72]因此，要汇集作者的真实意思就要求广泛阅读和仔细研究。这种策略也转变了一篇文本的意义，转变的结果虽然歪曲了作者的原意，但也促成了一些非常新颖和富有成效的实验结果。

《遗嘱》早已呈现出未来弹性阐释的基础，尤其是在这位教师范围宽广的炼金术定义中。尽管书的内容主要考虑质变术，但这个定义明显为包括医药和宝石制造在内的其他应用开辟了空间：

> 炼金术是自然哲学一个秘密的且最必要的部分，据此创立一种不对每个人开放的艺术，此艺术教导如何改变所有宝石并把它们还原成真正性情[亦即各性质的等量均衡]，并带给每个人体最尊贵的健康，还通过普遍药剂这一个实体的方式将所有金属实体质变为真正的太阳和真正的月亮[亦即金和银]，所有特殊药剂都要还原为这种普遍药剂。[73]

45

《遗嘱》的作者在此触及了我们早已遭遇的许多难题与悖论。他肯定了炼金术是自然哲学的一个主要组成，因此就是有学问的知识的一部分，而非手工艺知识。更进一步，它还是一门基础艺术而非实践的扩散，这门科学瞄准生产单一普遍药剂，该药剂可用于达成诸多特殊目的。最后，炼金术还是一门秘密艺术，它的特许知识“不对每个人开放”。

该定义除了提供从质变术到医药的一系列意义重大并令人向往的结果，还可以被解读成对炼金术的捍卫。这位教师强调他的仙丹不会仅仅制造表面变化，而是制造**真金白银**，但只有博学之士才能获得这个结局，这么说时，他似乎影射了欺诈性实践。事实上，解码《遗嘱》并复制其中的炼金术要求具备上文勾勒过的所有炼金术阅读技能，因为它不仅是最长的哲学炼金术作品之一，还是文字最难懂的作品之一。

虽然这位教师在他的炼金术定义中只谈及一种普遍性石头，但他构想了不止一种水银。文本的压缩性和复杂性加上这位教师在一组组不同代号之间不断切换，导致很难清楚辨认这些多重身份。不过，有两种特殊的水银可以从总体上令人混淆的一大堆东西中分离出来。其一是自金属提取的“矿物水银”，其二是起源不甚清楚的“植物水银”。对矿物水银和植物水银这两类的鉴定构成托名柳利文集的中流砥柱。后来的作品会依傍这一明显区分，令实践分化为两派：一派是直指制造金属和宝石的“冶金”派，另一派是关心治疗人类身体的“医疗”派。下文我将从这部复杂作品中梳理出一种实践，既用以阐明这位教师的双重水银的模糊性质，也用以阐明它为中世纪后期读者设置的困难。

46

矿物水银

理解《遗嘱》中深奥哲学的意思要求掌握炼金术阅读的全部技巧。正如使用代号和离散技巧这类炼金术创作的传统策略,这位教师采用了新奇的表现形式,这些形式受他所熟悉的包括经院医学和雷蒙德·柳利正宗哲学在内的其他领域的影响。[74]他采用冗长的生物学隐喻来描述这种石头,详述其概念和"医学"规则,也详述其外观上的细微差别。他通过把炼金术程序还原为原理来加强权威性,每条原理都被分配了字母表上的一个字母,然后在上面绘制类似于柳利正宗作品所采用的那种图表形状。[75]他用大量代号描述书中使用的各种成分,对"硫磺"和"水银"的替换尤其多到足以令一位老练的读者困惑。

然而在这些技巧之下,我们能识别出一条熟悉的路径,即立足于水银、黄金和白银三巨头的路径。例如,我们在该著作第一部分《理论》获悉,这位教师的矿物水银压根不是常见的水银,它是一种"首先提炼自实体"的物质,这就是说提炼自一种金属。[76]此水银是一种从金(太阳)和银(月亮)中提取的本质物质,提炼过程伴随着使用一种神秘但强大的名叫"绿狮子水"的溶剂。[77]该程序披着由多种水银的语言制成的外衣,尤其是"绿狮子"这种语言(这是个熟悉的代号,早已在《论炼金术的组成》中遇到过),但是当尝试将它们转译为实践时,我们就会看到并没有远离托名贾比尔和托名阿纳德的作品中勾勒出的那些程序。

47

这位教师在《实践》中透露出他提炼金水银①和银水银的方法,虽说读者不能期待有对该流程的直接澄清。他通过提及一个图形来描述化合作用,这个图形就是一个按序排布字母的轮子,陈述了各种物质原理。这不是正宗的柳利组合轮,而是个较简单的图形,上面按序排布的字母指明这项工作中的各种物质成分(图 1.1)。在初始位置,A 表示上帝,作为万物的第一因,因此是该过程合适的第一步。B 是水银,在此被定义为"存在于所有可腐蚀实体中的共同物质"——提及水银作为金属

① mercury of gold,放在现代冶金学语境下指汞金,是汞齐/汞合金的一种,是从含自然金的矿石中用水银萃取金微粒形成的初级金产品。但在这里,"水银"是个含义丰富的术语,不能局限在冶金角度理解,因此也不能断然把这个术语理解为汞金,所以按照字面译为"金水银",mercury of silver 类似。后文再出现这个术语,会根据它是指炼金术语境下的水银还是冶金语境下的产品而分别使用"金水银"和"汞金"这两个译名。——译者注

之一种原始构成物的角色。C是硝石，D是“硫酸银矿石”（一种在《理论》中与绿狮子联系起来的物质[78]）。通过使B、C和D化合，就能得到E，即“把前述三种东西的性质囊括一身”的溶剂或溶媒。[79]

一位实践派炼金术士该怎么读取这个流程呢？对任何惯于处理水银及其化合物的人来说，此图形乍看之下肯定像一个对升汞（现代说法叫“氯化汞”）流程——使用一种由硫酸盐和硝石制成的硝酸溶解并升华水银——的相当耗时费力的表达。[80]通过字母代换，乏味的配方格式获授柳利式的庄严——“凭借A的美德，先取用部分D和一半C”，这个公式翻译过来就是，“以上帝的名义，取一部分硫酸盐和一半硝石”。[81]通过细致入微地指示如何制作硝酸，对哲学原理的首肯继续进行，先要在一块大理石上精细研磨并混合硫酸盐与硝石，接着恰当地选择封泥封住玻璃容器以行保护，然后是规范用火的忠告。这位教师警告门徒，在制造出溶剂E以后要安全存放，“现在你可以说你有刺鼻溶媒供你差遣……通过它，所有实体都能快速还原成它们的第一物质”。[82]

48

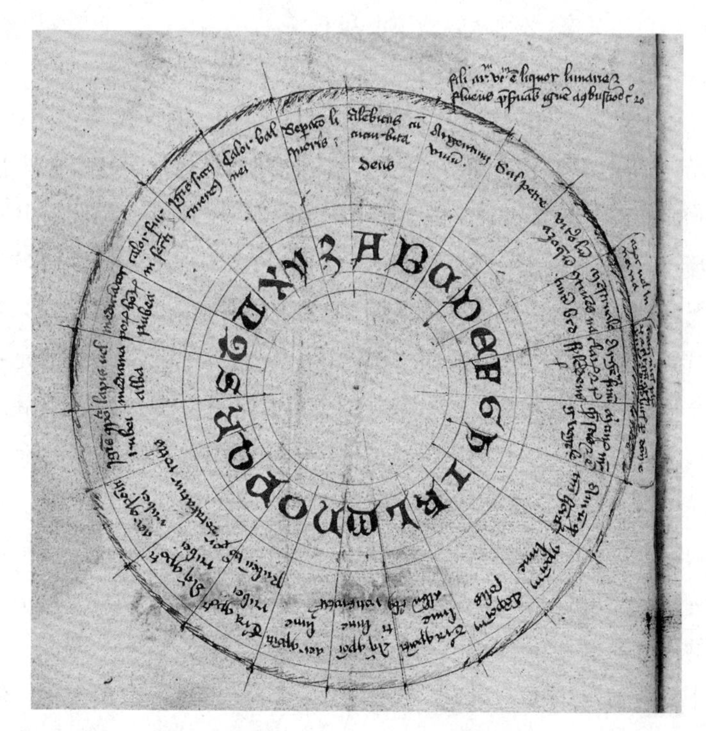

注：轮子始于A(Deus)，指上帝。实践从B(Argentum viuum)开始。

资料来源：耶鲁大学拜内克珍本书籍与手稿图书馆梅隆手稿12，fol. 97v。蒙拜内克珍本书籍与手稿图书馆允准。

图1.1　托名柳利之轮，《遗嘱：实践》

49　升华水银是中世纪晚期炼金术中使用最广泛的流程，出现在几百份配方和大批哲学论述中，包括主要权威作品如托名贾比尔的《完美掌握大全》和托名阿纳德的《哲学家的玫瑰园》，也包括阿拉伯起源的较早作品。[83]因此，这位教师采用升汞作为他那水银主义的炼金术的起点，这完全符合14世纪炼金术历史的总体趋势。然而水银也在文本中扮演一个类比角色，不仅指液体，还指挥发精油的属性，这让事情变得更复杂。例如，这位教师在某处把这种刺鼻溶媒的所有三种成分都描述为"水银"，可能是暗指它们受热时的挥发性，这就要求践行者们妥当封住烧瓶：

> 你应当用布条封住[球形烧瓶的]各个接口，布条上糊着面粉混合蛋清制成的浆糊，这样三合一水银——盐分、玻璃质和潮湿性三合一——的属性才不会丧失。[84]

按照这一段，溶剂E从硝石那里继承了盐分，从硫酸盐那里继承了玻璃质，并从水银那里继承了潮湿或水性。我们也可以把这段读成对升汞外观的评注，它升华成一种精细的白色结晶态，必须从容器顶上刮下来。

不过这一段落的真实意义不怎么在于程序的新颖，而更在于语言的模糊性，这使它仍有被质疑的空间，相应地也有不同的阐释空间。在实践条件下，矿物溶媒BCD或E的身份取决于B的性质。例如，假如这位教师意在用B指常见水银，用C指硝石，用D指硫酸盐，那么产生的溶媒可能当真制造出升汞。但假如B不打算按照字面阐释，而是用来指从一种基础金属(比如铅)中提取的本质性"水银"呢？若

50　是这种情况，E将是某种完全不同的东西，是在由硝石和硫酸盐(C和D)制成的硝酸中溶解"铅汞"的产物。在此例中，水银作为一个技术术语的易变性允许我们对此段落进行多种解读，有可能令别种基础炼金术的路径生效。事实上，后来雷蒙德的15世纪评注者乔治·里普利采纳的正是这样一种解读，我们将看到，他在自己的炼金术作品中力主使用铅这类基础金属。

至此，我们只追踪过同矿物成分有关的流程。但我们该如何理解实践之轮上的第七种物质——用G指代的物质？费了这么大劲，发现这位教师只不过把这种至关重要的成分界定为"你知道的那种水银"，这真令人恼火。[85]

不同于其他物质，这位教师在《实践》这一部分没有透露G的身份。他的措辞"你知道的"表示的是相反的意思，实际是不打算让我们知道，或不让我们轻易知道。不过，对一种被编码的炼金术物质使用此类属于典型套话的措辞，表明G是工作中一种极其重要的成分，重要到它的身份不应被轻易泄露。实际上，G指教师先

前在《理论》中暗指的两种主要“水银”中的第二种。这种物质拥有一种植物特性，被界定为有生长能力，或能让其他金属生长。在《实践》中它被称为“植物G”，或被简单称为“我们的水银”。一旦与刺鼻溶媒E相结合，这种植物水银就有助于从金和银中提取另一种“水银”。这些金属般的水银构成了这位教师心目中受欢迎的“矿物”水银，这是一种通过其神秘莫测的表亲——“植物”水银——的活动而产生的物质。

正如《遗嘱》的读者快速掌握的，为了获得珍贵的金水银和银水银，必须破译G的身份。这位教师在此点上一般含糊其辞，但他的确在关于一种据推测能溶解黄金的“腐蚀水”的配方中留下一条暗示：

> 取2盎司G并用一只含2盎司常见种类也就是葡萄酒水的球形烧瓶提取它的体液，然后放入1盎司你希望溶解的黄金……。之后，令此物质凝结，用球形烧瓶分离出水，再往里装入larien① 汁液——它在别处被叫作“银扇草”，用量随意；然后你将看到黄金溶解成一种太阳颜色的植物水。这样我们就用三种东西形成了第三个圆形图案，由K指代。[86]

51

G在这里似乎与另一个代号——“larien”或“银扇草”的汁液——相等。虽然这个术语从未被阐明，但它的确早已出现在《理论》中，这位教师在那里指示说：“你可以取用银扇草的汁液并用小火烘出它的汁水，这样我们的水银之一的液态就应该在你的掌握之下。”[87]在这个场景中，银扇草可以被认为是水银的一个代号，它的“汁液”应当对应升汞，按配方所提示的，升汞实际上可溶于“葡萄酒水”（乙醇）中。但是它在《实践》中出场的语境令其身份无法确定。例如，银扇草可以被简单设想为一种得自葡萄酒的产品，比如酒石，或可能是一种能溶于酒精的金属化合物。不管哪种，这位教师谜一般的叙述都为一种立足于使用葡萄酒基溶剂的阐释开启了大门。由于《遗嘱》的问世与人们对把蒸馏葡萄酒用作药剂的兴趣日益增长这一现象同步，因此后来的读者迅速把握机遇，并在此过程中意识到炼金术作为一门既修复金属又治疗人体之艺术的前途。

① 这个词除了用作名字便没有明确词义，词源可以追溯到“月桂”。这里用引号，应表示只是一个特定称呼，接着又说可以称为“银扇草”，作者接着也说了“larien”和“银扇草”都是代号，所以干脆不译。——译者注

植物水银

水银拥有一种植物品质，此观念在欧洲炼金术中并不新鲜，水银主义的论著频频暗指水银或其他基础金属的植物性质，也提及它们不便消化的粗糙特点。例如，水银可能被视为最粗糙或最难消化的金属，因为它的品性依旧与所有金属由以产生的原始"水银"原理最接近。然而历经14世纪，医药的发展——纳入通过蒸馏葡萄酒制成的不折不扣的植物成分——为哲学家那初始物质的植物特点提出了一个令人兴奋得多的解释。

52 截至14世纪30年代，把葡萄酒用于治疗目的已经在西方医药实践中站稳脚跟，一如蒸馏葡萄酒以提取乙醇——"生命水"或"燃烧水"。[88]不过，自13世纪后半叶以来，部分归因于令蒸馏从事者能制造近乎无水之酒精的新技术和新设备，医学从业者们已经开始生产酒精度较之前高的蒸馏液。这些人当中的佼佼者是著名的博洛尼亚(Bologna)医学教授塔戴欧·阿尔德罗蒂(Taddeo Alderotti，1295年卒)，他撰写了七篇医案，赞扬高度精馏的葡萄酒挥发液。新产品要求新设备，而阿尔德罗蒂也描述了一种用他自己设计的设备制造高酒精度生命水的方法，这是一种有外接管的烧瓶，可令馏出液更快冷却。[89]此方法制造出一种清澈易燃的水，它可以用于保存有机物质以免腐败，也可以用来提取药草和香料的有益"精华"。阿尔德罗蒂欢呼道，这种生命水"有无上光荣，是所有医药的母亲和女主人"，这句话后来被那位教师在《遗嘱》中引述。[90]

馏出液作为炼金术(而不仅仅是医学)产品的重要意义是基于方济各会第三会成员鲁伯斯西萨的约翰(John of Rupescissa/Jean de Roquetaillade)的声明，他对葡萄酒挥发液的不寻常品质印象深刻，它似乎能保护实体免受岁月和疾病侵害。约翰在14世纪50年代早期创作了其著名的《论精质书》(*Liber de consideratione* 53 *quintae essentiae*)，正当黑死病开始于欧洲民众中肆虐几年之后。[91]在全欧洲范围的饥荒和教会分裂之后，瘟疫接踵而来，这对很多人而言暗示着末日临近，此种焦虑也影响了对炼金术转化能力的思考。

那位"遗嘱教师"之前曾仔细考虑哲学家之石承受审判日炼狱之火的能力。[92]鲁伯斯西萨这位千禧年预言家受到约阿希姆·达·菲奥雷(Joachim da Fiore)的启示论预言的影响，认为炼金术技巧提供了许多迫切的帮助。对约翰而言，反复精馏的葡萄酒挥发液提供了一种行之有效又不贵的药物，可以让他的属灵弟兄们在对抗预期就要到来的敌基督时增强体质。他把这种物质称为“我们的天国”，由此暗指它为永恒的以太或构成天体的“第五精质”提供了一个尘世类比。正如亚里士多德的宇宙论中，诸天能抗拒变化，约翰自己的尘世精华似乎也能保护有机物质以免腐败。它还是一种强效溶剂，比普通的燃烧水更具穿透力，且不仅能提取动物物质和植物物质的精华，也能提取包括锑块和黄金在内的金属物质的精华。

约翰认为这种精质更属于医学领域而非传统的炼金术领域。他在全书中都把自己的实践称为“医学”，与“炼金术黄金”形成鲜明对照，后者是一种用来腐蚀人的有毒物质，与这种精质不适宜，该精质不仅可以安全摄取，还能够治疗大多数棘手疾病，包括麻风病和眼下的瘟疫。[93]这种区分出现在一个医师们已经日益注意到乙醇基药物的时代，因此有助于把此种精质确立为炼金药物学这个新流派的基础。

它也将成为托名柳利炼金术的一个主要部分。鲁伯斯西萨的约翰可能蔑视质变术（至少在他的文本中），但他的精质为寻求破译《遗嘱》关于可炼制黄金之植物水银——神秘的G——这一谜语的读者们提供了一条有希望的探询路线。[94]14世纪归于雷蒙德·柳利名下的托名作品采用了这条路线，《关于自然秘密亦即精质的书》构成综合式炼金术作品最有影响力的例子之一，而它的标题就透露出鲁伯斯西萨小册子的影响。[95]该书作者身份不明，但他显然对正宗柳利作品和之前以柳利风格写的炼金术作品比如《遗嘱》非常熟悉。尽管《关于自然秘密亦即精质的书》的前两卷很大程度上衍生自鲁伯斯西萨《论精质书》的医学路径，但关于质变术的第三卷利用了《遗嘱》的炼金术。因此，《关于自然秘密亦即精质的书》是雷蒙德特意“拼接”两种截然不同的工作主体——“遗嘱教师”的矿物炼金术和鲁伯斯西萨的约翰的葡萄酒基药物——的产物。

54

将彼此分离的文本传统拼接起来制造一种可用的实践，此举依靠把含义读入文本，该书正是一个显著例子——假定鲁伯斯西萨的“葡萄酒精质”和《遗嘱》的“植物水银”本质上是同种物质产品。事实上就是这样，这种精质可以安全地替换到那位教师为诸如G和“银扇草”这些代号的难懂用法提供的阐释空间中，而不会影响流程的化学结果。如此替换除了能提供对文本的一种评注形式，还能带来一种新的实践炼金术。此解读并不必然是欺诈，因为植物水银的身份从未在《遗嘱》中宣明，这为葡萄酒挥发液其实就是预期成分的可能性留下了空间。那位教师也熟悉阿尔德罗蒂提倡的那种蒸馏酒精，此事实可为该种阐释提供进一步支持。

为加强两种传统的关联，撰写《关于自然秘密亦即精质的书》的雷蒙德采纳了

55 那位教师的“植物水银”和“银扇草”措辞来描述他自己的精萃水。尽管共享术语之举有助于掩饰文本主体中两个流派之间的裂痕,但雷蒙德将教师的(虽然可能是矿物出身的)植物水银替换成葡萄酒精质的做法却从根本上改变了《遗嘱》中的基础炼金术,亦即仍然主要考虑金属和盐类这些矿物质的炼金术。虽然他对植物水银的接纳暗指了一种共享基质,但将两种实践路径混合起来实际上令该术语承受了相当大的阐释压力。借用一个炼金术类比来讲,这个术语既会稳定文集,又使之易于挥发。①

许多水银?

雷蒙德的替换令那位教师的水银主义的炼金术与时俱进,将一种更传统的质变术路径同新近一种受欢迎的药物学革新糅合起来。然而托名柳利文集那形形色色的起源为随后几代炼金术士展现出一个注解困境。一方面,《遗嘱》和《附加条款》(*Codicillus*)布讲一种金属基炼金术,此炼金术聚焦于矿物溶剂,只一笔带过地提及植物产品。另一方面,《关于自然秘密亦即精质的书》纵情倡导使用植物和药草,这两者都是制作葡萄酒精质的基础,也是“改善”大量医用仙丹和质变仙丹的手段。事实上,雷蒙德在加强其作品的医学资格证明方面比鲁伯斯西萨走得更远,他宣称,从前那些基本权威如希波克拉底和盖伦就知道这种精质,由此寻求调和约翰的激进炼金药物学同正统的盖伦医学,但这种调和方法是那位攻击旧观念的方济各会士一准绝不原谅的方法。[96]

此种脱节导致的一个结果是,演化出一种基于两种“水”的新传统,一种水是用于制作炼金术金银的有毒矿物溶剂,另一种是用于医药且在某些情况下也可能被用于质变术的天国精质。进行这种物质和功能上的区分变成托名柳利文集中最典型的特征之一,它显然依傍《遗嘱》分别使用矿物水银和植物水银的举措。评注者
56 们没有设想单一的多功能石头,而是日益开始描述石头的**多样性**,每种石头都立足于不同原理并服务于不同目的。当这套文集扩展到在矿物石和植物石之外又吸收了通过蒸馏血液或尿液制作动物石的观念时,这种隐喻性转换兜回了原点。[97]

---

① 按照字面,把 volatile 译为“动荡易变”仿佛更适合指文集/文本的特点,但这里明确说了是借用炼金术类比,而 volatile 在炼金术语境下意为“易挥发”,与“稳定”(stabilize)相对。——译者注

此多样性在《论缩略程序的书信》(*Epistola accurtationis*)这部以实践为焦点的短小作品中得以明晰,它可能创作于14世纪后期,讨论了动物石、植物石和矿物石的缩略程序。①这部《论缩略程序的书信》在英格兰广泛流传,甚至赢得了在14世纪末之前就被译为英语的殊荣,这在托名柳利作品中实属罕见。[98]它的流行可能与如下事实相关:它在托名柳利作品集中首次假定存在三种彼此分离的石头——用不同的"水"制成并有着不同应用。性质、组成和功能必须一致,因此,基于一种由硫酸盐和朱砂制成之腐蚀水的矿物石只适合质变金属,而医用植物石提取自一种植物水,并能够"恢复生长和保存许多实体免遭意外腐化"。[99]用血液制作的动物石被以神秘又模糊的术语描述。它用于质变所有东西,但也是人类身体的完美药物。尽管它比一切别种石头包含更多科学知识,雷蒙德却在它身上用心寥寥,而且虽说那个时代有对血液馏出液的兴趣,但我们可以怀疑,他纳入动物仙丹的主要目的是完善亚里士多德、培根、阿纳德和其他人影射到的石头套装。[100]

在柳利权威的保护伞之下把各不相同的实践、目标和物质原理捆绑在一起,让这些作品赢得一份自然哲学的体面,而较卑微的配方集无法享有此种体面。尽管有些托名柳利的论著比如《清单》(*Repertorium*)依旧保持那位教师主要聚焦冶金的焦点,但其他论著在他们的读者面前安排了一场货真价实的炼金术成分盛宴。结果之一就是给托名亚里士多德那难以捉摸的"动物的、植物的和矿物的石头"塞进一种新含义,它不再仅仅是对单独一种普遍仙丹的类比,而是成分多样性及炼金术追求多样性的一份宣言,此宣言藐视将炼金术同伪造金属轻率作比。然而这石头的各种物质原理依旧盖在水银这一语言的面纱之下,遮掩之深,以致有时候它们被用乍看起来可能是激进"冶金学"解读的东西来捍卫。那么毋庸诧异,直到今天,评注者们都还在奋力准确鉴定炼金术士们提到他们的原初物质或他们的水银时究竟意指何物。 57

讲述炼金术的历史

《关于自然秘密亦即精质的书》现在固然被承认是伪造的柳利作品,但这显然

① 原文提供了"缩略程序"的另一个名词"accurtations",这个词来自该作品的中世纪英语译本,不见于字典,但作为书名和专有名词在后文还会出现,故加以说明。——译者注

不是雷蒙德的中世纪后期读者的认识。对那些把《遗嘱》和《关于自然秘密亦即精质的书》都视为柳利权威之作的人而言,这些书构成互证,使阐释更容易,因此提供了成功复原他们实践内容的更好机会。《关于自然秘密亦即精质的书》通过揭示出银扇草的身份就是葡萄酒的精质而阐明了《遗嘱》,证明"植物水银"不仅仅是个隐喻。柳利文集的内容加在一起仿佛具体表达出炼金术的**离散**技巧,即一个流程的各个分离部分分布在不同的文本中,以隐藏整体的性质,"一本书打开另一本"这句格言说明了该策略。

文本之间的交叉引用促进了读者对重构往昔实践的展望,但它也允许他们重构炼金术历史的本尊。除了技术性内容,炼金术作品的手抄副本频频提供传记-书目细节的片段,或者可被阐释成传记-书目信息的迹象。例如,《遗嘱》存世的最早副本之一——牛津大学基督圣体学院图书馆手稿 244——就包括了一张将为后来一些传说提供论据材料的书籍末页。它宣称,该书于 1332 年撰于伦敦塔旁边的圣凯瑟琳医院(Hospital of St. Katherine),并题献给"伍德斯托克(Woodstock)的爱德华国王……我们将眼下这本《遗嘱》交于他手以妥善保管"。[101]1332 年的英格兰国王自然是爱德华三世。

58

对 15 世纪的读者而言,柳利和爱德华之间的关联不必然看着像虚构的,因为它被看似可信的文献证据证明。可以想见的是,《遗嘱》是一位移居英格兰的加泰罗尼亚人的作品,他乐观地将它题献给爱德华,希望获得王室资助,此种可能性得到爱德华对质变术确然感兴趣这一事实的支持。然而,由于《遗嘱》的最早存世手抄副本是 1455 年的产品,比声称的创作时间晚一个多世纪,所以书籍末页或对伍德斯托克的爱德华的指涉都不能被假定为那部作品的原始内容。[102]

无论如何,对后来的读者而言,该指涉构成英格兰的勇士国王同欧洲一位最出名的行家里手间有关系的证据。此种关系轻易让人想到亚历山大大帝同其导师亚里士多德间的关系,一如雷蒙德的论著为托名亚里士多德的动物的、植物的和矿物的石头提供了一个貌似可信的务实阐释。与柳利的关联也为追求炼金术提供了一个虔诚的基础,此基础让炼金术远离同骗子和货币犯罪联系在一起的不计后果的逐利之举。历史上的柳利把大半生命和学术投入令穆斯林皈依基督教这一任务,该主题回荡在《附加条款》中,这是一篇 14 世纪的论述,可能也是"遗嘱教师"所写。[103]如题所示,创制这部作品是作为这位作者假定之遗嘱(《遗嘱》)的附加条款,他宣称自己已在"著名的爱德华国王"的请求下拟定遗嘱,"在他上述神圣保管和保护下,哲学的伟大记忆或知识将不会令邪恶者获益"。该作者相信,多亏有王室支持，他的知识遗嘱将不被应用于谋求个人利益，而是“被用于令异教徒改宗并持守信仰，忠信者赖此信仰获得拯救……它不仅有助于身体的益处，还有助于思维 59 和灵魂的永恒益处”。[104]

当今学者可能只把这些内容解释为这位教师力图惟妙惟肖地模仿柳利的虔诚，但后来的读者把它当作雷蒙德曾经在某种情况下同意为爱德华制造黄金以推进其基督徒使命的证据。对于那些把这位国王认作本国的爱德华三世的英格兰读者来说，此证据具有高度提示性。人人都知道，爱德华资助的不是一支十字军，而是对法兰西的侵略，这项事业将成为他和他下个世纪的后代们的终身事业。[105]于是，对炼金术的历史观而言，所有要素都准备就绪，在这种历史观下，柳利的质变术使得爱德华既能资助铸造新式金币，又能资助百年战争打响第一枪。在柳利的传说中，炼金术的经济重要性和雷蒙德的哲学资格证明糅合成一个单一叙事，炼金术及其博学的践行者们以尽可能最切实的方式对英格兰的形成做出贡献。

炼金术实践和炼金术历史皆非凭空诞生。在这两者中，读者都将文本线索同源自别处的证据——包括他们测试炼金术物质的亲身经历——合并。在炼金术历史这方面，那些《附加条款》的读者们既“知道”作品为柳利所撰，也知道爱德华没有为十字军而战，但他们为了就雷蒙德与英格兰国王的关系提供一个貌似可信的解释而要弄了历史。这历史虽是虚构，却仍然与爱德华对待瓦尔登的约翰的出名举动相容，纵使对一个历史人物而非一个传说角色而言更合理的是，约翰并非因为质变成功而遭拘押，倒更像是因为自己的失败而入狱。约翰的不幸遭遇是段不完美的回忆，但竟然也有助于后来关于柳利英格兰事业的故事——它作为一个有历史事实的内核在被加以虚构般的复述时得到精心设计和改进。

生成炼金术历史的那种替换和拼接也带来了对实践的新视野。如我们在后面的章节要看到的，托名柳利炼金术的实践内容虽然受到尊敬，但却不是按照表面价 60 值来解读，而是被炼金术士们根据自己对炼金术的物质和操作的经验以及他们自己的炼金术阅读法来测试和重新阐释。这些践行者找到方法把自己的实际发现回读到他们的资料中，哪怕他们产生了对物质之性质及物质之相互作用的新洞见，却还是重新肯定了往昔行家们的权威性。这种搞哲学的方式既服务于炼金术的过去，也服务于炼金术的当下。对炼金术阅读的大胆展示证明了权威和评注者的微妙心机，前者表现在给自己的术语编码，后者表现在巧妙地揭示这些术语的真实含义。虽说读者们必定曾希望他们的书籍也能开启实践之门，但其实这种技巧展示出的是，当使用一本书打开另一本书时，什么东西利害攸关。正确破译满足的不仅是逻辑连贯性的要求，它还带来程序复制。自15世纪以来，随着英格兰践行者们开始了寻求炼金术赞助之旅，解释模糊文本和重构困难实践将构成一体两面。

【注释】

[1] Oxford, Bodleian Library, MS Ashmole 396, in *Secretum Secretorum*, ed. Manzalaoui, 67.

[2] J[ean] S[aulnier], "A doctrine Concerning the transmutation of Mettalls written by the most reuerend Man Jo. S. & dedicated to his sonne", London, British Library, MS Sloane 363, fols. 19v-20r(seventeenth century)。这是让·索尼耶(Jean Saulnier)写于1432年的法文论著的英译。原始文本见 Michela Pereira, *The Alchemical Corpus Attributed to Raymond Lull*, 44n42; J. A. Corbett, *Catalogue des manuscrits alchimiques latins* (Paris: Office International de Labraire, 1939, 1951), 2:153。

[3] 柳利传说的形成，见 Michela Pereira, *The Alchemical Corpus Attributed to Raymond Lull*, esp. 39—40。

[4] Ibid., 1—2n6.

[5] 我们关于托名柳利炼金术的知识大体源于米凯拉·佩雷拉无比广博的学术研究，尤见"导论"注释[35]引述的那些作品。

[6] 关于14世纪困扰英格兰和北欧的各种经济困难，见 David L. Farmer, "Prices and Wages, 1350—1500", in *The Agrarian History of England and Wales*, vol. 3, *1348—1500*, ed. Edward Miller (Cambridge: Cambridge University Press, 1991), 431—525; John Hatcher, "Plague, Population, and the English Economy, 1348—1530", in *British Population History: From the Black Death to the Present Day*, ed. Michael Anderson(Cambridge: Cambridge University Press, 1996), 9—94; William Chester Jordan, *The Great Famine: Northern Europe in the Early Fourteenth Century* (Princeton: Princeton University Press, 1997)。关于经济措施及其对铸币的影响，见 Martin Allen, *Mints and Money in Medieval England* (Cambridge: Cambridge University Press, 2012)。

[7] National Archives, Coram Rege Roll, 362, 25 Edward III, Hilary Term, Rex m.4d，被 Dorothea Waley Singer and Annie Anderson, *Catalogue of Latin and Vernacular Alchemical Manuscripts in Great Britain and Ireland Dating from before the XVI Century* (Brussels: Maurice Lamertin, 1928, 1930, 1931), 3:777—780 引用。韦斯顿见 T. F. Tout, *Chapters in the Administrative History of Mediaeval England: The Wardrobe, the Chamber, and the Small Seals* (Manchester: Manchester University Press, 1928), 4:268。

[8] *Oxford English Dictionary*, s.v. "alconomie".

[9] London, British Library, MS Sloane 513, fol. 155r(fifteenth century)："这门技术我称之为'炼金术'(alkonomyȝe)。"

[10] William Langland, *The Vision of Piers Plowman: A Critical Edition of the B-Text Based on Trinity College Cambridge MS B.15.17*, ed. A. V. C. Schmidt, 2nd ed. (London: J. M. Dent, 1995), Passus 10, l. 215："炼金术实验欺骗人民"; Gower, *Confessio Amantis*, vol. 2, bk. 4, l. 2625："它以自然为基础"。

[11] National Archives, Patent Roll, 3 Edward III, pt. 1, m.21，被 Singer and Anderson, *Catalogue of Latin and Vernacular Alchemical Manuscripts*, 3:777—778 引用。

[12] National Archives, Patent Roll, 11 Edward III, pt 1. m.20d.; Singer and Anderson, *Catalogue of Latin and Vernacular Alchemical Manuscripts*, 3:778—779.

[13] 例外的是亨利八世 1257 年不受欢迎也估值偏低的金便士，它至多流通了几年，见 John Evans，"The First Gold Coins of England"，*Numismatic Chronicle and Journal of the Numismatic Society* 20(1900)：218—251；David Carpenter，"Gold and Gold Coins in England in the Mid-Thirteenth Century"，*Numismatic Chronicle* 147(1987)：106—113。

[14] 关于伪造硬币的冶金成分，见 M. B. Mitchiner and A. Skinner，"Contemporary Forgeries of English Silver Coins and Their Chemical Compositions：Henry III to William III"，*Numismatic Chronicle* 145(1985)：209—236。

[15] Martin Allen，*Mints and Money in Medieval England*，381.

[16] Ibid.，68.对犹太人社区课税日多的同时镇压他们，这是 1290 年《驱逐法令》(Edict of Expulsion)的先兆，相关内容见 Robin R. Mundill，*England's Jewish Solution：Experiment and Expulsion，1262—1290*(New York：Cambridge University Press，1998)。

[17] "宣布何种冒犯将被定为谋反"，25 Edw. 3 Stat. 5 c.2。见 J. G. Bellamy，*The Law of Treason in England in the Later Middle Ages*(Cambridge：Cambridge University Press，1970)，85—86。

[18] "House of Cluniac Monks：The Priory of Montacute"，in *A History of the County of Somerset*，vol. 2，ed. William Page(London：Victoria County History，1911)，111—115；*British History Online*，https://www.british-history.ac.uk/vch/som/vol2/pp111—115(2014 年 12 月 28 日访问)。

[19] "Houses of Austin Canons：Priory of Little Dunmow"，in *A History of the County of Essex*，vol. 2，ed. William Page and J. Horace Round(London：Victoria County History，1907)，150—154；*British History Online*，https://www.british-history.ac.uk/vch/essex/vol2/pp150—154(2014 年 12 月 28 日访问)。

[20] A. P. Baggs et al.，"Houses of Cistercian Monks：The Abbey of Combermere"，in *A History of the County of Chester*，vol. 3，ed. C. R. Elrington and B. E. Harris(London：Victoria County History，1980)，150—156；*British History Online*，https://www.british-history.ac.uk/vch/ches/vol3/pp150—156(2014 年 12 月 28 日访问)。

[21] 见下文注释[27]。

[22] Mitchiner and Skinner，"Contemporary Forgeries of English Silver Coins and Their Chemical Compositions".

[23] National Archives，Close Roll，C.54，No. 235，17 Richard II，被 Singer and Anderson，*Catalogue of Latin and Vernacular Alchemical Manuscripts*，3：781—782 引用。

[24] Singer and Anderson，*Catalogue of Latin and Vernacular Alchemical Manuscripts*，3：782.

[25] National Archives，Coram Rege Roll，No. 448，47 Edward III，Hilary Term，Rex m.15.d，也被 Singer and Anderson，*Catalogue of Latin and Vernacular Alchemical Manuscripts*，3：781 引用。这份资料的英文摘要见 H. G. Richardson，"Year Books and Plea Rolls as Sources of Historical Information"，*Transactions of the Royal Historical Society*，4th ser.，5(1922)：28—70，on 39。布伦利见 Carolyn P. Collette and Vincent DiMarco，"The Canon's Yeoman's Tale"，in *Sources and Analogues of the Canterbury Tales*，vol. 2，ed. Robert M. Correale and Mary Hamel(Cambridge：D. S. Brewer，2005)，715—747，on 720—721。

[26] 虽说假金属的非法性没有争议，但一些欧陆宗教法规专家的确推断过，质变出来的货真价实的黄金可以合法售卖，见 Tara Nummedal，*Alchemy and Authority in the Holy Roman Empire*，151。

[27] National Archives，Statutes of the Realm，5 Henry IV，cap. IV，被 Singer and Anderson，*Catalogue of Latin and Vernacular Alchemical Manuscripts*，3：782 引用。译文见 D. Geoghegan，"A Licence of Henry VI to Practise Alchemy"，*Ambix* 6(1957)：10—17，on 10n1。

[28] "Folios cxxxi—cxlii：Feb 1413—14"，in *Calendar of Letter-Books of the City of London：I，1400—1422*，ed. Reginald R Sharpe(London：His Majesty's Stationery Office，1909)，122—130；*British History Online*，https://www.british-history.ac.uk/london-letter-books/voli/pp122—130(2014 年 12 月 28 日访问)。

[29] 关于阿拉伯炼金术著作译为拉丁文，见 Sébastien Moureau，“*Min al-Kīmiyā' ad Alchimiam*：The Transmission of Alchemy from the Arab-Muslim World to the Latin West in the Middle Ages”，in *The Diffusion of the Islamic Sciences in the Western World*，ed. Agostino Paravicini Bagliani，Micrologus' Library 28（Florence：SISMEL，2020），87—142；Robert Halleux，“The Reception of Arabic Alchemy in the West”，in *Encyclopedia of the History of Arabic Science*，ed. Roshdi Rashed（London：Routledge，1996），3：886—902；Lawrence M. Principe，*The Secrets of Alchemy*，chap. 3。翻译运动对一般意义的科学知识之影响的综述，见 Charles Burnett，“Translation and Transmission of Greek and Islamic Science to Latin Christendom”，in *The Cambridge History of Science*，vol. 3，*Medieval Science*，ed. David C. Lindberg and Michael H. Shank（Cambridge：Cambridge University Press，2013），341—364。

[30] 古希腊晚期配方最重要的汇编之一被假托到哲学家德谟克利特（Democritus）名下，保存于一系列东罗马摘要中，见 Matteo Martelli ed. and trans.，*The Four Books of Pseudo-Democritus*，Sources of Alchemy and Chemistry 1（Leeds：Maney，2013）。其他重要的汇编包括一本简洁的工艺配方辑本——约 600 年的《地图的钥匙》（*Mappae clavicula*），由于在整个中世纪被反复重抄而幸存，还有约 1125 年的《论若干艺术》（*De diversis artibus*），是一本由僧侣西奥菲勒斯（Theophilus）制作的工艺手册，既利用了更早的材料，也吸收了时新的染色技术和玻璃工艺。见 Cyril Stanley Smith and John G. Hawthorne ed. and trans.，*Mappae clavicula*：*A Little Key to the World of Medieval Techniques*（Philadelphia：AMS，1974）；Theophilus，*On Divers Arts*：*The Foremost Medieval Treatise on Painting*，*Glassmaking*，*and Metalwork*，ed. and trans. John G. Hawthorne and Cyril Stanley Smith（New York：Dover，1979）。关于传递工艺知识的语境及其与保密的关联，见 Pamela O. Long，*Openness*，*Secrecy*，*Authorship*，esp. chap. 3；William Eamon，*Science and the Secrets of Nature*，chap. 1。

[31] 关于《众妙之妙》，见 Mahmoud Manzalaoui，“The Pseudo-Aristotelian Kitab Sirr al-asrar：Facts and Problems”，*Oriens* 23—24（1974［1970—71］）：148—257；Steven J. Williams，*The Secret of Secrets*：*The Scholarly Career of a Pseudo-Aristotelian Text in the Latin Middle Ages*（Ann Arbor：University of Michigan Press，2003）；Williams，“Esotericism，Marvels，and the Medieval Aristotle”，in *Il segreto*，ed. Thalia Brero and Francesco Santi，Micrologus' Library 14（Florence：SISMEL，2006），171—191。

[32] 阐释预言文学的难题，尤其是英格兰政治预言的日期、地点和人物信息，见 Lesley A. Coote，*Prophecy and Public Affairs in Later Medieval England*（Woodbridge：York Medieval Press，2000），esp. 31—37。炼金术与预言之间更明白的关联，见 Leah DeVun，*Prophecy*，*Alchemy*，*and the End of Time*：*John of Rupescissa in Medieval Europe*（New York：Columbia University Press，2009）；Chiara Crisciani，“Opus and sermo：The Relationship between Alchemy and Prophecy（12th—14th Centuries）”，*Early Science and Medicine* 13（2008）：4—24。

[33] 这是书籍末页写的日期，但文本传递的复杂历史意味着这不能作为定论。Morienus，*De compositione alchemiae*，in *Bibliotheca Chemica Curiosa*，2 vols，ed. Jean-Jacques Manget（Geneva：Chouet，1702），1：509—519.该文本有一个英译本可看，见 *A Testament of Alchemy*：*Being the Revelations of Morienus to Khālid ibn Yazid*，ed. and trans. Lee Stavenhagen（Hanover，NH：Brandeis University Press，1974）。近期对莫里安努斯的讨论见 Marion Dapsens，“De la Risālat Maryānus au *De Compositione alchemiae*：Quelques réflexions sur la tradition d'un traité d'alchimie”，*Studia graeco-arabica* 6（2016）：121—140。

[34] *A Testament of Alchemy*，38.

[35] 我将《众妙之妙》排除在“炼金术赞助”呈送副本之外。它作为“君王镜鉴”文学的一个范例，在炼金术实践之外还可以因为许多原因被呈递给王室赞助人。关于该文本在中世纪英格兰的流行度，见 Richard Firth Green，*Poets and Princepleasers*：*Literature and the English Court in the Late Middle Ages*（Toronto：Toronto University Press，1980），140—143。

[36] 炼金术在培根那里出现在"实验科学"语境下，见 Roger Bacon，*Opus majus*，ed. John Henry Bridges（Oxford：Clarendon Press，1897），2:214—215。培根的末日关怀见 Amanda Power，*Roger Bacon and the Defence of Christendom*（New York：Cambridge University Press，2013）；Zachary A. Matus，"Reconsidering Roger Bacon's Apocalypticism in Light of His Alchemical and Scientific Thought"，*Harvard Theological Review* 105(2012):189—222。延年益寿见 Agostino Paravicini Bagliani，"Ruggero Bacone e l'alchimia di lunga vita：Riflessioni sui testi"，in *Alchimia e medicina nel Medioevo*，ed. Chiara Crisciani and Agostino Paravicini Bagliani（Florence：SISMEL，2003），33—54；Faye M. Getz，"To Prolong Life and Promote Health：Baconian Alchemy and Pharmacy in the English Learned Tradition"，in *Health，Disease，and Healing in Medieval Culture*，ed. Sheila Campbell，Bert Hall，and David Klausner（New York：Palgrave Macmillan，1992），141—150。

[37] Roger Bacon，*Secretum secretorum cum glossi et notulis，tractatus brevis et utilis ad declarandum quedam obscure dicta Fratris Rogeri*，in *Opera hactenus inedita Rogeri Baconis*，fasc. 5，ed. Robert Steele（Oxford：Clarendon Press，1920），1—175，on 117—118.《众妙之妙》对培根炼金术的影响见 Stewart C. Easton，*Roger Bacon and His Search for a Universal Science：A Reconsideration of the Life and Work of Roger Bacon in the Light of His Own Stated Purposes*（Oxford：Blackwell，1952），on 30—31，73—73，77—86，103—104；Michela Pereira，*L'oro dei filosofi*；Eamon，*Science and the Secrets of Nature*；William R. Newman，"The Philosophers' Egg：Theory and Practice in the Alchemy of Roger Bacon"，*Micrologus* 3(1995):75—101；Newman，"Alchemy of Roger Bacon and the *Tres Epistolae* Attributed to Him"；Barbara Obrist，"Alchemy and Secret in the Latin Middle Ages"；Sébastien Moureau，"Elixir Atque Fermentum"。

[38] 达斯汀作品日期的确定见 Lynn Thorndike，*A History of Magic and Experimental Science*，3:85—102；W. R. Theisen，"John Dastin's Letter on the Philosopher's Stone"，*Ambix* 33(1986):78—87。这位炼金术士可能就是 1317 年在索斯韦尔（Southwell）获授大教堂圣职的"教师约翰·达斯汀"，爱德华三世在奥尔西尼的请求下授予他此职，见 José Rodríguez-Guerrero，"Un repaso a la alquimia del Midi Francés en al siglo XIV（parte I）"，*Azogue：Revista electrónica dedicada al estudio histórico crítico de la alquimia* 7(2010—13):75—141，on 92—101。

[39] 邓布雷的确切名字不知，因为手抄副本中的名字各异，比如写作 Dumbaley、Dumbeler、Dumblerius、Bumbelem 和 Bumbelam。他在 Thomas Tanner，*Bibliotheca Britannico-Hibernica：sive，de scriptoribus，qui in Anglia，Scotia，et Hibernia ad saeculi XVII initium floruerunt，literarum ordine juxta familiarum nomina dispositis commentarius*（London，1748），237 中的名字是 DUMBELEIUS [JOHANNES] de Anglia。《真正炼金术实践》清清楚楚题献给库诺二世，见 Lazarus Zetzner，*Theatrum chemicum*，6 vols.（Ursel and Strasburg，1602—61），4:912。《星团》的日期 1384 年据其书籍末页的题记确定，见 Oxford，Bodleian Library，MS Ashmole 1450，pt. 4，fol. 131v。尽管题献对象在我已经审阅过的手抄副本中都未被指名道姓，但邓布雷称呼他的赞助人"受尊敬的君王"（fol. 131v），这对特里尔教会公国的统治者是个恰当的称呼格式。伊莱亚斯·阿什莫尔（Elias Ashmole）在他誊录的文本[这个誊录本是根据 1584 年克里斯托弗·泰勒（Christopher Taylour）的誊录本抄写]的末尾提到另一段献词，"献给英格兰国王理查二世"，见 Oxford，Bodleian Library，MS Ashmole 1493，fol. 97。但是他没有提供该献词的来源，而内文证据和上下文证据暗示，这句献词是一位后来的读者依据邓布雷的国籍及其作品日期提出的，撰写日期碰巧是理查二世当政期。

[40] Sophie Page，*Magic in the Cloister*，11—12，16，18.

[41] Guy Beaujouan and Paul Cattin，"Philippe Éléphant（mathématique，alchimie，éthique）"，in *Histoire littéraire de la France*，vol. 41，*Suite du quatorzième siècle*（Paris：Imprimerie nationale，1981），285—363.

[42] 关于邓布雷及《真正炼金术实践》，见 Lynn Thorndike，*A History of Magic and Experimental Science*，4:188—190。

[43] Sophie Page, *Magic in the Cloister*, 127,引了 David N. Bell, "A Cistercian at Oxford: Richard Dove of Buckfast and London", *Studia monastica* 31(1989):67—87。

[44]《论灵魂》的阿拉伯文原稿[在学术界常被称为《论炼金术艺术中的灵魂》(*De anima in arte alchimiae*)]似乎12世纪创作于西班牙,见 Sébastien Moureau, *La "De anima" alchimique du pseudo-Avicenne*(Florence: SISMEL, 2016), 1:41—57。关于伊斯兰世界的西部对贾比尔炼金术的接受,以及该炼金术于13世纪经过翻译而对拉丁文炼金术作品施加的影响,这个组合文本都是重要证据。该文本的近代早期编辑本见 *De anima in arte alchimiae*, in *Artis Chemicae Principes, Avicenna atque Geber*, ed. Mino Celsi(Basel: Pietro Perna, 1572);一份现代批评性编校本加对该文本的一项权威研究见 Sébastien Moureau, *La "De anima" alchimique du pseudo-Avicenne*。也见 Sébastien Moureau, "Questions of Methodology about Pseudo-Avicenna's *De anima in arte alchemiae*: Identification of a Latin Translation and Method of Edition", in *Chymia: Science and Nature in Medieval and Early Modern Europe*, ed. Miguel López Pérez, Didier Kahn, and Mar Rey Bueno(Newcastle-upon-Tyne: Cambridge Scholars, 2010), 1—18; Sébastien Moureau, "Some Considerations Concerning the Alchemy of the *De anima in arte alchemiae* of Pseudo-Avicenna", *Ambix* 56(2009):49—56; Paola Carusi, "*Animalis herbalis naturalis*: Considerazioni parallele sul 'De anima in arte alchimiae' attribuito ad Avicenna e sul '*Miftāh al-hikma*' (Opera di un allievo di Apollonia di Tiana)", *Micrologus* 3(1995):45—74;William R. Newman, "The Philosophers' Egg"。

[45] 托名阿维森纳投入很深,以致在他自己的一个程序中运用该说法,*Deanima*, ed. Sébastien Moureau, 2:361:"取用不是石头也没有石头性质的石头,分开它,从中造出一个精神、一个灵魂和一个身体。"

[46] 该流程的详细讨论见 William R. Newman, "The Philosophers' Egg"; *De anima*, ed. Sébastien Moureau, vol. 1。

[47] 文森特在《自然之镜》(*Speculum naturale*)卷7至卷8和《学说之镜》(*Speculum doctrinale*)卷11引了阿维森纳。文森特的资料来源见 Sébastien Moureau, "Les sources alchimiques de Vincent de Beauvais", *Spicœ: Cahiers de l'Atelier Vincent de Beauvais*, n.s., 2(2012):5—118。

[48]《论灵魂》存世的最早手抄本晚于博韦的文森特创作《更大的镜子》,他的创作日期可能是13世纪后期到14世纪早期。这些手抄本统统不能令人信服地同英格兰联系起来,只是格拉斯哥大学图书馆亨特手稿253(Glasgow University Library, MS Hunter 253)可以设想为是在英格兰领地制作的,或更可信的说法是,在法兰西北部制作。感谢塞巴斯蒂安·穆罗肯定了这一点。

[49] Bacon, *Secretum secretorum*, 117—118.

[50] Bacon, *Opus tertium*, 85.

[51] 别把沃尔特·奥丁顿同沃尔特·伊夫舍姆(Walter Evesham)混淆,后者在该世纪的第二个二十五年间与牛津莫顿学院(Merton College, Oxford)有牵涉,见 Frederick Hammond, "Odington, Walter(*fl. c.* 1280—1301)", *Oxford Dictionary of National Biography* (Oxford: Oxford University Press, 2004; online ed., 2007)(2012年5月11日访问)。

[52] Frederick Hammond, "Odington, Walter".奥丁顿也创作了一部论地球年龄的作品《地球的年龄》(*De aetate mundi*),见 J. D. North, "Chronology and the Age of the World", in *Stars, Minds, and Fate: Essays in Ancient and Medieval Cosmology*(London: Hambledon, 1989), 91—115;Carl Philipp Emanuel Nothaft, "Walter Odddington's *De etate mundi* and the Pursuit of a Scientific Chronology in Medieval England", *Journal of the History of Ideas* 77(2016):183—201。

[53] 该论著幸存五份手抄本,包括1474年由一位威尔士人戴维·拉格(David Ragor)誊录的一份几近完整的抄本,见 British Library, MS Add. 15549, fols. 4r—20v,编辑本见 Phillip D. Thomas, *David Ragor's Transcription of Walter of Odington's "Icocedron"* (Wichita: Wichita State University, 1968), 3—24。也见 Lynn Thorndike, *A History of Magic and Experimental Science*, 4:127—132。

[54] Phillip D. Thomas, *David Ragor's Transcription of Walter of Odington's "Icocedron"*, 5.

[55] Ibid., 7.

[56] Ibid., 15.

[57] 硫汞论见导论注释[31]。

[58] 关于在炼金医学中使用蒸馏过的血液，尤见 Peter Murray Jones, "Alchemical Remedies in Late Medieval England", in *Alchemy and Medicine from Antiquity to the Eighteenth Century*, ed. Jennifer M. Rampling and Peter M. Jones(London: Routledge, forthcoming)。关于该主题的一部论著《致托莱多的雅各布论蒸馏人类血液的信》(*Epistola ad Jacobum de Toleto de distillatione sanguis humani*)托名威兰诺瓦的阿纳德，见 Michela Pereira, "Arnaldo da Vilanova e l'alchimia: Un'indagine preliminare", in *Actes de la I Trobada internacional d'estudis sobre Arnau de Vilanova*, vol. 2, ed. Josep Perarnau(Barcelona: Institut d'Estudis Catalans, 1995), 95—174, on 165—171; Antoine Calvet, *Les oeuvres alchimiques attribuées à Arnaud de Villeneuve: Grand œuvre, médecine et prophétie au Moyen-Âge*(Paris: S.É.H.A., Archè, 2011), 42, 572—579。

[59] 见 William R. Newman ed., *The Summa perfectionis of Pseudo-Geber*; Newman, "New Light on the Identity of Geber", *Sudhoffs Archiv für die Geschichte der Medizin und der Naturwissenschaften* 69 (1985):76—90;Newman, "The Genesis of the *Summa perfectionis*", *Archives internationales d'histoire des sciences* 35(1985):240—302。magistery(指《完美掌握大全》这个书名的用词。——译者注)一词不易翻译，它包含的意思不仅仅是精通、掌握；关于它在近代早期的各种含义，见 Martin Ruland Jr., *Lexicon Alchemiae sive Dictionarivm Alchemisticvm, Cum obscuriorum Verborum, & Rerum. Hermeticarum, tum Theophrast-Paracelsicarum Phrasium...* (Frankfurt, 1612), 310—313。

[60] 贾比尔关于成矿和质变的理论见 William R. Newman ed., *The Summa perfectionis of Pseudo-Geber*, chap. 4。

[61] William R. Newman ed., *The Summa perfectionis of Pseudo-Geber*, 682, 738.

[62] Ibid., 651.

[63] Ibid., 652.

[64] Ibid.

[65] Arnald of Villanova[pseud.], *De secretis naturae*, ed. Antoine Calvet, in Calvet, *Les oeuvresalchimiques*, 496.

[66] Avicenna [pseud], *De anima*, 107.

[67] 托名阿纳德的水银主义的炼金术路径见 Antoine Calvet, *Les oeuvres alchimiques attribuées à Arnaud de Villeneuve*。

[68] Arnald of Villanova [pseud.], *De secretis naturae*, 500.

[69] Ibid., 512.

[70] Ibid., 490.

[71] 在某个时间，可能是15世纪，这个加泰罗尼亚语版本被译回拉丁文。《遗嘱》的起源及其语言独特性见 Michela Pereira and Barbara Spaggiari eds., *Il Testamentum alchemico attribuito a Raimondo Lullo*; Michela Pereira, "Alchemy and the Use of Vernacular Languages in the Late Middle Ages", *Speculum* 74(1999):336—356, on 354—355。

[72] 归于贾比尔·伊本·哈延名下的作品全集都采用了知识的离散技巧，见 Paul Kraus, *Jābir b. Ḥayyān, contribution à l'histoire des idées scientifiques dans l'Islam*(Cairo: Institut français d'archéologie orientale, 1943), 1:XXVII—XXX。此技巧在欧洲炼金术传统中的运用见 Newman and Principe, *Alchemy Tried in the Fire*, 186—187。

[73] Michela Pereira and Barbara Spaggiari eds., *Il Testamentum alchemico attribuito a Raimondo Lullo*, 2:306.

[74]《遗嘱》的哲学背景见 Pereira, *L'oro dei filosofi*。我用"经院医学"指欧洲的大学把医学吸收进来作为一个基于自然哲学原理的学科，见后文第103—104页。

[75] 托名柳利的炼金术文集中使用的柳利图形见 Michela Pereira and Barbara Spaggiari eds., *Il Testamentum alchemico attribuito a Raimondo Lullo*, cxxxvii-clxiv; Pereira, " Le figure

alchemiche pseudolulliane: Un indice oltre il testo?", in *Fabula in tabula: Una storia degli indici dal manoscritto al testo elettronico*, ed. Claudio Leonardi, Marcello Morelli, and Francesco Santi (Spoleto: Centro italiano di studi sull'alto Medioevo, 1994), 111—118; Marlis Ann Hinckley, "Diagrams and Visual Reasoning in Pseudo-Lullian Alchemy, 1350—1500" (MSt thesis, King's College, University of Cambridge, 2017)。关于乔治·里普利在《炼金术合成》中使用的一个有关联的图形，也见 Jennifer M. Rampling, "Depicting the Medieval Alchemical Cosmos: George Ripley's Wheel of Inferior Astronomy", *Early Science and Medicine* 18(2013):45—86。

[76] Michela Pereira and Barbara Spaggiari eds., *Il Testamentum alchemico attribuito a Raimondo Lullo*, 1:196.

[77] Ibid., 1:196—198.

[78] Ibid., 1:198.

[79] Ibid., 2:310.

[80] 用硫酸盐和硝石制成的 *aqua fortis* 广义上等于现代的硝酸。但中世纪欧洲很少在不同矿物酸之间做区分，所以在实践中可能因为物质纯度和生产时的变异而导致结果差异相当大。

[81] Michela Pereira and Barbara Spaggiari eds., *Il Testamentum alchemico attribuito a Raimondo Lullo*, 2:316.

[82] Ibid., 2:318.

[83] 托名给阿尔-拉齐(al-Rāzī)的一部有影响的论著《关于铝和盐的书》(*Liber de aluminibus et salibus*)于12世纪以阿拉伯文写就，后来被译为拉丁文，其中有一些可能会产生(或旨在产生)升汞的升华水银流程。见 Jennifer M. Rampling, "How to Sublime Mercury: Reading Like a Philosopher in Medieval Europe", *History of Knowledge*, 24 May 2018, https://wp.me/p8bNN8—23p。

[84] Michela Pereira and Barbara Spaggiari eds., *Il Testamentum alchemico attribuito a Raimondo Lullo*, 2:318.

[85] Ibid., 2:310.

[86] Ibid., 2:324—326.

[87] Ibid., 1:38.

[88] Linda E. Voigts, "The Master of the King's Stillatories", in *The Lancastrian Court: Proceedings of the 2001 Harlaxton Symposium*, ed. Jenny Stratford (Donington: Shaun Tyas, 2003), 233—252; Lu Gwei-Djen, Joseph Needham, and Dorothy Needham, "The Coming of Ardent Water", *Ambix* 19(1972):69—112; R. J. Forbes, *A Short History of the Art of Distillation* (Leiden: Brill, 1970)。关于这些发展及其与炼金术实践的关系，尤其是在意大利，见 Chiara Crisciani and Michela Pereira, "Black Death and Golden Remedies: Some Remarks on Alchemyand the Plague", in *The Regulation of Evil: Social and Cultural Attitudes to Epidemics in the Late Middle Ages*, ed. Agostino Paravicini Bagliani and Francesco Santi (Florence: SISMEL, 1998), 7—39。

[89] Edmund O. von Lippmann, "Thaddäus Florentinus [Taddeo Alderotti] über den Weingeist", *Archiv für Geschichte der Medizin* 7(1913—14):379—389; Lu Gwei-Djen, Needham, and Needham, "Coming of Ardent Water", 70—71; Nancy G. Siraisi, *Taddeo Alderotti and His Pupils: Two Generations of Italian Medical Learning* (Princeton: Princeton University Press, 1981), 300—301.

[90] Taddeo Alderotti, *I consilia*，被 Nancy G. Siraisi, *Taddeo Alderotti and His Pupils*, 301 引用。

[91] 关于鲁伯斯西萨的约翰以及这种精质，见 F. Sherwood Taylor, "The Idea of the Quintessence", in *Science, Medicine and History: Essays on the Evolution of Scientific Thought and Medical Practice Written in Honour of Charles Singer*, ed. Edgar A. Underwood (Oxford: Oxford University Press, 1953), 1: 247—265; Robert P. Multhauf, "John of Rupescissa and the Origin of Medical Chemistry", *Isis* 45(1954): 359—367; Robert Halleux, "Les ouvrages alchimiques de Jean de Rupescissa", *Histoire littéraire de la France* 41(1981): 241—277; Leah DeVun, *Prophecy, Alchemy, and the End of Time*。

[92] Michela Pereira and Barbara Spaggiari eds., *Il Testamentum alchemico attribuito a Raimondo Lullo*, 1:14—16,讨论见本书下文第178—180页。

[93] John of Rupescissa, *De consideratione Quintae essentiae rerum omnium, opus sanè egregium* (Basel: Conrad Waldkirch, 1597), 22.

[94] 鲁伯斯西萨的约翰写过另一本论质变的书《光之书》(*Liber lucis*),看起来描述了用水银、硫酸盐和硝石制作升汞,见 Jean-Jacques Manget ed., *Bibliotheca Chemica Curiosa*, 2:84—87。对该文本的讨论见 Lawrence M. Principe, *The Secrets of Alchemy*, 64—67。

[95] 此书序言的编校本见 Michela Pereira, "Filosofia naturale lulliana e alchimia: Con l'inedito epilogo del *Liber de secretis naturae seu de quinta essentia*", *Rivista di storia della filosofia* 41(1986):747—780。该文本的复杂历史见 Michela Pereira, *The Alchemical Corpus Attributed to Raymond Lull*, 11—20; Pereira, "Sulla tradizione testuale del *Liber de secretis naturae* seu de quinta essentia attribuito a Raimondo Lullo: Le due redazioni della *Tertia distinctio*", *Archives internationales des sciences* 36 (1986):1—16。对其核心学说的讨论见 Pereira, "'Vegetare seu transmutare': The Vegetable Soul and Pseudo-Lullian Alchemy", in *Arbor Scientiae: Der Baum des Wissens von Ramon Lull. Akten des Internationalen Kongresses aus Anlaβ des 40-jährigen Jubiläums des Raimundus-Lullus-Instituts der Universität Freiburg i. Br.*, ed. Fernando Domínguez Reboiras, Pere Villalba Varneda, and Peter Walter (Turnhout: Brepols, 2002), 93—119。

[96] 雷蒙德对医学权威的颠覆见 Jennifer M. Rampling, "Analogy and the Role of the Physician in Medieval and Early Modern Alchemy", in Rampling and Jones, *Alchemy and Medicine*。

[97] 托名柳利《关于调查隐藏之秘的书》(*Liber de investigatione secreti occulti*)没把人尿鉴定为水银,而是鉴定为第一物质原理,用石头的"植物的"和"动物的"性质这些术语合理化该选择,说这石头既能自己生长也能自行复制,且因此它的第一原理应当从有生命的东西中提取,尤其从所有生物中最尊贵的人类身上提取。见 Michela Pereira ed., "Un lapidario alchemico: Il *Liber de investigatione secreti occulti* attribuito a Raimondo Lullo; Studio introduttivo ed edizione", *Documenti e studi sulla tradizione filosofica medievale* 1(1990):549—603, on 578—579。书籍末页题的日期是1309年,但这明显站不住脚,把它安放在14世纪末前后更可行。

[98] 这个中世纪英语译本见 London, British Library, MS Sloane 1091(fifteenth century), fols. 97r-101r;一个含拼写订正和句法订正的较晚的抄本见 Oxford, Bodleian Library, MS Ashmole 1508, fols. 266r-68v(伊莱亚斯·阿什莫尔誊录)。《论缩略程序的书信》的日期敲定见 Michela Pereira, *The Alchemical Corpus Attributed to Raymond Lull*, 9—10。

[99] London, British Library, MS Sloane 1091, fols. 97r-101r.

[100] Ibid., fol. 97r.关于蒸馏过的血液,见上文注释[58]。

[101] Michela Pereira and Barbara Spaggiari eds., *Il Testamentum alchemico attribuito a Raimondo Lullo*, 3:513—514.

[102] 该书籍末页的真实性问题见 Michela Pereira, *The Alchemical Corpus Attributed to Raymond Lull*, 3—4; Pereira, "Mater Medicinarum: English Physicians and the Alchemical Elixir in the Fifteenth Century", 34。

[103] Michela Pereira, *The Alchemical Corpus Attributed to Raymond Lull*, 10—11.

[104] *Codicillus*, 5.

[105] 同时包含英格兰视角和法兰西视角的对百年战争的语境化研究,见 Christopher Allmand, *The Hundred Years War: England and France at War c.1300—c.1450*, rev. ed. (1988; Cambridge: Cambridge University Press, 2001)。

第二章　医学与质变术

61　　为陛下您表演它要宣示的东西。[1]

在1415年,人工“增殖”贵金属的行为在英格兰和威尔士属违法行为。禁令没能阻止一位炼金术士在埃塞克斯郡切尔姆斯福德(Chelmsford)市附近的哈特菲尔德(Hatfield)小修道院建造自己的火炉,这家小修道院附属于本笃会的圣奥尔本斯(St. Albans)修道院。这位名叫威廉·莫顿(William Morton)的炼金术士并非该宗教团体成员,而是来自泰恩河畔纽卡斯尔(Newcastle-upon-Tyne)的一位“羊毛商人”,他与小修道院的前任院长建立了一种合作关系。莫顿和他那些既含修道士也含平信徒的商业伙伴们把这家小修道院不仅仅当作炼金术实践的一个场所,还当作一个更具抱负心的赞助竞标平台。他们的目标是制作两种炼金术粉末或仙丹,一种用于把“红色”金属如紫铜和黄铜质变为黄金,另一种用于把包括铅和锡在内的“白色”金属转变为白银。

哈特菲尔特的事业同前一章讨论的博学论著中遇到的炼金术图像判若云泥。这类作品的典型特征是把炼金术表现为哲学的一部分,要求既透彻掌握理论原则,也全面掌握操作技能。这方面的大师被描绘为虔诚之士,来自博学者行列而非手工业行会。在此之外,哲学论著还强调传递这门科学时的保密要求。炼金术智慧被包裹在层层“哲学性”模糊之下,要由老师传递给门徒,而非在外对着无知者或不值得的人兜售。

62　莫顿及其合作者们不符合这种理想化的哲学模板。纵然最近出台了反增殖法令,他们还是没对自己的行为保密,断言他们的粉末能为“国王的各色人民”制造真金白银，亦即品质足够铸币的金银块。[2]他们或许是在谋求重大赞助，因为他们把自己的工作展示给埃塞克斯最大的地主之一——赫里福德（Hereford）公爵夫人琼・德・博亨（Joan de Bohun），她也是亨利五世国王的外祖母。到头来，莫顿最成功的请愿是，当合作者们按近期法令遭到控告而于1418年最终来到王座法院时，他写给亨利本人的一份陈情书。正在法兰西打仗的国王从刚刚占领的城市巴约（Bayeux）给莫顿回信，许以宽恕，同时小修道院的院长约翰・拜普塞特（John Bepsete）也在法院判定他的参与情况不足以受罚后得以逃脱。

莫顿的这类例子透露出，炼金术的实践很少符合哲学的夸大之辞。但在其他方面，哈特菲尔德的事业在宗教改革前的英格兰炼金术实践中非常典型。炼金术既非世俗领域的兴趣范围，亦非宗教领域的兴趣范围，而是溢出这些可渗透的边界，创造出一种混合实践经济，其特点是有各式场所和各类从事者。炼金术的践行者们固然把它看作达成许多目的的手段，但它也被认为是一门王室艺术，其志向特别适合于铸造硬币和资助战争这类属于君王的业务。随着这个世纪的进展，炼金术在同英格兰君主及其委员们相关的赞助请求和法律记录中出现得越来越频繁。莫顿既非首个亦非最后一个为其实践寻求王室支持的炼金术士，他的错误在于没能首先确保王室许可。

对金银块的需求因战争、政治不稳定和经济困难而增多，令15世纪变成英格兰炼金术实践发展和巩固的非凡时期。但只有一份来自该世纪的存世炼金术论著被明确框定为给一位英格兰赞助人的请愿书，且它并非致国王，而是致国王的一位资深主教。该文本是乔治・里普利写于1476年的《炼金术精髓》（*Medulla alchimiae*/*Marrow of Alchemy*），里普利是奥古斯丁派律修会修士，与莫顿一样来自英格兰东北部。[3]里普利去世一个世纪以后，《炼金术精髓》依旧作为英格兰最富影响力和被征引最广的论著之一而享有尊荣，尤其是它备受欢迎的英语译本。此书在后来的论述、配方和几百条旁注中被引用，提供了阐释伊丽莎白时代那批炼金术士的透镜。 63

但这并非里普利最出名的作品。“最出名”这份荣誉属于他著名的中世纪英语诗歌《炼金术合成》（1471年），它可能曾与另一首诗歌《致爱德华四世的信》（*Epistle to Edward IV*）一起被上呈给爱德华四世。[4]可惜的是，未有随附请愿书留存。托马斯・诺顿的《炼金术序列》（1477年）是15世纪唯一一部在身后知名度上可与里普利《炼金术合成》匹敌的英语作品，它恐怕也是为了上呈而作，但还是缺少至关重要的文献语境。这四部作品——一部拉丁文论著和三首英语诗歌——构成我们可以比较有把握地说是为了获取赞助而撰写的 15 世纪英格兰"哲学"材料中的全部幸存者。所有这四部都是在七年里陆续写成,且里普利的三部作品皆兼任托名雷蒙德·柳利炼金术的评注。虽说后来者将这些作品视为独一无二的经典权威,但其实它们捕获了英格兰炼金术历史上一个特殊时刻,那时地位尊崇的教俗两界赞助人都被假定会接纳炼金术知识。

本研究的两个重要主题——炼金术赞助和托名柳利炼金术——在里普利撰写的作品及归于他名下的作品构成的全集中统合为一。里普利本人早年的名声很大程度上依赖他作为"雷蒙德"评注者的成功,他对托名柳利的动物的、植物的和矿物的石头的解读将在下个世纪全程充当英格兰炼金术实践的试金石。然而当我们深入探究他的结论时,一幅新的图景便浮现出来。里普利的炼金术不怎么称得上雷蒙德的忠实评注,而更像各个权威的综合,凭借注解操控及产生连贯、有实效并经过个人经验测试的成果而达成。通过里普利搞清多头并进的柳利全集的努力,柳利炼金术本身在一个文本革新与实践革新相互促进的进程中发生转变,我将此进程命名为"实用注解"。重构此进程使我们能够追踪里普利——一位欧陆传统的岛国评注者——被最终改造为炼金术实践中独特"英格兰"道路之典范的轨迹。

64

一份执业许可证

托名柳利炼金术,尤其如里普利《炼金术精髓》这类有影响的评注中表现的那种炼金术的成功,反映出在 15 世纪读者、践行者和赞助人当中都存在的优先权变化。哲学论述继续沉思水银的语言和"一物",并批评使用各种各样动物的、植物的和矿物的成分。但它们也透露出医学层面的兴趣在炼金术实践中广泛传播,如两位方济各会士鲁伯斯西萨的约翰和雷蒙德关于"精质"的作品所示范的,它们似乎于 15 世纪早期已在英格兰流传。[5]彼得·琼斯展示出,托钵会士们通过把《论精质书》和《关于自然秘密亦即精质的书》的医药配方吸收进自己的医学纲要中而为传播这些文本提供了一个重要的早期介质。[6]这些文本完善了已有的医学潮流,例如外科医生阿尔德尔纳的约翰(John of Arderne, 1307—1392 年)早在 14 世纪 70 年代已推荐蒸馏油和蒸馏水。[7]其后的一个世纪里,御医兼剑桥国王学院院长约翰·阿根泰因(John Argentein,约 1443—1508 年)将蒸馏药剂(其中包括血液馏出液)收入他自己的医学纲要中。[8]

65

蒸馏法与包括利口酒和药水在内的蒸馏产品也开始占据传统定义下的炼金术和医学之间的一个共享空间。作为一种实践的蒸馏法具有逐渐发展的特征，与炼金术和医学都区别明显，如琳达・沃伊格兹鉴定的，这表现在1432年到1455年之间亨利六世任命一位罗伯特・布鲁克(Robert Broke)担任“国王的蒸馏工作大师及陛下的水制作人”。[9]布鲁克可能是一位科班出身的酿酒师，没有证据暗示他对同自己的蒸馏实践截然不同的炼金术有兴趣。蒸馏技术的发展在此提供了一种介于医学实践和炼金术实践之间的分类手段，创造出一类新型从业者。英格兰手抄汇编中并不明显属于“炼金术”的蒸馏水配方的激增见证了这些药物学实践的发展，它们并不必然适用亨利四世法令的范围，因为不涉及增殖贵金属。[10]

就在蒸馏师们在这些法律约束之外从事他们的半医学活动时，经济考虑也促使国王们正式审查质变术的潜能。亨利四世的孙子亨利六世给实践炼金术颁发许可证，并设立委员会审查它。[11]1452年8月18日，这位国王指示说“增殖者”应被逮捕，他们的材料和工具应受检查，这是着眼于炼制黄金的炼金术依旧属于非法实践的指征，但也是国王对该活动之产物有兴趣的证据。[12]此种兴趣能够加以利用，且假如践行者获得王室的执业许可证，那么就可规避重罪风险。在亨利六世和他的约克家族继任者爱德华四世当政期，许可证被颁发给商人、医师和绅士们，证明15世纪50年代以降英格兰对炼金术的兴趣传播甚广，不受地区或社会阶层限制。

利益明显的同时，炼金术士们提呈的方法却不明显。亨利六世的许可证采用了标准格式，给予请愿者保护，免受法律困扰，以集中精力令金属“改变性质”，但不幸的是，里面没提供预期实践的细节。假使申请王室许可证的请愿书曾经与勾勒出预期路径的论述有关联，那么这些内容也早已被拆分出去。 66

稍微早点的法律记录中有些许线索幸存，里面常常提及硫酸盐和各种盐类。1374年，威廉・德・布伦利处理“金银和其他药物，就是说卤砂、硫酸盐和 solemonik①”。[13]威廉・莫顿的案件记录也保存了物料清单，透露出一种肯定没有只局限于“一物”的实践。莫顿除了水银和碳粉，还使用朱砂、雄黄、碱式碳酸铜、硝酸盐、碱盐(一种用草木灰生产的盐，用于制作玻璃)、玻璃沫(一种从玻璃熔液表面撇去的盐)、硫酸盐(碱金属硫酸盐)、砒霜、一种名叫“sakeon”的物质和“陪审员们不认得的各种其他东西及粉末”。[14]这份清单中的许多成分都是中世纪后期手工业实践的主要原料，包括用于制造矿物酸和水银升华物的硫酸盐与硝酸盐。虽然莫顿提

① 该词含义见作者注释[13]。——译者注

出使用这些成分“制造所说的名叫仙丹的粉末”,但他的程序实际上创造出了“一种在一只圆玻璃器里燃烧并凝结的黑色物质”。

绝大多数情况下,许可证没告诉我们实践用的物质,虽说它们暗示请愿者关心的是把自己展现为哲学家。王室许可证抛弃了“alconomie”“增殖”这类语言,甚至在很多例子里连“炼金术”这个词都不用,而偏爱“哲学”一词。能让人联想到非法增殖的贬损与降格的语言被替换为有着神学画外音的、能促人深思的表述“transubstantiation”(化体/质变)和“translation”(转化),这类术语暗含着深刻又基本的变化。

67 专利书卷册中记录最早的许可证是1444年7月6日授予约翰·科布(John Cobbe)的,允许他“凭哲学的艺术,处理特定金属,转化不完善金属本身的性质,然后凭所说的艺术将之质变为完善的金或银”。[15]在另外一份于1446年4月7日授予两位兰开夏郡(Lancashire)骑士埃德蒙·德·特拉福德先生(Sir Edmund de Trafford)和托马斯·阿什顿先生(Sir Thomas Ashton)的几乎一模一样的许可证中,炼金术被进一步定义成“哲学的艺术**或科学**”。[16]这份文件没提供特拉福德和阿什顿如何对炼金术产生兴趣的线索,这两人是朋友,两家后来相互通婚。由于这份许可证扩展到纳入请愿人的“仆从们”,所以有可能这两位绅士已经与名字现已遗失的践行者们形成了一种协作,且他们自己的请愿书只展示了赞助阶梯中较上层的梯级,这个赞助阶梯的起点处于社会等级的较低处。[17]

如证书套话清楚显示的,王室的兴趣集中于质变金属对于铸造硬币的适合度,因此也集中于它们经受“自然的”金银可能遭受之一切考验的能力。所有这些持有许可证的人都被以同样标准一视同仁:

> 转化不完善金属本身的性质,然后凭所说的艺术或科学将之质变为完善的金或银,直到像所有在矿井中生长着的金或银那样,接受所有验证和考验的方式并能通过。[18]

这个焦点自然反映出原始法令的目标是作为规范铸币用金属增殖的手段。然68 而标准措辞也抹去了一切关于个体请愿人之目标或他们对实践和初始物质之特定态度的进一步细节,只留下关于他们的利益和参与的单纯事实。

爱德华六世颁发的授予书和许可证透露出对质变术的同样兴趣,不过在他当政时不再用标准格式,让人得以一窥具体计划。有些例子中,措辞(可能是请愿人自己提供的)暗示出对炼金术作为自然知识或“哲学科学”一个分支的地位的关心。

于是 1463 年,科德诺的格雷男爵亨利·德·格雷先生(Sir Henry de Grey, Baron Grey of Codnor,约 1435—1496 年)被授予权限自行实践炼金术或监督炼金术实践,此发展将使格雷凭自己的权利把自己确立为赞助人(格雷后来短暂出任爱德华四世的爱尔兰特命总督,且任期多舛)。这项授予让格雷能够按照"哲学知识"来追求质变术,前提是他的确自掏腰包这样做了,并且给国王汇报过任何积极进展。[19]

措辞可能反映出请愿人的社会地位,因为理查德·卡特(Richard Carter) 1468 年获授的"完全许可证"把炼金术表现为仅仅是一种"艺术或职业",虽说它的确允许他在所有种类的金属和矿物上进行实践。[20]不同寻常的是,卡特的实践在国王自家的伍德斯托克采邑开展,可能是一个旨在便于监督实践的预防措施,虽说卡特可能自己也要求有此条款,以确保足够的工作空间。适合复杂炼金术实践,尤其是那些涉及多种火炉和复杂蒸馏设备的实践的营业场所不易获得,与卡特同时代的托马斯·诺顿就认为,"一个完美的工作场所"是无障碍实践所必需的条件之一。[21]同样的需要可能驱使莫顿去哈特菲尔德小修道院搜寻空间,或驱使上个世纪布伦利的威廉向哈蒙兹沃斯(Harmondsworth)的小修道院院长争取借宿。到 1565 年,工作场所依然是个问题,这时托马斯·查诺克向伊丽莎白请愿,要求准许在伦敦塔开展自己的实践,部分是为了实践不受干扰,但也是为了"女王陛下及其尊贵的委员能够对完成我的许诺有更大把握"。[22]

无论卡特在伍德斯托克的事业结果如何,它似乎没有减弱爱德华对质变术作为经济难题之可能解药的兴趣,也没减弱他为实践派炼金术士之哲学借口加以背书的意愿。1476 年,他为第一个明确的水银主义的计划颁发许可证,允许大卫·博普雷(David Beaupre)和约翰·马尚特(John Marchaunt)通过"哲学那工巧和自然的知识"用水银生成金和银。[23]1477/1478 年,爱德华又将保护延伸到一位考文垂(Coventry)炼金术士约翰·法兰奇(John French),法兰奇被允许为了国王的"利益和愉悦"而"实践金属质变术的巧计方面一个真实且盈利的命题"。[24]这些记录证明王国政府在确保金银块方面有持续不断的需求。考虑到英格兰挂在亨利六世名下的在法兰西的财产被稳步侵蚀,而国内的政治动荡持续存在,这依旧是个重大忧虑。除了一个例外,兰开夏郡和约克郡的许可证都专门谈论金属质变术,而非医学。

69

这个例外是 1456 年 5 月 31 日一个令人惊讶的 12 人混合团体向亨利六世递交的一份著名请愿书的产物,该团体由医师、神职人员和伦敦的行会成员组成。[25]其中有国王的专职神父约翰·科克比(John Kirkeby)和最近在国王无精打采的"嗜睡"期间照料国王的三位医生吉尔伯特·基默(Gilbert Kymer)、约翰·菲斯比

(John Faceby/Fauceby)及威廉·哈特克利夫(William Hatclyff)。[26]这些请愿人为国王提供了一份用他们自己建议的措辞写的拉丁文草稿,该文稿的大部分内容仍保留在亨利的专利证书中。请愿人没有把炼金术等同为艺术,而是记录了他们关于从各种动物的、植物的和矿物的成分中提取"值得称道也值得注意之药物"的期盼,这些成分包括"葡萄酒、宝石、油、植物、动物、金属和特定矿物"。[27]

这份特许状的独特之处既在于暗指了非金属物质,也在于让质变术的地位次于医学结果,这些医学结果包括治疗疾病、延年益寿、恢复健康和活力、维持记忆和智力、治愈伤口并防止中毒。质变术目标(这是令许可证有必要的第一条件)其实差不多只一笔带过,"也有许多其他好处,对我们和我们王国的福祉大有裨益……比如将金属质变为真正的黄金和上好白银"。[28]虽说在这个时期,结果和成分的多样性已是论述和配方集,尤其是与托名柳利著述有关的那些作品的标准特征,但在这么早的时间于一份王室请愿书中发现医学目标位处优先,这非同小可。事实上,它们于此问世,指出了炼金医学的信誉度日益增长。在参与请愿的医师中,我们知道基默已经在他自己的医疗实践中使用蒸馏药剂,甚至在他的《守护健康的饮食》(*Dietarium de sanitatis custodia*)中推荐"银扇草"和鲁伯斯西萨式精质,这部关于医疗养生的作品于三十多年前的1424年为亨利六世的叔父、格洛斯特公爵汉弗莱(Duke Humfrey of Gloucester)撰写。[29]

这份许可证的又一个不寻常之处是,明确将炼金术实践同依据文本资料对炼金术知识进行阐释和提炼联系起来,这些文本资料几乎肯定包括托名柳利的作品。措辞模仿了中世纪炼金术论述的修辞,强调阐释及贯彻古代智慧的难处,同时拒绝虚假实践。请愿人声称的目标是复原(亦即复制)"古老时代的圣贤和最著名的哲学家们"发现的了不起的炼金医学。复原不是直接进行,因为权威们"在自己的书写品和书籍中用标记和符号"记载他们的秘密。[30]因此,要克服将难解词语转换为成功实践这一"艰巨的困难",就需要一种特殊类型的践行者:"天才人士,对自然科学足够渊博,心甘情愿并倾向于践行所说的医学;敬畏上帝之士,寻求真理,憎恨欺骗性工作和虚假的金属着色。"虔诚奉献、值得信赖、书本知识和医学应用经验的结合,这很合宜地映射出请愿人的角色,他们中有六个是医师。请愿人的哲学资格同只改变金属外表之增殖者的欺骗性之间的明显差别被勾勒出来。

请愿人也采用另一个有鲜明柳利炼金术特征的方法,让他们的哲学炼金术同增殖行为保持距离,即虔诚地强调健康高于财富。写《关于自然秘密亦即精质的书》的雷蒙德追随鲁伯斯西萨的约翰,强调医学的"更伟大工作"高于质变术的"低阶工作”的价值。请愿人在赞扬一种药剂时反复提及这种优先性，他们称它是“一种最珍贵的药物，有些人称它是哲学家之母和医药的皇后”。[31]如米凯拉·佩雷拉评论的，这个措辞让人想起《遗嘱》中描述的“医药的母亲”，暗示出这些请愿人早就熟悉这部重要作品。佩雷拉也令人信服地力陈，该请愿书与托名柳利作品中一部亮眼的纲要，即牛津大学基督圣体学院图书馆手稿244有关联。这部同时包含《遗嘱》拉丁文版本和加泰罗尼亚语版本的重要手稿是王室专职神父约翰·科克比于1455年辑纂的，正是他与11位同伴向国王呈递请愿书的前一年。[32]尽管有其他几份许可证称炼金术为“一种哲学”，但1456年请愿书是唯一看似与一个明确权威或一种明确实践传统联系在一起的，暗示出请愿人希望生产经鲁伯斯西萨的约翰和雷蒙德推广且基默早已使用的那种类型的蒸馏药剂。

科克比及其同僚们心知肚明，若是没有阐释权威文献和照其内容行事的能力，则拥有此类文献就毫无意义。就此而言，托名柳利文集那各式各样的起源与实践基础为炼金术注解设置了特别挑战。假如两个相冲突的文本被认为出自同一位作者——雷蒙德——的同一支笔，那就轮到柳利的评注者们去解开“作者”那看似矛盾的学说。与文本的哲学连贯性相比，此举更为利害攸关，假如基础流程被错误解读，那么工作就以失败告终。因此，对于那些渴望准确复制权威们的实验的读者-践行者来说，揭示出一篇文本意欲表达的含义就至关重要。[33]一个人必须要鉴定的不仅有成分，还有成分的比例和制备的方法，以及上百个总是在书面报告中被掩盖、省略或伪装的其他细节。 72

于是，操作上的成功被作为文本了解度的延伸部分而拟定。对于希望获取赞助的践行者，像牛津大学基督圣体学院图书馆手稿244那样的请愿书和呈送卷册提供了一个机会，证明技术信息确实能从权威文本中被提炼出来并被掌握。1456年的请愿人将他们实践的注解维度和实验维度同时融入许可证中，这份许可证指引他们“根据他们的科学和辨析以及旧日圣贤的学说与作品，切实地、毫无例外地探询、调查、开始、执行、完成并测试所说的药物”。[34]

我们不能确切知道这些请愿人——他们中只有包括科克比在内的三个人实际获授许可证——打算如何应对托名柳利炼金术的实际挑战。撬开核心柳利论述中技术信息的难度有助于解释文集的庞大规模，它因许多评注而扩大，前赴后继的“雷蒙德们”在这些评注中力求提供解锁该作品集之核心文本及隐藏流程的一个“说明”“开口”或“小钥匙”。在一个极端，这些举措提供的无非是较早作品之间的文本调和。在另一个极端，炼金术士们仅仅把托名柳利学说当作来自其他资源和传统的实践与哲学的一个框架来运用。这种改编固然有时很明显,但它们常常难于察觉,尤其是在评注者选择用柳利权威的斗篷遮蔽自己的革新之时。

重新制作自己的原始资料的英格兰人中,最沉着的非布里德灵顿的律修会修士乔治·里普利莫属。里普利作品——柳利的理论在其中被用来支持一个实际计划——的圆滑机敏展示出炼金术阅读的技巧能如何被采用来引起潜在赞助方的兴趣。虽然没有记录表明里普利曾经申请或接受一份炼金术执业许可证,但他在撰写最出名的作品《炼金术合成》与《炼金术精髓》时就有吸引赞助的考虑。两部书都完全以往昔行家的权威为基础,这些行家首推雷蒙德,同样还有知名度较低的一位大师圭多·德·蒙塔诺(Guido de Montanor)。它们的内容也超越了黄金制作,而纳入了调制炼金术药物与合成水。在此之外,它们还展示出里普利对逻辑矛盾或实际错误目光犀利。他在破译与调和棘手的权威方面的天分确实将有助于确立他作为最伟大的柳利解说员的名声,以致他本人的评注者萨缪尔·诺顿将于某天把他当作"英格兰的雷蒙德"来赞扬。因此,为了详细了解托名柳利学说、赞助及英格兰实践的关系,我们把里普利当作向导正合适。

造就一位炼金术士

73 对于这个后来将在全欧洲被当作英格兰炼金术老前辈来赞扬的人,我们对他的所知少得惊人。乔治·里普利主要活在他自己的作品中,其中最著名的是《炼金术合成》,这是一首1976行的帝王韵格式的中世纪英语诗歌。鉴于手抄本存世状况造成的压力,这也是归于里普利的作品中可以令人信服地定为他生前作品的极少数之一,这多亏了它幸存于三部15世纪晚期的手抄本中。[35]在《炼金术合成》之后,能最可靠地归给里普利的作品就是《炼金术精髓》,这部拉丁文论著的日期凭书籍末页定为1476年。[36]这部作品于1552年被神职人员大卫·怀特海德(David Whitehead)译为英语,因此似乎更常以英语而非原始拉丁文流通,英语本的名称是*Marrow of Alchemy*或*Mary of Alchemy*。[37]

按照里普利自己在《炼金术合成》中的证词,他是约克郡东部一座滨海城镇布里德灵顿的奥古斯丁派圣玛丽小修道院的一名律修会修士。幸好有1458/1459年的一封教宗书信,让我们知道的确有位"乔治·里菲"在那家小修道院当律修会修

74 士,且他可能为了追求学问而旅行,因为这封书信给予里菲离开布里德灵顿"并且

在一所大学，哪怕不在英格兰境内居住七年并研究神学”的权利。[38]这份许可证还授予该律修会修士以委托保管的方式享有圣俸，以在他离开布里德灵顿期间支持他，但附带条件是他得在这个期限结束时返回小修道院。这一条款符合里普利自己关于在国外学会炼金术的声明。但不清楚的是里普利在旅行过后是否返回了布里德灵顿。《炼金术合成》中的这些自传细节暗示，他的多数知识都是在意大利而非在约克郡获得：

以下就是《炼金术合成》
出自一位布里德灵顿律修会修士
他于意大利学习过后
在埃克斯宁(Exnyng)用他赢得的时间写就
在书中公开宣布
月亮和太阳的秘密
它们如何增殖她的种类
必要在一个实体中携手实现
律修会修士乔治·里普利先生希望
豁免修会规则
因为汝等昼夜向之祷告的那位
说，他要烦劳你继续前进。[39]

通过旅行获取知识这种修辞惯用语在炼金术作品中是常见措辞，而里普利声称在意大利这个托名柳利实践中心学习过，只为强化他个人的权威性。不过这个声明也与我们已知的豁免书一致，还符合他诗歌中后来的评论“我在英格兰绝对找不到”能教导发酵艺术的人。[40]《炼金术精髓》的前言要更明白些，提及里普利花九年时间游历意大利及其周边地区所获得的知识。[41]他可能就是在这些旅行中遇到他的老师，那位在《炼金术合成》中提及的不具名的“博士”。[42] 75

对在“埃克斯宁”逗留的提及着实令后来的读者困惑，他们试图将此地鉴定为牛津，或意大利的一个地点。[43]一个更有可能的候选地点是萨福克郡(Suffolk)的埃克斯宁沼地堂区，位于剑桥东北几英里处，在里普利的时代是个繁荣的村庄。免遵修会规则的权利可以设想为在罗马获得，不过在任何情况下，展延里普利离开小修道院的期限并非不合理，因为律修会修士并未受限在一个修道院之内过封闭生活，因此还有资格在任职神父空缺时管理堂区。[44]一份归于里普利名下的炼金术文本甚至提到他当农夫和助理神父，暗示他的确曾管理过一个堂区，可能是林肯郡(Lincolnshire)的弗利克斯伯勒(Flixborough)，该堂区的圣职由他的亲属威洛比(Willoughby)家族从达勒姆(Durham)主教那里获准持有。[45]虽说这条资料应当谨慎对待，但这个职位同里普利声称的豁免权并非不相容。[46]当神父的活动也能解释该律修会修士后来在16世纪被拔高为“乔治·里普利先生”——一位投身神父职业的受人尊敬的“先生”。[47]

76 我们在《炼金术精髓》中发现了关于里普利社会地位和个人志向的最切中要害的线索。此书是15世纪英格兰论述中明确写给特定赞助人的仅有的两份之一(另一份是《致爱德华四世的信》)，它写给高位教士、里普利“尊敬的父亲和主人，主教阁下”。[48]拉丁文开场诗的第一行就强调了这种赞助关系，以下是16世纪威廉·伯利斯(William Bolisse/Bolles)的译文：

> 真正尊敬的主人，亲爱的高位者
> 屈尊笑纳我这些诗句
> 我于此呈献于您的
> 这些述及石头制作的诗。[49]

里普利通篇不断对这位主教直接致辞，与构成其请愿书重要部分的尾声相比，自觉性有过之而无不及。怀特海德的英译捕捉住这位请愿人的热烈情感，里普利在里面以恰当的谦卑同这位主教交谈，称自己是“基督的可怜仆人、卑微的律修会修士，并非由于应得，而是靠上帝的礼赠，被带到哲学家的宴会上”。[50]他提供了一份关于自己家门不幸的描述，以及一份措辞动人的陈情书，这份陈情书令他被该主教辖区内一所宗教修院接纳而度过余生，“尽管如此，我又获得在修院之外生活的许可”。再次从尘世退隐的渴望植根于玫瑰战争对北方造成的凶残恶果：

> 我的肉身父母死去了，还有我那些在约克郡和林肯郡的绅士亲属们，他们是伊韦尔斯利(Yeuersley)、里普利、海德利(Hedley)、威利(Welley)、威洛比、伯纳姆(Burnham)、沃特敦(Waterton)、弗莱明(Fleming)和泰尔博伊(Tailboy)，因为我们的君临之主爱德华国王在这个王国之内——它原属于亨利一方——凶暴的征服之剑，也因为允许此事发生的上帝万能的手，凭靠上帝的礼赠，我在过去的岁月里新生了，而现在正可悲地死去，同其他许多人一道；77 现在还有什么有助于我的沉重，或者还有什么能抹平我私下夜以继日的哭泣与叹息，虽然我抗拒它们：我该拿什么牵绊自己——尘世的虚空、讨厌的言论，

> 还是俗世的欢愉、虚荣与短暂易逝之物？虚空复虚空，凡事皆虚空，万物将逝，唯上帝之爱永存。[51]

被里普利当作他的亲属提及名字的那些家族都是15世纪英格兰东北的望族，且里普利的报告与这些家族的命运吻合，他们于1469年和1470年追随林肯郡反抗爱德华四世的起义。[52]威尔斯(Welles)和威洛比的领主理查德及其子罗伯特·威尔斯勋爵(Lord Robert Welles)是1470年起义的领袖，后者在卢斯寇特旷野(Losecoat Field)败给爱德华。[53]

失去这些人脉对一个生活在小修道院范围之外的律修会修士来说很可能是一种灾难，因为他恐怕依赖家族提供支持。这段插曲也显示出里普利决定返回修院庇护所的实际理由，尽管他的诉说暗示出一种情感枯竭，此状态与从尘世退隐的真诚渴望相呼应。不过，显然里普利没有设想炼金术活动会随着他的退隐而终止。他在用炼金术手段维护主教健康方面既提供服务又提供判断力：

> 既然以恩典使心灵坚定是最好的，[那]么我可以遵从我的愿望再度将自己关在修道院之内，远离尘世，而且我可以隐藏，假如你认为这样好，我向你保证，你将发现我总是最隐秘的。前述这些秘密中有一些我将演示，既是为了这个必需品，也是为了维持你的身体健康，因为通过[那]种手段，我认为我将更有能力、更完善也更快速地实现我渴望的成就，凭此我可以更迅速地让我自己的身体与灵魂都忠于上帝。[54]

78

近代早期对里普利生平的看法中，要么是表现这位律修会修士是国王和教宗们的顾问和幕后策划人，要么是详述不可信的传说，比如伊莱亚斯·阿什莫尔报告的，据推测他每年给罗德岛的圣约翰骑士团(Knights of St. John)捐赠10万英镑。[55]《炼金术精髓》的尾声暗示，真实情况要保守得多。里普利固然从未达成后来的传记作者们授予他的政治和经济影响力，但他的确寻求使用他的炼金术知识获取教会赞助，可能还有王室赞助，但是那些作品远比任何仙丹都强效地保存了关于他的记忆。

《炼金术合成》可能是他的首次尝试。按照剑桥大学三一学院图书馆手稿O. 5. 31这份15世纪后期的副本所附的短篇《明确的炼金术》(Explicit Alchimicae)，这首诗歌创作于1471年：

> 律修会修士乔治·里普利担任作者的炼金哲学论著就此结束，此书于1471年创作并整理。读者，我恳请你用祈祷帮助该作者，帮他死后能获得温和

的净化。阿门。[56]

这个日期意义重大。假如里普利在 1470 年叛乱之后失去家族人脉的支持,那么环境可能已迫使他去别处寻求晋升。《炼金术合成》几乎可以肯定是为了呈送给一位赞助人而写,且它的创作时间是 1471 年,即爱德华四世成功复辟的那年,这令该国王成为可能的收受人。

79

《炼金术合成》与被称为《致爱德华四世的信》的另一部作品的关联也暗示出里普利同这位国王的关系。这首匿名中世纪英语诗歌在 16 世纪后半叶时早已在各个手抄副本中被归到里普利名下,并且在 1591 年和 1652 年都与《炼金术合成》一起挂着里普利的名字付梓。它由 30 个诗节构成,头九节清楚地向新近复辟的国王致辞。第一节暗指了爱德华最近的胜利:

噢,尊敬的主人,大获全胜的骑士,
带着被源源不断赋予的恩典和幸运,
英格兰的卫士和公正的维护者;
你爱的上帝已真切向他清楚展示:
因此我相信这个王国将获新生,
带着欢欣和富足,带着仁爱与安宁,
于是旧恨冰释,
狂暴的骚乱与不幸也将平息。[57]

将此诗与里普利联系起来有一些内在证据,首先就是有意于放下“旧恨”,这可能正反映出里普利身为一个丧失公民权之氏族的穷亲戚的不光彩地位。作者也影射了国外旅行,许诺透露“伟大的秘密,乃我在遥远国度真正学来”。这包括在鲁汶大学(University of Louvain)这所 1425 年于布拉班特(Brabant)公国创建的大学度过的一段时期。[58]假如作者确实是里普利,这就说明他利用教宗的豁免令在勃艮第属尼德兰(Burgundian Netherlands)学习。不过这仍要求回答,为何他在《炼金术精髓》和《炼金术合成》的自传性章节中没有提及这些学习,他在这些自传部分倒是让人注意他“在意大利学习”。

《致爱德华四世的信》确乎提供了一个绝佳的例子,说明了与被归为中世纪炼金术作品的那些东西相关联的机遇。这首诗不与《炼金术合成》的早期手稿相伴,包括三份存世的 15 世纪副本。[59]虽然一个不具名的删节版幸存于三份 15 世纪后期的抄本(全都由同一个人抄写)中,但这个版本缺少那九段作为献词的诗节,只有这九段才能让这首诗准确指向一个特定时间和特定赞助人。因此，尽管我们肯定不能排除里普利的著作权，但似乎我们也不能假定他就是作者，尤其考虑到爱德华当政期颁发的许可证数量，这数量表明，寻求王室支持的英格兰炼金术士远不止里普利一个人。 80

《炼金术精髓》

里普利可能在赞助游戏中最终败北。《炼金术合成》虽然为他赢得了持久名誉，但没有证据表明它为他赢得了什么物质利益，或者其实要说，甚至没证据表明国王收到了诗歌的一个副本。截至 1476 年，看起来幻梦破灭的里普利将他的诗歌才华从英语切换为拉丁文，为一部拉丁文散文论著《炼金术精髓》写了一首序诗。

《炼金术精髓》不同于上文讨论的为获得王室许可证而写的请愿书，它是为一位教会赞助人而写。虽然里普利没有提到他这位主人亦即主教的名字，但在 16 世纪后期，人们一般假定此人是爱德华失宠的前国玺大臣、约克大主教乔治·内维尔(George Neville，1432—1476 年)。[60]内维尔因为 1469 年支持其兄、"造王者"沃里克伯爵理查德·内维尔(Richard Neville，Earl of Warwick)的反叛而失去国王眷顾，尽管得到宽恕，但只因为一丁点背叛的暗示就导致他 1472 年被捕并被囚于加来(Calais)。[61]里普利在内维尔获释一年后的 1475 年①撰写了《炼金术精髓》。通过唤起对他自己家族支持亨利六世并旋即在爱德华手中遭遇厄运的回忆，里普利可能期望从他的前教区领袖那里收获一场充满同情的聆听。

虽说里普利对这位主教致辞时没有直接提及《众妙之妙》，但他可能把托名亚里士多德的书信当作他自己书信的范本。他在序诗中指出石头有动物的、植物的和矿物的三重性质。但与托名亚里士多德不同，他鉴定了三种不同的石头，而非性质三分的单一石头。矿物石头可以用于质变术，但对吸收有害，不像提供医学益处的动物石和植物石，"它们的优点是治愈万物"。[62]这就是里普利在此诗结尾几行选择强调的工作面向，他使用一个干脆利落的炼金术类比表明他既作为炼金术士也作为治疗师效劳： 81

① 内维尔 1474 年 11 月获释。——译者注

若您想令长寿无虞
令您这容器依旧健康无瑕
那您就来找您的律修会修士看看
记得他怀有美好意愿。[63]

因此这序言既为石头的多样性，也为该论著的结构设计提供了一个聪明的导言，此著分为三章，每章讨论一种石头。里普利排列石头的顺序与托名柳利《论缩略程序的书信》中的石头顺序一样，他在导论中引用了该书，也用它的一些实践内容充实《炼金术精髓》。[64]不过，此种排序也有助于《炼金术精髓》作为赞助请求的效用，从质变术这种低阶工作开始，一步步迈向医学这一更伟大的工作，里普利暗示道，医学将对他的赞助人有最重大的价值。[65]

矿物石

当里普利撰写《炼金术精髓》时，他早已着手尝试将托名柳利文集中一些明显的分歧加以协调。最简单的解决方法之一就是把柳利文集分成各自独立的矿物石、植物石和动物石。他也提出一个特殊类别"混合石"，依据是《论缩略程序的书信》中一种将矿物石和植物石结合起来制作一种强大质变剂的实践，然而这种质变剂不适合药用。[66]这些文本也暗示出在其他时候令人混淆的托名柳利的代号——植物水银、自然之火、有分解力的溶媒，当然还有绿狮子——之间的调和一致。里普利自己的作品透露出他具有从这类表面上相冲突的资料——如《遗嘱》《关于自然秘密亦即精质的书》和《论缩略程序的书信》——中灵巧地提炼并注解实用信息的能力。不断寻求调和托名柳利文集，此举构成理解里普利实践计划的必要语境。

82

《炼金术精髓》的特征是采用综合路径对待托名柳利文集。里普利在这里比在《炼金术合成》中更常抓住机会处理原始资料的冲突与难题，可能是寄望于令主教对他通过解决文本难题以获取有效成果的专长印象深刻。然而里普利的技术革新同柳利的材料非常巧妙地整合为一，因此需要细致比较他自己的作品和他的权威们的作品。总体印象是他的作品是对雷蒙德作品的忠实评注，此印象因里普利在序言中明确肯定此作是对诸权威作品之汇编而得以巩固，汇编之说是体现作者谦逊之情的典型措辞，其实际作用是增加整个文本的权威性。里普利暗示说，他自己的贡献取决于他从这些难懂资源中提炼意义的能力，提取"自然的精华，从其内在的也更秘密的骨髓中，更加粗笨和不洁的属肉的物质被剥离”。[67]

实际上，这意味着处理柳利文集的多种水。里普利通过介绍三种石头而这样做，如《论缩略程序的书信》所述：“矿物的、植物的和动物的，这么叫是因为它们用构成它们的矿物水、植物水和动物东西的水制成。”[68]例如，矿物石由不适合做药的矿物质如硫酸盐制成。里普利在此转入《论缩略程序的书信》中一个段落，雷蒙德在这个段落中警告其赞助人，生产矿物石格外危险，因为它所要求的两种水运转起来截然相反，一种是令石头挥发的，另一种是令石头凝结的。前一种可以被安全使用，但后一种腐蚀性极强： 83

> 如你所知，这种水提取自一种由四样东西化合成的刺鼻溶媒，它是世间较强劲的水并会致命，它的挥发液会令发酵酊剂全面增生。[69]

此段落为里普利自己对矿物石的解释提供了基础。但是他对雷蒙德的简洁声明加以显著扩充：

> 因为我们在这第一章要处理第一种仙丹，所以让我们先透露关于这种反自然之火的更多一些东西，这是一种矿物水，最强大也最致命，它构成那种仙丹。这种水用火元素提取自一种由四种东西化合成的特定刺鼻溶媒，如雷蒙德在《论缩略程序的书信》中所言。它是世间最强劲的水，单单它的挥发液就能扩大和增生发酵酊剂。[70]

两个段落的关键差异是，原始文本只提及一种“水”，而里普利鉴定这种物质是“反自然之火”。他在此通过从以《遗嘱》和《附加条款》为代表的托名柳利文集之冶金流派中借取一个术语而悄悄地注释了他的资料。在这些作品中，用腐蚀性矿物如硫酸盐制成的“反自然之火”与“自然之火”形成鲜明对照，“自然之火”用于表示提取自贵金属的多种水银和硫磺。如里普利认识到的，这些液态火或水与真正的火元素截然不同，火元素“被易燃物滋养着，固着、煅烧并烧光”。[71]里普利其实在大肆玩弄“火”的多样性，在《炼金术精髓》和《炼金术合成》中都这么做：

> 有四种火你必须理解，　84
> 自然的、非自然的、反自然的，
> 还有元素的，它会燃烧和烧焦；
> 我们用这四种火，再无其他。[72]

里普利在自己的作品中用这种语言游戏向读者展示，一部哲学论述应当如何被阅读。例如，他警告要反对轻率的解释——雷蒙德的各种火究其实质是水，而石头的真正初始物质绿狮子绝不应被当作硫酸盐，因为这种非金属物质不仅在医学中没用，还会摧毁金属的活跃优点。

不过，里普利在使用与托名柳利资料同样的语言的同时，却未必用同样的方式阐释这些资料。在《遗嘱》中，绿狮子指硫酸银矿石，它是“刺鼻溶媒”的一种成分。然而里普利抛弃了这一鉴定，评论说，由于只有无知的践行者才会在硫酸盐中寻求他们的初始物质，所以它更恰当的名称是“傻瓜的绿狮子”。尽管里普利拒绝把硫酸盐当作初始物质，但他依然承认，硫酸盐中活跃的火是工作中有用的帮手，尤其是在制备供矿物石使用的普通水银时：

> 从傻瓜的绿狮子中提取我们称为“硝酸”的强力火……用以提取硝酸的物质是硫酸盐，绿色的且银质的，这就是说不是人造的，是自然的（亦即铜的滴落物）……这种火的优点多么神秘又多么强大，这在挥发精油被压缩的实体中就足够明显，当通常被这种火升华时，这实体的形式洁白如雪。[73]

里普利的暗示让我们得以将这种反自然之火鉴定为由“四种东西”（硫酸铜、硝 85 石、水银和不知晓的第四成分，可能是硫磺）制成的升汞。当经过高温蒸馏，硫酸盐和硝石会立即发生反应形成一种矿物酸，该矿物酸反过来对“挥发精油”（水银）起作用，收缩它的流动性并将之固定在白色升汞的形式中。因此用这种火制成的仙丹被禁止内服，里普利确乎引用雷蒙德的话警告说：“一个人吃蛇怪的眼睛也比吃我们用反自然之火制成的黄金安全些。”[74]里普利用这种方法保存了《遗嘱》中制作升汞的流程（包括雷蒙德用于描述硫酸盐的术语“银质的”和用于描述升华物的术语“刺鼻溶媒”），但同时巧妙地把它从“绿狮子”降格成仅仅是工作中有用的帮手。

但是，假如真正的绿狮子不是硫酸盐，它该是什么？对里普利而言，“哲学家的绿狮子”与生成关联而非与腐蚀关联，因此它匹配雷蒙德的**自然**之火。它是一种本质原则，通过星辰的影响而生成，囊括了“炽热之水的挥发液、矿物的潜在蒸汽以及生物的自然优点”。[75]因为它存在于自然界的各个王国，所以这种自然之火不仅可以用于质变术，还能用于医学。就此而言，它不同于反自然之火，反自然之火得名于它摧毁各种实体的具体形式，并且“违背所有自然的运行”。[76]但是，里普利在展示如何获取这种难以捉摸的火时比展示获取自然之火时忸怩得多。只是在《炼金术精髓》的下一章即关于植物石的那章，他才对其身份提供了进一步线索。

名称和阐释的丰富性可能看起来令人困惑（并且肯定是有意让人困惑），但这种文字游戏也让我们能够追踪读者-践行者们构想化学物质的方式的变化，尤其是在搜寻炼金术的真正初始物质时。里普利关于绿狮子之恰当身份的观点展示出，对硫酸盐的态度自《遗嘱》被撰写的14世纪30年代以来有何变动。那时，升汞依旧被当作炼金术研究令人兴奋的康庄大道来推广。然而到了14世纪结束时，大量葡萄酒基的“植物性”产品已经开始流行，“矾类和盐类”反而已经不断遭到一系列炼金术权威的排斥，这些权威从贾比尔、达斯汀和威兰诺瓦的阿纳德，到柳利文集中代表葡萄酒基流派的那个雷蒙德。另一方面，《关于自然秘密亦即精质的书》中的“植物”炼金术为绿狮子展现出一个有希望的新身份，这个身份完全排斥腐蚀性。 86

里普利在制作一种提取自水银的矿物水时将硫酸盐降格到配角，正是在追寻这条路线。柳利关于低阶工作和更伟大工作的学说——它本身就是托名柳利文集宗派分裂的产物——在里普利将自然之火和反自然之火分别等同为“真正的”绿狮子和“虚假的”绿狮子时得到清晰表达，前者就是植物仙丹，后者则是矿物腐蚀物。然而里普利制作植物石的最终流程依然不同于雷蒙德，这是令自己的方法获得合法性这一策略的产物——采用权威资料的术语，但同时依旧获取与自己的经验协调一致的实际结果。

植物石

直到《炼金术精髓》的第二章，里普利才对他的赞助人介绍植物石和它的治愈力秘密。这种实践的根基是雷蒙德的自然之火，“植物石的所有益处都在于自然之火的优点……因此我们打算清楚地对待这种火，以及用它工作的方式，只为了阁下您的愉悦”。[77]如该论著早前暗示的，里普利期望主教不仅赞同石头的质变术价值，还赞同石头构成了传说中的“可饮用黄金”的基础：

> 然后它就有力量将所有实体转变成纯金，并治疗各种虚弱，胜过希波克拉底和盖伦的一切药剂，因为这不是其他，就是由“元素化的”黄金制成的真正的可饮用黄金。[78]

一如矿物石的制备，制备植物石的黄金（或黄金的“元素化”）要求一种哲学溶剂，或水银。尽管里普利没提《关于自然秘密亦即精质的书》，但他对植物水银的讨论显然依据这部核心托名柳利作品，虽说可能没按我们预期的方式。 87

如我们已经看到的,《关于自然秘密亦即精质的书》由基于鲁伯斯西萨的约翰的葡萄酒精质的两卷以及第三卷《第三种区别》(*Tertia distinctio*)组成。雷蒙德在《第三种区别》这卷中描述了从种种金属物质和包括葡萄酒的植物物质中提取水银。制作这种仙丹取决于两种以其互补又相反的效果命名的"溶媒"。重要的是,这些溶媒不对应托名柳利文集之冶金流派描述的两种相反的火,虽说里普利后来将其中之一鉴定为自然之火。

《第三种区别》的读者面对的一个难题是,它只用模糊术语描述这两种溶媒。雷蒙德解释说,一种名叫"可溶解的",它首先以一种潜在形式存在于包括金银在内的金属实体中。只有当金属溶解在第二种溶媒中时,这种形式才得以实现:

> 这种可溶解的溶媒是金属的精质,正在进入行动……它也被界定如下:此溶媒是一种存在于每种金属中的潜在蒸汽,仅凭它的气味,水银就被转化成金属,除非有这种分解力,否则转化就不会发生。这种溶媒来自金和银。[79]

头一种溶媒提取自金属,但第二种是植物起源。它被称为"有分解力的",因为它能溶解此前已经被溶解过的东西:

> 这种溶媒是一种来自葡萄酒的燃烧水,被完美精馏过,借助它的优点……所有金属被溶解、腐化也被净化;各元素被从中分开,土元素擢升为一种片状土,因其吸引人的优点而被称作自然的硫磺。[80]

88 从表面判断,里普利那种有分解力的溶媒似乎指一种简单精质,属于鲁伯斯西萨的约翰所描述的那类,通过反复蒸馏葡萄酒并经额外成分如酒石改善而获得。虽然性质是植物的,但这种"改善后的燃烧水"能够溶解金和银,以提取并再度溶解"属于金属精华的水银"。这两种溶媒合力就能创造任何石头,"有哲学石也有宝石"——这是对它们既能用于质变术也能用于治疗的多样化应用的指涉。[81]

至此,雷蒙德的术语学提供的看来无非是对使用蒸馏酒精溶解贵金属的一种复杂伪装。然而对任何熟悉黄金不渗透性的人来说,这样一段描述难以接受。简单地说,金和银无法溶解在葡萄酒挥发液中,除非这个术语被用来指某种其他东西,而这样就立刻产生了解释议题。里普利在论植物石这章的开篇描述了该难题:

> 有人断言这种火是按照普通方法提取自葡萄酒的一种水,且应当被精馏过,经过尽可能多次数的蒸馏……然而,当这种类型的水(傻瓜称为纯挥发液的那种)——哪怕精馏了一百次——被放在不管什么实体的金属灰上时,无论

> 制备得多好，我们都会看到，当实体保有自己的形式和种类时，它的溶解实体行动既微弱也完全不充分。因此，选择这种被称为有分解力的溶媒的要素时似乎有一个错误。[82]

令问题更形复杂的是，在另一部作品中，雷蒙德完全禁止使用非金属成分，声称必需的溶剂应从一种金属实体中提取。里普利抓住这个矛盾：

> 倘若如雷蒙德所言，这种有分解力的溶媒来自葡萄酒或其中的酒石，那要怎样理解这同一位哲学家说的“我们的水是一种金属的水，因为它只从一种金属品类中产生”?[83]

89

尽管里普利再度疏于说出他的资料来源，但这个段落包括了一句几乎直接引自《清单》的话，《清单》是基于《附加条款》的简短解释之作。[84]因此，这冲突标志着托名柳利炼金术中的“精质”流派和“冶金”流派之间的边缘区域，坚信文集为统一体的里普利自然不知晓这个事实。对里普利而言，矛盾的声明暗示出，雷蒙德有意诉诸谜语般的语言，以引那些洞察力较弱的读者上钩。因此就要由一位同样娴熟的读者兼践行者——里普利本人——来解决这个矛盾并揭示雷蒙德的真正意图。

如此这般的时刻捕捉住运转中的炼金术阅读，也一道捕捉住评注作为解剖论据之工具的力量。一个术语的表面含义不能与经验知识协调，因此它必定是错的。既然这位权威不大可能出错，那么就必须赋以新的解读。在这个例子中，里普利在已经指出显而易见的冲突后，便安心从事解决冲突的事务，继续利用一系列托名柳利文本来支持他的论点。

里普利首先注意到，《清单》提到的“金属的水”必定指雷蒙德的一种溶媒，要么是有分解力的（即燃烧水），要么是可溶解的（金属的潜在蒸汽）。如是前者，雷蒙德就不可能指字面意义上的“金属的”，因为他在别处已经明白宣称有分解力的溶媒来自葡萄酒。但是运用一下才能，则一种植物溶媒依然可以“遵循一种特定方式”被视作金属的，因为它像金属一般，既是硫磺质又是水银质。说它是硫磺质，因为它如火般燃烧，说它水银质，因为葡萄酒的酒石在阳光下烤干后就像水银般闪亮。[85]故此，有分解力的溶媒可以用类比的方式视为金属的。

90

里普利使用“遵循一种特定方式”一语，暗示这个解决方法不能太当真。该措辞是中世纪逻辑词库里的一个标准条目，指在未顾及特殊环境下从一般转移到个别时的逻辑谬误。[86]它出现于此，强调了将一种植物水演绎为“金属的”这一在别处显得荒谬的尝试在此具有玩笑意味。因此里普利只不过是在玩弄雷蒙德“金属的水指有分解力的溶媒"这一概念。但是,假如这个段落被用来指可溶解的溶媒,就没有必要进一步跳修辞快步舞,因为雷蒙德早就在《关于自然秘密亦即精质的书》中解释过,这种溶媒是一种"金属的精质"。[87]所以《清单》可读成仅指金属质可溶解溶媒,这样它对植物成分的明显排斥就不再需要讨论。

然而就像鸡和蛋的矛盾,里普利的解释似乎把我们引向无穷回溯。假如这种可溶解的溶媒只能由溶解的贵金属制成,那它怎么可能也是令它们溶解的溶剂呢?里普利大约小心翼翼不把赞助人的耐心耗得太尽,所以在这里稍事停顿对他直接说话。他解释说,至此他已经有意把问题搞得费解又模糊了,因为雷蒙德的真实意图被掩盖在哲学斗篷之下。[88]不过,他对主教的爱引领他说话更直白一些,并透露这两种水的真实含义。

在里普利看来,雷蒙德说有分解力的溶媒来自葡萄酒,这是对的,而他称它为金属的也是对的。秘密存于如下事实:可溶解的溶媒不必只用金和银制作,这些溶媒构成**所有**金属实体的潜在蒸汽。其实有许多种可溶解的溶媒,就像有许多种金属,而其中一些不同于黄金,可以在葡萄酒基溶剂中溶解。因此,炼金术士需要找到一种金属,它或者溶于酒精,或者溶于蒸馏过的葡萄酒醋(亦即两种由葡萄酒制成的溶剂)。这个解决方案将带来一种可溶解的溶媒,它转而可用于制备有分解力的溶媒。尽管这种分解剂的最终源头仍在葡萄酒,但如此它便因一种金属成分的存在而已被"改善了"。[89]

91

里普利的解决方案基于对金属和葡萄酒基溶剂之反应的常识性知识。例如,铜溶于醋产生一种翡翠绿色的燃料——铜绿。含铅的铅黄也溶于醋,产生一种白色甜味化合物——铅糖。这类产品即使在古代也为人熟知,例如出现在迪奥斯科里季斯(Dioscorides)的《论药用物质》(*De materia medica*)中,也出现在中世纪的手工艺手册中。[90]一位15世纪的画师、金匠或药剂师无须求助哲学论述的难解叙述来说明这种过程。然而在《炼金术精髓》中,里普利作为一个受过经院训练的哲学家而非一个工匠处理这个熟悉的主题。他的目标并非仅仅从他的原始文本中提取一个配方(尽管这依然是他的一个目标),他还要展示化学转变的原因如何产生自物质本身的性质。

里普利通过让人注意到他的原始文本中的难题,同时证明了他本人对文本权威和物料的知识。他的解读也展示出,他理解了雷蒙德的真实含义——有分解力的溶媒不是简简单单的葡萄酒挥发液(因此它肯定是个代号),而是一种既有植物品质又有矿物品质的溶剂,依靠另一种出自葡萄酒的溶剂(蒸馏醋)提取自一种不完善的金属实体。由于它的性质既是金属的又是植物的，所以这种溶媒的力量不仅能溶解贵金属，还能消解托名柳利文集的不同流派设置的矛盾。《关于自然秘密亦即精质的书》的雷蒙德和《清单》的雷蒙德被展示为处于完美和谐态。

替换与实验

里普利对托名柳利文集中谜题的回应展示出“以炼金术方式”阅读甚至能把相互矛盾的资料都解决掉。不过，至关重要的是，他的解决之道也基于人们已知的化学材料的属性。当我们转向《炼金术精髓》中描述的配方，则显然可见里普利的解释学基础工作为他自己的实践提供了理论化的基本原理。由此而生的加工方法满足了他的权威们为生产真正有分解力的溶媒而设置的所有条件，“油质的、潮湿的、硫磺质的和水银质的，很好地符合金属的性质，用它，我们的实体应能人为溶解”。[91]这个加工方法就是后来令里普利声名鹊起的那个方法，此名声看似依赖雷蒙德的权威，但也告知了他自己配方的原创性。 92

实践开端是从一种不完善金属——一种里普利称为“色利康”的金属实体——的金属灰中提取第一种可溶解的溶媒：

> 取蒸馏过的葡萄的最大湿度，并在里面溶解这种被良好煅烧成红色的实体（大师们称之为“色利康”），溶解成透明的、清澈的和重的水。用这种水制成一种黏胶，尝起来像明矾，雷蒙德称之为“硫酸银”。[92]

虽说这个配方中的成分未被清晰界定，但它们可被破译。“色利康”在15世纪英格兰文本中几乎总被用来指铅丹（红铅）①，一种通过仔细煅烧铅黄得来的橙红色化合物。[93]“葡萄的最大湿度”可能是蒸馏过的葡萄酒醋，色利康溶解于其中。然后可以把过量的醋蒸馏掉，留下一团黏胶。里普利将这黏胶物质等同于《遗嘱》中描述的硫酸银，就此用一种既是矿物又是植物的产品替换了雷蒙德那矿物出身的“绿狮子银，被称硫酸盐”。[94]即使在这个阶段，里普利也保持让柳利的两个流派紧密编织在一起。 93

这种黏胶接下来应当被干馏，直到一点“微量的水”被抽离。这种可自由使用

① 本书中 minium 和 red lead 这两个同义术语交替使用，前者译为“铅丹”，后者译为“红铅”。——译者注

的水性分离物只是炼金术士真正目标的前体,真正目标是一种白烟或白气,应当用一个接收器收集它并压缩。由此产生的"水"为里普利的长篇注解提供了实证辩护。他惊呼,它就是真正的"有分解力的溶媒,那种之前可溶解的",这就是说,它是一种葡萄酒基溶剂(且按照雷蒙德对该术语的定义,就是一种有分解力的溶媒),但也是自一种金属实体(因此算作可溶解的)提取出的溶剂。换而言之,它就是色利康水银,通过植物溶剂提取出。最终,这种溶媒将被用于溶解金银实体,分离它们的元素,并将它们的金属灰擢升为"一种了不起的盐"。[95]虽然里普利在关于达成此目标的其他必要步骤方面不出所料地模糊,但这种沉默不语在此语境下很难说是不同寻常,毕竟他的报告是为了吊起一位赞助人的胃口,不是为了出卖一个复杂流程的各个细节。

这种有分解力的溶媒还具有其他令人感兴趣的属性,里普利对此加以描述。当蒸汽被压缩后,会发现它有浓烈的味道和难闻的气味,这为它赢得了另一个在托名柳利词汇表中被人熟知的名字——刺鼻溶媒。它也极易挥发,假如践行者希望进一步制作仙丹,就必须在它蒸馏完成的一个小时之内进行。若加进它的金属灰(残留在蒸馏烧瓶中的渣滓),这种水就在无须增加任何外部热力的情况下开始沸腾。为此,为了盖住这种金属灰,只消添加足够液体。[96]

欧洲的秘密文学中到处都是描述得一丝不苟但却可疑的程序,有些具有古代出身。我们大可质疑,里普利这样一段深深嵌在一种既定文本传统中的描述能在多大程度上反映出他自己的实验。里普利在《炼金术精髓》全篇都提供了大量关于流程和观察的报告,暗示着他对托名柳利学说的仔细研习的确已经被投入测试。他摈弃葡萄酒精馏液,因为它"在溶解我们实体的行动中完全不充分",这带有个人经验的味道,一如他关于他自己那种植物溶媒的挥发性的警告。更重要的是,里普利的实践建基于已知的化学属性,比如将各种金属灰溶解在蒸馏醋中制作金属醋酸盐。在如铅黄这种铅氧化物的例子中,这样的溶解会产生铅糖——一种甜味的透明"黏胶",它确实能蒸馏产生一种厚重白烟(同样还有一种易挥发溶剂丙酮),不过我们不能肯定这恰好就是用不纯的材料工作的里普利本该获得的东西。[97]

94

此种模糊性引出对里普利的材料供应和语言使用的重要考虑。不管里普利的色利康的来源是什么,都不可能是我们现代使用该词时所指的纯红铅(即四氧化三铅),因为四氧化铅不同于常规的一氧化铅,难以溶解于常规的蒸馏醋。[98]当然,里普利似乎"改善"了他的醋,若非通过进一步蒸馏,就是通过添加其他成分,这可能强化它的溶解力。但还是有线索表明他的色利康是不纯物——因此它"被称为绿狮子，因为当溶解之后，它立刻装饰着一袭绿袍”。[99]恰好，假如这“铅”包含了一定比例的铜，铅糖的确会得到绿颜色。含铜这个特征引出两个引人遐想的可能性。

首先，里普利可能在不知情的情况下使用不纯的铅源工作，这种情况下，他的实践成功与否视他在欧洲何处工作而定。[100]人们可以在地方知识或材料可获得性的驱使下采用替换品，约克郡是产铅的地区，里普利的小修道院所在的布里德灵顿拥有的一座铅矿则对欧洲大陆出口铅。[101]其次，他可能已经知道材料不纯，这时“色利康”就成为铅铜混合物一个格外巧妙的代号，铜的“红色”暗示着同红铅的类比。此解读虽然是推测性的，但有助于解释早几年所写《炼金术合成》中的一处反常，里普利在那里似乎将绿狮子与铜画等号。他在这首诗歌中又提及在他的植物工作中使用的金属实体是红铅，但又具体说明它是“**我们的**上好红铅”——这是他确乎想把“红铅”当作一个代号的线索。[102]

95

里普利对植物石的处理方式构成了一位炼金术士改编难对付之原始文本的醒目举动，这位炼金术士显然熟悉材料的属性，也愿意在书本以外寻找他的程序。在此过程中，显露出他愿意抛弃或改编那些与自身经验或获取资源之途径相左的指示。考虑到《论缩略程序的书信》在构造《炼金术精髓》时的重要性，则我们满可以指望发现里普利对该书实践内容的借鉴。《论缩略程序的书信》关于植物石的缩略流程始于对一种被描述为“比黑色更黑的黑东西”的成分的反复蒸馏。[103]然而尽管里普利在《炼金术精髓》中表示他知道这种物质——它是一种特殊类型的酒石，甚至“黑过加泰罗尼亚葡萄的酒石”，他却把它搁置一旁，理由是“这种东西在这些部分和某些其他部分里都罕见”。[104]幸运的是，另一位权威圭多·德·蒙塔诺“已经发现了另一种油质潮湿物质，来自葡萄酒”，这提供了足够的替代品。

里普利本人基于铅的解决方法实际上与《论缩略程序的书信》的最终摘要相当接近，“从哲学家的铅中提取一种金色的油，或非常像它的东西……这是令药剂有渗透性、友善并连接所有实体的隐秘之油”。[105]然而里普利没有明确所使用的铅的种类，同时该流程被大力删节，以致一位读者不可能仅凭这段报告就复制它，除非他早就熟悉提炼“铅油”的程序。里普利固然可以把这段简洁的指涉很好地解读成对他自己制作植物石之程序的确认，但《论缩略程序的书信》不可能是他的唯一资料。最终，里普利为了有利于他自己那从高深莫测的“红铅”中提取的金属水而跳过雷蒙德的模糊流程，他的“红铅”是一种在他引用的托名柳利文献中没有直接相似物的物质，因此暗示着他自己的实验和经验的结果。

96

不过里普利的实践就像他的理论一样多半受到书面报告影响。当里普利把他的黏胶比作雷蒙德的硫酸银，把他的压缩蒸汽比作雷蒙德的刺鼻溶媒时，他将自己的观察同《遗嘱》中报告的两种物质联系起来，由此为一个他承认并非直接取自雷蒙德的加工方法生成一份柳利背书。他也改变了制作铅糖的常用配方，推荐使用红铅而非生产铅糖时更常用的其他铅化合物，如铅白和铅黄。

里普利在调整配方和改动基础炼金术时，似乎是按照从自己操控形形色色材料的经验中收集来的信息行事。与此同时，他不断通过提及文本来源为自己采用这类革新寻求支持。由于他的红铅未获柳利背书（除非巧妙地重新阐释柳利的可溶解溶媒或铅油），他引入了一个甚至有着更权威出身的代号"色利康"。色利康是哲学家"蒙德斯"（Mundus）在《哲学家的听众》（*Turba philosophorum*）中提到的物质之一，此文本13世纪初期自阿拉伯文译为拉丁文，原文创作于900年左右。[106]虽然该术语的早期含义和语源模糊不清，但它似乎一开始指一种红色颜料，这种颜料到了里普利的时代已经开始被等同为红铅。[107]红色在炼金术符号学中的重要意义——既与血液联系，又与哲学家之石最后的红色阶段联系——可能也是它受欢迎的理由。[108]通过选择"色利康"作为其植物产品的初始物质，里普利将他的新奇实践锁在炼金术的古老往昔中。

97

实用注解

在15世纪70年代写作的里普利只不过是炼金术评注者长河中最晚近的一位，这些评注者理解往昔权威的方式是，努力根据其他书籍和可能含义来详细说明往昔权威。身为一位学者和教会人士，他应该早就熟悉用这种方法阐释文本的艺术，因为此类技巧谈不上仅属炼金术领域。自古代晚期以来，神学家已经把"圣经"作为一个有着几乎无解之复杂性的文本来处理，这是一本上帝设计的、旨在根据读者的能力和智慧从诸多层次上阅读的神圣书籍。哪怕看上去直白易懂，叙事性描述也包含着真理的多个层次，每个层次都要求不同的阐释方法：字面的、寓言的、道德的或神秘的。[109]对于那些受过训练，能在文本的文字之外深思含义的读者，将同样的路径运用于炼金术作品只不过是迈出一小步。所以，若说里普利的注解技巧找到了一个替代出口，用来尝试解决托名柳利的火、水和溶媒的多样性，这不足为奇；哪怕他不太守传统地用一种以他自己的实验实践面目出现的新型语文学工具帮助他这样做，这也不足为奇。

98

我们可以把这种结果看作一种“实用注解”，在此过程中，具体的加工方法和产品（有分解力的溶媒、植物石）被强行重新阐释，以适应诸如本地材料的可获得性和与践行者个人实证观察的相容性这类考虑。正如里普利操纵相左的文本资源以获得共识，他也修改配方以适合实际发现，还修改实际发现以适合既定的比喻。因此，里普利的实践及理论论据虽然在公认的14—15世纪范例中有渊源，但他的《炼金术精髓》既不能化约成早前权威的汇编，也不能化约成直白的配方集。通过对托名柳利学说的持续阐述——此阐述由资料批评支持也应用于材料追寻，此书既构成对一种先在传统的评注，也构成对一部令人混淆且托名的（里普利不知道这点）文集设置之挑战的严肃实际处理。在里普利所熟悉资料的裂缝之间，我们捕捉到里普利展现他自己的实证工作时的弹性与革新的吉光片羽，这是一种理当回馈到他自己的作品中和他后来读者的作品中的知识源泉。

一旦获得鉴定，里普利的色利康炼金术就转而成为15—16世纪英格兰炼金术中独一无二的东西。他的注解方法也同样。当后来的读者们寻求再造矿物石和植物石时，他们应用了同样的技巧，修改自己的文本资料以适合新的观察，这些新的观察由对原始实践的相应变动产生，无论这些变动是有意的——如有意替换的例子，还是偶发的——如可能随着出现了杂质或校正了设备而出现。文本和实践的反馈循环提供的不仅是阅读炼金术评注的工具，还是探测基础炼金术如何随时间改变的工具。

不过，若设想这个循环是个闭环，那就错了。阅读炼金术文本同阐释实验发现之间的持续循环没有被密封，而是被一大堆因素塑造，不仅有哲学的连贯性，还有践行者的经济环境、宗教信仰以及对正确道德行为的观点。任意两个读者都可能对同一份原始材料进行不同的阐释，或基于类似实践结果却形成不同结论。如我们将看到的，里普利本人关心的是，需要让鲁伯斯西萨的约翰所设想的那类贫寒践行者获得他的科学。他身为一个贫寒修道士的地位可能塑造了他对成本议题的回应，这回应就是满足于使用不贵的基础金属，比如铅和铜。

99

直到17世纪，色利康炼金术都将继续塑造英格兰炼金术话语。到了17世纪50年代，对里普利《炼金术合成》之质变术目标的读者偏好将逐渐令注意力偏离《炼金术精髓》中勾勒的珍视医用植物石超过矿物产品的多用途实践。然而里普利炼金术的稳健性不仅在于它作为声名卓著的托名柳利文集之实际演绎的成功，还在于它对基于不同环境的新阐释的适应性。里普利本人的评注者们除了把“色利康”解读为红铅，还将之解读为种种铅化合物之一（或者解释为一种彻底不同的金属，甚或是一种非金属成分如酒石)，如此他们就能在替换新成分的同时依然制造出令人感兴趣的化学产品，此举常常怀着炼制黄金的目标。他们也能以负担得起的方式这么做。里普利的植物石集哲学上的智性、道德上的无懈可击和实践上的效用于一体，将变成英格兰炼金术虽然一直变化但却经久不息的副歌。

【注释】

[1] George Ripley, *Epistle to Edward IV*, in *Theatrum Chemicum Britannicum*, ed. Elias Ashmole, 110.

[2] National Archives, Coram Rege Roll, 6 Henry V, Trinity Term, rot. 18d(KB 27/629).该案件的概要见 R. C. Fowler, "Alchemy in Essex", in *The Essex Review: An Illustrated Quarterly Record of Everything of Permanent Interest in the County*, vol. 16, ed. Edward A. Fitch and C. Fell Smith (Colchester: Behnam & Co., 1907), 158—159。

[3] 里普利见 Jennifer M. Rampling, "Establishing the Canon: George Ripley and His Alchemical Sources", *Ambix* 55(2008):189—208; Rampling, "The Catalogue of the Ripley Corpus: Alchemical Writings Attributed to George Ripley(d. *ca*. 1490)", *Ambix* 57(2010):125—201。

[4] 最初以英语出版时题为 George Ripley, *The Compound of Alchymy... Divided into Twelue Gates*, ed. Raph Rabbards(London, 1591), 含拼写订正的复制版见 *George Ripley's Compound of Alchemy(1591)*, ed. Stanton J. Linden(Aldershot: Ashgate, 2001)。里普利著作集(其中几部是假冒的)的出版本见 George Ripley, *Opera omnia chemica*, ed. Ludwig Combach(Kassel, 1649)。

[5] 历史上的柳利是方济各会第三会成员，托名柳利的身份自然不清楚。方济各会士对炼金术的兴趣见 Chiara Crisciani, "Alchimia e potere: Presenze francescane (secoli XIII—XIV)", in *I Francescani e la politica: Atti del convegno internazionale di studio, Palermo 3—7 dicembre 2002*, ed. Alessandro Musco(Palermo: Biblioteca Francescana—Officina di Studi Medievali, 2007), 223—235; Michela Pereira, "I francescani e l'alchimia", *Convivium Assisiense* 10(2008): 117—157; DeVun, *Prophecy, Alchemy, and the End of Time*; Zachary A. Matus, *Franciscans and the Elixir of Life: Religion and Science in the Later Middle Ages*(Philadelphia: University of Pennsylvania Press, 2017)。托钵会士当中的蒸馏实践，特别是意大利的，见 Angela Montford, *Health, Sickness, Medicine, and the Friars in the Thirteenth and Fourteenth Centuries*(Aldershot: Ashgate, 2004)。

[6] Peter Murray Jones, "Mediating Collective Experience: The *Tabula Medicine*(1416—1425) as a Handbook for Medical Practice", in *Between Text and Patient: The Medical Enterprise in Medieval and Early Modern Europe*, ed. Florence Eliza Glaze and Brian K. Nance, Micrologus' Library 39 (Florence: SISMEL, 2011), 279—307; Jones, "The Survival of the *Frater Medicus*? English Friars and Alchemy, *ca*. 1370—*ca*. 1425", *Ambix* 65(2018):232—249; Jones, "Alchemical Remedies in Late Medieval England".

[7] 例如可见 John of Arderne, *Liber medicinarum sive receptorum liber medicinalium*, in Glasgow University Library, MS Hunter 251, fol. 16r; Peter Murray Jones, "Four Middle English Translations of John of Arderne", in *Latin and Vernacular: Studies in Late-Medieval Texts and Manuscripts*, ed. A. J. Minnis(Cambridge: D. S. Brewer, 1989), 61—89。

[8] 阿根泰因对炼金术蒸馏尤其蒸馏血液的兴趣，见 Jones, "Alchemical Remedies in Late Medieval England"。阿根泰因也见 L. D. Riehl, "John Argentein and Learning in Medieval Cambridge",

Humanistica Lovaniensa 33(1984):71—85。

[9] Linda Ehrsam Voigts, "Master of the King's Stillatories", 235.

[10] 一个有代表性的选篇见 ibid., 250—252。

[11] 这些委员会的组成见 Singer and Anderson, *Catalogue of Latin and Vernacular Alchemical Manuscripts*, 3:788—791;Wendy J. Turner, "The Legal Regulation and Licensing of Alchemy in Late Medieval England", in *Law and Magic: A Collection of Essays*, ed. Christine A. Corcos (Durham, NC: Carolina Academic Press, 2010), 209—225, on 218—224。

[12] National Archives, Patent Roll, 30 Henry VI, pt. 2, m.9d,被 Singer and Anderson, *Catalogue of Latin and Vernacular Alchemical Manuscripts*, 3:787—788 引用。

[13] Coram Rege Roll, No. 448, 47 Edward III, Hilary Term, Rex m.15.d. Solermonik 这个术语听起来像是对 sal ammoniac(卤砂)的第二次指称,它也可能指 bol ammoniac(波尔氨)。文员可能对丰富的物质产生混淆。"药物"一词频频被用于质变炼金术作品中,指用于制备石头的物质。

[14] National Archives, KB. 27/629.

[15] National Archives, Patent Roll, 22 Henry VI, pt. 2, m.9(C66/458).科布和其他许可证持有人见 Wendy J. Turner, "The Legal Regulation and Licensing of Alchemy in Late Medieval England", 214—215。

[16] National Archives, Patent Roll, 24 Henry VI, pt. 2, m.14(C66/462);着重号为笔者所加。

[17] Ibid.许可证英译本见 Thomas Fuller, *The History of the Worthies of England: A New Edition*, ed. P. Austin Nuttall(London: Thomas Tegg, 1840), 2:216:"我们,虑及上述各项,愿意知道所说之工作或科学的结论,出于我们的特别优待,已同意并许可这同一位埃德蒙和托马斯,以及他们的仆从们,他们可以合法和自由地对前述艺术与科学展开工作与尝试,不会受到我们或我们一切官员的任何阻挠。"(欧洲的君王及主教发通告时都以复数自称,此用法于 12 世纪引入英格兰,其含义是不仅指君主/主教个人,还指其作为一个国家和机构之领导者的职务。——译者注)

[18] Thomas Fuller, *The History of the Worthies of England*, 2:216.几乎一模一样的许可证也于 1446 年 7 月 4 日被颁发给威廉·赫特利斯(William Hurteles)、亚历山大·沃斯利(Alexander Worsley)、托马斯·博尔顿(Thomas Bolton)和乔治·霍尼比(George Horneby)(职业不清);1447 年 9 月 15 日颁发给"伦敦绅士罗伯特·博尔顿(Robert Bolton)";1452 年 4 月 30 日颁发给"约翰·密斯特尔登(John Mistelden)"和他的三位仆从;1460 年 9 月 3 日颁发给威廉·绍瓦热(William Sauvage)、休·哈德尔斯顿(Hugh Hurdelston)和亨利·希内(Henry Hyne)及他们的三位仆从。分别见 National Archives, Patent Roll, 24 Henry VI, m.5(C66/475); Pell Records, 27 Henry VI; Patent Roll, 30 Henry VI, pt. 2, m.27(C66/475); Patent Roll, 39 Henry VI, m.23(C66/490),都被 Singer and Anderson, *Catalogue of Latin and Vernacular Alchemical Manuscripts*, 3:784—792 引用。

[19] National Archives, Patent Roll, 3 Edward IV, pt. 2, m.17(C66/506).

[20] National Archives, Patent Roll, 8 Edward IV, pt. 2, m.14(C66/522).

[21] *Thomas Norton's The Ordinal of Alchemy*, ed. John Reidy, 84(ll. 2701—2702).

[22] British Library, MS Lansdowne 703, fol. 11r.

[23] National Archives, Patent Roll, 16 Edward IV, pt. 1, m.20(C66/538).

[24] Corporation of Coventry, Leet Book, 6 January 1478,被 Singer and Anderson, *Catalogue of Latin and Vernacular Alchemical Manuscripts*, 3:793—794 引用。

[25] 这些请愿人见 D. Geoghegan, "A Licence of Henry VI to Practise Alchemy", 11—13;Michela Pereira, "Mater medicinarum", 27, 41—42nn6—9;Voigts, "Master of the King's Stillatories"。

[26] 基默对亨利六世的治疗见 Faye Getz, "Kymer, Gilbert(d. 1463)", *Oxford Dictionary of National Biography*;Robert Ralley, "The Clerical Physician in Late Medieval England" (PhD diss., University of Cambridge, 2005), chap 2。

[27] 译文见 D. Geoghegan, "A Licence of Henry VI to Practise Alchemy", 15。

[28] Ibid., 16.

[29] Jones，“Alchemical Remedies in Late Medieval England”.如琼斯评论的，基默引了归于罗杰·培根名下的《论延迟衰老》(*De retardacione senectutis*)，暗示出他早在15世纪20年代就已对用炼金术方法延长寿命有兴趣。《守护健康的饮食》本身取范于托名亚里士多德的《众妙之妙》，见 Faye Getz，*Medicine in the English Middle Ages*(Princeton：Princeton University Press，1998)，86。基默是托马斯·诺顿提及姓名的唯一同时代炼金术士，诺顿推崇他的医学知识胜过他的炼金术专长，见 *Thomas Norton's The Ordinal of Alchemy*，ed. John Reidy，50(ll. 1559—1562)。

[30] D. Geoghegan，“A Licence of Henry VI to Practise Alchemy”，15.

[31] Ibid.基默在《守护健康的饮食》中引了同样段落，见 Jones，“Alchemical Remedies in Late Medieval England”。

[32] 佩雷拉曾推测科克比本人与《遗嘱》一书的相遇可能构成请愿一事的诱因，且这部美观的书册可能曾被计划当作上呈国王的副本，见 Pereira，“Mater Medicinarum”，35—36。科克比也见 Linda Ehrsam Voigts，“The ‘Sloane Group’：Related Scientific and Medical Manuscripts from the Fifteenth Century in the Sloane Collection”，*British Library Journal* 16(1990)：26—57，on 34—37。

[33] 中世纪的“实验”(*experimenta*)一词常用于指实用配方和对程序的描述，意思更接近现代意义上的“经验”而非“实验”。关于该术语，见 Katherine Park，“Observation in the Margins，500—1500”，in *Histories of Scientific Observation*，ed. Lorraine Daston and Elizabeth Lunbeck(Chicago：University of Chicago Press，2011)，15—44。

[34] D. Geoghegan，“A Licence of Henry VI to Practise Alchemy”，16.

[35] Oxford，Corpus Christi College Library，MS 172；Oxford，Bodleian Library，MS Ashmole 1486，pt. 3；Cambridge，Trinity College Library，MS O.5.31.[分别见 Jennifer M. Rampling，“The Catalogue of the Ripley Corpus” 9.34、9.30 和 9.5。(兰博臻这篇文章篇名后面无逗号的数字指的是文中的作品条目编号，在文章后半部，若是指页码会在篇名后加逗号。——译者注)]“布里德灵顿律修会修士”这一指称也见于15世纪一份与出自《炼金术合成》的诗句有关联的手稿，见 London，British Library，MS Sloane 3579，fols. 4r，11r，18r-v，20r，39v-40r(Rampling，“The Catalogue of the Ripley Corpus” 9.xx)。

[36] Cambridge，Trinity College Library，MS R.14.58，pt. 3，fol. 6r(以下简称 *Medulla*)。*Medulla* 的条目在 Rampling，“The Catalogue of the Ripley Corpus” 16。

[37] London，British Library，MS Sloane 3667(after 1572/3)，fol. 104v：“《炼金术精髓》于此结束，此著由乔治·里普利于主历1476年编纂，并于1552年由神职人员大卫·怀特海德先生译为英语。”伊丽莎白时代的另一个人“马利”(Marye)只提供了译者的姓名首字母，“由 D. W. 于1552年译为英语”(Oxford，Bodleian Library，MS Ashmole 1480，pt. 3，fol. 15v)。这位译者可能是被约翰·斯托(John Stow)描述为炼金术士的“怀特海德先生”(Mystar Whithed)，此人可能对应新教徒牧师大卫·怀特海德(1492—1571年)，见“Introduction：Documents Illustrative of Stow's Life”，*A Survey of London*，by John Stow，reprinted from the text of 1603(1908)，XLVIII—LXVII；*British History Online*，http://www.british-history.ac.uk/report.aspx?compid=60007&strquery=alchemy(2009年5月13日访问)。

[38] *Calendar of Entries in the Papal Registers Relating to Great Britain and Ireland*：*Papal Letters*，vol. 11，*1455—1464*，prepared by J. A. Twenlow(London：Her Majesty's Stationery Office，1893)，530—531.

[39] “Titulus operis”，*Compound of Alchemy*，in Oxford，Corpus Christi College Library MS 172，fol. 12v.虽然有人表明这些诗句是16世纪被加入手稿的[Stanton J. Linden ed.，*George Ripley's Compound of Alchymy*(Routledge，2001)，106n20]，但实际上它们是15世纪的原创之笔。

[40] Ripley，“Fermentation”，in *Theatrum Chemicum Britannicum*，ed. Elias Ashmole，177.

[41] *Medulla*，fol. 1v.

[42] Ripley，“Calcination”，in *Theatrum Chemicum Britannicum*，ed. Elias Ashmole，131：“如同我的博士对我展示的东西。”

[43] 牛津说见 Thomas Tanner，*Bibliotheca Britannico-Hibernica*，633；意大利说见 Oxford，Corpus Christi College Library，MS 172，fol. 12v（出自后来笔迹的旁注）。A. B. Emden，*A Biographical Register of the University of Oxford to A.D.* 1500，vol. 3（Oxford：Clarendon Press，1959），1577 不考虑与牛津的联系。这座城镇的名字在拉夫·拉巴兹（Raph Rabbards）1591 年的版本中写作"Ixninge"，在 *Theatrum Chemicum Britannicum*，ed. Elias Ashmole 中写作"Yxning"。

[44] 自 12 世纪后期以来，来自布里德灵顿的律修会修士就为职位空缺的教堂服务，比如有一个人担任英格兰西北部格林顿（Grinton）的代牧，J. C. Dickinson，*The Origins of the Austin Canons and Their Introduction into England*（London：S.P.C.K.，1950），228—240。僧侣和律修会修士——遵从规章生活的神职人员——的差别见 Dickinson，Ibid.，197—223。

[45] "Breviation"，Rampling，"The Catalogue of the Ripley Corpus" 4，此文也收了该堂区名字的变体拼写，例如 Flixburch（London，British Library，MS Sloane 83，fol. 2r；Rampling，"The Catalogue of the Ripley Corpus" 4.4）。威洛比家族同弗利克斯伯勒（也拼作 Flyxburgh 和 Flixburrow）的关系，见 Sir William Dugdale，*The Baronage of England，or，An Historical Account of the Lives and Most Memorable Actions of our English Nobility in the Saxons time to the Norman Conquest...*（London：Thomas Newcomb，for Abel Roper，John Martin，and Henry Herringman，1675—1676），83—84。

[46] *Papal Letters*，11：530—531："在所议时期接受并保持对一份圣俸的委托保管，该圣俸无论有无责任区，都不被在俗神职人员持有，哪怕它已处于堂区教堂或其永久神父住宅或附属小教堂里，或具有平信徒赞助的性质……每当他乐意就放弃这种委托保管，并接受和保持另一份以委托保管方式授予的圣俸，也接受和持有一份来自任何修会场所或隐修院的薪金。"

[47] 即使富勒（Fuller）对这点也不肯定，Thomas Fuller，*History of the Worthies of England*，363："乔治·里普利先生（是骑士还是神父，不能这么快决断）。"桑迪斯（Sandys）在订正富勒的条目时，把这位律修会修士放回他的位置，"至多是神父先生，及布里德灵顿的律修会修士"，George Sandys，*Anglorum Speculum，or，The Worthies of England in Church and State alphabetically digested into the several Shires and Counties therein...*（London：for John Wright，Thomas Passinger，and William Thackary，1684），896。

[48] *Medulla*，fol. 1r.

[49] 拉丁文原文见 *Medulla*，fol. 1r。除非另有声明，我都采用伯利斯的英译诗句，录于 Cambridge，Trinity College Library，MS O.2.33，fols. 2r-3r。伯利斯见下文第六章。

[50] Cambridge，Trinity College Library，MS O.2.33，fol. 16v.

[51] Ibid.，fol. 17r.尾声的拉丁文文本见 *Medulla*，fol. 6r。里普利引了《传道书》（Ecclesiastes 1：2，Douay-Rheims）中的句子："传道者说，虚空的虚空，虚空的虚空。凡事都是虚空。"

[52] John H. Tillotson ed. and trans.，*Monastery and Society in the Late Middle Ages：Selected Account Rolls from Selby Abbey，Yorkshire，1398—1537*（Woodbridge：Boydell and Brewer，1988）；A. J.Pollard，*North-Eastern England during the Wars of the Roses*（Oxford：Clarendon Press，1990）.

[53] A. J. Pollard，*North-Eastern England during the Wars of the Roses*，307.

[54] Cambridge，Trinity College Library，MS O.2.33，fol. 17v.

[55] 这份生平履历的种子在近代早期古物研究者约翰·利兰德（John Leland）、约翰·贝尔（John Bale）和约翰·皮茨（John Pits）的报告中已有端倪，例如 John Bale，*Scriptorum illustrium maioris Brytanniae... Catalogus*（Basel：Johannes Oporinus，1557），622—623。它被阿什莫尔在 *Theatrum Chemicum Britannicum*，444，456—459 中发展，并在 18 世纪中期获得成熟形式，见 Nicolas Lenglet-Dufresnoy，*Histoire de la Philosophie Hermétique*（Paris：Coustelier，1742），264—266，及 Tanner，*Bibliotheca Britannico-Hibernica*，633。

[56] Cambridge，Trinity College Library，MS O.5.31（late fifteenth century），fol. 37v.这个早期版本与 *Theatrum Chemicum Britannicum*，ed. Elias Ashmole，193 刊印的版本略有不同，阿什莫尔在这里还附上了英语韵文翻译。

[57] Ripley, *Epistle to Edward IV*, in *Theatrum Chemicum Britannicum*, ed. Elias Ashmole, 109.

[58] Ibid., 110.

[59] 见上文注释[35]。

[60] 例如可见 Oxford, Bodleian Library, MS Ashmole 1487, pt. 2(ca. 1569), fol. 172r; Copenhagen, Royal Library, GKS 1746 (ca. 1570—1600), fol. 1r; The Hague, Royal Library of the Netherlands, Bibliotheca Philosophica Hermetica MS 46(seventeenth century), fol. 1v。格拉斯哥大学图书馆 MS Ferguson 102(ca. 1525—1575), fol. 68r 的缮写人威廉·伯利斯对人物归属提出了一个更谨慎的说法:"这篇论述由律修会修士乔治·里普利先生写给英格兰的某位主教。"有两份抄本暗示出另外的题赠对象,一个是接替内维尔担任约克大主教的劳伦斯·布斯(Lawrence Booth),见 Royal College of Physicians of Edinburgh, MS Anonyma 2, vol. 1(seventeenth century), 187,另一个是达勒姆主教托马斯·鲁萨尔(Thomas Ruthall),见 Glasgow University Library, MS Ferguson 91 (seventeenth century), fol. 37r。但是,鲁萨尔直到 1509 年才获任该主教职位。

[61] Michael Hicks, "Neville, George(1432—1476)", *Oxford Dictionary of National Biography*.在爱德华于艾奇寇特沼地(Edgecote Moor)战败之后,内维尔亲自拘押了国王。

[62] *Medulla*, fol. 1r.

[63] Ibid., fol. 1v.译文来自 Cambridge, Trinity College Library, MS O.2.33, fol. 3r。

[64] Ibid., fol. 3r.

[65] 下文第 112—113 页将进一步讨论。

[66]《两种最尊贵的水的论述》(*Tractatus de duabus nobilissimis aquis*)是个好例子,它被称为《雷蒙德众妙之妙》(*Secreta secretorum Raymundi*),保存在几部 15 世纪后期的手抄本中:Cambridge, Trinity College Library, MS O.8.32, pt. 1, fols. 12r-39r; Trinity College Library, MS O.8.9, fols. 32v-36r; Oxford, Corpus Christi College Library MS 136, fols. 52r-54v; 也见 Paris, Bibliothèque Nationale, MS Lat. 14007, fols 82r-83v(late fifteenth to sixteenth century)。至少有一位近代早期读者曾怀疑过该小册子是里普利自己写的,见 Bologna, Biblioteca Universitaria di Bologna, MS 457, vol. XXIII, pt. 3, fol. 55r 上的评论。

[67] *Medulla*, fol. 1v.

[68] Ibid., fol. 3r.

[69] Jean-Jacques Manget ed., *Bibliotheca Chemica Curiosa*, 1:863.

[70] *Medulla*, fol. 3r.

[71] Ibid., fol. 2v.

[72] Ripley, "Separation", in *Theatrum Chemicum Britannicum*, ed. Elias Ashmole, 142.也见 *Medulla*, fol. 2v。

[73] *Medulla*, fol. 3r.在现代化学中,绿色硫酸盐通常对应硫酸亚铁,蓝色硫酸盐对应硫酸铜。但是里普利的绿色硫酸盐清楚声明得自铜,这说明,当考虑近代早期践行者们可获得的物料时,必须小心谨慎。

[74] *Medulla*, fol. 3r.这种说法的先声见于《遗嘱》和《关于自然秘密亦即精质的书》。

[75] Ibid., fol. 2v.

[76] Ibid.

[77] Ibid., fol. 5r.

[78] Ibid., fol. 5v.

[79] *Liber de secretis naturae*, *seu quinta essentia*, fol. 107r.

[80] Ibid.

[81] Ibid., fol. 62r.

[82] *Medulla*, fol. 5r.

[83] Ibid.

[84] "Conclusio summaria ad intelligentiam Testamenti seu Codicilli Raymundi Lullij... quae aliter Repertorium Raymundi appellatur", Lazarus Zetzner, *Theatrum chemicum*, 3:731:"显然,通过我们的哲学水,它被称为金属质的,因为它自金属土壤产生。"里普利在《炼金术合成》中提到这篇《清单》,表明他知道该文本,Ripley,"Calcination", in *Theatrum Chemicum Britannicum*, ed. Elias Ashmole, 131。

[85] *Medulla*, fol. 5r.

[86] 该术语自亚里士多德《辨缪篇》(*Sophistical Refutations* 5, 167a:1—20)中对"不当概括"这种推理谬误的论述发展而来,见 William T. Parry and Edward A. Hacker, *Aristotelian Logic* (Albany: State University of New York Press, 1991), 438。

[87] *Medulla*, fol. 5r.

[88] Ibid., fol. 5r-v.

[89] Ibid., fol. 5v.

[90] 迪奥斯科里季斯的《论药用物质》(5.91)描述过制作铜绿。制作铜绿和铅丹的流程也包含在西奥菲勒斯的《论若干艺术》中。

[91] *Medulla*, fol. 5v.

[92] Ibid.

[93] 我讨论过该术语的语源和炼金术用法,见"Transmuting Sericon",也见下文注释[107]。

[94] Michela Pereira and Barbara Spaggiari eds., *Il Testamentum alchemico attribuito a Raimondo Lullo*, 1:198.里普利在此选择重新阐释柳利的"硫酸银"(*vitriolum azoqueus*),因为如我们所见,在《炼金术精髓》较前的地方,他用 *vitriolum azoqueus* 这个词指硫酸盐(蓝矾)。中世纪炼金术中矾类和硫酸盐的界限不总是很明晰,因此里普利可能受这种黏胶味道的启发而把这个术语当作一个代号。

[95] *Medulla*, fol. 5v.

[96] Ibid.

[97] 白烟是与丙酮共蒸馏出的一种有机物质。丙酮具有高度挥发性,这种属性符合里普利对其蒸馏产品的描述。

[98] 非常感激劳伦斯·普林西比指出四氧化三铅的这种属性,以及他关于复制该实验的忠告。对此流程的重构见下文第七章。

[99] *Medulla*, fol. 3r.

[100] 本地材料的成分对化学流程的产出可产生相当可观的影响。一个近代早期的例子见 Lawrence M. Principe, "Chymical Exotica in the Seventeenth Century, or, How to Make the Bologna Stone", *Ambix* 63(2016):118—144。

[101] Colin George Flynn, "The Decline and End of the Lead-Mining Industry in the Northern Pennines, 1865—1914: A Socio-Economic Comparison between Wensleydale, Swaledale, and Teesdale" (PhD diss., Durham University, 1999).

[102] Ripley, "Preface", in *Theatrum Chemicum Britannicum*, ed. Elias Ashmole, 126,着重号为笔者所加。我将在下文第 117—118 页讨论铜在《炼金术合成》中的角色。

[103] "比黑色更黑的黑东西"是托名柳利炼金术中最重要的物质之一,它的配方以扩展形式出现在《炼金术艺术与自然哲学概要》(*Compendium artis alchimiae et naturalis philosophiae*)中,该文也叫《自然的魔法》(*Magica naturalis*),收入 Lull [pseud.], *De alchimia opuscula*, fol. 11r。

[104] *Medulla*, fol. 5r.里普利排斥酒石显然不是由于他对该加工方法缺乏熟悉度,因为他早前对酒石金属质特点的戏谑评论提到酒石在阳光下干燥后的外表(干燥是一个在蒸馏之前去除过量水分的必要程序)。

[105] Jean-Jacques Manget ed., *Bibliotheca Chemica Curiosa*, 1:866,译文见 London, British Library, MS Sloane 1091, fol. 101r-v:"从哲学家的铅中提取出一种金色的油,或非常像它的东西。假如你

将这种金属石或这种动物固定好后升华三至四次,你将得以免除所有升华和凝结的方式。理由是,这是令药剂有渗透性、友善并连接所有实体的隐秘之油,而且效果将随着时间流逝而极为'强劲地'加强。因此世间再没有比这更隐秘或更可靠的东西。"

[106] Julius Ruska ed., *Turba Philosophorum: Ein Beitrag zur Geschichte der Alchemie*, Quellen und Studien zur Geschichte der Naturwissenschaften und der Medizin 1(Berlin: Springer, 1931), 169:"因此,铅能变成黑色是有必要的;然后前述在金色调和剂中的东西会有色利康的外表,色利康是它的一种成分,它也有十个名字。"拉斯卡(Ruska)在第 30 页给出了阿拉伯文名字 *sīrīqūn*。《哲学家的听众》也见 Didier Kahn, "The *Turba philosophorum* and Its French Version(15th c.)", in López Pérez et al., *Chymia*, 70—114。

[107] 塞维利亚的伊西多尔(Isidore of Seville)描述 *Syricum* 是一种红色颜料,用于在书籍中写首字母,他明确将之同 *sericum*(丝绸)区分开,见 *Isidori Hispalensis episcopi Etymologiarum sive originum libri XX*, ed. W. M. Lindsay(Oxford: Oxford University Press, 1911), bk. 19。东罗马的希腊语炼金术文本也使用σηρικόν指一种红色颜料,但这一用法可能仅仅是转述拉丁词 *Syricum*。也见 Dietlinde Goltz, *Studien zur Geschichte der Mineralnamen in Pharmazie, Chemie und Medizin von den Anfängen bis Paracelsus*(Wiesbaden: Franz Steiner, 1972), 190—191。

[108] 红色在炼金术中的重要意义见 Pamela H. Smith, "Vermilion, Mercury, Blood, and Lizards: Matter and Meaning in Metalworking", in *Materials and Expertise in Early Modern Europe: Between Market and Laboratory*, ed. Ursula Klein and E. C. Spary(Chicago: University of Chicago Press, 2010), 29—49, on 41—45。

[109] 典型情况下,字面(或历史)意义涉及过去的事件;寓言意义通过一样事物与另一样事物的相似性来解释它(解经文时就是说出《旧约》和《新约》的联系);道德(或比喻)意义关心当下的恰当行为;神秘(或终末论)意义关涉世界结束之后的未来。关于圣经注解技巧的经典作品是 Henri de Lubac, *Exégèse médiévale: Les quatre sens de l'Écriture*, 4 vols. (Paris: Aubier, 1959, 1961, 1964),英译本见 *Medieval Exegesis: The Fourfold Sense of Scripture*, trans. Mark Sebanc(vol. 1), Edward M. Macierowski(vols. 2 and 3), 3 vols. (Grand Rapids, MI: Eerdmans, 1998—2009)。也见 Beryl Smalley, *The Study of the Bible in the Middle Ages*(Oxford: Clarendon Press, 1941);Lesley Smith, *The Glossa Ordinaria: The Making of a Medieval Bible Commentary*(Leiden: Brill, 2009)。

第三章　意见与经验

当一件事情不确定并隐藏着不让人确切知晓时，就有了意见。[1]　　100

乔治·里普利在《炼金术合成》结尾处坦承他对失败毫不陌生。收尾诗歌《警告》列出了他早期的实验灾祸，那时他“被诸多错误书籍欺骗”。[2]此诗接着把几乎每种可以想到的炼金术成分都列入黑名单，包括锑块、卤砂和玻璃沫等矿物，尿液、毛发和血液等动物产品，还有一些更加奇异的东西，从“酒石蛋白、蜗牛油”到“落到地上的星星黏液”。这位炼金术士用一个谜语做终篇：他“除了一样，从未当真见过真正的工作成果”，这东西是种金属质的物质，其中有“藏着不让你看到”的金和银的澄澈。[3]这就是里普利的初始物质的秘密；他告知，这成果就是“我在这篇论述中讲出了真相的那个东西”。但这种神秘初始物质的性质是什么？为了回答这个问题并解开十二道大门的秘密，里普利的读者们必须再次爬梳这首诗歌。但除非他们也明白如何能像个哲学家一样阅读，否则答案仍将秘不示人，一如关于他的金和银的秘密。

里普利关于“诸多实验”的记录固然见证了他强烈的实验倾向，但他显然不是专注于任何现代意义上的实验计划。里普利描述的是他复制炼金术配方集中写下　101
的流程、产品和效果的尝试，这些配方集把来源各异的五花八门的实践汇总在一起，还使用形形色色的成分。对于自己的失败，他没自责本人有任何技能缺失，却更责备以往的抄写员疏忽大意，他们没有先做充分的检验就传播这些实践。只有花费了大量时间和金钱之后，他才能宣称已经发现了这些虚假经验的错误：

我照着在书中找到的实践,
我在这些实践中一无所获,
倒损失了大把的钱。[4]

因此,在里普利自己的叙述中,对实验的严格要求把他的实践同那些编纂者们的实践区分开来,那些人不是依据实践得来的证据,而是凭着想象把各种配方匆匆拼凑起来。证据与意见之间的这种对立是里普利作品中一个鲜明特点,他在赞助请求——如《炼金术合成》——这种正统框架的外表之下进一步发展此特点。一份15世纪的资料尤其能梳理出此种特点,这份资料在现代已经无人注意,它就是里普利自己对论文、配方和诗歌的汇编,获自一部里普利的近代早期读者们称为《怀中书》的手稿。

虽然此前被忽略,但《怀中书》提供了里普利炼金术的钥匙。就像《警告》,它的内容透露出这位律修会修士首先是且最根本的也是一位践行者,他支持系统化的检验,并坦率承认他早期的错误,认错的方式后来令他17世纪的编辑伊莱亚斯·阿什莫尔印象深刻。[5]尽管阿什莫尔在这些作品中看到了他同时代的实验哲学的一位先驱,但里普利的实验没打算生成独立于他的文本资料的自然知识。毋宁说,这位律修会修士寻求复原权威们一直以来都知道的知识。像他那个时代的其他践行者,他检验人们声称的"经验",看看文本中描述的这些流程是否准确描述了实际上观察到的东西,也就是它们是否"起作用"。[6]这种活动在最简单的层次上是尝试通102 过阐释炼金术文本来复制过去的知识和过去的结果。如里普利清楚知道的,这么做的危险在于,假如一种结果在一开始就从未达成——假如一份资料仅仅记载了其作者的想象或意见,那它就无法被重现。

"意见"在近代早期的科学撰述中是个含义丰富的术语。它在中世纪英语中可以表达一个人或一个群体深思熟虑后的判断,但也表达一种不基于理性或经验的观点或信念,亦即想象或无由推测的产物。[7]因此,意见与自然哲学的推理——通过对普遍性质和理由的理解而寻求确定性——和个体从广泛经验中获取的知识都构成鲜明对照。

该术语在15世纪带着混合内涵悄悄进入英格兰炼金术作品。里普利以批判和论战的方式使用它,同时坦承他在过去也曾依据"意见"而非"真相"工作。但是对一个迷失在炼金术文献幽黑岔道里的读者而言,意见可能依旧发挥了一些积极作用,假如不是充当迷宫的地图,那至少是照亮小路的一盏灯。确实,在一个大多数权威文本都要求多层次破译的知识体系中,些许程度的推测性阐释似乎避无可避。

无论是测试不同成分以鉴定一个捉弄人的代号的含义，还是引入实践知识以协调权威们之间一个显见的分歧，实用注解都取决于读者对他们的主题形成一种随后能被检验的意见。面对每一种证据不足的理论，里普利和他同时代人的挑战都在于通过明智使用观察和实验来控制自己的猜测。

配方与欺骗

乔治·里普利对有争议实验的批评始于一个熟悉的地方——哲学家对经验主义者的蔑视。表面看来，博学哲学家的作品同基于个人体验的平庸经验之间有一道清晰的裂缝。后者常常用英语而非拉丁文记载，在整个15世纪传播日益广泛，有时在更哲学导向的撰述中促生一种批评性回应，吊诡的是，批评它的甚至还有那些本身就从较早的配方文献中吸收内容的论著。[8]于是炼金术士们戴上了属于医学经验主义者的某种人格面具，这种人物被盖伦以来的医学权威们辱骂，那些权威们坚持，医学应当扎根于理性，而非游方郎中或江湖骗子的秘方。[9] 103

炼金术和医学中都有的这种张力反映出在给定的探询领域树立知识之确然性的经院考虑。截至1300年，医师们已经成功地让医学理论，也在很大程度上让医学实践顺应以亚里士多德学说为基础的学校的自然哲学。[10]然而医师们仍不得不承认，并不总能知道一种药有效的原因，一种给定的药品可能就是简单地“起作用”。因此在实践中，基于经验的发现依然重要，同时经院医师们自己也受到经验主义的医学从业者们的攻击，比如多明我会士治疗师波兰的尼古拉斯(Nicholas of Poland，约1235—约1316年)谴责经院医师们依赖希波克拉底和盖伦的权威多过自己的经验。[11]

赞成从普遍性出发推理而免掉这些证据，此举的危险对蒙彼利埃教师威兰诺瓦的阿纳德而言显而易见。他在写于13世纪90年代早期的《医师的目的》(*De intentione medicorum*)中致力于展示，医师们在反复接触个案的过程中获得的有用知识应当被与自然哲学家的更具确定性的知识一视同仁。[12]一位执业医师不必对疾病的隐藏病因有完备知识，他能辨认出病人疾病的外在病症并实施人们知道是有效的治疗法就已足够，此种路径被迈克尔·麦克瓦(Michael McVaugh)命名为“医学工具论”。[13] 104

这里与炼金术实践有个吸引人的共同点。阿纳德设想的一位好的“工具论”医师是一位从业者，他对理性和经验都不敌视，但是在缺乏经验证据时他回避未经证实的理论化阐述。差不多两个世纪以后，里普利敦促他的读者们在怀疑自己的空想的同时，要既根据理性也根据经验工作，这让人想起一个类似的理想。在里普利看来，践行者假如不想检验配方并从其结果中学习，那么储存配方就徒劳无益。

不过，他也像阿纳德一样并不排除理论。托名柳利的《遗嘱》和《关于自然秘密亦即精质的书》作为哲学权威获得成功的部分原因在于，它们旨在弥合实践经验和自然哲学推理下的确定性之间的分歧，不仅力主特定的流程起作用，也力主这些流程必然起作用。例如，我们在第一章看到“遗嘱教师”使用圆形图形和字母表来包裹一条相对直白的用水银、硫酸盐和硝石制作升汞的配方。对这位有着经院式思维的教师来说，炼金术操作维度的知识倘不能建基于普遍原理就没有用，一个人必须“懂得由含理论理性的艺术塑造的实践”。一位践行者通过研习《遗嘱》的《实践》部分中的图形，就能记起材料的结合对于创造一种给定物质是必要的，但更重要的是，也能理解为何前者必定产生后者。这位教师警告说：“除非你在心里知道所说的基本要素，否则你不能实践，你甚至都不能开始。”[14]

配方集通过弄明白哲学作品中被小心保护的物质的名字而损害了这类宣言的权威性。它们也省掉了理由，以一种与手工艺实践而非与学术研究联系更密切的形式呈现炼金术知识。由于未经检验的配方的流通威胁着要损害作为一门科学的 105 炼金术的声望，自命哲学家的这些人有时对配方和收集配方的人持批评态度。此举经常涉及通过发明或挪用关于邪恶炼金术士及被他们骗的人的警世故事来编造神话，这些神话就像小说中的稻草人，在后续的一次次讲述中逐渐获得自己的生命。

托名阿纳德谴责贪求配方的践行者对论述进行收割采集，为强调他的警告而用了《一位僧侣在这门艺术上辛勤工作二十年却仍一无所知》的警示故事。[15]这位迷失心灵的僧侣在一本名为《乐园之花》（*Flos paradisi*）的书中辑纂了几千条虚假配方，然后他处心积虑地让此书流通。1477 年，托马斯·诺顿默默将这则关于前工业时代之蓄意破坏的故事收入他的英语诗歌：

> 当这僧侣的确写下一本书
> 他出于亵渎心怀恶意写了一[千零一]条配方；
> 此书被复制于多个地方
> 借此让许多人面色惨白。

信任匿名配方就是把自己置于骗子手心，并且走在失败的路上：

> 避免你那配方写成的书本，
> 因为这种配方欺骗满满。[16]

哲学家的批评不仅瞄准虚假配方，也瞄准虚假的践行者。中世纪的拉丁文权威们惯于针对欺诈实践或无知实践提出警告，这种传统进入英语不是通过一位践行者的论述，而是通过乔叟的《坎特伯雷故事集》（*Canterbury Tales*）。《律修会修士的自耕农故事》讲述了两位律修会修士的卑鄙计谋，其中一人被公认是奥古斯丁派律修会修士。[17]15 世纪头几十年，本地语言的指示依旧很稀少，因为乔叟的诗歌竟开始被确立为一种炼金术权威。诺顿甚至在《炼金术序列》中引了《律修会修士的自耕农故事》来阐明用模糊的代号指代成分这种用法，“她因为更不为人知的命名而不为人知”。[18] 106

乔叟的故事可能也是诺顿对他自己的虚构对话人——倒霉的新手唐塞尔（Tonsile）——所提忠告的灵感，唐塞尔悲叹自己“在虚假配方和这种下流测试中”的交易。他对配方集的依赖导致他用“许多种类”工作：

> 用毛发，用卵，用粪便和尿液，
> 用锑块、砒霜，用蜂蜜、蜡和葡萄酒，
> 用生石灰、玻璃沫和硫酸盐，
> 用结晶黄铁矿、未加工的锌白和每种矿物，
> 用汞混合物，用金属增白剂，用金属锻黄术，
> 在他的操作中统统不趁手。[19]

诺顿对各式材料极尽罗列，其中一些无疑是实践所用，折射出此前乔叟引用过的成分，兹举几例，如“若干粉末”“硝石和硫酸盐”“酒石盐、碱和盐制剂”，还有“酒石、矾、玻璃、浮渣、谷物浸泡液和粗酒石酸钾”等。[20]

虽说乔叟或诺顿与里普利本人的《警告》有表面相似性，但里普利可能比他们更急切地感知到他的位置。不仅因为他本人就是个律修会修士，还因为他的修会就是乔叟笔下那个无赖炼金术士的修会。里普利在他的第五道大门《腐烂》中反转了乔叟刻画的朝圣者被骗人的律修会修士困扰的画面，因为《炼金术合成》中的假炼金术士们都不是修道士，而是平信徒践行者，他们出没于威斯敏斯特修道院（Westminster Abbey），并获取僧侣和托钵会士的轻信。[21]这些江湖骗子屈服于不管是煤灰、动物粪便、尿液、葡萄酒、血液还是卵的各种成分的诱惑，对他们的赞助 107

人和债权人许下漂亮的诺言,"但说到钱,这就是在墙上小便"。[22]

里普利诗歌中的假炼金术士长期以来就被看作直指骗子的炼金术讽刺文学的原型人物,但他的故事也指向一个更明确的道德寓意,即意见的缺陷和证据的优点。因此,尽管里普利的角色都是无赖,但他从未宣称他们对炼金术的信念不真诚,倒是宣示了他们在财务和法律上的困境,这困境源于他们在无收益的实践过程中产生的高昂花费,实践之所以无收益,乃因他们"追着自己的幻想开始工作"。[23]将麦克瓦的术语稍微调整下,应该说他们不是"炼金术工具论者",因为他们缺乏让自己的书本学习变得有意义的经验。

这类幻想性质的程序构成里普利本人方法论的陪衬,里普利的方法论不仅受理性启迪,还完全立足于经验:

> 先测验、摸索和品尝;
> 当你证实了,就拿出你的信心,
> 也要明了花费高昂。[24]

里普利的道德剧本阐明了在他的全部作品中反复出现的两个主题:一是证据的价值高于意见,二是需要避免工作中的高额成本。这出道德剧强调了《警告》的主题,他在《警告》中悲叹未经检验之经验的传播,不过里普利在此也关心将这种实践同他自己的工作区别开,因为这位挑剔的律修会修士虽然发出谴责,但本人就是个积极的配方辑纂人。只是不同于《炼金术合成》中的虚构主人公,里普利不认为他自己的计划是"意见性的",因为他头脑中有一个清晰的目标——让权威们有效地服务于发展他自己独具一格的色利康实践。

实践中的真相

108 在数学家展示他们的计算过程,或艺术家披露一件已完成作品的最初草图后,我们对最终结果的评估必定会改变。当对照着《怀中书》阅读《炼金术精髓》和《炼金术合成》时,我们对这两本书的认识就发生了转变,《怀中书》似乎是里普利于15世纪70年代辑纂的一部关于论文和配方的手抄纲要。[25]我对此书真实性的考核详见第七章,此处的要点是注意,这部15世纪手抄汇编的原稿已经不存于世,此原稿几乎能肯定是里普利本人辑纂,否则就是其他人从他的一部手稿中抄录过去的。

由于《怀中书》的原始形式已经不存，我对其内容的重构就只能依赖里普利后来的读者们的抄本和译本，主要依据不列颠档案馆中保存的各手抄本加以拼凑。[26]

重构的《怀中书》显示，尽管里普利收集了大量配方，但他并非不加甄别地收集。他的汇编包括的成分远比《炼金术精髓》中的更为多样。不管怎样，它的主要内容关系到里普利的孪生执念——硫酸盐和色利康，分别是他的反自然之火和自然之火的源泉。

里普利在一篇简短的辩解书中承认了他的色利康实践的主导地位，这篇辩解书附在题名《蛋灰的制备》(*Praeparatio calcis ovorum*)的一则实践后面，此标题有着鲜明的反水银主义色彩。在这个与《警告》不只是表面相似的值得注意的篇章里，里普利坦承了与他在《炼金术合成》中曾如此激烈批评的缺点同样的缺点。他说自己因为狂妄自大而致追随意见而非追随"实践真相"的"经验"传播：

> 我祈祷，所有人不管将在哪里找到任何涉及我的实验的东西，无论是我写的还是题着我的名字，都把它们烧掉，或者不要对它们投注信念，因为我出于推测写了它们，不是因为我证明它们为真。要把运用溶媒法的工作除外，溶媒法在我的作品中以形形色色的方式被提及，因此它可以对所有居心叵测之人隐藏不现。对于那工作，让他们投入所有勤奋，凭上帝的意愿，他们就将发现自己渴望的。我本人将许多写下来的追随意见而非证据的实验都付之一炬，我经过证实后发现这些实验与真相不符。因此我恳求上帝宽恕，也恳求所有那些因为我从主历1450年到1470年的作品而使我成为错误之因的人宽恕，因为这么长时间里我寻找石头却始终没在实践真相中找到，直到临近1470年年末之时。那时我找到了我灵魂所爱的，但并不爱得无度，如上帝所知。乔治·里普利随附。[27]

109

这些令人吃惊的披露之辞无疑有操演成分，里普利宣称在1470年年末就已找到石头，这着实太方便给次年完成的《炼金术合成》铺路了。由于我们无法查询原始文件，所以没有办法知晓这份辩解书是与《蛋灰的制备》写在同一时间，还是属于后来添加。假如是前者，我们可以假定《怀中书》与《炼金术合成》大致于同一时间辑纂，或稍晚于《炼金术合成》。如果我们假定里普利的家族命运在1471年崩解，那么这个结论就说得通，因为这场变故促使他去寻找一个赞助人。

即使我们避免只看里普利炼金术忏悔书的表面价值，它也为证据在炼金术实践中的角色提供了一个罕见且强劲的修辞声明。里普利除了区分他作为推测写下的配方和被他证实的配方，还在散见于《怀中书》全书的自我指涉式隽语的一条里吸收了同样的对子：

110 他不提供意见①，只提供真实的和经过检验的。[28]

然而这种区分本身提出了炼金术践行者们为何和多频繁地选择在他们的配方中包含一个临时因素或推测因素的问题。是什么促使里普利或其他任何炼金术践行者首先确立未经检测的制作方法呢？我们又要如何评价他后来的实践，亦即那些也描述了看似不可能的结果但现在得到证据或经验支持的实践呢？为何这份辩解书附在一个制作蛋灰的配方后面？

至关重要的一点是，里普利并没有发誓抛弃他所有早前的实践，他的忏悔并非以前那些不得志的践行者——如万诺乔·毕林古乔（Vannoccio Biringuccio）或尼古拉斯·吉伯特（Nicolas Guibert）——较晚时期写下的那类拒斥炼金术的忏悔。[29]一如在《警告》中，里普利敦促他的读者们忽视所有可能的工作，除了一项经过反复检验的实践——“溶媒法，在我的作品中以形形色色方式被提及”。因此这份辩解书就充当了单独一个程序的广告，我们可以把这程序认为是他“独具一格的实践”（因为里普利本人似乎就这么看待）。这神秘的溶媒当然就是我们在《炼金术精髓》中早已遇到的色利康溶剂，它在那里既服务于医学目的，也服务于质变术目的。其实，里普利在汇编《炼金术精髓》时似乎大力倚重《怀中书》的内容，前者频频从这部较早的辑纂中引述配方和哲学格言。

里普利在把自己紧紧绑在色利康桅杆上的同时，也让自己同另类实验路径保持距离。尽管《怀中书》保留了一些多样性（包括大量使用砷的配方，砷是他后来加以谴责的成分），但其中的许多配方和短论都以那些可鉴定为色利康的不完善实体开篇。在其他地方，里普利小心翼翼地把以前的权威们，包括赫耳墨斯和亚里士多德这类第一流的权威阐释为与色利康训令一致。此种选择性令《怀中书》的实践内容相较此时期的辑纂品而言具有不同凡响的连贯性。这肯定是有意为之，里普利甚至在一项实践的末尾评论说，“炼金术有许多其他分支，我对之保持沉默”，因为

111 担心带领其他践行者走向低阶工作，从而贬低这门艺术。他对于同时代其他人没注意到他这番顾虑感到遗憾，他们“传播那些为了在水银、砷、白铁矿、盐类、矾类和诸如此类上欺骗傻瓜的幻想操作，这些操作对我们最真实的驾驭而言都是异质品，

① 拉丁文原词是 *opinata*，意思是发表意见，但作者英译为 offer fancies（提供空想），此处还是译为“意见”，以匹配本节主旨。——译者注

如上帝本尊所知”。[30]

笼罩在里普利色利康实践的地平线上的一块阴云就是成本问题。里普利的溶媒是他工作的钥匙，但它只提供了这种石头的材料要素，亦即其物质主体。水银主义炼金术的信条要求发酵这个基质时用某种更昂贵的东西，亦即金和银——它们构成此仙丹的“形式”，也是雷蒙德那种可溶解溶媒的源泉。此信条似乎难于同里普利在《炼金术合成》中所告诫的“成本绝不高昂的金属”相协调。[31]

经过一条迂回路线，里普利的两难困境让我们回到本书前面讨论过的同样的冲突，即水银主义者率先反对托名阿维森纳使用有机成分时产生的冲突。这类物料可能便宜，但它们是否有效？这场辩论因鲁伯斯西萨的约翰而复活，他打算用他的精质来提高穷人们的医药使用权。于是，将约翰的精质嫁接到托名柳利的质变术理论上就导致了权威之间一个新的冲突源——关于成本，里普利的色利康炼金术似乎在观念上就瞄准解决该冲突。

主多对阵雷蒙德

虽然水银主义者的文本基于自然哲学理由推崇水银、黄金和白银三件套，但仍有一个道德难题。对一位贫寒人士而言，获取哪怕一丁点贵金属都构成可怕的挑战。这种局面如何能符合“上帝令炼金术艺术为人人可得”这一观点，或如何符合“这石头如此便宜以致人们不知不觉抬脚踩过”这一格言？偏好金属成分的哲学论据无助于解决针对从事炼金术之高昂成本的主要道德异议，假如这仙丹真是上帝的礼赠，那么它就应当让所有配得上的践行者获取，无论他们富有或贫穷，也无关他们是否有能力赢得强大赞助人的宠眷。 112

里普利本人对高昂花费，包括在工作中使用贵金属从不全然感到舒坦。尽管他后来享有用金和银发酵的专家名誉，但石头的成本是他全部作品中反复出现的话题。他在《炼金术精髓》开篇就向主教保证，他的工作不要求数量巨大的贵金属：

> 可我应当为这伟大的财富向我的主人请求一大笔黄金或白银吗，或者为了实际向他展示我在撰述中已经陈述之事，我应当希望劝说他承担一个重负，或给我的双手塞满数量巨大的黄金或白银？那怎能与说出“钱包不会因为搞出巨大花费而瘪掉，这项艺术不要求巨大花费”的哲学家们相符？[32]

这段导言乍看上去与里普利那些包括雷蒙德在内的水银主义权威们的观点相左，那种观点是，富有是成功实践的必要条件。[33]不过他几页之后就让他的评论变得合格。他的“无金”石头工作仅被用于制作金属的仙丹，因此对制作医用的植物石或动物石没用。生产“养命仙丹”要求有一定量的黄金，而按照里普利所言，在矿物石帮助下制成的黄金不能用于医药，因为如我们在第二章所见，被反自然之火腐化的黄金比蛇怪的瞪视更致命。[34]为此目的，里普利不得不遗憾地“请求我的主人给予比 1 磅少一点的上好黄金，而不是一大磅”。[35]

里普利在对他的花费进行讨价还价时的推进初看之下显得虚伪。假如处境困难的乔治·内维尔的确是《炼金术精髓》的目标收受人，那么他在 1476 年对医药的需求远大于对黄金的需求，而里普利本可以振振有词地期待他更加看重植物石，尤其因为当该产品与矿物石结合时也能质变金属。不过，比照包括《怀中书》中收集之加工方法在内的里普利其他作品的语境来阅读，则这位英格兰律修会修士看来是真诚地致力于保持炼金术的成本尽可能低。但他如何能够将此种观点同他的主要权威雷蒙德·柳利明显坚持的对金银的需要相协调呢？这似乎的确构成一个例子，表明里普利如何在实践中回应既是道德的又是哲学的考虑。这位律修会修士的双轨定价结构是他深入处理大量相冲突之道德、哲学和实践议题的外在标志，这些议题被证明不仅在他的作品中，也在他的英格兰同时代人的作品中被广泛辩论。

里普利在成本上的两难境地植根于他的两大权威之间的显见区别。如我们所见，雷蒙德赞同使用金和银作为金属工作的酵引。而另一个权威圭多·德·蒙塔诺似乎力主反对使用它们，里普利则郑重地采纳了此观点。当里普利在《炼金术精髓》的开篇句子中声明“钱包不会因为搞出巨大花费而瘪掉”时，他笼统地将这种说法归给“哲学家们”，但他实际上是直接征引圭多的话。

圭多·德·蒙塔诺依然是英格兰炼金术中一个鲜为人知的人物。他最为人熟知的就是，他是里普利的主要权威之一，里普利在《炼金术合成》与《炼金术精髓》中都引了他。里普利甚至采用一部他相信为圭多所写的论著《哲学家的梯子》（*Scala philosophorum*），为《炼金术合成》提供结构和许多内容。[36]尽管圭多在里普利的毕生之作中有突出位置，但他自己的作品没有任何完整副本存世，只有一部哲学论著《论炼金术艺术》（*De arte chymica*）的部分内容和几份炼金术配方幸存于 15 世纪的英语汇编中。[37]这些残篇暗示出，圭多是铅基质炼金术的强力支持者，里普利则把铅基质炼金术当作他本人的色利康植物石的基础。如里普利在《炼金术精髓》中所示，此种路径可以轻易同托名柳利的炼金术协调。但若说圭多对石头之实质的观点无可争议，那么他对发酵的看法就明显离经叛道。当他谈及“哲学家的太阳”时，他不是指黄金。相反，他赞同使用一种被鉴定为铅物质（Adrop）①或绿狮子的基础金属，这至少对里普利这样的英格兰读者而言暗示着一场同雷蒙德·柳利的金基质炼金术的重大冲突。但圭多走得更远，他声称炼金术士们无须担心他们从哪种土中汲取自己的酵引，“只要它是固定的”，亦即只要它能承受足够强的火烤，直到令这种石头的易挥发成分稳定下来。[38]这种论据有潜能被用于为使用非金属酵引辩护，只要该酵引具有固着水银的能力，此观点悍然无视“唯独水银”信条。它也构成彻底免除金和银且因此令工作为贫穷人士能负担所需要的权威。

圭多关于工作低成本和使用“固定的”酵引的语录在《怀中书》全篇反复出现。它们也出现在里普利似乎从圭多作品中拣选成集的45条《需注意事项》（*Notabilia*）中，这也是《怀中书》中少数幸存于一份15世纪证据中的条目之一。[39]若我们假定这些笔记代表了原始文本中令里普利最感兴趣的材料，那么它们也讲出了很多这位律修会修士自己的轻重缓急。头七条格言中包括如下几条：

1. 只有对意图良好的人，这门科学才是上帝所赐。

2. 钱包不会因为搞出巨大花费而瘪掉，这项艺术不要求巨大花费。

3. 用高昂价格购买的一切东西都是假的，并且在我们的工作中无利可图。

5. 自然向着太阳奋斗并以太阳为目标。

7. 穷人与富人一样可以拥有这种石头。[40]

115

这些语录就里普利在《炼金术精髓》中的自我展示提供了可观洞见，他在那里没把自己刻画为一个崇高的哲学家，而是刻画成一个贫寒的修道士。不管怎样，圭多的格言说的既有正确的生活方式，也有正确的实践方式。就我们迄今为止能重构的，圭多哲学的关键就是里普利摘出的第五条笔记：“自然向着太阳奋斗并以太阳为目标。”假如金属天生倾向于成为黄金，那么这位哲学家就不需要在工作之初使用贵金属，因为任何基础金属都可以。秘密在于掌握如何通过解开金属本身的植物属性来激活那个自然进程，使它们“熟化”为黄金。

里普利在《怀中书》里用了一整篇论文《圭多和雷蒙德的一致性》（*Concordantia Guidonis et Raimondi*）将这种观点同他的另一个权威雷蒙德·柳利的立场相协调。[41]分歧对准了普通金银的使用。对雷蒙德而言，植物水银提供了石头的物质

① Adrop是一种铅类物质，据信对演化出哲学家之石有本质作用，并没有一个明确的对应物质，所以文中译为“铅物质”。——译者注

态，但不能维持贵金属的形式。金和银因此是工作中的必要酵引。然而圭多声称哲学家的金和银不是普通金属，而是提取自一种不完善金属“铅物质”的红色和白色酊剂的代号。[42]由于“铅物质”自身包含了所有加速质变术所需的“植物的”优116点，因此任何阶段都不再需要普通金银。如我们已见，在圭多的阐述中，酵引的工作仅仅是固着石头，而非提供贵金属的形式。

承保里普利实践规划的那种哲学的连贯性对其来说利害攸关，不过该议题也决定了这工作对不那么富裕的践行者是否可行，因为他们可能无法在自己的工艺中负担贵金属。他调和了这两种立场，所使用的论证碰巧与他后来将用于《炼金术精髓》的论证多少一样，亦即将流程一分为二。第一步是制作“石头”——继一种基础金属溶解于一种植物溶剂后从中提炼出的溶媒。在这个阶段，里普利坚持圭多关于无金流程的权威性：“你可以确定地知道并相信我，石头可以完美地变成白色与红色，它们都源自一个没有普通黄金的根。”[43]

第二步是从金和银中准备酵引，如雷蒙德吩咐的，使用色利康溶媒打开实体并提取它们的本质水银，或自然火。[44]此种立场意味着每个人的权威性都被保留。雷蒙德在推荐使用普通金银上是正确的，因为这些金属是永恒酵引的源泉，同时圭多说不应使用普通黄金也是对的，因为这种金属必须首先被色利康溶媒修改。[45]最重要的是，里普利维持了自己作为一个机敏调解人的权威，同时也维护了他的植物石作为一种获得雷蒙德和圭多双双背书的真正哲学产品的声望。

一旦我们把握住里普利独具一格的实践的性质，那它在他的作品中就变得无117处不在。最重要的是，这种色利康溶媒提供了开启他的代表作《炼金术合成》的钥匙。里普利在序诗中告诫读者们，他的实践由三种“水银”锻造：

> 好好理解三种水银，
> 它们是我们这科学的钥匙。[46]

尽管里普利的近代早期评注者们对这些水银的身份感到困惑，但他们被从《怀中书》中收集的知识所武装，所以转动这些钥匙变成易如反掌之事。第一种水银用于“自然煅烧”金属实体，同时保存它们的自然热度——我们可以认出这个流程是与水银混合，它导致金和银在无须强力腐蚀的情况下变成精细金属灰。然后金属灰被第二种水银——“潮湿的植物”——溶解。溶解造成金属产生它们的“本质”水银——里普利的水银三位一体中最后也是最重要的一面。[47]

揭开这首诗歌的秘密要求我们理解，里普利实际上在描述四种金属而非三种。

除了水银和金银的精华，里普利也调侃了另一种金属般的水银的身份——“构成其他金属精华的水银”，这是该工作的物质要素。这东西在性质上不如金和银完善，提供了促进贵金属生长的活跃优点。但无法在金银之中找到它：

> 我们的水银不见于太阳和月亮，
> 外观上遇不到，效果上才看到。[48]

这种不完善金属也被叫作“金星女士”，而“哲学家名之为绿狮子”。[49]金星是铜的行星类比，并且在炼金术作品中常常指铜这种金属。最明显的阐释是，“金星女士” 118 在此代表铜，虽说我们需要谨慎一点，因为里普利爱好多样化的、相重合的代号——如前一章所示，《炼金术精髓》的植物石可能吸收了铅和铜的混合物。无论是哪种，当里普利描述“金星女士”在植物溶媒中的溶解时，都影射出他后来将在《怀中书》和《炼金术精髓》中详细阐述的那同一条路径。

现在鉴定里普利在《警告》结尾时赞扬的那种真正实践就简单了。这不以金和银为基础，也不是一种从它们中提取出的酵引，而是“一种正好不花钱的自然水银”，借助一种植物溶剂的作用提取自绿狮子。尽管这种水银本身非金非银，但它包含“月亮和太阳的明亮”，藏在视线之外。这就是圭多的铅物质，里普利宣称已放弃所有其他的实践来从事制作它的工作。不管这是真是假，我们必须承认里普利在《怀中书》中的宣言的准确度，他在那里许诺，读者将找到“在我的作品中以形形色色方式被提及”的这种溶媒。再没有哪位英格兰炼金术士能像里普利一样在作品中持之以恒并深思熟虑地使用离散知识原则。

三种炼金术阅读

拆解里普利的色利康实践要求我们涵盖各种文本和阐释，包括一些新的学术研究。在某种意义上，我们不得不比照重构里普利实践兴趣的力度来重构里普利的阅读和阐释习惯，考虑到《炼金术精髓》和《怀中书》只以 16 世纪及以后的抄本形式保存，而里普利的主要资源之一圭多·德·蒙塔诺的作品没有完整保存下来，这并非总是一个直截了当的进程。我们只得到一种实践的概述，此实践基于基础金属在一种“被改善的”醋中溶解并产生一种强效矿物-植物溶媒，此溶媒是一种既能被用于金属质变术也能被用于人类医药的仙丹。

就英格兰炼金术史而言,里普利制作植物石的加工方法最为重要。不管此实践在下个世纪的流行度如何,它所产生的环境开启了一扇窗户,能从中看到里普利对自然之运作的构想。他对材料的选择取决于一种从圭多那里发展而来的明确的金属生成观点——金属存在于从铅(最不完善)到金(最完善)的连续统一体上,较不完善的金属有能力生长或成熟,变成金和银。此进程被不完善金属上表现出的活跃优点或植物优点所驱使,只有当金属到达它们以黄金为形式的自然终点时,这种优点才会耗尽。相应地,普通的金和银在制作石头方面没用,因为这类金属中的植物性进程已经停止。

119

里普利的色利康炼金术不管影响力多大,当然都不是15世纪英格兰的唯一实践路径,也不是只有他在寻求调解自己的实践与哲学文本中披露出的自然构想。里普利的同时代人也在自己的实践中寻找关于自然之运作的证据。不同作者在他们寻找能够激活金属的"吸引力"和"活跃优点"的过程中分析了不同材料。这么做时,他们沉思了物质对外部影响的易感性,这些影响力涵盖从火的热度到恒星与行星的天体作用。[50]所有人都努力回答同一个根本性问题:物质中那种允许自然在没有人类艺术帮助之下实行转变的看不见的属性的身份是什么?[51]只有通过实践,这些属性才能在行动中得到见证,假如不是见证它们的内在运作,也是见证它们的外在效果;但只有理性才有助于叙述看到的是什么。

当我们从里普利式理论作品如《圭多和里普利的一致性》转移到中世纪英语的实践宝库时——它们被保存在手抄本中,迄今为止只有一小部分已出版,才能明显看到英格兰读者在何种程度上用材料进行实验和推测它们的属性。虽然这些作品常常吸收出自哲学论述的评注,但它们的作者有时也停下来提供自己对于一种给定效果之原因的意见,回头把他们的推测融入自己的小册子。有些人寻求依据自然哲学原理来解释炼金术操作亦即我们现在可能会称为"化学反应"的东西。另一些人转向包括宗教类比在内的别种权威资源和解释资源。

120

总的来说,这些鲜为人知的书写品不仅透露出炼金术实践的多样性,也透露出炼金术阅读模式的多样性。通过审视三位15世纪英格兰炼金术士讨论的一系列"无金"仙丹,我们很快就能对这种多样性有所感觉,这三位炼金术士各自利用不同的自然王国,分别是矿物的、植物的和动物的。如这些小册子所示,当践行者以不同的方式阅读他们的资料时,他们的实践也会变化。

矿物:相反的品质相吸引

最"传统"的阅读由一部匿名中世纪英语论著提供,我在此(根据作者对石头的描述)将它称为《珍贵的宝藏》(*Preciouse Treasure*)。[52]这位作者通过大量利用归给贾比尔、阿纳德和雷蒙德的作品而力图将观察同哲学协调一致,引用内容也包括我们熟悉的因为偏爱水银而对植物成分和动物成分做出的批评。这位作者如里普利那般承认文本权威也必须得到经验的打磨,证据乃通过"以前哲学家们的各种说法,也通过手工实践的证明"而确立。[53]他也利用自己关于气色理论的医学知识来描述金属的属性,提出要"通过良好的理性""自然地证明"他自己的立场。

气色理论以盖伦医学为基础,认为身体健康度由热、冷、湿、干四种属性的交互作用决定,这四种属性共同打造出一个人的气色。各属性的健康倾向可以通过遵守恰当的医学养生法而维持。然而不平衡会导致疾病,这可以通过药物来治疗,这些药物被调整为去实现一种程度相等但相反的气色,这就是盖伦的格言"相反之物由相反之物治愈"的基础。这不仅是条格言,还是条基本的哲学原理,解释为何一种给定的草药能抵消一种既定疾病。[54]因此,它在哲学推理中提供了一种确定性源泉,允许《珍贵的宝藏》的作者力陈,这仙丹的性情必定是热的和干的,因为金属是冷的和潮湿的。于是,当坚硬的水银从其毛物质中分离出来,它就失去黑色,并"显为白色,这是寒冷的象征"。[55]它也类似天然水银,暗示出潮湿性充裕。假如金属的性质的确是冷和潮湿,那么仙丹就不能冷和潮湿,"为此看起来这药物应当是热和干的。因为相反之物由相反之物治愈"。[56]不过,为了达成这个结论,该作者不得不藐视另一条医学惯例——实际上金属的性情是热的和干的,他认为这种观点与从不完善实体那里观察到的属性相冲突。

121

假如金属总体上天生是冷的和潮湿的,那么如何从中提取一种热的和干的仙丹?对这位作者而言,答案在于硫酸盐。水银的性质是冷的和潮湿的,但当用硫酸盐升华它,它就被赋予一种它本身缺乏的"起作用的优点"和"活跃力量"。类似地,硫酸盐包含一种无法从其普通形式中提炼出来的"红色酊剂",其普通形式是一种不洁的毛物质。这两种成分其实要依赖对方来释放自己隐藏的属性。水银在升华期间以看不见的方式被加入硫酸盐的酊剂中,这反过来令水银凝结。[57]其结果就是普通水银转变成一种活跃"水银",也具备了给其他金属染色的能力。为此,哲学家们总结说,他们的"金和[他们的]银不是别的,而是天然水银转变成的水银,这种水银正是把所有实体转变为真正的太阳和月亮的酊剂"。[58]所以,在工作中不需要普通的金和银,因为转变出的水银凭自己就足够使金属质变。

122

这位作者像圭多一样,似乎依据所需的酊剂随处可得这一理由而排除了贵金属。他对成分的选择让我们远离植物石,而来到一种以升汞为基础的风格更古老的加工方法,这种方法与里普利《炼金术精髓》中的硫酸盐基质矿物石有更多相似性。这篇论述的贡献不在于它对物质的选择,而在于作者解释化学变化时,既着眼理性也着眼关于物质的知识——活跃但隐藏的属性因两种物质处于特定条件下,被它们的相反性质驱使着结合而触发。

植物:甜与酸的作用

另一份“无金”小册子《一份短小但真实的小册子》(*Tractatus brevis sed verus*)的作者对对立学说的运用甚至取得更惊人的效果,关系到另一组不同的对立物——甜和酸。[59]对这位作者而言,甜味有着明白的道德指控,象征腐化而非净化。出于这个理由,银就比铅纯净,因为银不如铅甜。铅是金属中明显最腐败的一种,它也是甜的,它“有一种很甜的气息,它这么甜,没东西比它甜”。作者可能亲自尝过铅,但也可能指的是铅匠的经验,铅匠们工作时有时会注意到自己嘴里的甜味,“铅匠也是,当他们浇铸铅时,他们有时觉察到浓浓的甜味”。[60]

因此,为了净化铅,甜味必须用酸味抵消,在这个例子中是用一种名叫“哲学水”的哲学醋,它经过七次改善,比任何其他醋都酸。甜和酸意料之中的对立开启了一项自然“运行”,作者用医学类比和烹饪类比来解释这一运行。凝乳酶的酸性导致甜牛奶凝固为奶酪,而当以一个类似流程为基础将甜水和酸浆的相反属性融合,“则铅的甜味和**我们的**水的酸味引出了我们的运行”。[61]用哲学术语,酸醋和铅的相反性质是金属溶解的动力因,此解释也得到观察的支持。假如把薄铅片放在哲学醋里七天,酸水就会剥离黑色的外壳,(作者声称)这外壳是铅的腐蚀性甜味的副产品,于是就为铅的进一步操作做好准备。

123

对于在别的情况下令人费解的铅和醋的“运行”,个人经验再度被理性塑造成一个合适的解释。尽管这种有个人特异性的解决方法始于一条习惯上被归给亚里士多德和盖伦的气质路径,但这位作者关注的不仅仅是自然哲学。他也凭借自己的信仰来体认炼金术操作,认为其中渗透了有宗教意义和道德意义的效果。此种解读的核心是,他将甜味与罪愆联系起来,而将酸味与悔悟联系起来,“因为罪愆的甜味令许多灵魂犯戒,所以忏悔的酸味确实让他在上帝的注视下畏惧和净化”。[62]通过将自然哲学作用下的转变同道德哲学作用下的转变相提并论,该作者明确地发展了作品的这一维度。事实上,这种实用内容由一个延伸类比表达——以哲学水将铅质变为银同犹太人通过洗礼之水皈依基督教这两者的类比。[63]小册子结尾是作者的祷词,祈祷他自己的罪愆能像铅腐化那般容易涤净,“我想有足够多不带悔恨的水来荡涤和洗刷我的灵魂，从污秽的生活中洗去罪愆”。[64]

《一份短小但真实的小册子》将宗教主题和哲学主题融冶一炉，呈现出一篇虔诚文本的某种特色。但是当作者描述化学变化的机制时，道德哲学和自然哲学之间的类比就失灵了。洗礼的时刻发生的灵性质变在源头上是神圣的，但在炼金术中，相反物质的“运行”由自然而非上帝的直接干涉造成。尽管这位作者除了经文没引别的权威，但他依然把质变术当作哲学来认识，也把哲学当作通往“恩典的门户和大门”的钥匙来认识。[65]即使在如《一份短小但真实的小册子》和鲁伯斯西萨的约翰的《论精质书》这般深深以宗教为导向的炼金术文本中，人们也理所当然地认为操作本身将通过自然方式进行，无论它们从外表看起来多么超自然。 124

动物：用蛋壳发酵

我们的第三个也是最后一个案例让人想起在《怀中书》中早已碰到的一篇拉丁文实践——《蛋灰的制备》。里普利在此详述了自己煅烧蛋壳的首次尝试，但他忽视了将蛋壳与蛋膜彻底分离：

> 因为如圭多所说，“至于土，来自什么物质都没关系，只要它是固定的”。我从前用蛋壳工作时不那么熟练，没有移除蛋膜，也用了没精馏的溶媒，因此我的作品感染了擦不掉的黑色。因此，明了他人之伤害的人是幸福的。[66]

乔治·里普利这位伟大的水银主义者为了尝试效仿一位其作品现在几乎被遗忘的行家而蒸煮蛋壳，此形象为15世纪后期炼金术实践的世界投下了一道奇异的新光芒。里普利炼金术的所有成分——溶媒、圭多的权威、陈述早前的失败当作对未来读者的警示——都出现在这则简短的报告中。只有这种明确无疑属于“动物”成分的物质本身似乎与他在别处记录的实践承诺格格不入。但是里普利为他的尝试提供了一个理由，亦即他正在检验圭多关于非金属质地的灰烬能够作为酵引起作用的提议。

从里普利关注成本的角度来看，他在《怀中书》中纳入一种“动物石”是有道理的。它也开启了里普利同中世纪英语撰写的最富趣味的炼金术理论著作之一看似恰当的关联，这部著作名叫《雷蒙德的缩略程序》(*Accurtations of Raymond*)(别把此书同较为人知的托名柳利的《论缩略程序的书信》混淆)。在我们迄今为止已审视的所有中世纪英语资料中，此书最直接地专注于高成本的道德维度。作者通过彻底排除金和银的使用来解决发酵难题。他的据斥依赖两个理由：首先，贵金属在 125

穷人能及的范围以外，这不公平；其次，它们就是不起作用，造成损耗。用它们与其说能让穷人变富，不如说能让富人变穷：

> 以前的哲学家们不瞎动普通的金和银，因此他们在自己的书中写，他们的工作无成本，可以让每个穷人都像富人一样从事，假如这工作不是在没有普通金银的情况下从事，那这工作就是假的，因为普通金银很珍贵也很花钱，不利于穷人得到。就是因为对这一点缺乏理解，许多人投入大量金和银却一无所获，浪费了许多劳动和时间，同时伤害和危及身体与灵魂，真是可惜。[67]

这部流行的中世纪英语论著后来被冠以里普利之名广泛传播，还附加了一份长篇《实践》，主要由自托名柳利的资料中提炼出来的加工方法组成。[68]但是我们有理由质疑里普利对此书的著作权。不同于得到良好证明的里普利的散文作品《炼金术精髓》《炼金术的可能性》（*Philorcium Alchimistarum*）及《怀中书》的内容，《雷蒙德的缩略程序》以中世纪英语写就。作者也偏离了里普利在《圭多和雷蒙德的一致性》中的折中，得出偏爱圭多胜过雷蒙德的结论。因此，《雷蒙德的缩略程序》成为检验技术性内容（如色利康基质的石头和对成本的关心）能在多大程度上被用于确定出身不明作品之著作权的一个格外有用的例子。

《雷蒙德的缩略程序》的作者采用了与里普利《圭多和雷蒙德的一致性》中同样的两阶段结构：一种由铅物质制成的石头，以及一种虽然不必然提取自黄金但要求酵引的仙丹。他为此立场引述的权威是圭多·德·蒙塔诺的《大全》（*Summa*），这似乎是本逸失著作，照《雷蒙德的缩略程序》的作者所言，它题献给一位希腊主教。[69]圭多把铅物质描述为一种基础金属，它不同于金和银，在性质上还不完整，

126 因此，它的水银依旧拥有一种金银欠缺的植物性的“吸引力”。[70]这种水银（绿狮子）一旦被净化过就将比金银好一千倍，它甚至能被称为“太阳”，因为就像太阳那般，它的吸引力“因全世界的吸引力而繁荣和长青”。[71]然而与普通黄金不同的是，用于提取这种狮子的实体的性质既不完善也不固定，它还没“成熟”，所以是绿的。

至此，该流程都与我们早已在《圭多和雷蒙德的一致性》及《炼金术精髓》关于植物石的那章遇到的一样，因此与里普利的色利康炼金术完全相容。但这位作者与其说像里普利在《圭多与雷蒙德的一致性》中所为那般力图调解两大权威，不如说他有意让一个与另一个竞争，且这次明确诉诸成本问题。圭多提倡不贵的铅物质，但雷蒙德把他的酊剂确定为普通金银，“因为花费成本和劳力来做令他满意”。雷蒙德的方法固然提供了优秀结果，但它在贫穷践行者能力之外，因为它只“适合

富得流油的王侯与高位教士”。[72]那些缺乏此类奢侈资源的人就需要一种较便宜的解决方法。

对这位作者而言，铅物质的使用满足了石头应当从一物中制作的哲学要求。然而要将此石头转变成仙丹就需要第二个阶段，此阶段要求“不同种类的东西”——这则宣言通过授权使用非金属酵引而追随了圭多。最后，他透露出自己偏爱的解决法。为“打消贫寒人士的疑虑”，这种石头可以用煅烧过的蛋壳来发酵。[73]

这位作者通过同时求助实践经验和理论论证，为他出人意料地使用一种动物产品辩护。他解释说，蛋壳在煅烧时会产生一种白色的精细灰烬，此灰烬对火力的承受力比其他任何土都强大和持久。秘密在于蛋壳的干燥和缺乏“水银”，因为蛋中所有的潮湿都转移到蛋黄和蛋白中，所以蛋壳不再留有其他土所拥有的水银湿气。为此，它将比其他金属灰更容易“使我们的水银(石头)干燥”，把水银固着成固态形式。[74]因为这种土能够从这石头中接收酊剂，因此它也能“通过工艺被转化成金属性质”，作者承认这是一个意料之外的结果，“所有在这门科学上劳作的人都绝不会相信，[除非]他体验过它”。

127

关于这种土之效用的可靠证据并不权威，只是作者的个人经验：

> 为证明这种土是否能“喝光”我的水银，一次我把它放在那儿，而一旦这土变得如同油脂凝结般，且这水银从中蒸发，这土就随其中的酊剂变成柠檬黄。[75]

对《雷蒙德的缩略程序》的作者来说，蛋壳灰从水银中染了一层柠檬黄色同时又固着成凝乳状的能力就标志着它适合作为酵引。这种认识在随后的《实践》部分被具体化，这部分包括一份用蛋壳发酵制作“动物石”的配方，据说有能力将天然水银质变成“完善的金或银”，并且用“最低的成本”。[76]

结合语境阅读，我们现在能看出这一理论奇异地与里普利的全部实践同调。假如里普利写了《雷蒙德的缩略程序》，那么他在炼金术生涯的某个方面必定对发酵物质改变了想法，倘若如此，该文本可能属于他写于 1450 年到 1470 年的早期配方，也就是他后来鼓励自己的读者付之一炬的那些配方。在其他方面，这篇中世纪英语文本和里普利拉丁文作品间的理论与实践的协同效应强烈到足以让我们得出结论：要么里普利本人写下了《雷蒙德的缩略程序》的《理论》部分，要么《雷蒙德的缩略程序》是他某位读者的作品。它或许属于里普利辑纂但后来加以否定的那些属于意见的作品之一。无论是哪种，当里普利在《警告》中提到“我煅烧了两三次的蛋壳”时，他对往事的回忆似乎不全然是修辞。[77]而当他猛烈抨击使用各色成分

128 时,我们或许应当在他的话里加进一小撮他如此轻视的盐类之一。

炼金术士的意见

我们与历史上这位布里德灵顿律修会修士的联结终止于《炼金术精髓》,因为尽管16世纪创建的个人简历通常把里普利的去世时间定为1490年,但关于他的活动的最后同时代记录依然是其拉丁文论著的书籍末页保存的1476年这个截止日期。他的推定赞助人乔治·内维尔死于同年,大概没有机会受益于延年益寿的植物石。里普利从《怀中书》中挑选出许多东西写入其宝贵的《炼金术精髓》,但《怀中书》本身隐于无名之手,几十年后才现身于一种迥异的宗教和政治氛围中。

随着时间与环境将里普利从一个柳利评注人转变为一个英格兰权威,阅读与实验都继续受到个体践行者之推测的指引。从含义模糊且言简意赅的资料中费力获取实践信息要求有工具,而确切表达意见的能力允许读者们将他们合格的回应和推测仔细记录下来,有时还是为了供以后检验。

这就是里普利的一位最早的评注人的方法,他在阐释《炼金术合成》之实践内容的过程中确立了自己的"意见"。[78]这位无名作者大概是某宗教团体的一员,因为我们从他的一篇论述问世的不寻常语境中能推导出来。这篇文本写在一部15世纪后期手抄本末尾的几页空白页面上,这部手稿含有《炼金术合成》(或如该作者所称,《里普利之书》)的一份抄本(图3.1)。此评注似乎是几十年后添加的,当作一份题赠"给莱斯(Lyse)小修道院院长、虔诚的主人埃利斯(Elles)"的礼物的一部分(礼物可能就是这整部书)。[79]这位无名作者的意见就此将一位奥古斯丁派律修会修士里普利的炼金术活动与另一人的炼金术活动联系起来,那人是小莱斯(Little Leighs)的小修道院院长托马斯·埃利斯先生(Sir Thomas Ellys,活跃于1493—1557年),他在隐修院解散前夕的16世纪30年代作为一名炼金术士而臭名昭著。

129 里普利可能会因这位作者对他诗歌的投入而深感荣幸,但他肯定会因该作者的方法论而心惊胆寒。尽管《炼金术合成》针对基于空想的工作提出劝告,但这位作者持续引述"我的意见"和"我的想象"作为阐释文本的工具。纵使他采用了一位向其哲学儿子埃利斯提供忠告的老师形象,他的实践还是明显赶不上他的猜测。推测性方法在同一位作者写的一篇更长的论述中甚至更明显,这是"依据一位有段时间是英格兰布里德灵顿的律修会修士的乔治·里普利的描述"而写的一篇炼金术评注，现在保存于牛津大学博德利图书馆（Bodleian Library）阿什莫尔手稿1426。[80]这篇论述与其说仅仅对里普利的文本进行释义，不如说用作者自己的猜测性阐释给文本添枝加叶，正如他在标题中提请注意的，“包含我对这门哲学科学之意见的书就此开始”。[81]

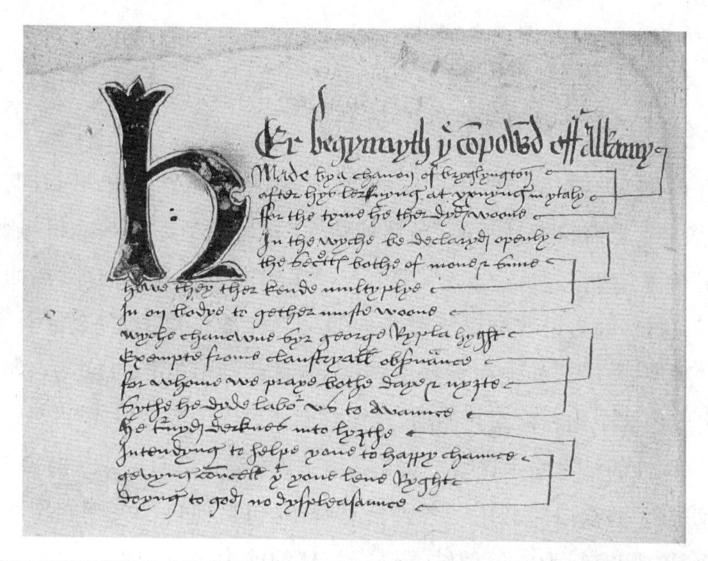

注：这份15世纪后期的抄本后来被一位匿名的“意见持有人”所有，他转而将之赠予小莱斯的小修道院院长托马斯·埃利斯。

资料来源：牛津大学博德利图书馆阿什莫尔手稿1486，pt. 3，fol. 49v。蒙牛津大学博德利图书馆允准。

图3.1　乔治·里普利《炼金术合成》，别名《里普利之书》

130

这篇名叫《我的意见》（*Myne Opyneons*）的论述有助于填补我们理解炼金术阅读时的一个重大空白——读者-践行者究竟如何处理从一篇编码文本中提取实践信息这一挑战？感谢我们这位“意见持有人”不一般的坦率报告，我们才能追踪一位热切读者从里普利诗歌中把握意义的努力，并且还是在缺乏作为补充的拉丁文作品如《炼金术精髓》或《怀中书》的情况下。这位作者概述了他的推论：

> 鉴于我的确在这些作品中发现了这么多困难，因为我发现它没有直白陈述，为此，我根据我自己的想象写这篇小论文，旨在明言这位作者最令人生疑的句子。我的意见就在那里。[82]

当这位作者谈到整理他的意见或想象时，他不过是打算把它当作另一种注解技巧。既然里普利的意思模糊不清，那么猜测式阅读就将有助于把握作为实践前奏的这个文本的意义。从这位"意见持有人"奋力将言简意赅的韵文翻译成实用指导,能看出他非常严肃地把《炼金术合成》当作教诲文本。例如,里普利的第一道大门《煅烧》就如何制备金银以让它们与水银结合提供建议:

让这实体被锉细,
与水银一起,直到这么细微:
太阳的一份,月亮的两份,
直到混在一起做得像软食。[83]

"意见持有人"注解这句韵文时评论说,金属实体,尤其是金和银,必须"与水银一起细细锉或煅烧",这对它们是一种"自然煅烧"。显然他毫无困难地将里普利的"自然煅烧"阐释为与水银(《炼金术合成》中三种水银的第一种)混合。然而原始文本只能带他到这里,因为里普利对于制备他的第三种不完善实体"金星女士"沉默不语。这位"意见持有人"如他在标题中许诺的,就此推进自己的意见,"如我所猜测的,金星也应当被净化和检验并锉细,这样它们就更快溶解和煅烧"。[84]

131

此种试探性的结论暗示,这位"意见持有人"还没有亲自尝试工作的这个阶段。他在填补里普利的空白时利用了各种信息资源,包括他自己关于容器和材料的经验,以及他通过特定行为的类似结果进行推理的能力。正如里普利用他的作品展示他协调柳利和圭多的能力,这位"意见持有人"把他破译里普利的技巧放在醒目位置。他写给埃利斯的信以一条乐观的评论结束。他总结说,假如这些原理被"谨慎地考虑,我推测就将找到成果"。[85]对历史学家也一样,这种沉思为一个已遗失的炼金术实践的世界投下微光,让我们选出道路,穿过大量的可能含义,一次一位读者。

【注释】

[1] Thomas Usk, "Testament of Love", in Geoffrey Chaucer, *The Workes of Geffray Chaucer Newly Printed*, ed. William Thynne(London, 1532),被 *Oxford English Dictionary*, s.v. "opinion"引用。托马斯·乌斯科(Thomas Usk)这篇文本没有原始手稿存世,仅保存于威廉·西恩(William Thynne)1532年编辑的乔叟作品中。

[2] Ripley, "An Admonition, Wherein the Author Declareth his Erronious Experiments", in *Theatrum Chemicum Britannicum*, ed. Elias Ashmole, 189—193, on 191.

[3] Ibid., 192.

[4] Ibid., 191.

[5] Elias Ashmole,“Annotations and Discourses upon Some Part of the Preceding Works”, in *Theatrum Chemicum Britannicum*, ed. Elias Ashmole, 456.

[6]“经验”与观察的关系尤见 Katherine Park,“Observation in the Margins”, in Daston and Lunbeck, *Histories of Scientific Observation*, 15—44; Edward Grant,“Medieval Natural Philosophy: Empiricism without Observation”, in *The Nature of Natural Philosophy in the Late Middle Ages* (Washington, DC: Catholic University of America Press, 2010), 195—224。

[7] *Oxford English Dictionary*, s.v. “opinion”.这个术语源自拉丁词 *opinor*,有想象或推测的意味,不过进入英语可能是通过法语词 *opinion*。

[8] 英格兰炼金术配方的一些独特面向见 Peter Grund,“The Golden Formulas: Genre Conventions of Alchemical Recipes in the Middle English Period”, *Neuphilologische Mitteilungen* 104.4(2003): 455—475。

[9] 中世纪后期英格兰医学从业者的多样性见 Getz, *Medicine in the English Middle Ages*。医学“江湖骗子”见 David Gentilcore, *Medical Charlatanism in Early Modern Italy* (Oxford: Oxford University Press, 2006);其炼金术对应者见 Nummedal, *Alchemy and Authority*, chap. 2。

[10] 关于此进程见 Roger French, *Canonical Medicine: Gentile da Foligno and Scholasticism* (Leiden: Brill, 2001);French, *Medicine before Science: The Business of Medicine from the Middle Ages to the Enlightenment* (Cambridge: Cambridge University Press, 2003);Siraisi, *Taddeo Alderotti*。

[11] William Eamon and Gundolf Keil,“*Plebs amat empirica*: Nicholas of Poland and His Critique of the Medieval Medical Establishment”, *Sudhoffs Archiv* 71(1987):180—196.

[12] Arnald de Villanova, *Opera medica omnia*, vol. 5,1: *Tractatus de intentione medicorum*, ed. Michael R. McVaugh(Barcelona: Publicacions I Edicions de la Univ. de Barcelona, 2000); McVaugh,“The Nature and Limits of Medical Certitude at Early Fourteenth-Century Montpellier”, *Osiris*, 2nd ser., 6(1990):62—84.

[13] McVaugh,“The Nature and Limits of Medical Certitude”, 68.

[14] Michela Pereira and Barbara Spaggiari eds., *Il Testamentum alchemico attribuito a Raimondo Lullo*, 2:314.

[15] Arnald of Villanova [pseud.], *De secretis naturae*, 512:“一位僧侣在这门艺术上辛勤工作二十年却仍一无所知。于是他孤注一掷地写了一本名为《乐园之花》的书,里面包含 10 万条配方。他还把这书供给所有人。于是他欺骗了全国人和他自己,因为他完全绝望了。”

[16] *Thomas Norton's The Ordinal of Alchemy*, ed. John Reidy, 7(ll. 89—100).

[17] 乔叟笔下律修会修士的教会身份见 Marie P. Hamilton,“The Clerical Status of Chaucer's Alchemist”, *Speculum* 16(1941):103—108。对奸诈的炼金术士这种人物形象的总体讨论见 Nummedal, *Alchemy and Authority*, chap. 2。

[18] *Thomas Norton's The Ordinal of Alchemy*, 38(ll. 1162—1166):

> 乔叟描述过泰坦巨人如何也一样,
> 他在关于律修会修士的故事里说:
> Quod Ignotum per magis ignocius(因为更天真的名字而不为人知的东西),
> 这是什么?
> 那是说,
> 她因为更不为人知的命名而不为人知,
> 这个能是什么?

[19] *Thomas Norton's The Ordinal of Alchemy*, 35(ll. 1057—1062).

[20] Chaucer,“The Canon's Yeoman's Tale”, in *Theatrum Chemicum Britannicum*, ed. Elias Ashmole, 235—236.乔叟的炼金术见 Edgar H. Duncan,“The Literature of Alchemy and Chaucer's Canon's Yeoman's Tale: Framework, Theme, and Characters”, *Speculum* 43(1968):

633—656;Collette and DiMarco, "The Canon's Yeoman's Tale"。英格兰炼金术中乔叟式讽刺的传统见 Stanton J. Linden, *Darke Hierogliphicks: Alchemy in English Literature from Chaucer to the Restoration* (Lexington: University Press of Kentucky, 1996), chap. 1。

[21] 例子见 Ripley, "Putrefaction", in *Theatrum Chemicum Britannicum*, ed. Elias Ashmole, 157:

当他们坐在酒桌旁,
他们看到这些僧侣有很多英镑,
(一个说)尘世的神啊,有些原是我的啊;
干草堆锄头,拿走吧,让这杯子转圈走吧。

[22] Ripley, "Putrefaction", 155.

[23] Ibid., 153.

[24] Ibid., 159.

[25] 尽管此书的一些内容在近代早期刊印过(题名《怀中书》),但它们还不曾在原始辑纂本的语境下被审视;Jennifer M. Rampling, "The Catalogue of the Ripley Corpus" 3, on pp. 132—133; Rampling, "John Dee and the Alchemists: Practising and Promoting English Alchemy in the Holy Roman Empire", *Studies in History and Philosophy of Science* 43(2012), 498—508, on 504—505。

[26] 这些列于 Rampling, "The Catalogue of the Ripley Corpus" 3。欧陆档案馆存放的几个抄本见下文第八章。

[27] London, British Library, MS Harley 2411, fol. 64r-v.里普利在最后一行化用了《雅歌》(Song of Songs) 3:1,"我夜间躺卧在床上,寻找我心所爱的"。("心"和"灵魂"是《雅歌》通俗拉丁文本和英译本的差异。——译者注)

[28] London, British Library, MS Harley 2411, fol. 64v.

[29] Vannoccio Biringuccio, *De la pirotechnia. Libri. X.* (Venice: Curtio Navò, 1540); Nicholas Guibert, *Alchymia ratione et experientia ita demum viriliter impugnata* ... (Strasbourg: Lazarus Zetzner, 1603).

[30] London, British Library, MS Harley 2411, fol. 68r.

[31] Ripley, "Putrefaction", in *Theatrum Chemicum Britannicum*, ed. Elias Ashmole, 158.

[32] *Medulla*, fol. 1v.

[33]《遗嘱》和托名阿纳德的《哲学家的玫瑰园》都清楚说明钱的需求度与书本知识相当,两书都引了一条来自《论灵魂》的格言,此格言告诫,假如一个人要在这门艺术中前进,"财富、智慧和书籍"都是必要的,*De anima*, ed. Moureau, 245;Arnald of Villanova [pseud.], *Rosarius philosophorum*, ed. Calvet, 308;Michela Pereira and Barbara Spaggiari eds., *Il Testamentum alchemico attribuito a Raimondo Lullo*, 1:108。

[34] 见第二章注释[74]。

[35] *Medulla*, fol. 2v.

[36] 我在拙文"Establishing the Canon", 193—200 中讨论了里普利对《哲学家的梯子》的改编。除了里普利对此事的看法,别无证据表明圭多是《哲学家的梯子》的实际辑纂人。

[37] Guido de Montanor, *De arte chymica*, in *Harmoniae imperscrutabilis Chymico-Philosophicae, sive Philosophorum Antiquorum Consentientium*, ed. Hermann Condeesyanus(Frankfurt, 1625).《炼金术合成》之外提到圭多的 15 世纪手稿还包括 London, British Library, MS Sloane 3579(fol. 6r), 3744(fols. 27r, 31v), and 3747(fols. 4v, 8r);Oxford, Bodleian Library, MS Ashmole 759(fols. 87v, 90v);Oxford, Corpus Christi College Library 136(fols. 15r, 16v, 42r)。这五份手稿中有三份(MS Sloane 3579, 3747, MS Ashmole 759)出自同一位抄写员之手,见 Rampling, "The Catalogue of the Ripley Corpus" 1, & p. 20 n. 52。圭多的作品及他同里普利文集的关系见 Jennifer M. Rampling, "The Alchemy of George Ripley, 1470—1700" (PhD diss., University of Cambridge, 2010), chap. 3;Rampling, "Establishing the Canon"。

[38] “Notabilia excerpta de Libro Guidonis de Montaynor summi Philosophi in partibus Graeciae”, London, British Library, MS Harley 2411, fols. 50r-53v, on 50v.《需注意事项》也有英译本流通，名叫《圭多值得注意的规则》(*Notable Rules of Guido*)，见 Rampling, “The Catalogue of the Ripley Corpus” 22。

[39] Cambridge, Trinity College Library, MS O.8.9, fol. 37v(Rampling, “The Catalogue of the Ripley Corpus” 22.1).辑纂这份手抄本的抄写员可能与布里德灵顿小修道院有关系，见 Rampling, “Establishing the Canon”, 200。

[40] London, British Library, MS Harley 2411, fol. 50r.

[41] 路德维希·考姆巴赫(Ludwig Combach)将这篇论文题名《乔治·里普利眼中雷蒙德·柳利和圭多的希腊哲学的一致性》(*Concordantia Raymundi Lullii & Guidonis philosophi Graeci per Georgium Riplaeum*)刊印，见 George Ripley, *Opera omnia chemica*, ed. Ludwig Combach, 323—326。这部作品与《炼金术精髓》一样没有 15 世纪的副本，有关它的最早证据见于 1557 年，那时它的标题和引言被记录在古物研究者约翰·贝尔主教的《目录》中，见 John Bale, *Scriptorum illustrium maioris Brytanniae ... Catalogus*, 623。贝尔记载某位约翰·布什(John Bushe)拥有该作品的两个副本，此人身份不详，我们只知道他似乎是炼金术物品的热切收藏者，拥有约翰·达斯汀和托马斯·诺顿的作品，也有里普利的其他几个文本。

[42] 里普利这种立场的来源显然是《论炼金术艺术》，圭多在此书关于发酵的一章中论述了“哲学家的太阳”，Guido, *De arte chymica*, 134。

[43] George Ripley, *Concordantia dictorum Guidonis et Raymundi*, in London, British Library, MS Harley 2411, fols. 47r-49r, on fol. 48r. 鉴于该文本不同校订本之间有显著差异，我还是倾向于使用《怀中书》(藏 London, British Library, MS Harley 2411)中的版本，因为与考姆巴赫的印本相比，它可能更接近里普利的原始文本。里普利指出有另一位权威——托名拉齐——提到铅有潜力(尽管不是实际上)像金和银一样，这是与未完成金属之天生植物属性类似的一个指涉，这种属性让它们能在土中熟化成金；pseudo-Rāzī, *Liber de aluminibus et salibus*, in Robert Steele, “Practical Chemistry in the Twelfth Century: Rasis de aluminibus et salibus”, *Isis* 12(1929):10—46, on 40—41。

[44] London, British Library, MS Harley 2411, fol. 48r. 里普利在此提到这溶媒是“石头的水银”，亦即前一阶段工作的产物。

[45] George Ripley, *Concordantia dictorum Guidonis et Raymundi*, fol. 49r.

[46] Ripley, “Preface”, in *Theatrum Chemicum Britannicum*, ed. Elias Ashmole, 124.

[47] Ibid., 125.此种解读得到构成里普利《炼金术合成》主要资料来源的《哲学家的梯子》中一个段落的支持，此书中关于煅烧的一章开篇就是对头两种“水”的类似描述(虽说可能说得更直白)，Jean-Jacques Manget ed., *Bibliotheca Chemica Curiosa*, 2:138:“这样，太阳和月亮就哲学性地与第一种水一起煅烧了，因此这些实体被打开并变得多孔和精细；因此考虑到第二种水的工作的运行，它就更易于进入，第二种水的工作是把土擢升为一种了不起的盐。”

[48] Ripley, “Preface”, in *Theatrum Chemicum Britannicum*, ed. Elias Ashmole, 124.

[49] Ibid., 125.

[50] 天穹中天体美德的影响力尤其被鲁伯斯西萨的约翰的《论精质书》强调，他虽然有些混乱，但也使用太阳和星辰作为金和其他金属的代号。天体对石头形成的影响力还被托名柳利文集收集起来(即 *Liber de secretis naturae, seu quinta essentia*, fol. 20r)，后来又在文艺复兴时期的新柏拉图主义者如马尔希里奥·斐奇诺(Marsilio Ficino)那里被进一步发展，相关问题见下文第五章。

[51] 对艺术与自然之关系非常详细的讨论见 William R. Newman, *Promethean Ambitions*。也见 Michela Pereira, “L'elixir alchemico fra *artificium* e *natura*”, in *Artificialia: La dimensione artificiale della natura umana*, ed. Massimo Negrotti (Bologna: CLUEB, 1995), 255—267; Barbara Obrist, “Art et nature dans l'alchimie médiévale”, *Revue d'histoire des sciences* 49 (1996):215—286。

[52] 这部中世纪英语论著有两个版本存世，日期都可以追溯到 15 世纪下半叶，但日期的差异足以暗示

它们代表一个更长的拉丁文范本的两个独立版本。牛津大学博德利图书馆阿什莫尔手稿1450对该文本有个稍微完整一点的翻译(不幸的是，下文引述的关于升华的段落之前的内容被删除)，而被称为"考尔瑟普组"(Corthop Group)的三份手稿(Oxford, Bodleian Library, MS Ashmole 759, London, British Library, MS Sloane 3747 and 3579)都在一个优点缺缺的译本中包含了另一个长出许多的版本的残篇。其中的阿什莫尔手稿759(fols. 37r-45v)包含了看上去像这个文本最完整版本的东西，作者在里面赞扬这石头是"珍贵的宝藏"。同一位抄写员把结尾不同的另一个版本包括在不列颠图书馆斯隆手稿3747(fols. 56r-60r)中，并将从此文本较前部分(收斯隆手稿3579, fol. 17r-v)摘录的内容纳入3747。关于考尔瑟普组，见 Rampling, "The Catalogue of the Ripley Corpus", on 128; Rampling, "Alchemy of George Ripley", chap. 4。

[53] Oxford, Bodleian Library, MS Ashmole 759, fols. 38v-39r.

[54] 中世纪医学的气色理论见 Roger French, *Canonical Medicine*；它被15世纪英格兰医学从业者(经常依据他们自己的经验)改编的情况，见 Peter Murray Jones, "*Complexio* and *Experimentum*: Tensions in Late Medieval English Practice", in *The Body in Balance: Humoral Medicines in Practice*, ed. Peregrine Horden and Elizabeth Hsu(New York: Berghahn, 2013), 107—128。

[55] Oxford, Bodleian Library, MS Ashmole 759, fol. 41r.

[56] Ibid., fol. 41v.

[57] Ibid., fol. 43r.

[58] Ibid., fol. 43v.

[59] 这部作品有两份15世纪的抄本存世，一个是"Tractatus breuis s*ed* verus ut opinat*u*r", London, British Library, MS Sloane 1091, fols. 217v-21v，另一个较不完整的副本在 MS Sloane 3747, fols. 51r-52v。托马斯·罗伯森(Thomas Robson)制作了一个较晚的抄本，藏 Glasgow University Library, MS Ferguson 133, fols. 3r-6v。

[60] London, British Library, MS Sloane 1091, fol. 218v.

[61] Ibid., fols. 219v-20r.

[62] Ibid., fol. 221v.

[63] 该文本在批评犹太人的信仰方面并非它那个时代的异类，《遗嘱》和其他托名柳利的作品也吸收了透露出对犹太人和穆斯林敌意的段落，例如可见 Michela Pereira and Barbara Spaggiari eds., *Il Testamentum alchemico attribuito a Raimondo Lullo*, 3:444—452。

[64] London, British Library, MS Sloane 1091, fol. 221v.

[65] Ibid.

[66] London, British Library, MS Harley 2411, fol. 64r. 最后一句是条众所周知的古典格言。

[67] London, British Library, MS Sloane 3747, fols. 3v-4r.

[68] 关于《雷蒙德的缩略程序》，见 Rampling, "The Catalogue of the Ripley Corpus" 1; Rampling, "Establishing the Canon", 201—207。

[69] 这部作品的身份难以确定，因为原件似乎没有以任何可鉴定的形式存世；引述的材料显然与流传下来的圭多的《论炼金术艺术》不匹配。然而，尽管原始的《大全》没有完好无损地幸存，我们却能通过《雷蒙德的缩略程序》中引用的一些段落，最有可能是通过里普利《怀中书》中的《圭多值得注意的规则》重构它的一些学说。

[70] London, British Library, MS Sloane 3747, fol. 4v.

[71] Ibid., fol. 5r.

[72] Ibid., fol. 5v.

[73] Ibid., fol. 8v.

[74] Ibid.

[75] Ibid., fols. 8v-9r.

[76] London, Wellcome Library, MS 239, 26.

[77] Ripley, "Admonition", in *Theatrum Chemicum Britannicum*, ed. Elias Ashmole, 190.

[78] "Boke conteynyng myne opyneons in the Scyence of this Philozophy", Oxford, Bodleian Library, MS Ashmole 1426, pt. 5.

[79] 在某个时候,写这篇论述的两个页面被分开了。第一页原地保存于牛津大学博德利图书馆阿什莫尔手稿 1486, pt. 3, fol. 72v,第二页现在装订在阿什莫尔手稿 1492, pt. 8, 125 上。既然它题献给小莱斯的埃利斯小修道院院长,那它一定写于埃利斯 1527 年被任命此职之后,且可能是在该小修道院 1538 年解散之前。我在第四章将进一步讨论埃利斯。

[80] Oxford, Bodleian Library, MS Ashmole 1426, pt. 5, 4. 评注后面是对 1531 年和 1533 年刊印的海因里希・柯奈利乌斯・阿格里帕・冯・奈特斯海姆(Heinrich Cornelius Agrippa von Nettesheim)《论哲学神秘学第一书》(*De occulta philosophia liber primus*)的笔记,下文第五章将进一步讨论。

[81] Oxford, Bodleian Library, MS Ashmole 1426, pt. 5, 1. 这篇作品写的时候有可能就着眼于埃利斯。作者在描述哲学家语言的模糊性时,似乎在对一位神职界的听众讲话,说哲学家的语言不仅"令大众、乡下人或无知之人"眼前发黑,也令"属于你这个团体的最博学的神职人员中颇多的人"不明所以(ibid., 6)。

[82] Oxford, Bodleian Library, MS Ashmole 1426, pt. 5, 30.

[83] Ripley, "Calcination", in *Theatrum Chemicum Britannicum*, ed. Elias Ashmole, 130.

[84] Oxford, Bodleian Library, MS Ashmole 1426, pt. 5, 4.

[85] Oxford, Bodleian Library, MS Ashmole 1492, pt. 8, 125.

第二部分　英格兰炼金术的黄金时代

第四章 解散与改革

自然将教导你。[1] 135

16 世纪前几十年的英格兰炼金术很大程度上属于未知领域。我们的知识不足同来自这时期的手抄本存世相对稀少有关，相比之下，16 世纪后半叶以降的誊录本和翻译本汹涌如潮。随着隐修院这个老资历的炼金术文本生产场所解散，许多手抄本被俗世受众获得，但另一些手抄本也因为被漠视或故意毁坏而湮灭，这促使伊莱亚斯·阿什莫尔后来评论说："只要出现一个红字或数学图表，这书就足以被称为是教宗的或魔鬼的。"[2]结果就是在英格兰实践的历史中出现一道不寻常的沟壑，位于 15 世纪后期生气勃勃的混合经济同伊丽莎白时代的科学之间，伊丽莎白时代的可辨识特征是猛然转向炼金术请愿书、炼金术计划和帕拉塞尔苏斯派小册子。如同一座建筑被夷平后的废墟，这道沟壑不意味着缺乏原始材料，只是说重构它需要从瓦砾间大量筛选，且难免要加入推测因素，尤其是考虑亨利八世难以捉摸的炼金术兴趣时。

我在本章力图部分重构炼金术践行者的团体如何在解散的前夕——在英格兰社会史和宗教史上史无前例的动荡时期之前——追求他们的艺术。在这个时期，136 本书第一部分探讨的隐修院实践的传统戛然而止。在 1536 年《解散较小隐修院法令》(Act for the Dissolution of Lesser Monasteries)带来的对较小修院的镇压同 1537—1540 年间的普遍解散之间，大约 2 万名僧侣、修女和平信徒工作人员被从他们的修院驱逐。[3]原则上，大多数修士和修女都有资格从王国政府那里获得与他们修院的重要性比例相称的退休金，大修道院院长和小修道院院长可以获得更多退休金。但实际上,大量修士们都从事了在俗神父这个职业,而许多修院的前领袖们成功获得主教职位、教区长职位和大教堂圣职,这对王国政府而言是个省钱的法子,由此省下了他们的退休金开支。少数人选择以小团体形式生活在一起,力图复制他们从前的状态。其他一些人被以各种违命之举为由拒绝提供支持。一些修女返回自己的家,另一些修女与前僧侣们结婚并将他们的退休金集中起来共用。对科学和医学有兴趣的修士们则寻找新方法支持他们在一个尽管不受修会规则约束——里普利一度寻求回避这些规则——但也受到仔细审查和怀疑的世界里活动。

解散之所以是个值得考虑的事件,恰是因为作为实践场所的隐修院并不局限于宗教修会的成员,修会领域和世俗领域边界的流动性允许炼金术知识生气勃勃地传递,也允许在更大范围内选择赞助与支持。比如威廉·莫顿这个较早的例子,这位羊毛商人1415年试图在哈特菲尔德小修道院开展自己的实践,这透露出牵涉其中的僧侣、商人、工匠和地方贵族的复杂操作。莫顿为了赢得对自己计划的支持,似乎曾纵贯整个英格兰。他的伙伴包括一位伦敦商人罗伊斯(Roys),罗伊斯担任中间人,可能是利用既有网络以确保莫顿的专长带来的投资机会有营业场所和设备可用;还有一位乡村小修道院院长拜普塞特,他为他们提供了实验室,要求的回报(我们必须假定)是分享预期的未来收益。[4]

137 尽管僧侣和托钵僧的作用随着镇压而消失,但对炼金术的商业兴趣不仅挺过了宗教改革,还从中获利。新秩序将采用的形式实际上早在隐修院关门大吉之前已在形成中,在世俗语境下收集和复制炼金术书籍并打磨实践,这些举措构成传导介质,致使隐修院炼金术士们也变得依赖于外界的帮助。为追踪这局面如何发生,我们将追随两个读者-践行者团体的活动,一个以里士满(Richmond)的王室图书馆为中心,另一个在埃塞克斯一所小修道院。重构这些网络让我们得以追踪书籍和知识如何于解散之前在这种混合经济中运动,解散令这种富有成效的信息流通终止。它们透露出托名柳利的作品到达一位有兴趣的英格兰受众那里的轨道——两者都通过分享书籍和寻找一位老师,后者发生在仅仅学习书本已不敷用时。

这些活动也把我们带到国王的周围。多年以来,亨利八世身边围绕的和为他效劳的都是有强烈炼金术兴趣的男男女女。孩提时代,他从他当政期内记载最详细的炼金术士之一贾尔斯·杜韦斯(Giles Du Wes, 1535年卒)那里学会法语。1547年他任命另一位出名的践行者理查德·伊顿担任他的医药水蒸馏师,但这项任命因为他几个月后驾崩而无效。[5]国王人生的两头就这样奇异地被两位炼金术士的活动夹住，这两人有着截然不同的社会背景与教育背景，但他们共享人文主义知识和明显爱读书的习性。他们的物质痕迹——让我们能将一本书同另一本书连接起来，因此也将一位读者同另一位读者连接起来的签名、笔记和所有权标记——在微观上捕获了16世纪中间几十年的骚乱时期里炼金术践行者构成的更广阔团体的互动。要讲述这段关于书籍和赞助的历史，最好的起点莫过于亨利的图书馆。

图书管理员的故事

在一个英格兰君主依旧称呼自己为法兰西国王且侍臣们密切关注英吉利海峡对岸风尚的时期，掌握法语是一位英格兰王子不可或缺的特征。年轻的亨利还是约克公爵时就从宫廷人称“贾尔斯大师”的男人那里接受指导，但这位贾尔斯的拉丁化名字埃吉迪乌斯·德·瓦蒂斯(Aegidius de Vadis)更为后人所知。贾尔斯· 138 杜韦斯论出身是法兰西人或弗兰芒人(Flemish)，是位科班出身的音乐家，然而以一种对都铎宫廷中有才能的、自我奋斗成功的人来说的典型方式，他从宫廷乐师的位置上升为亨利七世孩子们的家庭教师，他教他们鲁特琴演奏和法语。[6] 1501年11月，杜韦斯是亨利王子内务人员中的一位“鲁特琴手”，1506年，国王安排他负责里士满的王室图书馆。[7]虽说当他从前的学生登基后他依然在这个位置上，但这并未终结他的教师生涯，因为他后来又指导亨利八世的女儿玛丽(Mary)，甚至在她担任威尔士公主之职(虽说没有被正式授予此头衔)后于1525年8月陪伴她去拉德洛(Ludlow)。后来他把基于这段经历的几则对话收入他分为两部分的法语书《导言》，这是在英格兰印刷的第一本法语教科书。[8]杜韦斯通过复制与玛丽的“交谈”——实际上是让他的读者能随着国王的女儿练习法语——而用一点点宫廷魅惑力给他的教科书增添趣味，巩固他既是学者又是侍臣的身份。他在前言中提醒受众，他的王室学生们不仅包括当今君主和他已故的弟弟阿瑟亲王(Prince Arhtur)，还有他们的姐妹玛格丽特(Margaret)和玛丽，她们分别是苏格兰和法兰西的王后。

身为一个以法语为母语的人以及一位热情的读者，杜韦斯很适合王室图书馆的管理员一职，图书馆里有大量法语和勃艮第语(Burgundian)书籍，包括一些在爱德华四世时期获得的。[9]王室藏品在亨利八世时期大幅扩展，而且不仅仅是通过赠 139 书和委托撰写这种寻常渠道，因为16世纪30年代早期，大量隐修院书籍进入了图书馆。尽管1535年去世的杜韦斯没能活着看到隐修院解散，但他被安排在一个见证英格兰宗教改革第一批成果的绝佳位置上。

不过,杜韦斯自己的收藏和阅读实践开始得早得多。在还没有忙于王室的书籍和教育之前,他就阅读和撰写关于炼金术的东西。1521年,他完成了《自然与一位哲学之子间的对话》(*Dialogus inter naturam et filium philosophiae*),这是一部后来在英格兰和国外都被广泛复制的炼金术论著,由法国的帕拉塞尔苏斯派伯纳德·吉勒·皮诺(Bernard Gilles Penot,约1522—1620年)出版,还被收入塞茨纳尔(Zetzner)气派的炼金术纲要《炼金术剧场》(*Theatrum chemicum*)中。[10]该书写于里士满宫的图书馆。[11]他的其他较短作品出现在他的几部手抄本中,其中包括对炼金术著作的评注和一封给匿名友人提炼金术忠告的信,尽管如我们要看到的,并不总是那么容易识别出文稿来自他的贡献。

杜韦斯勤于誊录炼金术文本,外加对签上自己的名字信心十足,这意味着他现在是16世纪早期英格兰非常少的几个能确定身份的炼金术抄写员之一。[12]他的一些辑纂品幸存下来,比如伦敦不列颠图书馆哈利手稿(MS Harley) 3528,这是一份显然由杜韦斯亲手汇集并装订的15世纪手稿的汇编,囊括了被归给诸如罗杰·培根、霍图拉努斯(Hortulanus)、约翰·达斯汀和威兰诺瓦的阿纳德等杰出权威的作品。除了注解每个条目,杜韦斯也插补他亲笔写的短片段,尤其是在抄写拉丁文炼金术韵文时。在现在是牛津大学博德利图书馆阿什莫尔手稿1441一部分的另一部手抄本中,他抄写了两首英语诗歌,它们是他仅存的英语誊录品,也是签着他名字英语化版本"Giles Duwes"仅有的两份。[13]

140

这些手稿透露出杜韦斯对中世纪炼金术作品心醉神迷的专注。在哈利手稿3528中,他通过增补纸条而满怀深情地恢复缺失或损毁的页面,纸条上是他誊写的缺失文本,并模仿原始笔迹和风格来制造尽可能不着痕迹的改正。[14]在他的另一部汇编品——现在是剑桥大学三一学院图书馆手稿O. 8. 25——中,一篇写在羊皮纸上的中世纪论述突然断裂,但因为杜韦斯亲手增加的一张纸而行文无碍。与此同时,这位图书管理员显然把这些物品当作供阅读的副本对待,因为页面边缘散布着他的亲笔注解,包括对其内容的阐释和大量对其他作品的交叉引用。

杜韦斯不是一位与世隔绝的读者。手抄本痕迹让我们能够把他与另一位炼金术士、韦尔比的罗伯特·格林先生(Sir Robert Greene of Welby,约1467—1544年后)长期且富有成效的联系拼凑出来。[15]我们从格林在自己书籍上大方签名的习惯——有时移译成希腊字母——中得知,他与杜韦斯相仿,是个高产的炼金术文本辑纂人。1538年,他创作了一部自传性的论著《罗伯特·格林先生的作品》(*Work of Sir Robert Greene*)，在书里报告说自己已经 71 岁，并已将四十年人生投入炼金术。[16]这部《罗伯特·格林先生的作品》也声称要描述他自己的炼金术实践，既有医学的也有质变术的，都大力倚重托名柳利炼金术。后来，格林在威廉·布洛姆菲尔德的一首著名诗歌中享有在傻瓜炼金术士当中表现出的那种可疑荣誉，他将与那位差点就成为亨利八世蒸馏师的理查德·伊顿共享此种恭维。[17]

141

142

尽管此前没人谈论过格林与杜韦斯的关系，但他们的存世书籍暗示出两人在炼金术知识方面有积极交流。他们肯定在 1528 年已经认识，这一年，贾尔斯随玛丽的内务人员从拉德洛返回。格林抓紧机会从这位图书管理员的中世纪纲要亦即哈利手稿 3528 中复制了一些条目到他自己的汇编中，并补上自己的名字和日期。[18]不过他们恐怕此前早已相互闻名。当杜韦斯 1521 年 7 月 17 日在里士满完成《自然与一位哲学之子间的对话》时，他将此著题献给一位“独树一帜的好朋友”。这可能就是指格林。虽然到 1595 年《自然与一位哲学之子间的对话》付印时有关这位朋友身份的痕迹便已消失，但附在一部较早英语译本中的拉丁文书籍末页总结说：“我的罗伯特先生，这些就是我因为爱你的美德而努力呈现给阁下的一些东西。”[19]

假如《自然与一位哲学之子间的对话》的确题献给格林，那它就令这两位炼金术士间的关系变得清楚了。杜韦斯出于照例要有的谦虚而恳请他的朋友，不要惊讶于尽管他对科学无知，现在却仍在处理一部远超出他能力的书。他解释说，美德是这么有力量，它甚至能使无知和怠惰之人怀着一番探求“所有科学之纯粹精髓”的热切渴望激动起来。[20]他的朋友不消说，早已被充分赋予此种美德，杜韦斯为提供了这样一部贫乏的书作为交换而致歉，这就像《伊利亚特》(*Iliad*)中的阿喀琉斯(Achilles)用自己较不值钱的盔甲换了格劳克斯(Galucus)华丽的服饰而从中受益[贾尔斯在此把阿喀琉斯同荷马的狄俄墨得斯(Diomedes)弄混了]。尽管如此，相信他的朋友会乐于接受他的礼物，“作为回报，你将爱我(一如你经常所为那般)”。[21]

143

关于两人关系的更巩固的证据始于 1532 年，那时杜韦斯给了格林一份手稿(现在是剑桥大学三一学院图书馆手稿 O. 8. 24)，由他亲笔书写并饰以页缘插图。与哈利手稿 3528 那份专业性突出的誊录本形成鲜明对照，杜韦斯似乎是把这个插图卷册当作一份礼物来准备，因为我们从已经变得破碎的飞页上能辨认出一则题记，写着：“埃吉迪乌斯·杜韦斯，别名德·瓦蒂斯，在我们得救的 1532 年将我给予罗伯特·格林。”[22]格林在这题记上面加了他自己独特的交织字母图案——R 和 G 缠绕在一起的样子。[23]剑桥大学三一学院图书馆手稿 O. 8. 25 是该手稿的一份姐妹手稿，其中包括一封杜韦斯写的炼金术书信，信再度被寄给一位“独树一帜的好朋友”,还有一条信息量更大的注记——“可以信任的罗伯特”。[24]

格林与杜韦斯相仿,也收集中世纪书籍,包括托名亚里士多德《众妙之妙》的一些副本。[25]但与他的朋友不同的是,格林似乎主要对文本而非手稿本身感兴趣,他没有把新书和旧书装订到一起,而是把中世纪作品抄录到完全由他亲笔书写的大型卷册上,常常签署姓名和日期。他的炼金术誊录本幸存了三卷,为1528年到1534年间抄写,涵盖范围广大的材料,包括归给希腊、阿拉伯和拉丁权威的作品。[26]尽管这里面大多数都明确是炼金术内容,但另外一些只有在炼金术注解的帮助下才算是炼金术内容。例如,1528年4月30日,格林抄写了神学家拉克坦提乌斯(Lactantius)《关于凤凰鸟》(*De ave phoenice*)的一个版本。与这首古代晚期的诗歌相伴随的是一则长篇评注,解释说凤凰的生与死就是关于哲学家之石的寓言。[27]评注的作者大概是杜韦斯,因为剑桥大学三一学院图书馆手稿O. 8. 24中有杜韦斯亲笔书写的诗歌和评注,暗示出格林可能从他朋友的手稿中抄写了这份作品,甚至是在该手稿被作为礼物送给他之前。[28]

这些痕迹让我们得以重构,在一个其他情况下对英格兰实践疏于文献记载的时期里,两位与英格兰宫廷圈子有关联的炼金术读者之间此前不为人知的一段关系。它们透露出,杜韦斯和格林都很看重拥有炼金术书籍,无论是原始手稿还是从朋友的藏品中誊录的副本。它们也展示出,这两人如何阅读对他们自己的工作如此必要的中世纪权威,这些权威既是实际知识的来源,也是自己著书立说的范本。雷蒙德·柳利是两人都一边倒地依赖的权威,他的作品构成他们收藏品的基础,也充当他们自己炼金术实践的拱顶石。无论是收藏书籍、调和理论立场,还是设计实验,杜韦斯与格林的活动都共享本质上属于柳利的特征,该特征定义了亨利八世时代英格兰的炼金术。

145

收藏雷蒙德

尽管柳利炼金术在欧洲有广泛影响,但16世纪上半叶的大多数读者应该都只能通过手抄本知道这份材料。托名柳利文本中唯一付印的作品是《关于自然秘密亦即精质的书》的前两卷,1514年与一份医案汇编本一起出版,这样一个语境弱化了该作品与炼金术的联系,还彻底省略了第三卷——黄金炼制书。[29]印刷副本的匮乏提高了对综合性手抄藏品的兴趣,尤其是那些起源早的。1541年,纽伦堡(Nuremberg)

印刷商约翰尼斯·佩特雷乌斯(Johannes Petreius)出版了托名贾比尔的各文本组成的一卷书。他在书籍结尾处收录了一份早已为他所有的手抄本的目录,其中包括柳利的大量炼金术作品,他希望能完整地出版它们。佩特雷乌斯邀请读者们将额外的未出版手稿寄给他供印刷,许诺归还时会附赠原稿印刷化身的免费副本。[30]

在英格兰,杜韦斯和格林的手抄藏品比佩特雷乌斯希望出版的那种中世纪纲要先行一步。他们两人总计拥有至少三大批托名柳利炼金术作品的藏品,日期从15世纪中叶开始,且它们今天构成了英格兰的柳利学说最早也最有影响力的证据的一部分。他们与他们的圈子也承认这些文件的重要性。这些手抄本在整个16世纪都被注解和复制。 146

我们早已见过这些卷册之一,即牛津大学基督圣体学院图书馆手稿244。该文件部分于1456年由亨利六世的专职神父约翰·科克比誊写,它提供了关于英格兰宫廷圈子对托名柳利之兴趣的最重要证据之一。它开篇是《遗嘱》的拉丁文和加泰罗尼亚语双语上好抄本,该抄本如今已被米凯拉·佩雷拉编辑,如我们已经见到的,它可能与科克比1456年对亨利六世的成功请愿相联系。其他主要的柳利作品如下:《关于自然秘密亦即精质的书》《关于金属质变术艺术的灵魂的纲要》(*Compendium animae artis transmtationis metallorum*)以及《石匠书》(*Liber lapidarii*),都出自科克比之手。[31]不管这本豪华书卷是否曾被亨利六世看到过,一代之后它都落入罗伯特·格林之手。一些他手写的简短笔记证明了他后来的所有权,尽管我们并不知道他到底怎么获得它或何时获得它。[32]

拜内克图书馆梅隆手稿(MS Mellon)12是另一份15世纪藏品,一度只包含《遗嘱》《附加条款》和《关于自然秘密亦即精质的书》。[33]这部手稿有一段复杂的历史。如牛津大学基督圣体学院图书馆手稿244中的科克比,该手稿的抄写员记下《遗嘱》于1332年撰写于圣凯瑟琳医院(St. Katharine's Hospital),并于1443年自加泰罗尼亚语翻译为拉丁文。[34]到了1506年,该书属于贾尔斯·杜韦斯,他充分运用自己的图书馆管理员权限,广泛地注解和改正原始内容,然后把它们与他亲笔书写的其他托名柳利作品誊录本装订在一起。他在其中很多文本上都附加了自己的名字和1506年这个日期,他正是这一年于里士满就职。 147

这三份藏品中最早的一份亦即现在的剑桥大学基督圣体学院图书馆手稿395可能是15世纪前半叶在国外书写,然后被带到英格兰。[35]它的内容极其多样,包括柳利的《第三种区别》,也包括鲁伯斯西萨的约翰《论精质书》的一个上好抄本。杜韦斯再度用亲笔写的附加内容补充了原始材料,签名并署日期1506年。这些附加内容无一被归给雷蒙德，暗示杜韦斯把拜内克图书馆梅隆手稿12而非剑桥大学基督圣体学院图书馆手稿395看作他关于柳利作品的主要资源库。不过，有几份插补文本可能是他自己的创作，其中有一首关于炼金术梦想的诗歌[《一个美梦》(*Puchrum somnium*)]、一篇论名誉的论述[《论名誉》(*De fama*)]、一项实际炼金术工作的记录[《我给自己的秘密》(*Secretum meum mihi*)]，还有一篇有趣的带着巫术画外音的炼金术对话录——《巫师希拉尔德斯与一位特定精灵的对话》(*Dialogus inter Hilardum necromanticum et quendam spiritum*)。[36]

拜内克图书馆梅隆手稿12和剑桥大学基督圣体学院图书馆手稿395最终也都成为罗伯特·格林的财产。他或许是以礼物或遗赠的形式直接从杜韦斯处得到它们，虽说他对于擦除所有牵涉他朋友的踪迹毫不愧疚。格林似乎对杜韦斯的书感到嫉妒，他覆盖了先前的所有权标记，可能还覆盖了著作权标记，覆盖的方式表明他对它们的出处兴味索然。例如，他在自己的另一部手抄本、波伊提乌(Boethius)《论音乐》(*De musica*)的一个副本上自信地盖掉了一位前所有者、有影响力的英格兰作曲家约翰·邓斯特布尔(John Dunstable，1453年卒)的名字。[37]当杜韦斯的两部中世纪纲要落入格林之手，格林在杜韦斯名字出现的每个角落都擦除它，代以自己的名字，但他把日期1506年原封不动地留下来。现在只有杜韦斯独特签名的边缘保存下来，在格林自己签名的下方依旧清晰可见。[38]

148

这三部手抄本曾于某个时间处于同一份藏品中，可能还在同一个书架上并排放置，此事实让格林在英格兰柳利学的谱系中有了一个令人始料未及的重要位置。当然他和杜韦斯都明白这样一些书籍的重要性，它们保存了对他们自己的工作很必要的中世纪权威。杜韦斯在他的手抄本中小心注意资料保存，暗示出他也认为它们是要珍惜和保护的古籍，哪怕他心里并不仅仅有着古物研究者的兴趣。杜韦斯做的不只是收集和修复旧文本，他还专心致志并目光挑剔地阅读它们。他的《自然与一位哲学之子间的对话》里满是他与这些手稿关系密切的迹象，表明他写这篇论述时，他的书籍垂手可得。的确，由于这篇《自然与一位哲学之子间的对话》提供了对《遗嘱》中各个种类的评注，因此通过翻阅杜韦斯的典范手抄本，我们对16世纪前几十年的炼金术创作进程有了无与伦比的洞见。

阅读雷蒙德

如题所示，贾尔斯·杜韦斯的《自然与一位哲学之子间的对话》表现为一位炼金术士与自然的人格化身之间的谈话，自然看起来是要带领她困惑的门徒回到哲学的真正道路上，一如哲学在波伊提乌需要之时显形。[39]随着对话深入，自然带领着这位门徒贯通了基本炼金术学说，包括水银的独一无二性、发酵的作用、确定各 149 成分正确比例的重要性(哪怕绝没透露实际答案)。自然从头到尾都表达《遗嘱》和其他中世纪权威的意见，但有时也接纳较新的智识潮流，包括乔瓦尼·皮科·德拉·米兰多拉(Giovanni Pico della Mirandola，1463—1494 年)和约翰尼斯·路希林(Johannes Reuchlin，1455—1522 年)。

在这方面，《自然与一位哲学之子间的对话》提供了一种扩展调和，杜韦斯在这里寻求展示，包括那些更近期的权威在内的所有权威最终都用一个声音说话。杜韦斯的手抄本证明了他以实物形态采集文本的技能，而他的论著透露出他的能力也扩展到阐释和调和文本的炼金术内容。当自然回答门徒的提问时，她用腹语说出了杜韦斯本人通过艰苦研习并注解哲学家文本，尤其是托名柳利作品后得出的答案。既然我们现在能够翻阅杜韦斯的手稿资源，就有可能部分重构此进程。

例如，这位门徒在某个时间请自然解释一道炼金术谜题：为何哲学家们说，太阳应当在白羊座中被擢升？[40]炼金术士们准备工作时应当实际追踪天空的运动吗，亦即他们是否应当把占星学因素纳入考虑，还是说，哲学家们不过是用“太阳”指代黄金？但在这种情况下，最完善和最稳定的金属又怎么可能被“擢升”或变得易挥发？

杜韦斯在拜内克图书馆梅隆手稿 12 中的注解表明，这是他在阅读过程中问自己的一个问题。他提到《遗嘱》中谈及太阳在白羊座之擢升的一个段落时，可能回忆起一首著名英语诗歌《炼金术士的迷》(*Mystery of Alchemists*)的开篇诗句“太阳在白羊座时，福玻斯熠熠生辉”。[41]他补充了一条旁注：“这里是对那个文本的阐述，该文本被称为那项工作，因为太阳在第一步工作中于白羊座被擢升。”[42]《自然与一位哲学之子间的对话》中的自然表达出了杜韦斯的最终解决方案：无须在占星学上合适的时刻观察天空，因为每个时刻都适合她带来生长与腐败(对托名贾比尔 150 的改写)。[43]因此，哲学家们的格言既不指太阳也不指普通黄金，而是指“哲学家们的太阳”，亦即工作初期阶段使用的不完善金属。此种解读暗示出，贾尔斯熟悉大约 50 年前乔治·里普利在《炼金术合成》与《圭多和雷蒙德的一致性》中为证明使用基础金属比黄金合理时强调的论据。与此同时，“白羊座”暗指春日太阳不太强的热度，适合如腐败分解这种要求温和加热的操作。[44]

这道谜题是杜韦斯在阅读过程中显然自认满意地解决了的谜题。但不是所有难题都能如此轻易解决。有一个议题是他花几十年时间全力对付的，那就是炼金术成分的正确配比。我们可以追溯出最早于1506年或差不多这时，他就对此议题全神贯注，这期间杜韦斯正在编辑和注解拜内克图书馆梅隆手稿12中的柳利内容，尤其是《关于自然秘密亦即精质的书》的第一卷。雷蒙德在此证明他这艺术之多用途性质的合理性时，解释说同样的炼金术“水”可以凝成仙丹或宝石，“视这物质与两者之一的比例相称与否而定”。[45]杜韦斯在该段落下面画了线，在旁注中说确定这些比例困难重重，因为没有哪位哲学家充分解说过它们。[46]

关于杜韦斯之挫败感的暗示在15年后撰写的《自然与一位哲学之子间的对话》中迁延不去，自然与门徒在那里就此难题展开精确辩论。自然引经据典地承认道，“万物都由重量、尺寸和数创建”，评论说哲学家说这个话题时比说其他所有话题都模糊。[47]可能杜韦斯心中依然想着雷蒙德那千变万化的多用途物质，因为自然解释说，改变物质的比例就会导致不同金属的重量产生差异，哪怕所有金属都产自这一个根源。类似地，宝石与金属的差异仅在于比例，而非在于颜色、硬度或熔度这类特性。更简单地说，由自然（或人类那符合自然需求的工艺）以不同方式影响的同种物质将产生不同结果，取决于所使用成分的比例。[48]

151

然而这没让读者更接近正确比例的确定。《自然与一位哲学之子间的对话》中的自然引述了关于该话题的一系列炼金术权威，证明杜韦斯已经在托名柳利文集之外，可能也在王室图书馆之外找寻答案。徘徊在炼金术经典之外的他求助于其他话题的权威——新柏拉图主义哲学乃至最近的基督教化的喀巴拉（Cabala）艺术，希望能掌握遭到中世纪行家们戏弄的物质的基本比例。他这么做时提供了对英格兰智识文化的一瞥，此时的智识文化截然不同于半个世纪前里普利和诺顿时期的。

从1506年杜韦斯写下最早的笔记到1521年他完成论述的这段时间，英格兰宫廷已经在它那位少年老成的新王的推动下拥抱了人文主义知识。亨利八世努力吸引杰出的人文主义者来英格兰，其中最著名的是鹿特丹（Rotterdam）的伊拉斯谟（Erasmus），他于1510—1515年在剑桥担任玛格丽特夫人①神学教授。[49]作为图书馆管理员，杜韦斯身处亨利买书实践的第一线，尽管可能由于缺少一纸学术资格证，他似乎没有被吸引到像伊拉斯谟、托马斯·莫尔（Thomas More）、约翰·费舍尔（John Fisher）和圣保罗大教堂总铎约翰·科利特（John Colet）这样受过高等教育的人文主义者的圈子里。另一方面，他肯定曾为科利特的客人之一神魂颠倒，那就是

① 指亨利七世的母亲Lady Margaret Beaufort，她是中世纪英格兰最富有的女人，慷慨资助教育，16世纪初期出资重建剑桥的基督学院。因为她1509年去世，这里提到的应该是一个纪念她的讲座教授名衔，另，伊拉斯谟主要待在王后学院。——译者注

年轻的日耳曼神学博士海因里希·柯尔奈利乌斯·阿格里帕·冯·奈特斯海姆(1486—1535年),他曾于1510年秋季作为马克西米利安一世(Maximilian I)的帝国使团的一员造访伦敦。阿格里帕带着他在巴黎的几场争议性演说的新鲜度前来,演说涉及路希林关于基督教喀巴拉的作品《论神奇运作的上帝之道》(*De verbo* 152 *mirifico*),并且已经引起一位批评家让·卡特利内(Jean Catilinet)攻击他是个"犹太化的异端"。[50]阿格里帕住在科利特位于斯特普尼(Stepney)的宅子时创作了他给卡特利内的堂堂正正的答复。[51]

虽然没有证据表明阿格里帕和杜韦斯曾经相遇,但我们必定好奇,阿格里帕的适时造访是否有助于后者对喀巴拉的兴趣。十年之后,杜韦斯在为求理解哲学家的比例而不断奋斗的语境下调用了喀巴拉。在《自然与一位哲学之子间的对话》中,自然告诫她的门徒,比例的秘密只能对明智之士透露,而且不能完全以书面方式写下来:

> 为此有些人说这门科学是喀巴拉的一部分,对喀巴拉的接收要以共同讲述的方式来解释。对哲学家们而言就是对待这些东西要把它们包裹在诸如谜题、寓言式作品、速记符号和谜语类的东西中,毕达哥拉斯用他的沉默所教导的差不多就如他们在书写中教导的一样多。[52]

自然的告诫让人在一种纯粹类比的意义上想起喀巴拉,像喀巴拉一样,炼金术可以被视为一种口述传统,这暗示出杜韦斯把它构想为一种口耳相传而非仅凭书写传达的深奥知识的传统。喀拉巴因此就与炼金术秘密有了明显的亲和性,它们都类似地由老师传给门徒。[53]这时的杜韦斯可能已经研习过路希林。他肯定熟悉皮科·德拉·米兰多拉在《900个结论》(*900 Conclusions*, 1486)中的喀巴拉式沉 153 思,因为门徒在谈到数字对哲学化的用处时引了这部作品,"此外,哲学家们说了关于数字的非凡事情。因为皮科·德拉·米兰多拉如此赞美它们,他不惧于说,他能用数字对应一切已知事物,我当然觉得这是至真之言"。[54]

杜韦斯对喀巴拉的兴趣在他的法语教科书《导言》中再度浮现。尽管此书的首次刊印是1533年之后,但杜韦斯恐怕是在16世纪20年代末期写下这些对话样本,时值玛丽公主失宠之前,也是国王娶安妮·博林(Anne Boleyn)的几年前。他在一段对话中告诉玛丽,上帝授予摩西智慧以理解他的作品,"关于这种知识,喀巴拉学者确实制作了五十道他们用智力命名的大门"——此处影射路希林《论喀巴拉艺术》(*De arte calalistica*)第三卷讨论的"理解力的五十道大门"。[55]在喀巴拉传统中，摩西掌握了那些大门中四十九道门的知识，只有最后一道象征对上帝本尊之领会的大门将他拒之门外。杜韦斯也读过《论神奇运作的上帝之道》，而且他在剑桥大学三一学院图书馆手稿 O. 8. 24 飞页上的题记包括一则关于四字圣名（pentagrammaton）、路希林的“神奇运作的上帝之道”的笔记。

这些指涉表明，尽管杜韦斯对手抄本全心热爱，却没把炼金术封闭在中世纪往昔中看待。他让自己跟上欧陆文学，包括意大利新柏拉图主义者如皮科和马尔希里奥·斐奇诺的作品，也有路希林关于基督教喀巴拉的争议性作品，这正适合一位地位上升的人文主义君王的图书管理员。[56]他也把这种知识运用于理解炼金术学说。尽管《遗嘱》构成杜韦斯《自然与一位哲学之子间的对话》的根基，但这位图书管理员在阐释炼金术文本时没把自己局限在托名柳利的材料中。毋宁说，自然使用一位王室语言教师的技能引领她的门徒和杜韦斯的读者穿过文本的解释迷宫，在需要使用从哲学家书籍中挑出的例子工作时稍事停顿，然后就把所学运用于解决新谜题。从根本上讲，此书更可贵的是作为像个哲学家那样思考和阅读的向导，倒不是作为一本实践手册。如杜韦斯自己的经历所阐明的，学习以炼金术方式阅读的过程就像学习一门语言，是一项终身追求。

154

见证炼金术

全靠手抄本幸存这种偶发事件，我们才知道杜韦斯与罗伯特·格林的关系。迄今为止这两人在书目学上是不相关的存在，他们各自是知名书籍收藏家兼一篇炼金术论述的作者，但本质上与其他践行者没有联系。尽管他们共享书籍和兴趣，包括都尊敬雷蒙德，但这不表明他们用同样的方式接触他们的材料。当我们转向格林的论述时，我们会看到，即使在关注大体上同属一批文本资源的单一炼金术圈子里，方法和优先性也会大异其趣。

若说贾尔斯大师对炼金术的哲学难题聚精会神，那么他的伙伴罗伯特·格林对炼金术生产细节的关注度至少不相上下。格林的作品透露出他对实践和经验的重视远高于杜韦斯，具体而言，他重视的是自己成功重现更早的权威们描述的非凡效果。《罗伯特·格林先生的作品》比《自然与一位哲学之子间的对话》更短，写以英语，表达格林自己的意见。此著 1538 年完稿，声称要总结格林花 40 年研习炼金术文本的成果，寻求从它们描述的难懂程序中费力获取实践成果。

例如，正是格林对重构的强调令他的阅读路径有别于杜韦斯对解决文本难题的兴趣。他与杜韦斯一样，频频引用雷蒙德，但是他这么做的目标、他的语言和强调都属于另一个世界，较少图书馆的气息，更多实践派炼金术士工作坊的气息。尽管格林会顺便抛出学说要点，但他没有埋头阐述它们，也没有呼召自然担当中间人。他承认炼金术阅读的技能对理解“最尊贵的哲学家们神秘的书写”是必要的，但他通常将文本段落同他自己的实际发现联系起来。[57]于是，他承认他不能把握从金、银和水银中提取的易挥发物质的性质，“直到我研习过雷蒙德·柳利的《遗嘱》的第二章。因为我在我阅读过的所有作者中从来没找到这么明白宣示准备工作的”。[58]

他继续阐述他的意思。哲学家们谈及“煅烧”，但只有经验才教给格林他们为了什么而煅烧——为了获得黄金和水银的混合物，“它着实比在其他情况下急剧增加了潮湿度”，因为他本人“看过并用各种方式做过”。[59]他知道雷蒙德的刺鼻溶媒包含了“石头的秘密与生命”，因为他曾在自己的实践中看到并证实之，它一开始腐蚀时闻着像黄铜，但逐渐改变，从一种气味变成另一种，直到变成甜的气息，“我通过制作时的经验真的证实了这一点”。[60]他就该物质变化时的颜色、它的气味、它的触感乃至它在玻璃中“嘶喊”时的声音提供了信息。格林在记录这些观察时讲述了自己的灾祸，也讲述了自己的凯旋。他描述了处理一种易挥发金属灰从一只密封不严的烧瓶中逃逸的经历，也描述了他在制作另一种能保持极度潮湿性的宝石红金属灰时的满足感，“在上帝的庇护下，我对这种金属灰全心信任并充满信心”。[61]无论讲述成功或失败，格林都用他那证明了自己实证化的感官知识的观察报告来润色他的《罗伯特·格林先生的作品》。

事实上，格林提供了一系列他在自己的实验实践中获得的意义重大的产品、观察和效果，而它们在缺乏活人见证的情况下构成了对他实践技能的一份记录。他对《遗嘱》一个段落的赞同表明这种证据对他关系重大。在此段落中，“遗嘱教师”描述了他在几位地位高的目击者在场时实施出的效果：

> 在我某几位同伴在场时，我在实践中将普通水银限制在它的溶媒里。另一次，在我的同伴之一（我和他是来自那不勒斯的两个联盟的一个连队的战友①）以及罗德的约翰（John of Rhodes）和贝尔纳·德·拉布雷（Bernard de la

① 这句话按照现在语法标准表述得很不清晰，大致是这个意思。这里的同盟应该与14世纪那不勒斯和西西里之间的战争有关，当时那不勒斯是安茹王朝领地，西西里是阿拉贡王国领地。无法获知更准确信息，毕竟也不清楚这位“遗嘱教师”的真实身份。——译者注

156 Brett)及其他人在场时,我们让水银被它的溶媒凝结;尽管这是在他们面前公开进行的,他们亲眼所见,亲手触摸,但他们依旧不知道它为何会这样,或如何发生,除了只以一种粗浅的方式略知一二。[62]

读者们注意到了雷蒙德的实验在目击者面前展开这一事实。在牛津大学基督圣体学院图书馆手稿244中的格林本人的抄本上,罗德的约翰和贝尔纳·德·拉布雷的名字被以一种精致的笔迹补写在此段落旁的页缘。[63]格林在他的《罗伯特·格林先生的作品》中以赞同的方式引了这一段:雷蒙德"对所有朋友公开证明,他和其他人曾经做过也证实了这些艺术"。[64]该段落不仅支持雷蒙德的诚实,也以一种迂回的方式支持他的读者格林的诚实,格林声称在实践中对雷蒙德的实验亦步亦趋。格林在《罗伯特·格林先生的作品》中承认,对于他宣称已经复制过的奇妙效果,除了上帝,他无法召唤其他目击者,因此对他的读者力证他的正直:"我向你保证也向你证明,我已经亲眼见过我前面宣称的东西。"当描述他的红色金属灰时,他甚至想象它在观察者眼中的类似效果,"无论什么人看过这种据闻的金属灰都会裁断说,它就是睿智哲学家们的真正金属灰"。[65]

尽管格林非常重视提供证据和引述证词,但《罗伯特·格林先生的作品》没能说服16世纪有他这种专长的读者。虽说此书后来被近代早期英格兰两位最重要的炼金术抄写员克里斯托弗·泰勒和托马斯·罗伯森誊写过,但格林的辩解书没能以手抄本形式广泛流通,印刷出版也相对靠后,而且还是以匿名删节的形式。[66]就此而言,他被社会地位低于他的贾尔斯·杜韦斯超过了。《自然与一位哲学之子间 157 的对话》署着"吉迪乌斯·德·瓦蒂斯"这个名字出版,比之《罗伯特·格林先生的作品》,具有内容更复杂、征引更广博、风格更优雅的特点。这个拉丁文本也因为在相对早的时间被译为英语而受益,这使拉丁文受众和本地语言受众都可理解它。[67]最重要的是,它以一种被赞同的模式把杜韦斯呈现为一位哲学作者。杜韦斯没有描述自己各种实践的特定组合,而是用普遍术语把这门科学表现为旨在产出伟大仙丹的一项单一实践,在此进程中既证明了他对炼金术阅读的掌握,也证明了他解决哲学难题的能力。

两位作者的差异通过他们如何处理失败而得以明示。格林为他的烧瓶选择了糟糕的封泥,导致水银逃逸并落入他的火炉的炉灰里,他在从炉灰里耐心刮出珍贵的水银液滴(但它们绝不会跟别的东西掺和起来,也不再会结合在一起)并重新做实验(这回用了新的成分配比)之前就承认自己犯了错。[68]当杜韦斯没能选定正确比例时,他的化身自然对此仅仅含糊其辞。他的策略性躲避维持了一位忸怩作态的哲学家的幻想，而格林公开告知他已经获得许诺中的效果，但总体上却失败了，这个结局对一位后来的编校者而言证明了太多东西，他把《罗伯特·格林先生的作品》调整成一种更令人愉快的格式，变成匿名作品《光明的实践》（*Practice of Lights*），由威廉·库珀（William Cooper）1683年出版。[69]格林到头来是一位说服力不及杜韦斯的炼金哲学家，格林对反复测试的报告更接近我们现在会预期为一种实验程序的东西，而杜韦斯绝不允许实验室的恶臭打断他与自然的恳谈。

小修道院院长的故事

当杜韦斯在王室图书馆仔细阅读柳利手稿时，另一位炼金术士（这次来自宗教修会）正在一所奥古斯丁派小修道院徒劳地从他的书籍里寻求洞见，该修道院位于（里士满）东北约50英里处。托马斯·埃利斯先生是埃塞克斯的切尔姆斯福德附近 158 小莱斯的末任小修道院院长。他跟杜韦斯一样，收集炼金术手抄本，也把炼金术视为一种合作努力。他也寻求将他关于炼金术的理论知识质变为实践技能，最初是通过阅读，后来通过付费购买专门知识，而这最终是一项不幸的事业，标志着英格兰隐修院炼金术最后一例有文件记载的案子，当时隐修院解散迫在眉睫。

埃利斯固然有精神使命感，但他似乎对物质产出也很关心，尤其是为了个人利益制造黄金和白银。关于他职业生涯的最早记录显示他曾在事业晋升上野心勃勃，谈不上他在获得职位方面总是光明正大。当他还是一位普通修会成员时，他就试图通过控诉埃塞克斯的一家克吕尼会小修道院普利特威尔（Prittlewell）的院长来赢得一份收入。埃利斯说服这位小修道院院长为一份提名他为圣俸下一任领取者的文件背书，但他狡猾地把日期提前了三年，使他与另两个此前已经被允许授予圣俸的人（他宣称是代表这两人行事）相比有了优先权。[70]当这个图谋被挫败后，埃利斯加入奥古斯丁派修会，最初在小邓莫的修院当律修会修士。[71]1527年，他获选担任小莱斯小修道院院长。[72]

这位小修道院院长后来声称，他对炼金术的投入不始于实验室，而始于图书室，他的兴趣被“阅读我的书籍”激发。[73]然而埃利斯并非偶然邂逅所有这些书籍。如我们在上一章所见，他有一份手抄本存世，它肯定源自修院以外，且里面塞满了英语文本，包括里普利《炼金术合成》的已知最早副本之一。它是由一位匿名通信人寄给埃利斯的，这位通信人在内文的一张空白页面上题写了一封信，分享了他关于如何阐释里普利作品的意见。[74]

不过对托马斯先生而言,依据“意见”来详细说明文本权威显然不够。他因为159缺少把书本知识投入实践所需的必要专长,就开始在他的小修道院以外寻找一个老师。这些努力最终把他带回星室法庭(Court of Star Chamber),诉讼过程尽管令这位小修道院院长难堪,但提供了一份关于他炼金术生涯的无比详细的概述。一系列档案记载中的一致性不仅保存了这位小修道院院长和他的助手的书面证词,还保存了他的老师托马斯·彼得写的论述,以及他的匿名通信人“意见持有人”写的论述。这些资料加在一起,把埃利斯表现为一位在一个多样化且此前不为人知的炼金术士圈子里的演员,他的活动例证了隐修院行将解散前夕由世俗实践和修会实践构成的混合经济。

身为16世纪20年代后期一所修道院的领袖,埃利斯的首要难题是找到一位炼金术士老师。鉴于增殖的非法性及其与伪造的密切关系,践行者们似乎不再广泛宣传他们的专长,尽管他们可能已经直接接触了潜在的赞助人。不管怎样,继在朗伯德街(Lombard Street)与一位名叫克劳索恩(Crawthorne)的金匠谈话之后,正是谨慎的口碑宣传把托马斯·埃利斯引向他的老师。这些人可能在从事日常小修道院业务的过程中早就开展交易,而朗伯德街作为伦敦的金制品制作区,从任何方面来说都是一位崭露头角的行家的出色起点。在伦敦所有的工匠当中,金匠是最有可能与炼金术士产生交集的一类,因为他们既是以炼金术方式制造的金属的成色的分析员,也是潜在买家。截至14世纪后期,这种关联已经广为人知,因为金匠行会表达了对其会员复制金银之能力的担忧,且更晚之时托马斯·诺顿还为金匠们拜倒于炼金术的诱惑加以开释,“因为仔细观看他们的工艺,驱使他们去相信”。[75]

不清楚克劳索恩本人是否实践炼金术,但他认得一个这么做的人,是一位名叫乔治先生的神父,他“在这种事情上巧妙机灵”。[76]克劳索恩同意将埃利斯引荐给乔治先生,这位神父则转而将埃利斯引荐给本案中的炼金术士托马斯·彼得大师。彼得与克劳索恩一样,出身于手工艺背景而非神职背景,用埃利斯的话说,他是一位“伦敦布匠,据说他与英格兰任何人一样掌握炼金术科学”。[77]如我们将要看到160的,他似乎也有一些关于金饰制作技艺的知识,可能是因为他与克劳索恩熟识而获得。无论彼得的技能来源何处,埃利斯必定都高度敬重它,因为他同意支付一笔高达20英镑的费用回报彼得的指导,先付22诺贝尔(noble)①首付款,并许诺还有20

① noble是英格兰1351年开始颁发的一种金币。——译者注

马克“将在[工作]完成后支付，以我手写的账单为凭”。[78]

回到莱斯小修道院，埃利斯在彼得的督导下建立了实验室。这位炼金术士为他供应起点物质，包括一种水银制成的混合物和一盎司银屑。除了亲力亲为，这位小修道院院长也征用一位年轻律修会修士埃德蒙·弗里克(Edmund Freake，约1516—1591年)的劳役，弗里克后来回忆，他的工作是让他的炉子“昼夜”保持燃烧。[79]但最终，埃利斯幻想破灭并决心终止交易。如他后来坦承的：“在某段时间里，我认识到它只不过是种虚假工艺[且]我不想再付给他更多钱。”[80]他打破容器找回银子，把这银子和其他完好无损的容器一起卖掉。

三四年过去了，埃利斯或许相信自己已经从对炼金术的徒劳投入中成功解脱了。当他从一位伦敦律师休·奥德卡斯特(Hugh Oldcastle)那里收到一张传票时，这种状态被生生打断。传票上控诉埃利斯有总计20马克的未付款项。有鉴于涉及增殖问题时的法律状况，这对彼得而言似乎是个鲁莽举动，而且此举暗示，至少他认为他们的约定是一场服从正常资金回收条例的商业交易。也许彼得深知埃利斯，因此猜测这位小修道院院长不希望自己的财务交易被他的弟兄们注意到。埃利斯刚收到奥德卡斯特的信，一位理查德·林赛尔大师(Master Richard Lynsell)就来接近他，警告他扣留钱款对他而言是违法的，并劝告他解决债务。埃利斯让林赛尔借给他20马克，对方同意了，回报是麦青(Matching)的神父住所的租约，该住所位于小修道院的赠地范围内。

林赛尔的出现似乎并非偶然。后来，埃利斯报告称，林赛尔从“我上面写到过的人那里”知道了债务，也就是从炼金术士们那里知道的。林赛尔和他的亲信托马斯·韦斯曼(Thomas Wysman)对埃利斯施压，寄给他“若干封信”，并用“狠话”威胁他。[81]令埃利斯的处境更形复杂的是，麦青神父住所已经提供给另一位租客斯普兰格(Sprenger)，因此，这位小修道院院长假如不履行协议就有招致失信诉讼的风险。租约也比林赛尔提供的20马克更有价值，于是这位小修道院院长面对损失无计可施。然而若说威胁中的起诉不足以造成毁灭，那么徘徊在背后的却是犯罪指控的幽灵。埃利斯崩溃了。用他自己的话说，“我无法忍受法律的审判”。[82]他签字转让神父住所，林赛尔给炼金术士们付清欠款，显示有罪的账单被返还。

161

很快，埃利斯就对他的修院弟兄们坦承了他的行为。这事情显然是在莱斯解散之后才引起当局注意的，尽管不清楚这案子的起因是涉及斯普兰格对神父住所之所有权的民事诉讼——关系到增殖的法律指控，或最可能是因为王室委员会在1535—1536年的巡查期间发起的调查。[83]迄今为止，所有细节都来自埃利斯和弗里克递交星室法庭的未署日期的书面证词，这时执掌该法庭的是亨利的私玺大臣（Lord Privy Seal）①托马斯·克伦威尔（Thomas Cromwell）。

弗里克的证词比较有价值，因为在英格兰炼金术实践的案件中，出自多名目击者的报告非常罕见。弗里克自己的叙述称，当小修道院院长给他指派劳役时，他才12岁，尽管未来他将出人头地，担任伊丽莎白一世的专职牧师②并在伊丽莎白当政期连任三届主教。[84]不管怎样，在写书面证词的时候，弗里克是沃尔瑟姆（Waltham）小修道院的一位律修会修士，于莱斯解散之后搬来此处。他的搬迁让我们能够确定这场法庭诉讼发生在1538年到1540年之间，1540年是沃尔瑟姆最终解散的时间，而沃尔瑟姆当时是英格兰所保留的最后的大修道院。③因此该案件的时间与克伦威尔针对隐修院迷信实践发起的战役同期，暗示这场听证会的目标与其说是指控莱斯小修道院院长本人，不如说是让莱斯的管理层丢脸。

对埃利斯而言，弗里克必定是个让人尴尬的目击者，因为这个年轻人的报告并不总是与他主人的报告一致，详细述说了比前小修道院院长证词所说的更长的时间跨度和更复杂的系列实践。例如，埃利斯报告称他有十周的时间遵循彼得的指点，这期间该炼金术士来拜访过他两次。[85]然而年轻的埃德蒙回忆生火的事说，“根据我的记忆有八个月或更久时间”，这期间拜访埃利斯的不仅有彼得，还有一位神父，据推测就是神秘的乔治先生。[86]埃利斯的缩略版本可能反映出他对自证其罪的担忧，而他遭受的提问肯定证明这种焦虑并非多余，这些问题力图确定他是否曾大逆不道地铸造钱币。埃利斯愤怒地反驳道：“我从未铸币，也从没想过这么干，上帝也绝不乐意这样。”[87]

162

从重构埃利斯实践的角度出发，弗里克的书面证词就此为小修道院院长的简洁报告提供了一份重要陪衬。例如，当讯问他在工作中使用的贵金属的角色时，埃利斯承认他把“彼得组合起来的”含银混合物密封在一只玻璃器里，放在一个水浴槽中以“让它保持温度”。根据这一描述，埃利斯除了将彼得准备好的混合物变热就没干什

① 在国王私玺的使用废除之前，掌私玺的大臣和掌国玺的大臣是两个职位，国玺大臣（chancellor / lord chancellor）的职位前文已经出现过。——译者注

② 伊丽莎白一世本人是新教徒，但她的时代英格兰多数人仍自认天主教徒，所以她的措施是折中调和，不会过于强调两者的区分。不过从亨利八世到伊丽莎白一世都在强化英国国教会的独立地位，有鉴于此，尽管弗里克是天主教会的修士出身，但此处不再称他为“神父”，而改称“牧师”。以下涉及1534年以后国教会司祭/牧者的称呼也都称为“牧师”，以示时代变迁带来的改变，但仍属于天主教会的不改。——译者注

③ 沃尔瑟姆最初是一间奥古斯丁派律修会的小修道院，后来扩展为大修道院，这里先后提到小修道院和大修道院，大约小修道院是指大修道院里仍保留的律修会核心场所。——译者注

么。但弗里克在他的证词中扩展评论说，埃利斯有时把多达三或四只玻璃器同时放在火炉上，容器里盛有不明金属，“那是什么金属，我对之一无所知”。不过在让它受热之前，这位小修道院院长用他的手给这种含有水银的未知金属回火：

> 我确实看到他把玻璃放在火里。而且当它们变得非常非常热之后，他用一副钳子把它们的嘴一起钳住，上述这种金属在他手里先行回火过，被放入这些玻璃里，它的一部分是水银，剩余部分是像锡或白铅的薄片。[88]

弗里克的证词描述的是一种与一个世纪前于哈特菲尔德小修道院开展的炼金术实践类型大不相同的实践，前者涉及包括矾类和盐类的一系列成分。为回避这种多样性，这位小修道院院长转而以一种与水银主义炼金术更加兼容的方式准备了一种不完善实体（看似是锡-汞混合物），我们在阿纳德、雷蒙德和里普利的作品中早已遇到过水银主义炼金术。如我们要看到的，有充分证据表明，此种实践是托马斯·彼得直接从托名柳利资源发展而来，16 世纪 30 年代时，托名柳利资源正在伦敦的宫廷圈子和商人圈子里流行。 163

虽然这位小修道院院长与炼金术的遭遇最终只给他带来麻烦，但他似乎从中缓过来且生活未受影响。埃利斯是小莱斯的末任院长。1534 年 7 月 6 日，亦即该小修道院解散的两年前，他对亨利八世发下至高权力誓言（Oath of Supremacy）。①他领了退休金，并于 1538 年最终进入世俗神职界，成为布莱克莫尔（Blackmore）的代牧，这是一个距离他从前的修院约 15 英里的堂区。[89]此局面似乎未受克伦威尔调查的影响，且后来在玛丽当政期，埃利斯实际上还运势上涨。他于 1557 年成为诺里奇大教堂（Norwich Cathedral）的一名咏礼司铎，而且在伊丽莎白时代第二次表示赞同王室至高权力后仍继续担任此职，这几乎是玛丽时代被任命的人员当中独一无二之事。[90]他的前实验室助手弗里克做得更好，1575 年来到诺里奇担任主教。只是在没有一种炼金术仙丹的情况下，这位上了年纪的小修道院院长似乎不可能活着看到曾经给他生炉子的小男孩荣升为他的教会上级。

彼得大师的故事

如埃利斯这般从事炼金术的修道士的工作条件随着隐修院解散而发生急剧变

---

① 亨利八世于 1534 年开始要求，任何人如在英格兰担任公共职务或教会职务，必须宣誓把英格兰君主当作最高教会领袖来效忠，不发此誓会被视为叛国。——译者注

化，但对平信徒和世俗神职人员而言，转变就不甚剧烈。最严重的结果之一是丧失了一个重要的赞助来源，同样还有潜在实践场所，而隐修院曾经对莫顿和彼得这种世俗践行者都提供此种实践场所。不过修院领袖并非平信徒践行者唯一的投资来源，他们也在其他地点为自己的工作设立营业场所。亨利八世和他的枢密院①成员对炼金术进程的潜能表现出兴趣，而像托马斯·彼得这种炼金术士在为这些显赫的潜在赞助人提供服务方面不会玩忽职守。修道士和平信徒本质上研习同样的书籍并寻求掌握同样的实践技巧，包括那些在托名柳利文本中被奉若神明的技巧。164 如彼得的例子所阐明的，截至16世纪30年代，基于渊博拉丁文资源的知识倾向于从手工艺作坊回流到修道院。

截至目前，布匠彼得依旧是小修道院院长故事背景中的一个模糊身影。显然他在16世纪20年代晚期已经获得作为炼金术士的声望，但托马斯·埃利斯的书面证词除了呈现他们不幸的伙伴关系之外，未提供彼得的炼金术活动线索。幸运的是，彼得似乎自己写了一篇论述，保存在剑桥大学三一学院图书馆的一个珍贵抄本中。这位神出鬼没的炼金术士于此记录了他对炼金术理论和实践的观点，让我们能理解曾经一下子就说服埃利斯雇用他的那种声望，同时也暗示出他给自己设立的目标可能远远高于赢得一个乡村小修道院院长的赞助。

这篇被忽视的也没正式标题的文本是一篇英语论述，论质变术，分为八章，现在是剑桥大学三一学院图书馆手稿O. 4. 39的一部分。该手抄本由一只16世纪前半叶的手书写，尽管有一位后来的所有者于1571年附加一页新扉页，把这作品胡乱归给雷蒙德·柳利。无论如何，柳利不是扉页后面这篇论述的作者，却是它的权威，正如书籍末页上原始笔迹写的一句话所示："整个实践就此结束，该实践以直白的方式陈述，没用整套科学的难懂词语，赞美上帝，以及最尊贵的国王亨利八世，由我托马斯·彼得撰写。"[91]

虽然彼得不是个罕见的名字，但该论述的实践内容让人忍不住想起埃德蒙·弗里克对工作中的埃利斯的描述，显得作者很可能就是埃利斯的老师和死对头。例如，"彼得"开篇描述水银的升华。对每一磅这种升华的水银，人们都应该取1磅锡和1磅"粗"水银，然后"像金匠做的那样"把这些材料混合起来，这说的是把热水银加入溶解的锡中，一俟混合物冷却，就用手指摩擦它，"在一个铁研钵中磨细，感觉你手指间不再有疙瘩，那就搅拌良好"。[92]然后把经过搅拌的混合物放在一只容

① 此处仅写council，未写privy council，但从第五章来看，这个委员会就是指枢密院。——译者注

器里慢火加热。我们从弗里克的报告中得知，埃利斯也在手上对“像锡”的薄片构成的一种混合物回火，然后才将之装入玻璃器。假如这篇《彼得之作》（*Work of Petre*）的确由埃利斯的老师撰写，那看起来彼得教给小修道院院长的技巧正是他在给亨利八世的撰述中写下的技巧，虽然因为这篇论述未署日期，我们无法得知《彼得之作》是在莱斯的事业之前还是之后创作。 165

《彼得之作》的存世让我们拓展了弗里克的证词，并探查了彼得本人的炼金术路径。例如，《彼得之作》一个让人印象深刻的特征是它没有哲学式的故弄玄虚。相反，彼得信守清晰陈述他的实践且“没用难懂词语”的诺言，用更接近配方集而非哲学论述的干脆利索的实践语言描述他的程序。也有线索提示他不仅仅通过阅读获取知识，还通过工艺实践。彼得反复将自己的程序同金匠的技艺比较，比如当描述硝酸的制作时，他使用一只专门设计供汲取强力水的长颈容器，“像金匠做的那样”，或者当制备酵引时，“像金匠镀金板时做的那样”将水银与金、银混合。[93]

与此同时，书本学习是真正行家的一个必要属性，彼得也小心地承认了一众合适的权威。对一位受到神圣启示的“园丁”所透露之钥匙的指涉暗示他研习过霍图拉努斯的《一座小玫瑰园》（*Rosarium parvum*），他还把书中三个关键代号亦即三个一组的“药草”鉴定为水银、硫酸盐和硝酸盐。[94]但他的主要资源是雷蒙德。他的流程始于直接翻译自《遗嘱》实践字母表的一章，具体而言，翻译的就是托名柳利的升汞流程，包括字母B（水银）、C（硝酸盐）、D（硫酸盐）、E（溶媒水）的意义。这篇论述夹杂着托名柳利的术语，由此一来，锡混合物的目标是产出一种红油，彼得告诉我们这红油是“水银的内在实体”，是“刺鼻水”和一种“珍贵的精质”。该配方后面就是一份看似用于支持该流程的《遗嘱》的章节目录。

此举的结果就是与一种工艺实践相关联的传统拉丁文权威与知识的奇异混合物。彼得对雷蒙德和霍图拉努斯敷衍了事的点头致意同我们在里普利的拉丁文《炼金术精髓》中早已遇到过的圆滑注解大相径庭。与此同时，有些时候彼得也反思构成其实践基础的炼金术流程。他评论说，水银包含一个“优点”，而且“当他带着他的优点被升华时，他把其他水银凝结成高级药物”，这个评论尽管简洁，但可以解释他为何决定混合升华过的水银与天然水银。在一个最终呈现水银主义光景的依赖金属属性多过盐类属性的加工方法中，硫酸与盐似乎只不过是工具。 166

彼得那提取自水银实体和一种不完善实体的内在水银听起来实际上非常像雷蒙德的自然火，即一种含金属的溶剂，“你用它能溶解你乐意的所有实体”，包括金和银。这个流程结束于彼得用这种水银从贵金属中提取精质，此流程与里普利《炼金术精髓》中描述的流程几乎一模一样。主要差别在于，里普利似乎提倡用铜和铅作为基础金属，而彼得偏爱锡，除非就像炼金术作品中常常见到的那样，他只是把"锡"当作一个代号使用。

多亏埃利斯和弗里克的书面证词，彼得的论述让我们不仅理解了一位独处一隅的炼金术士的活动，还理解了由共享炼金术兴趣的践行者组成的一整张网络。就其他方面而言，他们是个驳杂的群体，至少由一位高级神职人员、一位神父、一位布匠和一位金匠构成。我们在这些人之外甚至还能加进一位专业律师，假如彼得的律师休·奥德卡斯特就是后来威廉·布洛姆菲尔德的炼金术诗歌《百花》（*Blossoms*）中作为骗子炼金术士出场的那同一个人。[95]

《彼得之作》也为我们的叙述引进一位新人物——推测中的彼得论述收受人亨利八世。这位国王的出场让我们想起赞助在英格兰炼金术实践的已证实例子中发挥的重要性——从献给英格兰君王的宫廷诗歌到埃塞克斯隐修院的小修道院院长们同平信徒之间达成的协议。它也显示，多样性不局限于炼金术作品的内容，还体现在其形式上。里普利和诺顿为了启迪国王，可能也为了教育国王而精心雕琢诗句，尽管实际上他们可能也把同一作品的副本展示给多位受众。[96]无论如何，他们的诗歌同《彼得之作》天差地别。里普利《炼金术合成》中精雕细琢的特征，外加作为献词的诗句、关于骗子炼金术士滑稽古怪举动的讽刺性篇章，以及对于有十二道大门的城堡的富有想象力的幻想，可能都是为了把译为英语的模糊不清的炼金哲学家的学说演绎得对王室更有吸引力而做的设计。

167

托马斯·彼得在其务实性的《彼得之作》中免去了这类装饰。他对推测中的王室受众的唯一让步就是在符合君王气度的规模上展现其计划的规模和抱负："假如你有一项为君王做的值钱工作，把所有不完善金属质变成黄金和白银，那么你就算有 100 磅重[的升华水银]，那也谈不上足够。"[97]彼得写这篇论述时可能伴随着一份申请执业许可证的请愿书，这个语境或许令他觉得实践内容比辞藻华丽更有价值。

不过没有任何迹象表明《彼得之作》曾被送给亨利，遑论曾被他读过。我们有更可靠的理由声称，截至 16 世纪 30 年代晚期，亨利八世对于把炼金术作为金银块的来源没什么需要。他的财富在于一种更加有利可图的解散活动——镇压修道院，尽管这对炼金术士们是帮助更少的活动，因为修道院从前为他们的实践提供庇护和资金。

混合经济的终结

关于本章讨论的践行者，可能除了彼得之外，再无他人于解散之后依旧牵涉在炼金术中。托马里·埃利斯无疑是个更悲伤也更明智的人，甚至在自己的修院被镇压之前就放弃了实践。贾尔斯·杜韦斯没有活着看到英格兰隐修院制度的终结。当他1535年4月12日去世时，他把自己的两份托名柳利手抄本以及剑桥大学三一学院图书馆手稿O. 8. 24，可能还有它的姐妹手稿O. 8. 25都留交罗伯特·格林所有。但格林对炼金术一度有过的热切兴趣早就在减弱。他从1528年起把大量拉丁文炼金术论述抄写成一系列对开页书册，但他最后署有日期的誊录本制作于1534年7月2日。此时杜韦斯的健康状况可能早已恶化。1534年3月11日，威廉·蒂尔德思礼(William Tyldysley)获授专利证书，接替杜韦斯担任里士满王室图书馆管理员。12月20日，杜韦斯立下遗嘱。[98]

虽然格林在失去他的长期合作伙伴几年之后才决定放弃炼金术，但他曾因资金短缺而更直接地怨怼过炼金术。他于1538年撰写了《罗伯特·格林先生的作品》 168 当作其职业生涯的辩解书。他解释说，自己曾经“辛勤花费四十多年在这门理论上”。彼时，他曾养出一棵水银树，并制作了一种多彩的金属灰，“通过这个，我做到也证明了我从未见到有人能向我如此多地展示的东西”。他依然相信炼金术科学是真实的，“肯定毋庸置疑，也不是传说”，但是他不再有意愿或财富继续从事：

> 因此我不再谈论我在这门艺术中的业务，从此也不再从事这项艺术。我不再费力是因为缺少并需要尘世财物，因为向往这个有悖常理并虚假的世界。现在通过这篇小论述，我在上帝的名义之下做个了断，在我71岁的古稀之年，时值1538年，我们至高的君王亨利八世在位第30年。[99]

格林手写的手稿在此时间之后的只有一部存世，即一部日期署为1544年的医学论述及配方纲要，几乎不包含关于他早前炼金术兴趣的线索。只有快到结尾时有几条参考悄悄溜进来，有一份是关于一种合成水的配方，还有一种“雷蒙德的奇迹般的水”。[100]格林继续收集和仔细研究医学配方，但他的炼金术生涯现在被抛诸脑后。

1538年标志着英格兰炼金术史上一个最重要的时刻，不仅因为格林在这一年放弃了自己的实践，还因为这一年是隐修院大解散的开端。不过像杜韦斯和格林这些人的活动显示，保存炼金术书籍远在人们预期修道院会被镇压之前就已开始，甚至在亨利八世登基之前就已开始。中世纪手抄本早就被隐修院场景之外的读者所珍视，这构成该世纪后半叶更多抄本快速传播的基础。伊丽莎白时代炼金术的繁荣不仅因为于解散时分自前修道院挽救出的材料而得到滋养，也因为一种早已渗透世俗空间的混合经济的书本输出而得到滋养。因此，不存在炼金术书籍从隐修院到私人之手的大规模“知识转移”（*translatio studii*）①，尽管隐修院的大批书籍无疑终了于私人图书室，这部分是通过诸如约翰·迪伊这类藏书家的热心努力，他们致力于在隐修院藏书散佚的过程中尽可能多地抢救书籍。不过，格林的几部书籍也落入迪伊之手，包括两部重要的柳利纲要——牛津大学基督圣体学院图书馆手稿 244 和拜内克图书馆梅隆手稿 12——以及波伊提乌的《论音乐》。[101] 到头来，英格兰炼金术的混合经济最终是在诸如迪伊这种学者型藏书家的书架上安家落户，而非在某间隐修院的工作室，托马斯·埃利斯与其同侪们的书籍现在与商人、工匠和图书管理员的世俗产品并排放置。

169

【注释】

[1] Aegidius de Vadis, *Dialogus inter Naturam et Filium Philosophiae*, *Accedunt Abditarum rerum Chemicarum Tractatus Varii scitu dignissimi ut versa pagina indicabit*, ed. Bernard G. Penot (Frankfort, 1595), in Lazarus Zetzner, *Theatrum chemicum* (1602), 2:95—123, on 97.

[2] Elias Ashmole ed., *Theatrum Chemicum Britannicum*, sig. A2v.

[3] 其中大约 12 000 人是修士或修女，见 David Knowles and R. Neville Hadcock, *Medieval Religious Houses: England and Wales* (London: Longman, 1971), 494; Martin Heale, *The Abbots and Priors of Late Medieval and Reformation England* (New York: Oxford University Press, 2016), chap. 9; Geoffrey Baskerville, *English Monks and the Suppression of the Monasteries* (London: Jonathan Cape, 1937), chaps. 9—10。

[4] National Archives KB 27/629，讨论见上文第 61—62 页。莫顿似乎也把哈特菲尔德派弗勒尔(Hatfield Peverel)当作寻找更多赞助机会的一个基地。

[5] 伊顿见下文第六章。

① *translatio studii* 是中世纪产生的一个历史编纂学概念。历史被视为一个线性序列，此序列中，知识随着时间从一个地理空间向另一个地理空间转移，转移的方向通常是一路向西，新知识中心的兴起必然伴随旧知识中心的衰落，新的中心也因为传入的知识而从黑暗走向光明。此处认为不存在从隐修院到世俗世界的“知识转移”，意指隐修院世界与世俗世界本来就不是相互隔离的两个世界，它们的渗透交往由来已久，因此隐修院的解散没有造成真正意义上的知识断裂。——译者注

［6］Gordon Kipling，“Duwes［Dewes］，Giles［pseud. Aegidius de Vadis］（d. 1535）”，*Oxford Dictionary of National Biography*.基普林（Kipling）暗示他可能出生于诺曼底（Normandy）的威斯城［Wez，现在的勒韦（Le Vay）］，但是瓦尔纳（Warner）和吉尔森（Gilson）提出他来自勃艮第公国的里尔（Lille），这样他就是个弗兰芒人，George F. Warner and Julius P. Gilson，*Catalogue of Western Manuscripts in the Old Royal and King's Collections*（London：Trustees of the British Museum，1921），1：xiii。

［7］Gordon Kipling，“Duwes，Giles”.

［8］Giles Duwes，“An introductorie for to lerne to rede，to pronounce and to speke French trewly”，*L'éclaircissement de la langue française... la grammaire de Gilles Du Guez*，ed. F. Génin（Paris：Imprimerie nationale，1852）. Kathleen Lambley，*The Teaching and Cultivation of the French Language in England during Tudor and Stuart Times*（Manchester：Manchester University Press，1920）.

［9］一份1535年即杜韦斯去世那年编定的存货清单中包含许多勃艮第制作的书籍，它们可能是爱德华四世的财产。亨利七世似乎也偏爱法语作品，从巴黎安托瓦内·维拉尔（Antoine Vérard）的印刷店订购了约20册书籍。这份清单的复制品见H. Omont，“Les manuscrits français des rois d'Angleterre au château de Richmond”，in *Études romanes dédiés à Gaston Paris*（Paris：É. Bouillon，1891），1—13。也见Janet Backhouse，“The Royal Library from Edward IV to Henry VII”，in *The Cambridge History of the Book in Britain*，vol. 3：*1400—1557*，ed. Lotte Hellinga and J. B. Trapp（Cambridge：Cambridge University Press，1999），267—273；J. P. Carley，ed.，*The Libraries of King Henry VIII*（London：The British Library in association with The British Academy，2000）。杜韦斯的前任、自1492年起担任图书管理员的昆汀·普雷（Quentin Poulet）也是以法语为母语的人，他是来自里尔的弗兰芒神父和抄写员，见Warner and Gilson，*Catalogue of Western Manuscripts*，1：xiii，2：336；Richard Firth Green，*Poets and Princepleasers*，96—97。

［10］Aegidius de Vadis，*Dialogus inter Naturam et Filium Philosophiae*，重印于Lazarus Zetzner，*Theatrum chemicum*（见本章注释［1］）。皮诺见Eugène Oliver，“Bernard G［illes］Penot（Du Port），médecin et alchimiste”，ed. Didier Kahn，*Chrysopoeia* 5（1992—96）：571—667，on 649—650。

［11］Aegidius de Vadis，*Dialogus inter Naturam et Filium Philosophiae*，96.这篇对话录也以英译手抄本形式流通，例如British Library，MS Sloane 3580B（fols. 186v-202v）；Oxford，Bodleian Library，MS Ashmole 1487，pt 2（fols. 100r-106v）；Boston，Massachusetts Historical Society，Winthrop 20c（fols. 79r-89v）。

［12］提及埃吉迪乌斯·德·瓦蒂斯在编辑剑桥大学三一学院手抄本中的作用的，见M. R. James，*The Western Manuscripts in the Library of Trinity College Cambridge：A Descriptive Catalogue*（Cambridge：Cambridge University Press，1902），3：414；Rampling，“Alchemy of George Ripley”，chap. 5；Anke Timmermann，“Alchemy in Cambridge：An Annotated Catalogue of Alchemical Texts and Illustrations in Cambridge Repositories”，*Nuncius* 30（2015）：345—511，on 423—424。关于这些手抄本在一个更大的拉丁文说教诗歌传统中的地位，见Thomas Haye，*Das lateinische Lehrgedicht im Mittelalter：Analyse einer Gattung*（Leiden：Brill，1997），321—325。

［13］Oxford，Bodleian Library，MS Ashmole 1441，pt. 2，89—95，这是一部来自更早手抄本残篇的汇编的一部分，此汇编于17世纪被阿什莫尔装订在一起。

［14］例如London，British Library，MS Harley 3528，fol. 94r。

［15］关于格林，见Andrew G. Watson，“Robert Green of Welby，Alchemist and Count Palatine，c. 1467—c. 1540”，*Notes and Queries*，Sept. 1985，312—313；Jennifer M. Rampling，“English Alchemy before Newton：An Experimental History”，*Circumscribere* 18（2016）：1—11。

［16］这部英语小册子的各个副本见Oxford，Bodleian Library，MS Ashmole 1415，fols. 85r-96r（17世纪，伊莱亚斯·阿什莫尔手书）；MS Ashmole 1426，pt. 9，fols. 3r-17r（16世纪中期）；MS Ashmole 1442，pt. 3（17世纪）；MS Ashmole 1490，fols. 165r-66v［署1592年8月13日，西蒙·福尔曼（Simon Forman）手书］；MS Ashmole 1492，pt. 9，197—205（署1604年8月23日，克里斯托弗·泰

勒手书)。摘要本见 London, British Library, MS Sloane 1744, fols. 22v-23v and 58r-v(17 世纪早期,托马斯·罗伯森手书)。

[17] William Blomfild, "The Compendiary of the Noble Science of Alchemy Compiled by Mr Willm Blomefeild Philosopher & Bacheler of Phisick Admitted by King Henry the 8th of Most Famous Memory", ed. Robert M. Schuler, in "Three Renaissance Scientific Poems", *Studies in Philology* 75(1978):21—41,以下简称 *Blossoms*。下文第五、六章将讨论布洛姆菲尔德及其诗歌。

[18] Cambridge University Library, MS FF.4.12.格林显然是从各种资源中辑纂这份汇编。那些文本似乎抄自不列颠图书馆哈利手稿 3528,该手稿包含 *Breviloquium Holketti de Serpente* (fols. 333r-44r)和 *Expositiones Status Josephe* (fols. 344r-54v)。

[19] Du Wes, *Dialogue* (《自然与一位哲学之子间的对话》的英译本), in Winthrop 20c, fol. 89v。

[20] Aegidius de Vadis, *Dialogus inter Naturam et Filium Philosophiae*, 95.

[21] Ibid., 96.

[22] Cambridge, Trinity College Library, MS O.8.24, 书前飞页。

[23] 这个交织字母图案和 1532 年这个日期于页面底部再次出现,是格林的笔迹。同样的交织字母图案见于格林的几部手抄本,包括 Cambridge, Corpus Christi College Library 118 的书末飞页上。

[24] Cambridge, Trinity College Library, MS O.8.25, fol. 3v.这条注记跟着杜韦斯本人对该辑纂本第一篇文本——托名威兰诺瓦的阿纳德的《神秘的景象》(*Visio mystica*)——的一则评论。虽说这个手抄本不含明确的格林所有权标记,但看起来他可能是被致辞的那位罗伯特。

[25] London, British Library, MS Sloane 2413; Bodleian Library, MS Laud Misc. 708.

[26] Cambridge University Library, MSS FF.4.12, FF.4.13(1528—1529 年间抄写);Oxford, Bodleian Library, MS Ashmole 1467(1531—1534 年间抄写)。1544 年他抄写了一卷医学材料,见 Glasgow University Library, MS Hunter 403。

[27] Cambridge University Library FF.4.13, fol. 322v.

[28] Cambridge, Trinity College Library, MS O.8.24, fols. 5r-16r.

[29] Giovanni Matteo Ferrari da Grado [Gradi], *Consilia... cum tabula Consiliorum ecundum viam Avicenne ordinatorum utile repertorium* ([Venice]: [Mandato et impensis heredum Octaviani Scoti & sociorum, impressa per Georgium Arrivabenum], [1514]), fol. 103r.

[30] Johannes Petreius, *In hoc volumine de Alchemia continentur haec. Gebri Arabis* (Nuremberg: Johannes Petreius, 1541), 374—375; Carlos Gilly, "On the Genesis of L. Zetzner's *Theatrum Chemicum* in Strasbourg", in *Magia, alchimia, scienza dal '400 al '700: L'influsso di Ermete Trismegisto*, ed. Carlos Gilly and Cis van Heertum(Florence: Centro Di, 2002), 1:451—467, on 452; Didier Kahn, *Alchimie et Paracelsisme*, 100—102.关于佩特雷乌斯的科学出版物,见 Joseph C. Shipman, "Johannes Petreius, Nuremberg Publisher of Scientific Works 1524—1580, with a Short-Title List of His Imprints", in *Homage to a Bookman: Essays on Manuscripts, Books, and Printing Written for Hans P. Kraus on His 60th Birthday Oct. 12, 1967*, ed. H. Lehmann-Haupt (Berlin: Mann, 1967), 147—16。

[31] 对该抄本的详细描述,见 Michela Pereira, "Descrizione del Manoscritto Oxford, Corpus Christi College, 244", in *Il Testamentum alchemico attribuito a Raimondo Lullo*, ed. Michela Pereira and Barbara Spaggiari, 591—600; R. M. Thomson, *A Descriptive Catalogue of the Medieval Manuscripts of Corpus Christi College, Oxford* (Oxford: D. S. Brewer, 2011)。

[32] 格林的笔记见 Oxford, Corpus Christi College Library 244, fols. 4r, 37r。

[33] 描述见 Laurence C. Witten II and Richard Pachella comps., *Alchemy and the Occult: A Catalogue of Books and Manuscripts from the Collection of Paul and Mary Mellon Given to Yale University Library*, vol. 3, *Manuscripts: 1225—1671* (New Haven: Yale University Library, 1977), 79—93。

[34] 藏 New Haven, Beinecke Library, MS Mellon 12, 1443 年这个日期只适用于《遗嘱:实践》,从加泰罗尼亚语翻译过来的《遗嘱:理论》的日期署为 1446 年(fol. 87r)。不过,可能因为原件缺少一页,所

以杜韦斯增补了一页亲笔写的书籍末页，这引出了该书籍末页的内容不属于原始抄本而抄自另一个日期不同之范本的可能性。与牛津大学基督圣体学院图书馆手稿244号不同，梅隆手稿12的书籍末页省略了对译者姓名兰贝特（Lambert）或推测中的翻译地点圣巴塞洛缪小修道院（St. Bartholomew's priory）的指涉。

[35] 描述见 Paul Binksi and Stella Panayotova，*The Cambridge Illuminations*：*Ten Centuries of Book Production in the Medieval West*（London：Harvey Miller，2005），323—324（有日期信息）；Anke Timmermann，"Alchemy in Cambridge"，470—474。

[36] 在这些插补文本中，《巫师希拉尔德斯与一位特定精灵的对话》的后序流通最广泛，藏 Cambridge，Trinity College Library，MS R.14.56，fols. 22r-v（理查德·伊顿手书），MS O.8.5，fols. 132v-33v（出自约翰·迪伊的藏书）；还有一个已逸失副本，曾经属于托马斯·史密斯先生（Sir Thomas Smith），相关描述见《蒸馏室所见物品存货清单》（An Inventarie of suche thing*es* a[s] were in the Stilhowse），藏 Cambridge，Queens' College，MS 49，fol. 117v。因此所有这些都属于剑桥人，见下文第六章。

[37] Oxford，Corpus Christi College Library 118，书末飞页。关于邓斯特布尔的所有权以及格林擦除他的名字，见 Rodney M. Thomson，"John Dunstable and His Books"，*Musical Times* 150(2009)：3—16。

[38] 拜内克图书馆梅隆手稿12确实包含了一例日期较晚的，1522年，杜韦斯手书，这暗示格林获得它的时间晚于1522年但早于他朋友去世的1535年。

[39] 自然在中世纪对话录中是个熟悉的主人公，在里尔的阿兰（Alain of Lille，1202年卒）的《论自然的悲泣》（*De planctu naturae*）中最出名，见 Willemien Otten，"The Return to Paradise：Role and Function of Early Medieval Allegories of Nature"，in *The Book of Nature in Antiquity and the Middle Ages*，ed. A. Vanderjagt and K. VanBerkel（Leuven：Peeters，2005），97—121。关于自然在炼金术语境下的人格化，见 Michela Pereira，"Natura naturam vincit"，in *De natura*：*La naturaleza en la Edad Media*，ed. José Luis Fuertes Herreros and Ángel Poncela González（Porto：Húmus，2015），1：101—120；William R. Newman，*Promethean Ambitions*，77—82；Barbara Obrist，"Nude Nature and the Art of Alchemy in Jean Perréal's Early Sixteenth-Century Miniature"，in *Chymists and Chymistry*，ed. Lawrence M. Principe（Sagamore Beach，MA：Science History Publications，2006），113—124。关于波伊提乌对哲学的人格化，见 Seth Lerer，*Boethius and Dialogue*：*Literary Method in "The Consolation of Philosophy"*（Princeton：Princeton University Press，1985）。

[40] Aegidius de Vadis，*Dialogus inter Naturam et Filium Philosophiae*，106.

[41] "The Mistery of Alchymists，Composed by Sir George Ripley Chanon of Bridlington"，in *Theatrum Chemicum Britannicum*，ed. Elias Ashmole，380（Jennifer M. Rampling，"The Catalogue of the Ripley Corpus" 19）.虽然阿什莫尔写了这个归于里普利名下的标题，但没有证据表明该诗歌为里普利创作。

[42] Beinecke Library，MS Mellon 12，fol. 145r.

[43] Aegidius de Vadis，*Dialogus inter Naturam et Filium Philosophiae*，107；William R. Newman ed.，*The Summa perfectionis of Pseudo-Geber*，649. William R. Newman and Anthony Grafton，"Introduction：The Problematic Status of Astrology and Alchemy in Early Modern Europe"，in *Secrets of Nature*：*Astrology and Alchemy in Early Modern Europe*，ed. Newman and Grafton（Cambridge，MA：MIT Press，2001），1—37，on 21—22.

[44] 炼金术热度的三个"占星学"等级（分别与白羊座、狮子座和射手座联系）列于 Geber [pseud.]，*De alchimia*. *Libri tres*（Strasbourg：Johann Grüninger，1529），fol. 57r；见 Peter J. Forshaw，"'Chemistry，that Starry Science'：Early Modern Conjunctions of Astrology and Alchemy"，in *Sky and Symbol*，ed. Nicholas Campion and Liz Greene（Lampeter：Sophia Centre Press，2013），143—184，on 156。

[45] Beinecke Library，MS Mellon 12，fol. 222v.

[46] Beinecke Library，MS Mellon 12，fol. 222v 的杜韦斯旁注。

[47] 来自《智慧书》(Wisdom, 11:21)耳熟能详的一句:"你依据尺寸、重量和数安排万物。"(《智慧书》是天主教会《旧约》的一篇,新教教会视之为伪经而不收录,现代天主教版本中此句在第 11 章第 20 句。——译者注)

[48] Aegidius de Vadis, *Dialogus inter Naturam et Filium Philosophiae*, 109.

[49] 人文主义的影响在前一个世纪早已被人知觉,尤其是在亨利五世的弟弟格洛斯特公爵汉弗莱(Humphrey, Duke of Gloucester)的圈子里,见 Roberto Weiss, *Humanism in England during the Fifteenth Century*, 3rd ed. (Oxford: Blackwell, 1967);Alessandra Petrina, *Cultural Politics in Fifteenth-Century England: The Case of Humphrey, Duke of Gloucester* (Leiden: Brill, 2004)。

[50] Christopher I. Lehrich, *The Language of Demons and Angels: Cornelius Agrippa's Occult Philosophy*(Leiden: Brill, 2003), 40.接受路希林论喀巴拉作品时的争议,见 Franz Posset, *Johann Reuchlin(1455—1522): A Theological Biography* (Berlin: De Gruyter, 2015), esp. chap. 3; Charles Zika, *Reuchlin und die okkulte Tradition der Renaissance* (Sigmaringen: Thorbecke, 1998); Zika, "Reuchlin's *De Verbo Mirifico* and the Magic Debate of the Late Fifteenth Century", *Journal of the Warburg and Courtauld Institutes* 39(1976):104—138。

[51] 该答复最终出版,题名 Agrippa, "Expostulatio super Expositione sua in librum de Verbo Mirifico cum Joanne Catilineti fratrum Franciscanorum per Burgundiam provinciali ministro sacrae Theologiae doctori", in Agrippa, *De Nobilitate et Praecellentia Foeminei Sexus* (Cologne, 1532)。

[52] Aegidius de Vadis, *Dialogus inter Naturam et Filium Philosophiae*, 109.杜韦斯对比例的讨论在该书的几个英译本中被省略(例如 London, British Library, MS Sloane 3580B),可能因为译者认为这段讨论没什么实用价值。

[53] 炼金术与喀巴拉间的关联,见 Peter J. Forshaw, "Cabala Chymica or Chemia Cabalistica—Early Modern Alchemists and Cabala", *Ambix* 60(2013):361—389。

[54] Aegidius de Vadis, *Dialogus inter Naturam et Filium Philosophiae*, 331.杜韦斯在此注释了皮科《900 个结论》(*Conclusiones nongentae*)中关于数学的第十一条结论——"存在一种通过数字调查和理解各种已知之事的方法",见 Giovanni Pico della Mirandola, *Syncretism in the West: Pico's 900 Theses(1486): The Evolution of Traditional Religious and Philosophical Systems*, ed. and trans. S. A. Farmer(Tempe, AZ: Medieval & Renaissance Texts & Studies, 1998), 468—469。

[55] Du Wes, "An introductorie for to lerne to rede, to pronounce and to speke French trewly", 1058. 见 Reuchlin, *De arte cabalistica libri tres* (Anshelm, 1517); Franz Posset, *Johann Reuchlin*, 703。杜韦斯肯定读过路希林,这方面的评论也见 François Secret, *Les Kabbalistes chrétiens de la Renaissance* (Paris: Dunod, 1964), 229; Didier Kahn, *Alchemie et Paracelsisme*, 65。

[56] 杜韦斯在为乔瓦尼·奥莱里欧·奥古莱洛(Giovanni Aurelio Augurello)1515 年的诗歌《炼制黄金》(*Chrysopoeia*)写的一则旁注中抄写了来自斐奇诺《论生命三书》(*De triplici vita*)的一段,藏 Cambridge, Trinity College Library, MS O.8.24, fol. 60r,也见 Marsilio Ficino, *Three Books on Life: A Critical Edition and Translation*, ed. and trans. Carol V. Kaske and John R. Clark (Binghamton, NY: Medieval & Renaissance Texts & Studies in Conjunction with the Renaissance Society of America, 1989), 257。Zweder von Martels, "Augurello's 'Chrysopoeia' (1515)—A Turning Point in the Literary Tradition of Alchemical Texts", *Early Science and Medicine* 5 (2000):178—195, 第 186 页提到此旁注。

[57] Oxford, Bodleian Library, MS Ashmole 1492, pt. 9, 197.

[58] Ibid., 199.

[59] Ibid., 197.

[60] Ibid., 199.

[61] Ibid., 198.

[62] Michela Pereira and Barbara Spaggiari eds, *Il Testamentum alchemico attribuito a Raimondo Lullo*, 1:282."贝尔纳·德·拉布雷"据推测是加斯科涅贵族(Gascon noble)贝尔纳·埃希五代

德·拉布雷先生(Bernard Ezi V, sieur de l'Abret),袭贵族头衔时间为1324—1358年,这个时期与《遗嘱》的创作期重叠。"罗德的约翰"更难定位,因为罗德岛此时在医院骑士团(Knights Hospitaller)手中。在热那亚人(Genoese)1248年入侵罗德岛之前,代表东罗马皇帝统治该岛的约翰·加巴勒斯(John Gabalas)在所描述的会面之前早已去世。

[63] Oxford, Corpus Christi College Library 244, fol. 42r.

[64] Oxford, Bodleian Library, MS Ashmole 1492, pt. 9, 200.

[65] Ibid., 198.

[66] Anon., *The Practice of Lights: or An Excellent and Ancient Treatise of the Philosophers Stone*, in Eirenaeus Philalethes, *The Secret of the Immortal Liquor called Alkahest, or Ignis-Aqua* (London: for William Cooper, 1683);重印于 *Collectanea Chymica: A Collection of Ten Several Treatises in Chymistry, concerning The Liquor Alkahest, the Mercury of Philosophers, and other Curiosities worthy the Perusal*... (London: for William Cooper, 1684), 27—44。泰勒和罗伯森见下文第九章。

[67] London, British Library, MS Sloane 3580B的托马斯·波特(Thomas Potter)1580年辑纂本收入了英语本《自然与一位哲学之子间的对话》(《自然与哲学门徒间的对话》, fols. 186v-202v),表明它截至那时已被翻译。

[68] Oxford, Bodleian Library, MS Ashmole 1492, 197—198.

[69] Anon., *The Practice of Lights*.我对格林文本被改动的讨论见Rampling, "English Alchemy before Newton"。

[70] National Archives, STAC 2/14/111, 112.对该案件的概述见James Edwin Oxley, *The Reformation in Essex to the Death of Mary* (Manchester: Manchester University Press, 1965), 36—37。

[71] 可能是出于偶然,这所修院一个多世纪以前就与可疑的冶金实践有牵连,那时威廉·德·斯托克于1369年被控伪造,见第一章注释[19]。

[72] "Houses of Austin Canons: Priory of Little Leighs", in *A History of the County of Essex*, vol. 2, ed. William Page and J. Horace Round(London: Constable, 1907), 155—157n56; *British History Online*, http://www.british-history.ac.uk/vch/essex/vol2/pp155—157(2012年12月28日访问)。

[73] National Archives, STAC 3/7/85, fol. Ir.

[74] Oxford, Bodleian Library, MS Ashmole 1486, pt. 3,讨论见上文第128—129页。

[75] *Thomas Norton's The Ordinal of Alchemy*, ed. John Reidy, 6(l. 32).

[76] National Archives, STAC 3/7/85, fol. IIr.

[77] Ibid., fol. Ir.对案件的概述并附文件誊录见William Chapman Waller, "An Essex Alchemist", *Essex Review* 13(1904):19—23。为保持原始拼写的独特性,我通篇使用自己的誊写。(这些拼写的特殊性在翻译中都已抹除。——译者注)

[78] National Archives, STAC 3/7/85, fol. Ir.

[79] Ibid., fol. Vr.

[80] Ibid., fol. Ir.

[81] Ibid., fol. IVr.

[82] Ibid., fol. Ir.

[83] 巡查期间,在会修士们被鼓励报告他们修院领袖表现出的不良行为。这场巡查的背景和由此引出的一番抱怨,见Martin Heale, *The Abbots and Priors*, 291—294。

[84] 弗里克先任罗切斯特(Rochester)主教,再任诺里奇主教,最后任伍斯特(Worcester)主教,C. S. Knighton, "Freake, Edmund(c.1516—1591)", *Oxford Dictionary of National Biography*。

[85] National Archives, STAC 3/7/85, fol. IIv.

[86] Ibid., fol. Vr.

[87] Ibid., fol. IIv.亨利八世在16世纪30年代严厉打压神职人员的货币剪边和铸币。他任命的行政长官们也视小修道院为违法增殖之所,如1536年在沃尔辛厄姆(Walsingham)发现炼金术设备一事所示,见 Peter Marshall, "Forgery and Miracles in the Reign of Henry VIII", *Past and Present* 178(2003):39—73, on 69—71。

[88] Ibid., fol. Vr.

[89] "Henry VIII: July 1534, 26—31", *Letters and Papers, Foreign and Domestic, Henry VIII*, vol. 7, *1534* [*1883*], ed. James Gairdner(London: Her Majesty's Stationery Office, 1883), 385—401; *British History Online*, http://www.british-history.ac.uk/report.aspx? compid=79328&strquery=leez priory(2009年5月10日访问); "Houses of Austin Canons: Priory of Little Leighs", 155—57n57。

[90] Martin Heale, *The Abbots and Priors*, 370, 374.

[91] Cambridge, Trinity College Library, MS O.4.39, fol. 250r.该文本后来被阿什莫尔抄写进 Oxford, Bodleian Library, MS Ashmole 1507, fols. 121r-25r,很可能就抄自三一学院的手稿,但他没有提及三一学院版本的首页是后出笔迹增补这一事实。

[92] Cambridge, Trinity College Library, MS O.4.39, fol. 246r.

[93] Ibid., fols. 246v, 249v.

[94] 我们不清楚彼得是否阅读其权威们的原始拉丁文作品。15世纪末,《一座小玫瑰园》的一个英译本正在流通(例如 London, British Library, MS Sloane 1091, fols. 125r-32v 所收的),不过彼得可能也依赖他的神父伙伴乔治先生提供拉丁文作品方面的建议。

[95] Blomfild, *Blossoms*, 26(l. 138).

[96] 我们可以根据诺顿《炼金术序列》那些具有呈送本品质的早期副本的数量做出同等推测,诺顿作品的一个副本存于 British Library, MS Add. 10302,另外两个在 Ashmole, *Theatrum Chemicum Britannicum*, 455中有所提及(阿什莫尔认为其一是"亨利七世本人的书籍"),见 John Reidy, "Introduction", in *Thomas Norton's The Ordinal of Alchemy*, ed. John Reidy, xiv。

[97] Cambridge, Trinity College Library, MS O.4.39, fol. 245r-v.

[98] Gordon Kipling, "Duwes, Giles".

[99] Oxford, Bodleian Library, MS Ashmole 1492, 205.

[100] Glasgow University Library, MS Hunter 403, 292, 297.

[101] Julian Roberts and Andrew G. Watson eds., *John Dee's Library Catalogue* (Cambridge: Bibliographical Society, 1990)中,拜内克图书馆梅隆手稿12的编号是DM94,牛津大学基督圣体学院图书馆244的编号是DM148,牛津大学基督圣体学院图书馆手稿118(波伊提乌)的编号是M142。

第五章　自然与魔法

我们的硫酸盐，我们的硫磺，我们的阴地蕨（lunary）啊最值钱。　170

放那钥匙在锁里，刹那之间就开启。[1]

英国宗教改革真正重大的后果在科学史上仍未得到充分研究。对亨利时代科学的研究长期以来要么聚焦于宫廷——这位年轻国王在宫中试图让自己对人文主义学术的赞助成为欧洲的榜样，要么聚焦于大学毕业生的圈子——他们的前途多在王室行政部门和商业冒险，而非在冥想生活。[2]对于包括炼金术知识在内的自然知识而言，这些场景是不可否认的重要中心位点。然而由平信徒实践构成的前景不应遮蔽我们对隐修院解散之影响的认识。修道士实践和平信徒实践的混合经济依赖隐修院作为活动场所和赞助来源，也依赖修道士本身担任科学与医学文本的收集人、汇编人和译者。但在16世纪30年代，这种混合经济崩塌成单一流向。那么，僧侣、他们的知识和他们的书籍变成什么样了？需要被支持的炼金术践行者还剩下什么选项？

把我们16世纪前半叶的炼金术图像变得模糊不清的最大单一因素无疑是同时代文献的缺乏。通过把幸存的亨利时代的资料同珍贵的伊丽莎白时代的抄本拼接在一起，我们获知质变术和医学炼金术在亨利当政期不仅蓬勃发展，还至少获得了国王及其枢密院的初步支持。与此同时，这种兴趣因为担心魔术实践的兴起而受阻，魔术实践因阿格里帕·冯·奈特斯海姆《论哲学神秘学第三书》（*De occulta philosophia libri tres*，1533年首版）的流行而获滋养，它利用“哲学神秘学”的大伞将炼金术与魔法联系起来。这种联系导致人们对非正规炼金术实践的可能影响表　171

示关注，不仅出于经济原因，也出于对王国精神安全性的担忧。

长期以来人们都假定亨利八世不像他的金雀花王朝的前任们，他对质变术不感兴趣，这种观点的形成可以回溯到1884年，那时国家文件的编辑布鲁尔（J. S. Brewer）粗暴地评论说："我没发现亨利曾涉猎炼金术这种苏格兰国王的王室娱乐。"[3]亨利时代对炼金术漠不关心，这种认识也因缺乏该时代授予炼金术士的许可证而得以巩固，此现象暗示出少有炼金术士被鼓励直接对国王请愿要求支持。

然而一位愤愤不平的践行者可没觉得缺乏炼金术请愿人，他自己对国王的请求幸存于一份晚出的伊丽莎白时代抄本中。这位前僧侣在牢房中写作，他谴责"五花八门的人……他们向最杰出的陛下您许诺，要开展炼金术这种杰出工作"。[4]这些人虽然夸下海口，却不是行家，因为他们不能恰当地分析"古代哲学家和旧日哲学家们神秘且隐秘的书籍"。相反，他们因为缺乏对万物原因的真正理解，而让自己忙于从事无用且杂乱的实践，像盲人陷在"无知的灌木与荆棘中"。这位作者自得于他的隐喻，把权威们的书籍设想为一片茂密的森林，而无知者试图盲目地穿过这片森林：

> 摸索着通往哲学大本营的道路，这时他们进入一条哲学家书籍构成的灌木丛中的小路，这条道路因为许多树叶和支路而变暗和被遮蔽，他们站在那里目眩神迷，不知道从哪里转向他们旅程的终点。[5]

172 对阿什莫尔《不列颠炼金术剧场》（*Theatrum Chemicum Britannicum*）的现代读者而言，这个寓言恐怕有一种熟悉的气息。1557年，威廉·布洛姆菲尔德（活跃于1529—1574年）在其著名的英语诗歌《尊贵的炼金术科学的简要说明》（*The Compendiary of the Noble Science of Alchemy*）中采用了同样的奇想，阿什莫尔刊印此著时题名《布洛姆菲尔德的百花，或哲学营地》（*Bloomfield's Blossoms, or The Campe of Philosophy*）。[6]布洛姆菲尔德在这部韵文论著中抓紧机会批评亨利朝的假炼金术士，他们寻求哲学营地，但却迷失在"一片诸多道路构成的灌木围场中"。[7]因为不能分析哲学家的谜题，这些人没能洞穿他们的文本意欲表达的含义，或说因此没能穿过哲学女士的花园，她在荒野之外等着欢迎她真正的门徒。

这两部作品的一致性暗示，亨利的这位请愿人可能就是布洛姆菲尔德本人，而且他因为还有请求国王注意和支持的潜在竞争者而恼怒。炼金术士们大声要求王室赞助，此形象不是与亨利时代联系在一起的典型形象。不过，在一种不安定的政治和宗教氛围中，践行者们急于获取眷顾。正如存在大量没有许可证的治疗师一事促使托马斯·利纳克(Thomas Linacre,约1460—1524年)及其同时代人向亨利请愿建立一所医师学院以规范医疗实践,自命为炼金哲学家的人如布洛姆菲尔德也敦促国王废除无知炼金术士的服务,而眷顾更可靠的践行者。[8]此种支持对布洛姆菲尔德这样的前修道士可能格外有价值,他们正在后宗教改革时代的英格兰寻求走自己的路。

若说隐修院解散标志着英格兰炼金术史上一个最重要的时刻,那么聚焦于一个关键人物就自有道理。本章我们着眼于威廉·布洛姆菲尔德的事业,他是一位前本笃会士,在隐修院解散之后于伦敦受雇担任炼金术士。从个性、从属关系和背景来说,布洛姆菲尔德都是一个与他同时代的小莱斯小修道院院长托马斯·埃利斯截然不同的人物。埃利斯留在天主教会并在玛丽当政时获得了一份大教堂圣职;布洛姆菲尔德接受宗教改革并在伊丽莎白当政时赢得了一个堂区,只不过一年之内就丢了这个职位,因为他的福音主义被证明对他温和的会众而言过于猛烈。173 小修道院院长迅速公开宣布放弃炼金术,而布洛姆菲尔德在大约30年后依然就该主题对他的君王发表激烈演讲,沿途险险避开了魔术指控。不过,即使有上述这些差异,这两个案例也因为立足托名柳利及其英格兰评注人里普利的典型炼金术而在炼金术学说和实际投入方面统合起来。它们也透露出,质变术和炼金医学在宗教改革早期于何种程度上依然被实践和受资助。它们还展示出实践派炼金术士在整个过程的每一步继续专注于他们那些权威的书籍。

作为一位潜在赞助人的亨利八世

尽管通过解散隐修院和镇压用于诵弥撒的捐赠小教堂而获得的收益令亨利八世暂时富裕了一把,但金银块的供应马上就遭受压力。英格兰的物价从这个世纪之初就一路上涨,截至16世纪40年代,纵然隐修院的奉献盘大量流入王室国库,英格兰仍面临着一场严重的财政危机。1543年到1546年之间,亨利发起了一系列针对法兰西的昂贵战争,这些战争的财政来源是税收攀升、强制借款、出售王室土地以及铸币贬值,最后一项对我们的目的意义最为重大。亨利回应通货膨胀泛滥的方式是降低合金中的银含量以使英格兰货币贬值,可想而知,这导致人们对英格兰铸币丧失信心。[9]

炼金术士们常常在通货危机时期发挥所长,因此我们可以期待亨利时代的英格兰也有这种现象。的确，16 世纪 30 年代至 40 年代可以看到新一代英格兰践行者们向国王请愿要求支持，证明了商业团体对炼金术有着持续投入，甚至在隐修院解散之前就已开始。他们的书籍与请愿书的实质内容肯定了我们在手抄本传统中早已查知的趋势，亦即托名柳利炼金术在商业和手工业圈子里正加速发展。绸缎商人罗伯特·弗里洛夫（Robert Freelove）1536 年准备了一个精心制作的托名柳利誊录本呈送书卷，它可能旨在吸引国王的注意力。[10] 如我们所见，布匠托马斯·彼得也将亨利八世作为一篇论述的致辞对象，文中长篇大论地引述雷蒙德，尽管没有充分证据表明国王或他的委员们给他或任何炼金术践行者颁发了许可证。

174

实际上，唯一与亨利八世联系在一起的授权令也几乎可以肯定是署错了日期。这个文本幸存于一份晚出的抄本中，内容显示国王给予商人约翰·米瑟尔登（John Misselden）及其儿子罗伯特实践质变术的许可，理由是米瑟尔登在国外期间“已经学会并运用过将不完善金属变成和变换成完善金属的哲学技艺或科学，而且无论如何都经受住了金和银作为在任何矿藏中生长出的矿石受到的锤炼”。[11] 国王于当政第三十年的 2 月 13 日在威斯敏斯特宫（Westminster Palace）封印此信，这个日期的确定模棱两可，导致亨利八世的《文书与文件》（*Letters and Papers*）的编辑们把日期定为 1539 年。然而，主要的领受人肯定就是 1452 年亨利六世当政第三十年时获得许可证的那位“约翰·密斯特尔登”。[12] 因此，这份手稿保存的是亨利六世时期的一份逸失文件，而非亨利八世的唯一授权令。

文本自身是典型的 15 世纪许可证，强调了质变出的金属需通过鉴定并由此以与自然产生的金银同样的标准提供可靠铸币这一要求。它也反映出亨利六世对炼金术的积极观点，两位米瑟尔登开展计划不仅要为了自己的利益，还要“为了能在短暂时间里给我们和我们忠诚的人民带来的巨大益处”。[13] 不过它与同时代的许可证相比也有显著（和有预见的）差异。两位米瑟尔登不同于其他践行者，他们拥有已经在该王国以外学会技术的优势，因此可以声明自己的实践专长却不必被迫承认自己藐视英格兰土地上关于增殖金属的法律。同样的模式将在伊丽莎白一世执政期间被重复，因为在国外获得经验的践行者们——如柯奈留斯·德·朗诺瓦（Cornelius de Lannoy）和乔瓦尼·巴蒂斯塔·阿格涅（Giovanni Battista Agnello）——在赢得王室和贵族支持方面比他们心怀不满的大多数英格兰竞争者都享有更大成功。[14]

175

这份授权令也有另一种方式的不同，暗示出英格兰炼金术文化的转变。国王一如既往地指示他的官员和臣民不要干扰两位米瑟尔登的行动，但又补充了一条限制性条款：如果他们“不用任何诡计和巫术而只用单纯的哲学科学”行事，他们就能免遭困扰。[15]这个限定条件在存世文件中独一无二,反映出对魔法实践的担忧。此种担忧在后来那个亨利的当政期将成为现实,那时有一些寻求赞助的炼金术士确实卷入了魔术活动,包括布洛姆菲尔德在内。

在亨利八世的英格兰,此种忧惧之情指向的范围远超炼金术。英格兰宗教改革俯瞰着一个精神与俗世都极度动荡的时期,对于魔鬼在尘世之影响力的惧怕倾泻而出,而迷信实践正透露出魔鬼的影响,尤其是那些被新教宣传为倾向于同天主教且特别是僧侣们联系在一起的迷信实践。这个时期的焦虑也表现在政治预言和政治异象上,它们有时会吸引大批追随者,对精神秩序和政治秩序都构成威胁。[16]阿格里帕的书籍在助长对博学魔法的兴趣方面推波助澜,它们造成一个比较常见的后果,就是通过魔法手段追求权力和财富,从追求精心打造的隐身指环到寻求沉埋的宝藏。这些实践遭立法反对。1542 年的《议会法案》禁止发布政治预言。[17]同年通过了另一条法令(尽管首次起草于 1533 年),使巫术成为重罪,禁止“出于不合法的目的或意图”使用“以巫术性质的魔法或魔术召唤精灵的祈祷或咒语”,无论实际是否造成伤害。[18]

现代固然有一种将炼金术和魔法合并到哲学神秘学这一标题下的倾向,但它们之间的关系难以精准确定,而且在实践中随着特定践行者的意见和兴趣的不同而各异。近代早期的欧洲,炼金术同仪式性魔法之间的区别最明显。炼金术利用自然的运行,通过操纵物质固有的属性来达成改变,而仪式性魔法(或明或暗地)依赖精灵的介导。虽然炼金术士在试图伪造时违反了法律,但他们的实践在别的情况下不比其他冶金流程更危险。另一方面,魔术通过天使或恶魔的介入达成效果,因此它本身具有精神上的危险,无论践行者的意图有多好。[19]在非专家眼里,这种差异不总是显而易见,而且 14 世纪的作者们不得不竭尽全力排斥那些认为他们的工作受到恶魔影响的暗示。[20]在此意义上,炼金术与占星学有相似之处,占星学的捍卫者们也寻求将他们的艺术同非法占卜实践脱钩,例如,区分他们认为自己的工作中什么是有用的、务实的面向,什么是对星辰的过度决定论解读,后者对神圣权威和人类自由意志都构成妨碍威胁。[21] 176

若一个自诩炼金哲学家的人急于避免与罪行联系起来,那么将魔术活动同炼金术区别开就同样重要,(践行者们声称)炼金术完全扎根于自然。此种对比甚至能用于为一个有争议的论点加分。炼金术士托马斯·查诺克 1565 年给伊丽莎白一世写信时,在稍后部分回想起自己年轻时的荒唐,那时他研习魔法书并涉猎诸如土占卜、水占卜、空气占卜和火焰占卜等“各种科学”——它们都是通过操纵各种元素 177

进行预言的方式。他阅读迈克尔·斯科特(Michael Scot)的作品从而学会如何通过标出鸟的飞行以占卜未来,还依据大阿尔伯特的建议攀爬到一个寒鸦巢那里,“让那种名叫阿尔德罗尼科斯(Aldronicus)的石头隐形”。[22]他早年——仍被意见而非证据指导的时期——关于“炼金术这种丰富多彩的科学”中较不名誉的方面的经验也属于这个应用遭到误导的时期。只有当他开始研习天文学、宇宙学、医学和自然哲学,他才获得了关于真理的模糊概念,因此他开玩笑说,“因为诸神的恩典,我曾经从最糟坠落到较好”。

由自然生发的变化同精灵介入达成的变化,这两者的区别在亨利六世给约翰·米瑟尔登的许可证中早已出现。不过这位金雀花家的国王在看似赞同根据“单纯的哲学科学”而开展的炼金术的同时,也为有魔术嫌疑的践行者创造了一个漏洞。关于炼金术技能的证据可以被用来平息对其他更可疑活动的忧虑,只要受控者能够证明这种工作至少立足于自然哲学的原理和实践惯例,而非立足非法魔法。石头也提供了一个有利可图的潜在缓和之源。布洛姆菲尔德不是唯一一个因为看到哲学家之石既有其天生价值还是逃脱法律之手段,从而与魔术有牵连的践行者。

炼金术与魔法

炼金术与魔法之间的模糊边界带来了一个划界难题,此难题为现代历史学家、近代早期践行者及寻求规范践行者活动的当局所共有。若说炼金术能轻易同魔术区别开,那么在炼金术与“自然”魔法间就不能那么清晰地划界,后者是一种扎根于据推测存在于自然中的隐藏的交感与影响的艺术,并不以精灵实体的活动为基础。在近代早期欧洲,诸如天然磁石对铁之吸引力这种神秘属性的存在,对于学者和大众都是司空见惯的话题,并且支撑起从医学到导航的种类繁多的实践。[23]然而即使是在这种“自然的”运作中也会产生歧义,尤其是在与制作护身符的关系中,护身符的效果可以有多种解释,涉及材料之间的共鸣、天体美德之间的共鸣或魔鬼代理之间的共鸣。[24]

178

既然炼金术变化通过隐藏的行动和属性而发生,那么毋庸诧异,炼金术士们有时也把自己的工作看作与魔法相邻,尤其是当他们早已为了魔法而对魔法产生兴趣时。佛罗伦萨神父兼医师马尔希里奥·斐奇诺明确阐述了这种关联,他看到鲁伯斯西萨及托名柳利的“精质”同宇宙精灵（或“世界灵魂”）间的一致性，在他的新柏拉图主义哲学作品中讨论了此点。[25]对斐奇诺而言，所有生成物，无论其是动物、植物还是矿物，都是通过这个精灵而生成，此现象并不特定存在于金属，而是存在于所有物质。此精灵的无所不在使得小心翼翼的操作者能驾驭给定实质同其天体相似物之间的一种共鸣联结。对斐奇诺而言，这就是自然魔法。更进一步，此精灵被自己嵌合于其中的那种较粗笨物质的存在所抑制。只有“勤勉的自然哲学家”才能够人为将之从这种较稠密的物质中分离，而这就是炼金术。斐奇诺宣称，“当他们通过加热升华从黄金中分离出这种精灵”时，他们就能“把它运用于任何金属上并将此金属变成黄金”。[26]

对于早已浸淫在托名柳利炼金术学说中的读者而言，这种观点会引起熟悉的共鸣。《遗嘱》的第三章描述的正是这样一种宇宙力量，尽管它被表述成一种吸引力或美德，而没被表述成一位精灵。这种美德被进一步赋予一种符合 14 世纪语境的宗教特点和启示论特点。在“遗嘱教师”的叙述中，所有物质最初都共享其母质的纯粹，“直到产生罪的时刻”，那时自然因人类的坠落而被腐化。[27]自此以往便要求人类的干预，以从腐化的附着物中恢复原始物质，“因为，由于她那粗笨且腐化的物质，自然无法制作出一件如她最初所做的那般完美的东西”。[28]只有世界末日时，这种纯粹物质才会从末日审判的涤炼之火中无垢而生。 179

当阿格里帕把斐奇诺对精质的解读纳入其写于 1510 年的关于自然魔法的《论哲学神秘学》第一书时，斐奇诺的解读得到广泛传播。[29]虽然阿格里帕几乎没有直接说起炼金术话题，但他的确复述了斐奇诺关于精质将世界灵魂扩散到万物（包括金属）且这个精灵可以被提炼出来善加利用的观点，“只要有人知道如何将它从各种元素中分离出来”。[30]此种综合论的影响力在英格兰很快被感知，尽管人们对它并非清一色的接纳。阿格里帕的书固然装载着他自己人文主义资格证的证据，也充满了斐奇诺的新柏拉图主义，但是可以认为它折射出炼金术思考的一个新潮流——有些读者像对待其他任何“哲学”材料那样对待这个文本，这意味着他们怀着获得可投入实践之洞见的希望把此书与其他书籍一起研习。

英语手抄本中的线索暗示，有些读者把斐奇诺和阿格里帕的“精灵”看作对早已从雷蒙德和里普利的作品中熟知之精质的另一种指称。因此托马斯·埃利斯的匿名通信人、《关于我的意见的书》（*Book Concernig Myne Opyneons*）的作者提供了对阿格里帕第一书第五章《论火与土的奇妙性质》（Concerning the Wonderful Natures of Fire and Earth）的一段简短评注，几乎完全依据里普利《炼金术合成》来阐 180

释阿格里帕关于元素的讨论。[31]里普利关于四种火的学说被引来展示阿格里帕这一章标题里的“火”不是“燃出火焰的”(直接引自《炼金术合成》)火元素,而毋宁说是一种“自然中的本质性的纯粹之火,纯净的、明亮得使人舒适的和自然的”。它其实就是托名柳利炼金术中的自然之火,它“奇妙的本质力量”埋藏在普通金属中。金属这种“最鲜活积极的力量”起初被它们物质性实质的粗笨土质渣滓所阻碍,但依然能通过炼金术操作“被从它们的原罪中清洗和净化”。[32]这一段将斐奇诺关于宇宙精灵的理论(以阿格里帕为介导)和《遗嘱》关于物质被原罪腐化的观念(以里普利为介导)这些新旧材料交融一体。[33]不过“意见持有人”只走到这一步。杜韦斯把斐奇诺、皮科和路希林的作品当作深入了解炼金术制作方法的新资料对待,但《关于我的意见的书》的作者对阿格里帕作品的兴趣显然仅止于它有助于他破解里普利的炼金术。

但是,研习阿格里帕的读者也包括那些兴趣不仅仅是质变术的人,他们把炼金术拖入了更阴郁的水域。1532 年,牛津学者理查德·琼斯(Richard Jones)因为在一场涉及贵族诗人威廉·内维尔(William Neville)的欺诈活动中的角色而被捕,威廉·内维尔是拉蒂默勋爵(Lord Latimer)的弟弟[因此碰巧就是拉蒂默的妻子凯瑟琳·帕尔(Catherine Parr)的小叔,而凯瑟琳是未来的王后]。内维尔本人对魔法感兴趣,他曾试图让一件斗篷隐形,后来又寻求一只能让他赢得王室宠眷的指环。与托马斯·埃利斯一样,他因为缺乏专长而寻找专家,这次找到的是琼斯这类预言家,琼斯预言国王驾崩后内维尔将继承沃里克(Warwick)伯爵领地。内维尔对这个好消息的轻率反应导致他的专职神父陷入大麻烦,以致后者将整件事透露给克伦威尔,克伦威尔以涉嫌谋反为由逮捕了主要涉事人并将他们囚于伦敦塔。[34]

181 呈现在琼斯面前的首要危险是巫术而非炼金术,虽说他对两者都涉猎。内维尔后来作证说,他在琼斯的房间除了看到更常规的实践派炼金术士的蒸馏炉和蒸馏器之外,还看到各种书籍和魔法装备。据推测,这些书籍中包括阿格里帕《论哲学神秘学》的一个副本,内维尔报告称,琼斯曾与他讨论过此书,特别是在关于魔法图形的情境下。在依据政府文件重构内维尔事件的杰弗里·埃尔顿(Geoffrey Elton)看来,很难将琼斯的魔法兴趣同他的炼金术兴趣区别开,不过如我们所见,质变术与仪式性魔法有着显见的界限,不仅在哲学内容和技术内容方面,也在法律地位方面。增殖依然是项重罪,但亨利和他的大臣们对巫术实践和占卜实践或操控政治预言——比如对国王或安妮·博林之死的预言或对克伦威尔垮台的预言——还没有警觉到同等程度。

琼斯在给克伦威尔写申诉请求宽恕、谅解和被雇用时肯定对这种差异一清二楚。[35]被囚在伦敦塔的他似乎得出结论，自己最大的希望在于说服亨利最有权势的顾问，不仅相信他在内维尔事件中是无辜的，也相信他作为一名炼金术士是有用的。琼斯在一份明显不提及魔法实践的申诉书中以他的炼金术服务为要约，请求克伦威尔说服国王相信，他和他的朋友们愿意接受如下条件：用12个半月制造黄金的哲学家之石，用12个月制造白银的哲学家之石，总量1磅或更多。琼斯确信以他的能力能实现这一点，确实，只要克伦威尔也有他这种信心，就会对于自己囚禁琼斯所浪费的时间感到后悔，"因为它是件紧迫之事"。至于针对他的指控，琼斯暗示，他对预言的涉入加在一起也不超过对轻信的内维尔开玩笑的程度，内维尔在本郡早就是个笑柄。[36]

作为炼金术请愿书的一个例子，这份申诉书与托马斯·彼得的请求相比更不事雕琢也更急迫。即便如此，它也让人瞥见熟悉的修辞，比如针对假践行者的禁令，使用权威的格言来支持作者本人的专长。琼斯解释说，这石头"令很多人怀疑"，因为多数人都被它骗了，也不无因由，"因为他们没有正确的知识"。他为证明自己的胜任而引了经文，"一粒麦子如果不落在地里死了，仍只是一粒"。[37]不管这句短语对克伦威尔意指何物，任何熟悉炼金术的读者都会立刻认出"死"是对石头的影射，这石头必得经受黑化和腐烂才能释放其植物优点。琼斯可能希望，这个短语在克伦威尔可能有心咨询的任何专家那里会成为对其胜任度的广告，但同时又保持在圣经引文的体面限度之内。他可能有良好的理由乐观，因为他提出的保证被接受了，他也于当年稍后被释放，虽然不知道克伦威尔实际上是否从他提供的服务中受益。这封信现在归档于克伦威尔的文件中，有一个言简意赅的标题——理查德·琼斯将制作哲学家之石。[38]

182

琼斯的案子暗示出两个虽说未经证实但引人入胜的结论。首先，它肯定了亨利时代的炼金术是一门被国王容忍的艺术这一图景，容忍到其践行者可以把兜售自己的超凡技术当作一种逃脱更严重指控的方式。其次，它展示了一种可能性，即琼斯实际上可能被以亨利的名义雇用了。这两个结论都让我们返回那个悬而未决的问题——国王本人是否有兴趣赞助炼金术实践。

虽说有一位炼金术士出现在亨利的图书室，也有炼金术践行者纠缠不休地寻求执业许可证，但依旧没什么确凿证据表明此点。我们能有的最好证据是，根据与琼斯申诉书一起归档在克伦威尔文件中的一封遭撕毁书信的残片，有一位炼金术士确实在亨利的业务中被雇用。这封未落款也未署日期的书信写给一位投身"此种科学”的神父,可能就是写给琼斯,“此种科学”是对炼金术的常见婉称。这位作者被控试图以国王将“放纵和专擅地”花费收益为由诱使该神父脱离此项工作。[39]他否认曾经用过这样一种论据,并敦促这位炼金术士支持他,“因为它止不住会伤害我”。这位神父更应告诉枢密院,他仅仅打算把他工作所得收益留出一部分以保证自己获得一个主教职位。作者还为同样内容的信件保留了一个副本,这样“你的和我的就能对得上”。

183 这封天真且失策的书信落入克伦威尔之手却没到达那位炼金术士手中,这真是作者倒霉。的确,这封信曾被撕成小片(有些依然没找到),然后又被仔细拼贴起来,暗示出曾有正是为预防这一不测事件而做的受挫尝试。在某位罗杰·泰勒(Roger Tyler)的外套中找到的被缝进去的那封书信可能就是这一封,罗杰·泰勒这个“简单的人”在琼斯被捕后曾在牛津探问他,且随后被大学专员拘押。[40]经人证实,泰勒带了两匹马去牛津,计划和琼斯将骑马去“所说的圣奥尔本斯的僧侣那里”。[41]

鉴于内维尔的证词记载,当他首次在牛津造访琼斯的寓所时,琼斯早已投身于炼金术,那么这封信引出的让人感兴趣的可能性就是,这位魔术师也正在为国王或其官员工作,而泰勒受雇诱使他停止这项服务,可能是以圣奥尔本斯大修道院一位身份不明的成员的名义行事。该修院直到 1539 年才解散,解散行动遭到修院弟兄们的激烈反对,他们或许有良好的理由担忧,国王将“专擅地”花费他的非法所得,无论这些收入来自炼金术还是来自对隐修院地产的处置。[42]但是,除了这些单薄的关联,没有证据表明琼斯投身于任何类型官方批准的计划,虽说那封变成碎片的信表明至少有一位英格兰炼金术士被认为从事这类计划。

琼斯事件的社会反响加上其与炼金术、预言和仪式性魔法的非法交融暗示出魔术与质变术之间有种关联,此关联类似于亨利六世给米瑟尔登的执业许可证中那个附加条件显示出的关联。琼斯本人似乎明确地意识到他最大的希望就是强调自己工作的自然哲学维度,将工作与“单纯的哲学科学”联系起来而非与魔术联系184 起来。这至少是他在给克伦威尔的书信中尝试使用的策略,而且尽管我们无法确定这是否有助于他的目标,但看来它肯定没有进一步损害该目标。

魔法实践的风险随着 1542 年通过《巫术法案》(Witchcraft Act)而增加,于是此类策略的重要性也与日俱增。该法令废除了神职人员的好处,由此撤销了对识文断字的践行者的保护,包括一切阅读阿格里帕及其他论魔法作者的博学之士,只要他们超出谨慎制约的限度而试图把他们的非法操作用于实践。有鉴于此,把炼金术同魔法联系在一起这种流行的错误想法(更别提阿格里帕对两者那种既博学又非常明确的关联)可能对没有魔法兴趣的炼金术士也构成危险。琼斯与巫术的纠纷过去十年以后,依据"单纯科学"的标准来开展的炼金术是否能胜过魔术指控,这问题又将被提出来考验,这次是在一个涉及英格兰最著名炼金术士之一威廉·布洛姆菲尔德的案件中。

威廉·布洛姆菲尔德的宗教改革

若说埃利斯、彼得和两位米瑟尔登迄今为止在英格兰炼金术史上都没什么特点,那么对威廉·布洛姆菲尔德就不能这么讲,他是一位古罗马两面神般的人物,生平跨越了英格兰宗教改革"之前"和"之后"。[43]尽管布洛姆菲尔德从前是伯里圣埃德蒙兹(Bury St. Edmunds)的一位本笃会僧侣,但他对新教的投入后来帮他获得了约翰·帕克赫斯特(John Parkhurst)负责的诺里奇的一个堂区,帕克赫斯特是埃德蒙·弗里克在诺里奇主教区的前任。[44]他的亲属迈尔斯·布洛姆菲尔德(Miles Blomfild)的一段简洁赞扬概括了他跌宕起伏又自相矛盾的职业生涯:

> 他这一生是个僧侣,是个牧师,是个布道人,是个医师,是个哲学家,是个炼金术士,是个优秀的拉丁文学者,部分是个希腊学家和希伯来学家,也懂多种语言,如荷兰语和法语,但是在炼金术和蒸馏术上,在这个国家没留下与他同类之人。[45]

尽管他据称有非凡的语言才能,但他所有存世的炼金术作品都是用英语写的。185 布洛姆菲尔德(也被称为 Blundefield 或 Blundeville)最为人所知的就是我将追随阿什莫尔简称为布洛姆菲尔德之《百花》的那部诗歌。这部诗歌的日期定为 1557 年,包含布洛姆菲尔德名下的四首离合诗,在伊丽莎白时代的英格兰广泛流传,确立了作者作为一位主要英格兰行家的名声。[46]第二部作品《布洛姆菲尔德的精质,或管理生命》(*Blomfild's Quitessence, or The Regiment of Life*)是一部题献给伊丽莎白一世的关于炼金医学的英语论著,写于 1575 年左右,只有一个手抄副本幸存。[47]与里普利情况一样,一些较短的实践导向的作品后来被与他联系起来,包括一本由阿什莫尔誊录的实践书的晚近抄本,题有耸动性标题《布洛姆菲尔德①给英吉利亨

① 这个标题使用的是布洛姆菲尔德名字的另一种拼写 Blundefielde(布兰德菲尔德),但为了阅读便利,依旧译为"布洛姆菲尔德",以下涉及他名字的不同拼写时处理方式相同。——译者注

利八世国王的作品》。[48]

迄今为止，关于布洛姆菲尔德在亨利时代之功绩的细节几乎都通过罗伯特·舒勒（Robert Schuler）的研究而为人所知，他的研究表明，布洛姆菲尔德在他跌宕起伏的职业生涯中很少享受平静时期。他于 1529 年仍是个僧侣时首次被当局注意，当时他被要求宣布放弃一些异端立场。就此而言，他的困境与托马斯·埃利斯 16 世纪 30 年代晚期的法律困境形成鲜明对照。不管埃利斯的财务交易多么成问题，都没迹象暗示这位埃塞克斯小修道院院长在宗教事务上有任何不正统之处，而且他涉猎炼金术似乎也没有阻碍他后来获得教会晋升。反之，布洛姆菲尔德早期就表现出倾向于路德教，而且他宣布放弃之举后来使他在约翰·福克斯（John Foxe）的《殉道者之书》（*Book of Martyrs*）中有了一席之地。[49]他可能在伯里的修道院正式解散之前就已离开，因为他没有出现在 1539 年 11 月 4 日获发退休金的僧侣中。[50]

因此，布洛姆菲尔德呈现出僧侣炼金术士同职业教会人士（诸如埃利斯和弗里克）之间差别显著的形象，提醒我们不是所有具有炼金术兴趣的修会人士都反对宗教改革或抗拒回归俗世生活。与此同时，他的隐修院背景和神职地位使他有别于同时代的商人团体，比如罗伯特·弗里洛夫这位大约在同一时期也对炼金术感兴趣的人。我们不知道布洛姆菲尔德在离开伯里后靠什么养活自己，虽说看起来他很可能在从医方面有些本事。《百花》的副标题显示，布洛姆菲尔德被亨利八世承认为医学学士，这表明他有能力以医师身份获得亨利背书，哪怕在没有大学文凭的情况下。

186

布洛姆菲尔德与他同时代的既包括天主教徒也包括新教徒的许多人一样对仪式性魔法有兴趣，并因此于 16 世纪 40 年代在伦敦的马绍尔西（Marshalsea）监狱过了一段囚徒生活。1543 年 4 月 22 日的枢密院会议记录记载，所有与布洛姆菲尔德有关的文件都得在那时发送给律师和总法务官，“汇报他们会在里面发现什么，以及如何一视同仁地权衡法律”。[51]下一份官方文件记载的日期是两年半以后的 1545 年 10 月，那时枢密院要求骑士执法官、马绍尔西的看守“遣送囚犯威廉·布洛姆菲尔德到这里，因为陛下将召见他”。[52]我们不确定他来到枢密院后发生了什么。虽然布洛姆菲尔德于 1546 年因魔术被传讯，但他显然未被宣告有罪，很可能从来没被审判过。

布洛姆菲尔德并非无所事事地打发他的囚徒生涯，而是利用这时期，以他在炼金术方面的杰出才能为由给枢密院各位成员和亨利本人写申诉书。他的请求就像《彼得之作》一样因为它们特殊的保存环境而没被人注意到。现存两篇论述，都是伊丽莎白时代的编者制作的后出副本，他们没把它们鉴定为布洛姆菲尔德的作品。第一篇在1604年或这前后由伊丽莎白时代的神职人员克里斯托弗·泰勒从一个未知来源中抄写，他以误导人的方式将之归给“雷蒙德”，理由是它具有显著的柳利内容。[53]第二篇论述提到了上文早已引述的《哲学营地》，幸存于一份16世纪后期的汇编中，现在是不列颠图书馆斯隆手稿(MS Sloane) 2170，抄自一份更早的手稿，可能是编者爱德华·戴金斯通(Edward Dekyngstone)抄写。[54]这位抄写员在确定文本归属时比泰勒谨慎得多，他补充了一条令人感兴趣的出处注记，称“此处这个抄本是我从布莱格伯恩先生(Mr Blagbornes)一部非常老的小书中摘出，但我不知道它最初的作者是谁，不过(我推测)它题献给亨利八世国王”。[55] 187

事实上，两篇论述都写给亨利和他的委员们，且两篇都是有着强烈托名柳利倾向的炼金术士在监狱所写。基于内容、风格和环境，这两篇非常可能都是布洛姆菲尔德在其有明文记载的监禁期所写，或许是为了帮助他获释而写的一系列小册子的一部分。例如，这位号称“雷蒙德”的作者影射早前一部作品，“我们称之为我们的《理论》的旧字母表”，他打算把这书当作“对郑重的炼金术作品的说明”。[56]在那部作品中他曾许诺未来将完成一篇《实践》，这个许诺现在就将通过眼下这篇论述兑现(相应地我将称它为《实践》)。[57]斯隆手稿2170那篇论述[下面称为《一部无与伦比的作品》(*An Incomparable Work*)]的作者提供了一份更直接的献词，恳请亨利宽恕他冒昧奉上这份“特殊礼物给一位如此优秀的国王”，同时又为此举辩护说，因为“我献上的是一部无与伦比的作品”。[58]虽然作者以直接对国王致辞开篇，但他的结尾是对枢密院一位成员的恳求。这两种致辞模式间没有明显的转换，或许说明抄写员只誊写了该作品的部分，抑或是他的范本原来就不完整，暗示那范本是份草稿而非完结抄本。

两份作品都暗指作者被监禁，但《实践》展开了一段值得注意的历史。作者宣称大约十年前就已制作出哲学家之石，生产了38盎司这种非凡物质，他靠它活了五年(他没说怎么靠它生活)。然后，一个住在肖迪奇(Shoreditch)的名叫戈达德(Goddard)的人拿走剩余的石头并将其交给国玺大臣托马斯·奥德利先生(Sir Thomas Audley)，大臣再将它交到“正担任他秘书的一位名叫考珀尔(Cowper)的人手里，考珀尔再没将它交给别人”。[59]自那以后，他努力复制石头，显然是在严格且讨厌的监督之下工作： 188

> 现在，最终我在这项工作上勤恳劳作一整年，并且从头到尾有一位领了恶魔薪水的主人兼监督人，我的工作三次都是令人讨厌的结果。不过感谢上帝，

第四次很好地通向完美，直到展示，我为此应对自己的勤奋感到高兴，我最谦卑地渴望，国王陛下和诸位阁下能有意于我，我的良好愿望有可能被接纳，哪怕有我敌人们的险恶报告。[60]

被盗的仙丹、有罪的官员以及背叛的践行者都是炼金术叙事中的熟悉主题，包括诺顿在《炼金术序列》的一段难忘叙述中哀叹他的仙丹被一位布里斯托尔商人之妻盗窃。这个版本的突出点是提及奥德利，他曾以国玺大臣的身份实际主持布洛姆菲尔德现在致辞的这个枢密院，这暗示出《实践》的撰写日期在奥德利1544年4月去世之后的某个时间，那时他再也不能活着反驳这位作者的声明。[61]这个时期碰巧与布洛姆菲尔德已知的在马绍尔西那段时间相符，这增加了布洛姆菲尔德是《实践》作者的可能性，布洛姆菲尔德苦涩地抱怨"囚禁和被镣铐压迫，因为我担心接下来就是死亡或我的身体永远衰弱"。[62]

《一部无与伦比的作品》提供了更多细节，作者在里面记载，他已被囚禁两年半。他恳求有个机会将他的案子提呈枢密院：

189 上帝啊，渴望你至少让我获得机会在国王陛下和他最尊贵的枢密院面前听我说话，那他们将用自己的辨别力考虑对我施以怜悯——尽管我不配，或者不加怜悯。[63]

布洛姆菲尔德实际上在1545年10月被传唤到枢密院，正好是他被捕两年半之后，这表明《一部无与伦比的作品》可能是一份成功要求接见的申诉书的残余部分。倘若如此，他就没有完全成功地说服委员们他是无辜的，因为九个月后仍有人在收集反对他的证据。无论布洛姆菲尔德遗失的申诉书对他的案件是构成帮助还是阻碍，它们都告诉我们大量关于炼金术专长如何在亨利时代的英格兰发挥功能的信息。炼金术士给其受众们提供了一座由有价值的哲学知识与实践知识构成的宝库，它可供人使用之处不仅在于回报以财务赞助，还在于返还自由，如布洛姆菲尔德的例子所示。这些作品对托名柳利学说密切关注，展示出贾尔斯·杜韦斯和罗伯特·格林保存的那类文本如何经改编后被运用于极其务实的语境中。它们也展示出，托马斯·彼得不是唯一一位依据柳利的箴言向亨利八世提出服务要约的炼金术士。布洛姆菲尔德的作品不仅阐明了他作为一位炼金哲学家的抱负，也阐明了他如何把托名柳利炼金术和色利康炼金术作为证据，用来让自己远离魔术嫌疑。

实践中的布洛姆菲尔德

布洛姆菲尔德的《百花》中有一段插曲，表现这位梦想家在时间之父的引导下前往哲学营地，获得哲学女士亲自接见。在一个让人想起都铎时代赞助等级制的场景中，时间代表梦想家向女士说情，她则接受他当门徒。然后她进一步把他托付给雷蒙德·柳利照管，由后者指引他贯通炼金术工作：

> 首先进入一座塔，最美丽的建筑，
> 雷蒙德老爹带领我，从此毫不耽误，
> 他领我去她的花园，种着最芬芳的植物。[64]

在这首诗歌中，布洛姆菲尔德把从塔到花园的通道当作一个关于他本人通过雷蒙德作品而入了哲学之门的寓言。花园的特点有额外含义。例如，造得很好的塔指柳利那形状如塔的著名哲学熔炉，它在《关于自然秘密亦即精质的书》的各个中世纪抄本中均有图例。通过善用雷蒙德熔炉，布洛姆菲尔德的梦想家进入一座盛开着炼金术成分的花园，哲学家们常常把这些成分表现为花朵，这就是诗歌由以得名的“百花”。 190

如我们从新近发现的狱中作品中所知，布洛姆菲尔德实际上在创作《百花》约20年前就把雷蒙德当作他的哲学向导。即使在他最不讲技巧的散文作品《一部无与伦比的作品》中，他也纳入了直接抄自《关于自然秘密亦即精质的书》的两个柳利熔炉图形。不过，最贴切地调用《关于自然秘密亦即精质的书》之典型炼金术的是《实践》，从理论框架到技术内容都有。在此论述中，布洛姆菲尔德像雷蒙德和早于他的里普利一样，区分自然流程和反自然流程——使用“腐蚀性的水和毒药”溶解黄金的用于炼制黄金的低阶工作和“通过在有药效的水中溶解黄金而达成”的更伟大工作。他选择倾向于后者多过仅仅制作黄金，表达出一种热心为公的渴望，渴望枢密院能将他的论述交给某位“博学的或专业的”践行者，“生产出对我们的君王有用的东西和他的国家的救助品”。[65]不过，实际指示缩略得太厉害，以致没有布洛姆菲尔德本人的帮助，肯定就不可能复制成功，而这位炼金术士无疑打算提供帮助。

191

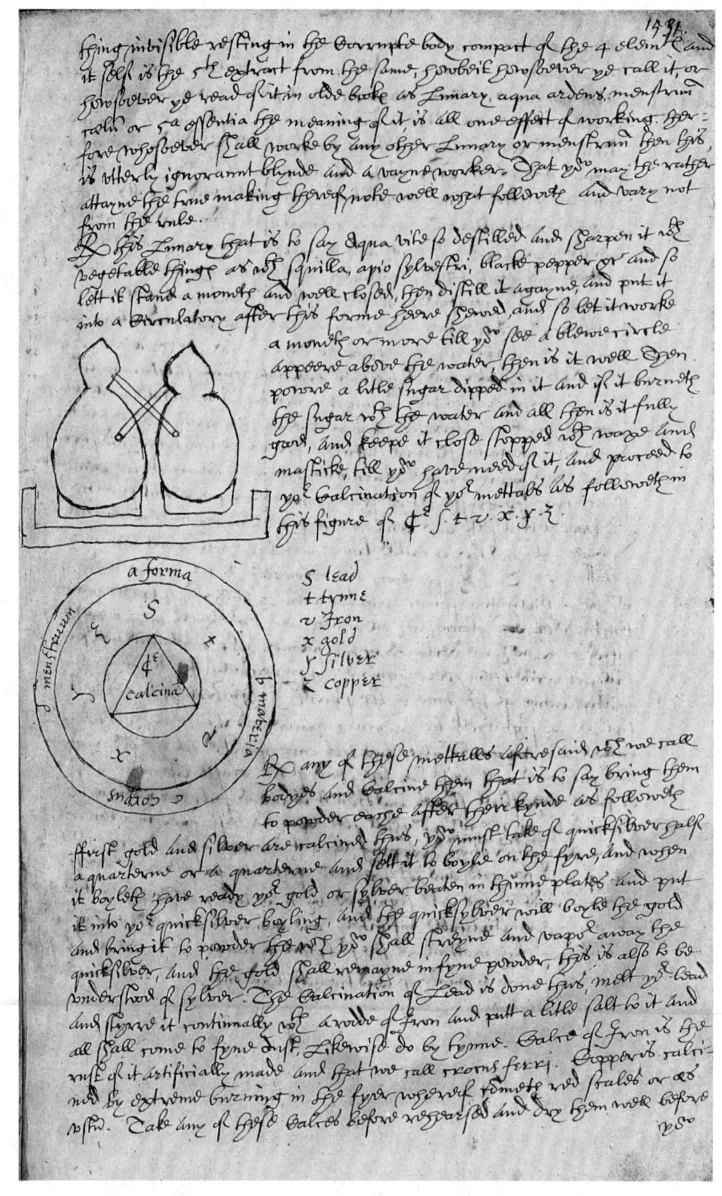

注:威廉·布洛姆菲尔德《实践》,收克里斯托弗·泰勒制作的一个抄本中。
资料来源:牛津大学博德利图书馆阿什莫尔手稿 1492,153。蒙牛津大学博德利图书馆允准。

图 5.1　托名柳利之轮与双子瓶

例如,《实践》包含对制造"阴地蕨"或精质的一段简短总结,重度依赖《关于自然秘密亦即精质的书》,接着是关于七种金属如何分别还原为一种金属灰或粉末的建议。与这份建议相伴的是双向循环烧瓶或双子瓶的一张图画,从《论缩略程序的书信》中复制(尽管此处写下的配方不需要这个设备),还有柳利之轮一个相当简单易懂的例子,在这个轮子中,每种金属都被指派了一个字母(虽然此处插入的字母表没有明显的实际含义)(图 5.1)。看起来作者正在隐瞒关键信息,确实,如他一定程度上承认的,“在此操作中,只有我可以总结整个工作的全部,但这么大一个秘密不必在写书的时候就带出”。因此这篇论述以关于金质金属灰溶解于水的吊人胃口的信息结束,作者评论说,这些信息“眼下对我们已经足够”。[66] 192

即使有这些故意为之的模糊性,也仍然有可能重构《实践》中的实践,至少能粗略描述。能够这么做要归功于一个事实,即这位看起来突然想到一个令自己满意的流程的炼金术士把这项实践当作他后续工作的核心而保留。布洛姆菲尔德这个有鲜明特色的实践在他的各种作品中都被原样保留,被灵巧地加以改编以适合不同体裁的体例,无论是技术性的《布洛姆菲尔德给英吉利亨利八世国王的作品》、以哲学论述形式拟写的申诉书《实践》,还是以配方集形式安排的赞助请求《布洛姆菲尔德的精质,或管理生命》,又或是寓言性质的诗歌《百花》。[67]对复制而言必不可少的信息散见于不同文本,要求读者仔细重组。比如,一位非专家根本不可能单凭《实践》的指引就完成此流程,布洛姆菲尔德在《实践》中频频省略或缩略技术信息而偏爱哲学式解释,这种路径完全符合文本作为一份申诉书的功能。另一方面,《布洛姆菲尔德给英吉利亨利八世国王的作品》彻底放弃字母表和哲学解释,对实践加以更全面的叙述。[68]

我们可以把来自布洛姆菲尔德三部作品中的文本线索组成三角形式,以此获得对有着浓烈柳利和色利康特征的一项实践的梗概。它以三个阶段展开,首先是蒸馏一种名叫“阴地蕨”的植物溶媒(用药草改善过的生命水),接着分别制备贵金属和基础金属。通过把金箔投入“沸腾的”水银中令黄金变成金属灰,再利用一块布过滤这份混合物,以产生一种“白色块状物”(《布洛姆菲尔德的精质,或管理生命》)或“白色圆块”(《布洛姆菲尔德给英吉利亨利八世国王的作品》)。[69]借助阴地蕨从这种金属灰中提取出一种不可燃的油,“通过阴地蕨的操作,我们溶解这金属”。[70]然后在一个循环容器中与阴地蕨一起加热这种油约 20 天,令其还原直至变得“像一块红宝石”(《布洛姆菲尔德的精质,或管理生命》),一种“浓稠物质”(《布洛姆菲尔德给英吉利亨利八世国王的作品》),或一种“像块石头般的胶状物质”(《实践》)。[71]为了制作质变仙丹,这种金质的油接下来就要与一种提取自基础金 193

属的石头结合,布洛姆菲尔德把这种石头称为"自然的硫磺"。任何基础金属都可以,取决于践行者在后面一个阶段打算如何进行。例如,把铅质变为金就需要也从铅中提取自然的硫磺,通过在一只坩埚中加一点盐加热铅就可以备好,制出一种"粉末"(《布洛姆菲尔德的精质,或管理生命》)、"精细粉尘"(《实践》)或"黄色粉尘"(《布洛姆菲尔德给英吉利亨利八世国王的作品》)。这种物质可以被容易地鉴定为明黄色的铅氧化物——铅黄。

从这里出发,《布洛姆菲尔德给英吉利亨利八世国王的作品》继续提供指导细节,而《实践》的实践内容逐步开始愈加稀释。在《布洛姆菲尔德给英吉利亨利八世国王的作品》中,铅黄被溶解于生命水以制作"繁茂的水银"或"少女的乳汁",这个流程让人想起里普利和圭多的植物石。[72]这东西通过与原先的铅黄一起反复碾磨而转变成自然的硫磺,直到这粉末精细到足够以"白雪或冰晶石"的形式升华进入一只蒸馏器的顶部。这种"发白的结晶灰白物"被缓缓溶解,金质的油也被一滴一滴慢慢加入。[73]这个发酵过程产出仙丹,1盎司这种仙丹就能把100盎司普通水银增生为更多仙丹,增生的仙丹接着可以把铅质变为黄金。

布洛姆菲尔德使用本质上相同的程序作为《实践》的基础,同时省略了很多"如何做"。他给出一个更理论化的解读,用关于金属成分的术语来阐述各个步骤,于是制作金属灰的步骤"首先由哲学家们发明"。它的目标是净化金属中不洁的含水银和硫的成分,通过干燥它们"有害的湿度"并烧光它们"有害的恶臭"而只留下最纯净和最不可燃的物质。该流程的后期阶段被有意削减,压缩成不超过一系列可以按柳利字母表的方式分派字母的物质:

194

> 我用号称"少女的乳汁"(L)的溶媒来表达繁茂的水银,这东西一旦再度被吸收进实体并升华,就将升入玻璃器的顶部,就像雾凇或小冰晶石,然后它被称为自然的硫磺,由M代表。[74]

用于指代这些物质的字母L和M在《实践》的其他地方没出现。如布洛姆菲尔德提醒读者的,他早已在较早提供给枢密院的《字母表》(*Alphabet*)中描述过这些阶段,"因此我们在这里不重复,只一笔带过"。[75]

通过这些暗示,我们能看到布洛姆菲尔德如何操控文本和图像来为自己的炼金术规划生成哲学权威性。布洛姆菲尔德受到托名柳利论著如《遗嘱》和《关于自然秘密亦即精质的书》中使用的图形鼓舞,也投身于本身就有浓重柳利气息的实践，因此设计出自己的一系列字母表和轮子，以演绎他独具特色的流程的不同阶段。我们通过《实践》的提示能推断出已逸失的《字母表》（据推测，它以更多细节解释了布洛姆菲尔德路径的理论原则）包括一只列举出该工作后续阶段的轮子：H（增生）、I（挥发液）、L（繁茂的水银）、M（自然的硫磺）、N（酊剂）、O（油）。这些步骤围绕一个中间点术语 K 而构思，K 代表这些步骤的每一个于其中发生的单个容器，布洛姆菲尔德将在《百花》中回到这个主题。不过，他在《实践》中首先集中于工作的较早阶段，尤其是煅烧金属的重要性。相应地，他的轮子围绕着"煅烧"这个中间点构思了七种金属（以 STVXYZ 指代）。

布洛姆菲尔德通过这种技巧给其实际操作的原始序列罩上一层柳利的光彩，此策略非常适合他力图模仿的哲学论述体裁。这一段也让人易于理解《百花》中的炼金术。为了适合韵文体寓言的体例，布洛姆菲尔德将技术性的托名柳利式字母与轮子词汇表替换为行星和金属间的一个易懂类比：

> 你所掌握的不关乎七颗行星，
> 而是一种模糊意涵，只有我们懂。
> 先带它们去地狱，再带向天堂。[76]

195

对《实践》的一位读者而言，这种模糊意涵很容易解释，"地狱"肯定指金属的煅烧，"天堂"则指金属灰在名叫"阴地蕨"的那种精质中的溶解。《实践》像《布洛姆菲尔德给英吉利亨利八世国王的作品》和《布洛姆菲尔德的精质，或管理生命》之配方部分一样，提供了更详细的指示，让我们得以在缺少布洛姆菲尔德理论性的《字母表》时也能进一步绘制其轨迹。对枢密院中的布洛姆菲尔德的读者（据推测，他们手边没有这种便利的阐释内容）而言，《实践》的建议应当很难遵循。我们必须得出结论，不管布洛姆菲尔德如何声明，他的论述的主要目标都不是让枢密院任命的一位代理践行者日子好过，而是要吊枢密院的胃口，吊到它肯释放他好让他为他们工作。归根结底，假如"由我们开展"，这个程序就能以最佳状态运行，这就是说，假如这位作者被从监狱里释放并获准继续进行这项工作。

威廉·布洛姆菲尔德的圈子

狱中作品为布洛姆菲尔德炼金哲学的演化提供了不期然的洞见，但是它们并非打算仅仅提供信息。正如给枢密院的各份申诉书，构思它们是为了让他赢得一个给自己的案件提出申辩的机会，为了从镣铐的严密拘束中赢得喘息，也为了赢得撤销针对他的案件的理由。这些目标嵌在作品本身的结构中，尤其是在较为优美的《实践》中。假如我们深入探究就会看到，布洛姆菲尔德对托名柳利炼金术的详细阐述多过陈述他自己的哲学资格证明，它也将他的炼金术同他正被指控从事的那类魔法区分开来。

布洛姆菲尔德炼金术方面的失败固然是他被捕的原因，但针对他的主要指控是与魔术牵连。1546 年 7 月 29 日，布洛姆菲尔德的仆人约翰·莫维尔（John Morvell）作证说，布洛姆菲尔德打算画一个魔法圆圈召唤来一个精灵，“它会前来并将我们两人都带走，不管我是否会命令他这么做”。[77]他指控布洛姆菲尔德计划在他工作地点屋顶下的“铅”里面开展这项实践，以避免他通常工作的“小房间”里人员往来频繁而被注意到。由于布洛姆菲尔德派莫维尔回家取一本关于天气魔法的书，所以这栋建筑不会是他自己的住宅，但可能曾是一位赞助人或监督人的家，可能就是布洛姆菲尔德在《实践》中暗指的那位严厉的“监督人”。莫维尔也描述了当他的主人注意到一项可能的危险后，把一个小孩带到安全地方（“最糟糕的是，我需要拆除这房子的一部分”）。由于一场虽说令人吃惊但及时的干预，拆除行动因国务大臣威廉·佩吉特先生（Sir William Paget）的到来而被抢先阻止，莫维尔说佩吉特“阻止了这件事”。[78]

196

就算我们无视莫维尔证词中比较令人惊讶的特征，也没有理由怀疑布洛姆菲尔德像他诸多同时代人一样，对当时的魔法文本如阿格里帕《论哲学神秘学》中描写的有关魔法圆圈和咒语的叙述着迷。假如他当真像莫维尔指控的那样尝试过此种行为，那就已经违反了近期反对魔术的法令，该法令明确禁止召唤精灵。加上布洛姆菲尔德早前在炼金术实践中的三次失败，此举可能令他在亨利最有影响力的几位委员当中留下坏名声。他在《一部无与伦比的作品》中恳求一位不具名谈话人去安抚对他心怀恶意的人，提出“乐于……屈身拜倒在他们脚边，以获得他们的好意”。[79]他尤其曾冒犯“我的大人温彻斯特主教”[宗教保守派斯蒂芬·加德纳（Stephen Gardiner）]和“我的国玺大臣”[可能是接替奥德利的托马斯·赖奥斯利（Thomas Wriothesley），1544 年 4 月获任]。[80]他也影射到不具名的敌人们，他们散播关于他的“许多邪恶说法”，他还恳求谈话人忽视“任何人说的不管什么东西”，并“按照你所发现的来看待我”。或许他是对佩吉特讲话，佩吉特于 1543 年加入枢密院，并且按照莫维尔的证词，与布洛姆菲尔德有过事先联系，可能是作为赞助人或主顾。但是就如琼斯的案件，现存的证据只能带我们到这里，且不幸的是，还远远不足以全面重构布洛姆菲尔德的炼金术冒险。

不过我们确实所知的东西的确有助于相当好地理解《实践》的创作。布洛姆菲尔德在他的作品中从未提到魔术指控，但是鉴于语境，他的炼金术阐释以极富启迪性的方式与魔法产生紧密接触。他的配方始于指导读者以耶稣的名义取 4 加仑“阴地蕨的甜美汁液”，用它蒸馏成 4 品脱“最纯粹的鲜活挥发液”。[81] 如我们所见，“银扇草”这种药草的确是托名柳利炼金术的主要内容，在《遗嘱》和《关于自然秘密亦即精质的书》中作为一种“植物”水银的代号出现。不过，布洛姆菲尔德没有继续提供技术指导，而是突然停下来解释炼金术创作策略的特殊性。炼金术的阴地蕨与一种魔法药草银扇草（lunaria）共享名称①，但这不能从字面上理解，它只不过是一种溶剂的代号，哲学家们“以神秘的方式命名”这种溶剂以暗指它的秘密优点。此前的无知读者们没能掌握他们权威的寓言意义，错误地把阴地蕨当作一种魔法物质：

197

> 早于我们这个时代的一些傻瓜阅读哲学家秘密作品时没理解它们的含义，设想出另一种阴地蕨，那是一种叫这个名字的药草，他们设想这种药草有开锁并令他们隐身的优点，这种意见非常致命，是虚假的、骗人的，并给使用者带来痛苦。[82]

正如在一些中世纪践行者包括霍图拉努斯和约翰·扫特里的作品中所见，使用植物名称来伪装炼金术成分是炼金术创作行为中不可或缺的部分。[83] 在炼金术上，字面阅读是没受过教育的平信徒的领地，而非哲学家的领地，确实，这种混淆视听之举恰恰是诸如托名阿纳德这类权威们有意为之，他们警告说自己的话语旨在教导明智人士并嘲弄傻瓜。然而此类论据不管如何吹捧哲学家的智慧，都留下了危险的可能性，令不熟悉此种解读策略的官员们可能给在其他情况下无害的代号归结一个更邪恶的含义。

① lunary 和 lunaria 虽然在炼金术中是同一个代号，但在植物学中各自有名称，所以分开译，也由此表明布洛姆菲尔德的独特用词。——译者注

198

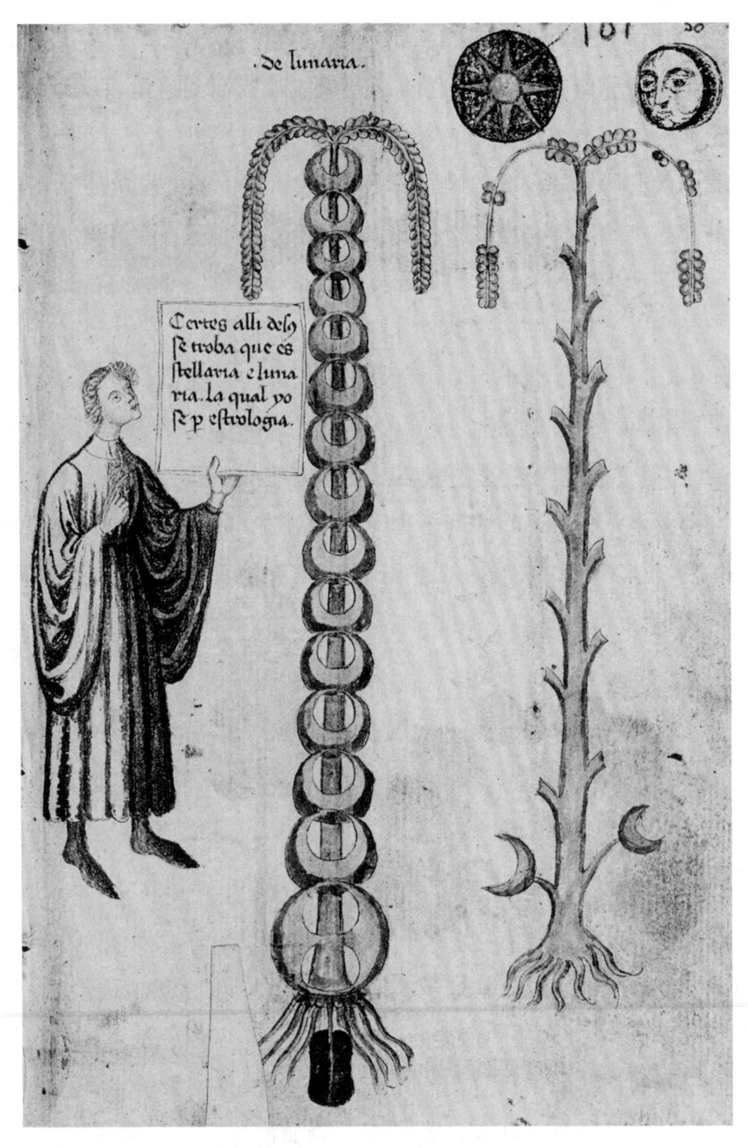

资料来源:剑桥大学基督圣体学院图书馆手稿 395, fol. 50r。蒙剑桥大学基督圣体学院帕克图书馆(Parker Library)允准。

图 5.2　银扇草插图,在一部后来属于贾尔斯·杜韦斯、韦尔比的罗伯特·格林可能还有约翰·迪伊的 15 世纪手抄本中

因此,银扇草这种药草充当了炼金术与魔法之复杂关系的一个象征符号,这种关系在中世纪晚期资料中早已被探究,包括在剑桥大学基督圣体学院图书馆手稿 395 中,这是贾尔斯·杜韦斯的托名柳利汇编之一。[84]这部汇编中,鲁伯斯西萨的约翰

199

《论精质书》的一个15世纪早期抄本中带有几张银扇草的图画，杜韦斯后来给这几张图附加了一篇短论《论银扇草的优点》(On the Virtues of Lunaria)(图5.2)。[85]

文本的内容(杜韦斯说从《赫耳墨斯之书》中抄来)描述了这种神秘药草的炼金术应用和魔法应用。假如水银在银扇草汁液和戴胜鸟血液中煮沸，就会产生一种能把铜质变为金的红色石头。这种植物和这种石头也都有其他奇妙属性，添到一个指环上就能令佩戴者隐身，或把他传送到任何他想去的地方，若单独用这植物汁液触碰耳朵，就能令使用者理解鸟兽的语言。[86]不过从杜韦斯的注解中能清楚看到，他就像布洛姆菲尔德一样把"银扇草"等同为一种炼金术代号，而非一种魔法物体。杜韦斯在一条笔记中宣称银扇草是哲学家的初始物质，除了能制作宝石和金银之外，还拥有令它能治疗所有疾病的隐藏优点。然而它的运作"在药草的外表之下以隐喻方式表现"，[87]那些不能认出戴胜鸟血液之性质的人不会理解。[88]对于后来把拉克坦提乌斯关于凤凰的诗歌阐释为一则炼金术寓言的杜韦斯来说，将银扇草和戴胜鸟的血液等同为炼金术代号而非实际的植物与动物产品，这肯定显而易见，哪怕这种解读没能捕获原始中世纪作者的意图。不仅如此，这个伪装流程似乎还得到了其他炼金术权威及中世纪权威的背书。考虑到这种药草被推测有恢复青春的力量，能够令白发脱落、黑发重生，杜韦斯评论说雷蒙德在《关于自然秘密亦即精质的书》中说过同样的东西，罗杰·培根在他关于治疗上了年纪的书《衰老和上了年纪的普遍养生法》(*De universali regimine senum et seniorum*)中也说过。[89] 200

布洛姆菲尔德在自己关于银扇草的探讨中区分了炼金术成分和魔法成分，也区分了炼金术阅读策略和处理文本的更直接路径。他通过揭示出"我们的阴地蕨"的真正意义而证明了自己在炼金术阅读和实践上的技能，它是"葡萄酒的纯粹隐形挥发液，我们也称之为燃烧水、天堂溶媒或精质"。[90]在一段堪称炼金术阅读简明教程的文字中，他依次分析上述每个名称。葡萄酒的挥发液之所以被称为"燃烧水"是因其燃烧优点，被称为"溶媒"(menstruum)①则因其滋养石头，一如月经血(menstrual blood)在子宫里滋养婴儿。它还被称为"天堂"，因其与天体优点融为一体。最后，它被称为"精质"，"因其是一种栖居在由四种元素紧密压缩成的腐化实体中的隐形物质，而它本身是从同种实体中提取出的第五元素"。[91]布洛姆菲尔德为了让读者相信他的正直，返回由几代人构成的哲学冲积层，揭示出位于他实践核

① menstruum在拉丁语中意思是每月一次的偿付、为期一月的任期或服务，是形容词"与月相关"的名词形式，因此与menstrual有相同词根。——译者注

心的一种真正的有形实质。抛开故弄玄虚的成分，它不过就是葡萄酒挥发液，“不管你怎么称呼它，或不管你在古书中读到它的什么名字”。

布洛姆菲尔德的操弄需要比照米瑟尔登许可证的条款来阅读，那些条款警告商人避开巫术而只能在可敬的自然哲学限度内操作。布洛姆菲尔德通过攻击魔法实践并引导其读者进入炼金术创作的多重秘义中，含蓄地让自己远离巫术艺术，同时透露出他的实践只不过是单纯的科学。这种解读要求我们重新看待布洛姆菲尔德在《实践》中包含柳利图形和字母表之举。这些东西不仅仅是旨在用时新文献阐明他熟悉之物的花招，它们还有助于解除在其他情况下有麻烦的圆形图案同巫术实践间的联系。考虑到莫维尔的证词——把布洛姆菲尔德的计划描述为在仔细阅读一本书的过程中通过画圆圈召唤精灵，则使用它们更有重大影响。在《实践》中，书籍和圆圈都被剥离了魔法注解，因为布洛姆菲尔德在托名柳利炼金术的可敬的哲学化语境下破解他的字母表之轮。

这不是说布洛姆菲尔德面对魔术指控时清白无辜，而是说他实际上是否尝试了仪式性魔法这件事在某种意义上无关紧要。《实践》提供了貌似可信的否认，一位无知的仆人有可能把主人的哲学操练误会为巫术迹象，或有可能给一部装饰着轮子、字母和天文符号的奇怪书籍归结了巫术含义。据布洛姆菲尔德自己承认，他曾使用圆圈来召唤精灵，但他的“圆圈”不过是柳利之轮，他的“精灵”是从葡萄酒和金属实体中提取出的纯净精华。①这种精质不能给人传递隐身性，但（如布洛姆菲尔德在文本中两次评论的）由于它伟大的精妙之处，它本身是隐形的。而且，尽管哲学家的阴地蕨不能像其魔法相似物那样开锁，但它的确有力量打开金属实体，以便将它们的“形式和第一物质”从构成它们原始形式的混乱复杂的物质中分离开。[92]《实践》为布洛姆菲尔德的读者提供了一种可靠的实践，它不基于非法的魔法，而基于实验，它安全地扎根于单纯的哲学科学中。

书籍的传递

随着隐修院消逝，有炼金术倾向的修道士要么像埃利斯那样放弃追求，要么像布洛姆菲尔德那样在世俗领域开展这类活动。就法律地位而言，炼金术依然是把

① spirit 同时有“精灵”和“挥发液”的意思。——译者注

双刃剑，因为与增殖和自然魔法有着危险的联系而成为一个可疑对象，但也是一种潜在的利益资源，成为申请执业许可证的理由，甚至成为“离开监狱获得自由”的机会。除了琼斯和布洛姆菲尔德，还有别的人也尝试过后面这种策略。1551 年，一位被关在伦敦塔的“预言家”罗伯特·艾伦（Robert Allen）也寻求被枢密院接见，声称尽管他不懂拉丁文，但“他可以比牛津或剑桥的博学之士们说出更多有关占星学和天文学的东西”，此外他还有“伟大仙丹”的秘密。[93] 202

书籍同人一样，都会因为与可疑实践的联系而沾上污点，不过书籍不能为自己的案件辩护，因此大批量湮灭。牛津和剑桥的学院图书馆的藏书在 16 世纪 40 年代和 50 年代爱德华六世改革期间遭到清洗。许多手抄本被平信徒收藏家和教会收藏家藏起来抑或是抢救出来，而随着对前宗教改革时代书籍的价值产生的新赏识取代了忽视，此种进程在该世纪后半叶获得推力。隐修院书籍保存了英格兰遗产的痕迹，包括早于罗马教会的未受损害的英格兰教会的历史。[94]但是对炼金术手抄本的收藏家而言，这些书籍的价值远超过作为古董的价值，它们也保存了依然适合运用的往昔实践。16 世纪中叶最著名的平信徒收藏家约翰·迪伊在从学院和前宗教修院收集手抄本方面孜孜矻矻，这些手抄本包括来自圣奥尔本斯和坎特伯雷圣奥古斯丁这两所大修道院的科学作品、医学作品以及炼金术作品。[95]

伊丽莎白时代的坎特伯雷大主教马修·帕克（Mattew Parker，1504—1575 年）是与迪伊势均力敌的教会中人。[96]帕克那份无价手抄本藏品的许多内容都起源于隐修院和宗教机构，宗教改革的战利品聚集起来构成了一部新英格兰历史的“小块地基”。帕克藏品的一部分现在存于剑桥大学基督圣体学院以他的名字命名的图书馆里。虽说帕克藏品中最知名的是关于盎格鲁-撒克逊的宝藏，但其中也包括数量虽少但质量很高的一份有着鲜明托名柳利倾向的炼金术手抄本藏品。而这部分内容与其说是隐修院实践的残篇，不如说它们让我们关注到罗伯特·格林和贾尔斯·杜韦斯的世俗收藏实践，突出了这些人在 16 世纪前半叶作为炼金术知识导管的重要意义。例如，剑桥大学基督圣体学院图书馆手稿 112 包含的一部《遗嘱》，显然是 15 世纪后期或 16 世纪早期抄自格林的重要手抄本即牛津大学基督圣体学院图书馆手稿 244，还抄录了约翰·科克比的书籍末页。[97]帕克还以剑桥大学基督圣体学院图书馆手稿 395 的形式保住了一份更加珍贵的物品，即杜韦斯关于银扇草之沉思的合辑以及《第三种区别》的一个珍贵抄本，这份藏品可能是在格林死后经迪伊之手来到帕克手中。[98] 203

迪伊和帕克那有所重叠的藏品提供了前宗教改革时代混合经济和伊丽莎白时代

对英格兰炼金术遗产兴趣复苏的桥梁。在这个域限时刻，来自早前时期的幸存者——既有僧侣也有书籍——依旧可以被接触和咨询。迪伊可能已经读过布洛姆菲尔德的《百花》，但他也可以咨询该书作者本人。1561 年 5 月 16 日，他为“他最诚挚的朋友布洛姆菲尔德大师”奉上希格登（Higden）的《多面编年史》（*Polychronicon*）的一个副本，该副本从前是坎特伯雷圣奥古斯丁修道院的财产。此举引出一个富有吸引力的可能性，即两个人可能曾于某个时刻讨论过炼金术的秘密。[99]然而英格兰的实践景观在此时已经发生了不可逆的转变，关于炼金术历史的一种崭新的新教徒视野已然被广泛接受。

【注释】

[1] Blomfild, *Blossoms*, on 24(ll. 90—91).

[2] 被亨利八世任命为天文学家的慕尼黑数学家兼乐器制作师尼古拉斯·克拉策尔（Nicholas Kratzer, 1487?—1550 年）就同时例证了这两方面，他除了宫廷职位，还获得托马斯·沃尔西（Thomas Wolsey）任命，在牛津的基督圣体学院这个人文主义学习的重要场所享有讲席。亨利当政期的人文主义与科学知识见 Antonia McLean, *Humanism and the Rise of Science in Tudor England* (New York: Heinemann, 1972)；Kenneth Charlton, “Holbein's ‘Ambassadors’ and Sixteenth-Century Education”, *Journal of the History of Ideas* 21(1960): 99—109；John North, *The Ambassadors' Secret: Holbein and the World of the Renaissance* (London: Hambledon, 2002)。

[3] J. S. Brewer, *The Reign of Henry VIII from His Accession to the Death of Wolsey*, ed. James Gairdner(London: John Murray, 1884), 1:233n1.

[4] British Library, MS Sloane 2170, fol. 56r.

[5] Ibid.

[6] Blomfild, *Blossoms*，首次出版见 Ashmole ed., *Theatrum Chemicum Britannicum*, 305—322。罗伯特·舒勒推测，阿什莫尔那个版本中该作品的原始标题为《尊贵的炼金术科学的简要说明》，Robert Schuler, “Three Renaissance Scientific Poems”。

[7] Blomfild, *Blossoms*, 26(l. 149).

[8] 亨利给各个请愿人颁发的专利证书得到 1523: 15 Henry VIII, c.5 这条法令的批准。亨利的医师兼医师学院首任校长托马斯·利纳克见 Francis Maddison, Margaret Pelling, and Charles Webster, *Essays on the Life and Work of Thomas Linacre, c. 1460—1524* (New York: Oxford University Press, 1977)。

[9] 这场“大贬值”见 C. E. Challis, *The Tudor Coinage* (New York: Manchester University Press, 1978), 81—112；J. D. Gould, *The Great Debasement: Currency and the Economy in Mid-Tudor England* (Oxford: Clarendon Press, 1970)。

[10] British Library, MS Sloane 3604；讨论见下文第六章。

[11] British Library, MS Harley 660, fol. 85v；总结见“Letters and Papers: February 1539, 11—15”, in *Letters and Papers, Foreign and Domestic, Henry VIII*, vol. 14, pt. 1, *January—July 1539*, ed. James Gairdner and R. H. Brodie(London: Her Majesty's Stationery Office, 1894), 108; *British History Online*, http://www.british-history.ac.uk/letters-papers-hen8/vol14/no1/pp107—117(2017 年 8 月 5 日访问)。不列颠图书馆哈利手稿 660 包括大量专利证书和其他王室行政文书的副本。

[12] 关于这份提到米瑟尔登三位仆从但没提到他儿子罗伯特的拉丁文许可证，见第二章注释[18]。授权令藏 British Library，MS Harley 660，fol. 85v，结尾写“我们当政三十年的 2 月 13 日于我们的威斯敏斯特宫盖了我们的印章”；《文书与文件》错误地总结为“亨利八世三十年 2 月 13 日于威斯敏斯特宫盖我们的印章”。威斯敏斯特宫于 1512 年毁于火灾，从此不再是王室住所，此事实也支持较早的日期。

[13] British Library，MS Harley 660，fol. 85v.

[14] 讨论见下文第六章。

[15] British Library，MS Harley 660，fol. 85v.

[16] Madeleine Hope Dodds，“Political Prophecies in the Reign of Henry VIII”，*Modern Language Review* 11（1916）：276—284；Keith Thomas，*Religion and the Decline of Magic*（London：Weidenfeld & Nicolson，1971；repr.，London：Penguin，1991），471—477；G. R. Elton，*Policy and Police：The Enforcement of the Reformation in the Age of Thomas Cromwell*（Cambridge：Cambridge University Press，1972），chap. 2.

[17] 33 Henry VIII，c.14.

[18] 33 Henry VIII，c.8.魔法与谋反间的联系，见 Francis Young，*Magic as a Political Crime in Medieval and Early Modern England：A History of Sorcery and Treason*（London：I. B. Tauris，2018）；Jonathan K. van Patten，“Magic，Prophecy，and the Law of Treason in Reformation England”，*American Journal of Legal History* 27(1983)：1—32；Malcolm Gaskill，“Witchcraft and Evidence in Early Modern England”，*Past and Present* 198(2008)：33—70。

[19] 英格兰语境下的仪式性魔法，见 Frank Klaassen，*The Transformations of Magic：Illicit Learned Magic in the Later Middle Ages and Renaissance*（University Park：Pennsylvania State University Press，2013）。对“恶魔的”魔法之法律谴责和道德谴责的更一般性概述见 Richard Kieckhefer，*Magic in the Middle Ages*（New York：Cambridge University Press，1989），chap. 8；Michael D. Bailey，“Diabolic Magic”，in *The Cambridge History of Magic and Witchcraft in the West：From Antiquity to the Present*，ed. David J. Collins(New York：Cambridge University Press，2015)，361—392。主要研究包括 Stuart Clark，*Thinking with Demons：The Idea of Witchcraft in Early Modern Europe*（Oxford：Oxford University Press，1997）；Keith Thomas，*Religion and the Decline of Magic*。

[20] 中世纪对质变术的异议，详情见 Newman，*Promethean Ambitions*，44—49。

[21] 例如约翰·迪伊在捍卫“真正”占星学实践时就对其与“虚假”占星学实践有极好的区分，见 John Dee，*The Mathematicall Praeface to the Elements of Geometrie of Euclid of Megara*（*1570*）（New York：Science History Publications，1975），sigs. [A.i.]v-[A.ij.]v；[b.iii]r-v。占星学在英格兰宫廷场景下的风险与好处见 Hilary M. Carey，*Courting Disaster：Astrology at the English Court and University in the Later Middle Ages*（London：Macmillan，1992）。

[22] British Library，MS Lansdowne 703，fols. 44v-45r.

[23] 讨论近代早期欧洲之神秘属性的文献数量广大，尤见开创性研究 Keith Hutchison，“What Happened to Occult Qualities in the Scientific Revolution?”，*Isis* 73(1982)：233—253；John Henry，“Occult Qualities and Experimental Philosophy”，*History of Science* 24(1986)：335—381。

[24] 与护身符和图形魔法相关的问题见 Frank Klaassen，*Transformations of Magic*。D. P. Walker，*Spiritual and Demonic Magic from Ficino to Campanella*（London：Warburg Institute，1958；repr.，University Park：Pennsylvania State University Press，2000）依然是不错的综述。

[25] 此关联见《论从天空获得生命》(*De vita coelita comparanda*)第三章，此书是斐奇诺著名的《论生命三书》的第三书，1489 年首版于佛罗伦萨。

[26] 译文见 Ficino，*Three Books on Life*，257。如希尔万·马东(Sylvain Matton)所示，斐奇诺对精质的解读反过来对 16 世纪炼金术的理论建立有巨大影响，Sylvain Matton，“Marsile Ficin et l'alchimie：Sa position，son influence”，in *Alchimie et philosophie à la Renaissance*，*Actes du*

colloque international de Tours(*4—7 décembre 1991*), ed. Sylvain Matton and Jean-Claude Margolin(Paris: Vrin, 1993), 123—192。

[27] Michela Pereira and Barbara Spaggiari eds., *Il Testamentum alchemico attribuito a Raimondo Lullo*, 1:14.

[28] Ibid.

[29] 第一书的一个修订版于1531在巴黎、科隆(Cologne)和安特卫普(Antwerp)刊印,而包括引起争议的论仪式性魔法的第三书在内的完整作品于1533年在科隆问世。不过,此书的第一个版本在此之前已经以手抄本形式广泛流通。阿格里帕对斐奇诺的运用见 Sylvain Matton, "Marsile Ficin et l'alchimie"。

[30] Heinrich Cornelius Agrippa, *Three Books of Occult Philosophy*, trans. J. F. (London: R. W. for Gregory Moule, 1651 [i.e., 1650]), 33.阿格里帕对自己的炼金术实践不着一字,但希尔万·马东力陈,他事实上是一部后来归给斐奇诺的炼金术论著的作者,Sylvain Matton, "Introduction", in Heinrich Cornelius Agrippa(attr. to), *De arte chimica*(*The Art of Alchemy*): *A Critical Edition of the Latin Text with a Seventeenth-Century English Translation*, ed. Sylvain Matton (Paris: S.É.H.A.; Milan: Archè, 2014)。另外,阿格里帕在 *De incertitudine et vanitate scientiarum et artium atque de excellentia verbi Dei declamatio invectiva* (Cologne, 1527)中收了一段被轻视的关于炼金术的内容,见英译本 *The Vanity of Arts and Sciences* (London: Samuel Speed, 1676), 312—316。

[31] Anon., "Opus henrici Cornelij Agrippe de occulta philozofia liber pr*imus* cap*itul*o. [quint]o. de mirabilibus ignis at terre natur*es*", Oxford, Bodleian Library, MS Ashmole 1426, pt. 5, 37—42.

[32] Ibid., 42.

[33] 里普利尤其在关于自己的轮子的诗句中影射了《遗嘱》的启示论类比(这是"意见持有人"钟爱的一条资料),Rampling, "Depicting the Medieval Cosmos", 63—64。

[34] "Henry VIII: December 1532, 16—31", in *Letters and Papers*, *Foreign and Domestic*, *Henry VIII*, vol. 5, *1531—1532*, ed. James Gairdner(London: Her Majesty's Stationery Office, 1880), 681—700; *British History Online*, http://www.british-history.ac.uk/letters-papers-hen8/vol5/pp681—700(2017年8月5日访问); G. R. Elton, *Policy and Police*, 50—56。

[35] National Archives, SP 1/73, fol. 1r-v.

[36] Ibid., fol. 1v:"我的冒犯至多就是嘲笑他的认可,正如是个人就会对他的一种行为做的那样。"

[37] John 12:24—25(Dousay-Rheims).

[38] "Richard Jones would make the Philosophers stonne", National Archives, SP 1/73, fol. 2v.

[39] Ibid., fol. 3r.

[40] 林肯(Lincoln)主教约翰·朗兰(John Longland)致托马斯·克伦威尔,National Archives, SP 1/69, fols. 12r, 15r;概述见"Henry VIII: January 1532, 11—20", in *Letters and Papers*, 5:339—349;*British History Online*, http://www.british-history.ac.uk/letters-papers-hen8/vol5/pp339—349(2017年8月5日访问)。这位大学委员将泰勒移交给林肯主教朗兰,后者将这封信和一份对泰勒的审问报告转交克伦威尔。看起来这就是现在与琼斯致克伦威尔的申诉书并列归档的那封信,见 National Archives, SP 1/73。这封信可能在最早的消匿企图之后不久就被重新拼贴,尽管关于信的来源的信息显然在被归档时已经丢失,档案标签写"贴在纸上的一封信,但不知晓是谁的信。只知涉及炼金术"(fol. 3v)。

[41] National Archives, SP 1/73, fol. 3r.

[42] 该修道院对解散的反抗见 James G. Clark, "Reformation and Reaction at St Albans Abbey, 1530—58", *English Historical Review* 115(2000):297—328。

[43] 布洛姆菲尔德见 Robert M. Schuler, "William Blomfild, Elizabethan Alchemist", *Ambix* 20(1973): 75—87;Robert M. Schuler, "An Alchemical Poem: Authorship and Manuscripts", *The Library*, 5th ser., 28(1973):240—243;Robert M. Schuler, "Hermetic and Alchemical Traditions of the English Renaissance and Seventeenth Century, with an Essay on Their Relation to Alchemical

Poetry, as Illustrated by an Edition of 'Blomfild's Blossoms', 1557"(PhD diss., University of Colarado, 1971); Lawrence M. Principe, "Blomfild, William (fl. 1529—1574)", *Oxford Dictionary of National Biography*。

[44] 帕克赫斯特见 Ralph Houlbrooke, "Parkhurst, John(1511?—1575)", *Oxford Dictionary of National Biography*。如霍尔布鲁克(Houlbrooke)所论,"帕克赫斯特首先面临足够胜任之神职人员的严重短缺",这种短缺指明为何布洛姆菲尔德这个无疑特立独行的候选人能够获得一个堂区。

[45] Cambridge University Library, MS DD.3.83, art. 6, front cover.

[46] 关于这部手稿的证据见 Robert M. Schuler, "Three Renaissance Scientific Poems", 17;Robert M. Schuler, "Hermetic and Alchemical Traditions", 352—377。

[47] Cambridge University Library, MS DD.3.83, art. 6,以下简称 *Regiment of Life*。

[48] Oxford, Bodleian Library, MS Ashmole 1415, fols. 96v-100r;重印于 Robert M. Schuler, "Hermetic and Alchemical Traditions", 488—490。据我所知,此著没有更早的手抄本存世。

[49] Robert M. Schuler, "William Blomfild, Elizabethan Alchemist", 76—77.

[50] "Letters and Papers: November 1539, 1—5", in *Letters and Papers, Foreign and Domestic, Henry VIII*, vol. 14, pt. 2, *August-December 1539*, ed. James Gairdner and R. H. Brodie(London: Her Majesty's Stationery Office, 1895), 168; *British History Online*, http://www.british-history.ac.uk/letters-papers-hen8/vol14/no2/pp160—170(2018年4月22日访问)。

[51] National Archives, SP 1/222(29 July 1546), fol. 132; Robert M. Schuler, "William Blomfild, Elizabethan Alchemist", 78.

[52] National Archives, SP 4/1(October 1545); Robert M. Schuler, "William Blomfild, Elizabethan Alchemist", 78.

[53] Oxford, Bodleian Library, MS Ashmole 1492, pt. 9, 152(克里斯托弗·泰勒手书)。泰勒给该手抄本中一部更早的作品确定了日期"1604年10月"(fol. 138v)。布莱克(Black)错误地把这篇论述描述成是《遗嘱:实践》的一个译本,其实它与后者没什么相像,William Henry Black, *A Descriptive, Analytical, and Critical Catalogue of the Manuscripts Bequeathed unto the University of Oxford by Elias Ashmole, Esq., M.D., F.R.S.* (Oxford: Oxford University Press, 1845), 1374。

[54] 戴金斯通见 Peter J. Grund, "*Misticall Wordes and Names Infinite*", 112—114;Peter J. Grund, "A Previously Unrecorded Fragment of the Middle English Short Metrical Chronicle in Bibliotheca Philosophica Hermetica M199", *English Studies* 87(2006):277—293, on 278—279。

[55] British Library, MS Sloane 2170, fols. 56r-59v(爱德华·戴金斯通手书?)。

[56] Oxford, Bodleian Library, MS Ashmole 1492, pt. 9, 152.

[57] 虽然我们没理由怀疑他的话,但这种开场风格也让人想起那些托名柳利经典,比如《论缩略程序的书信》,它开篇就是雷蒙德对此前写给赞助人西西里国王的各作品的回忆,也让人想起里普利《致爱德华四世的信》,它提到与这位英格兰国王更早的通信。

[58] British Library, MS Sloane 2170, fols. 56r-59v.

[59] Oxford, Bodleian Library, MS Ashmole 1492, pt. 9, 151.

[60] Ibid.

[61] 奥德利1532年被封为勋爵,1533年1月26日被任命为国玺大臣,1538年11月29日被册封为瓦尔登的奥德利男爵(Baron Audley of Walden)。既然他被称为"托马斯先生"(Sir Thomas)而非"奥德利大人"(Lord Audley),我们就有可能进一步缩小日期范围。奥德利1538年11月被册封为贵族,《实践》据推测是他的仆人拿到石头五年后所写。考虑到作者的记忆或有些许偏差,我们可以估计《实践》写于1537年到1545年之间。奥德利见 L. L. Ford, "Audley, Thomas, Baron Audley of Walden(1487/8—1544)", *Oxford Dictionary of National Biography*。

[62] Oxford, Bodleian Library, MS Ashmole 1492, pt. 9, 151.

[63] British Library, MS Sloane 2170, fol. 59r.

[64] Blomfild, *Blossoms*, 29(ll. 222—224).

[65] Oxford, Bodleian Library, MS Ashmole 1492, pt. 9, 151.

[66] Ibid., 154.

[67] 在此之外还要补充几条配方，可能是较晚的时间从这些作品中的任何一部中摘出的，未必是布洛姆菲尔德本人摘录，比如题名《W. B.的一项杰出工作》的加工方法，藏 Lincoln's Inn Library, MS Hale 90, fol. 82v，刊印于 Robert M. Schuler, "Hermetic and Alchemical Traditions", 506。

[68] 布洛姆菲尔德撰写《布洛姆菲尔德给英吉利亨利八世国王的作品》可能是为了回应因《实践》引起的进一步盘查，补入早前那个文本中的一些省略。不过，考虑到抄本的日期较晚，因此实际的关注焦点可能应当是，它是一位只关心保存技术信息的抄写员在布洛姆菲尔德身后对一部曾经更长的作品进行编辑的产物。

[69] *Regiment of Life*, fol. 11r; Oxford, Bodleian Library, MS Ashmole1415, fol. 97v.

[70] Oxford, Bodleian Library, MS Ashmole 1492, pt. 9, 154.

[71]《实践》和《布洛姆菲尔德的精质，或管理生命》说是 20 天，《布洛姆菲尔德给英吉利亨利八世国王的作品》说是 23 天。

[72] Oxford, Bodleian Library, MS Ashmole 1415, fols. 98v-99r："这就是哲学家们称为繁茂的[水银]、哲学家之石和少女的乳汁的东西。"

[73] Ibid., fol. 99v.《实践》也描述了非常缓慢地添加这种金质的油，见 Oxford, Bodleian Library, MS Ashmole 1492, pt. 9, 154。

[74] Oxford, Bodleian Library, MS Ashmole 1492, pt. 9, 154.

[75] Ibid.

[76] Blomfild, *Blossoms*, 33(ll. 337—339).

[77] National Archives, SP 1/222, fol. 134r.

[78] Ibid.因为家中成员或社会访客而被打断，这是魔法践行者始终存在的担忧。约翰·迪伊经历过类似的窘境，详细叙述见 Deborah E. Harkness, "Managing an Experimental Household: The Dees of Mortlake and the Practice of Natural Philosophy", *Isis* 88(1997):247—262, on 259。

[79] British Library, MS Sloane 2170, fol. 59v.

[80] Ibid.

[81] Oxford, Bodleian Library, MS Ashmole 1492, pt. 9, 154.

[82] Ibid.

[83] John Sawtrey, *De occulta philosophia*, in British Library, MS Harley 3542, fol. 71r："因为它是植物性的或药草的，来自以相同比例结合的三种药草在微火上熏烤 24 天后会产生的汁液。"Hortulanus, *Rosarium parvum*, in British Library, MS Sloane 1091, fol. 128v："我将采用他碰巧发现种在自己玫瑰园里的三种药草。"

[84] 在托名柳利文集以外，"银扇草"还出现在各种拉丁文和中世纪英语文本中，包括一首 15 世纪的诗歌《这是一种人称银扇草的药草》(Her ys an Erbe men call Lunaryie)，阿什莫尔后来将其发表于《不列颠炼金术剧场》中，见 British Library, MS Harley 2407, fols. 7r-v; Ashmole ed., *Theatrum Chemicum Britannicum*, 348—349。哈利手稿 2407 后来为迪伊所有，其中也包括一篇写以中世纪英语的关于银扇草的短散文《我将告诉你一种人称银扇草的药草》(I schal yow tel of an erbe [th]at men cal lunarie)，描述了这种植物的叶子如何随着月亮渐满而生长(fol. 5v)。

[85] Cambridge, Corpus Christi College Library, MS 395, fols. 49v-51v.这张图画可能是抄写员注意到"银扇草"在托名柳利《第三种区别》中的重要意义(在炼金术意义上作为葡萄酒精质)后收入的，《第三种区别》后来也被纳入该手抄本。

[86] Ibid., fols. 48v-49r.

[87] 贾尔斯·杜韦斯为 Cambridge, Corpus Christi College Library, MS 395, fol. 48v 写的笔记。

[88] Ibid.

[89] Ibid., fol. 49r.杜韦斯在此提到一部短册子《老年养生法》(*regimine senium*)，它在手抄本中常常与更出名的《延缓老年的意外》(*retardatione accidentium senectutis*)相伴出现，经罗杰·培根编辑后

题名 *De universali regimine senum et seniorum*，ed. Andrew G. Little and Edward Withington，in *Opera hactenus inedita Rogeri Bacon*，fasc. 9（Oxford：Clarendon Press，1928），90—95。见 M. Teresa Tavormina，"Roger Bacon：Two Extracts on the Prolongation of Life"，in *Sex*，*Aging*，*and Death in a Medieval Medical Compendium*：*Trinity College Cambridge MS R.14.52*，*Its Texts*，*Language*，*and Scribe*，ed. M. Teresa Tavormina（Tempe：Arizona Center for Medieval and Renaissance Studies，2006），1：327—372。

[90] Oxford，Bodleian Library，MS Ashmole 1492，pt. 9，152.

[91] Ibid.，152—153.

[92] 布洛姆菲尔德在《百花》中描述梦想家试图打开通往哲学营地的十二把锁时似乎取笑了这种用法。打开所有锁的那把钥匙是关于正确第一物质的知识，这钥匙的诸多名称之一是"阴地蕨"（*Blossoms*，24，ll. 89—91）。

[93] British Library，MS Harley 424，art. 7c，被 John Gough Nichols，*Narratives of the Days of the Reformation*，*Chiefly from the Manuscripts of John Foxe*，*Martyrologist*（London：Camden Society，1849），329 引用。炼金术可能也为货币犯罪提供了一种"托辞"，见 Jotham Parsons，*Making Money in Sixteenth-Century France*，229。

[94] Roberts and Watson，*Dee's Library Catalogue*，14；William H. Sherman，*John Dee*，118—120.隐修院书籍在宗教改革时期的流散见 David N. Bell，"Monastic Libraries：1400—1557"，in *Cambridge History of the Book in Britain*，3：229—254；James P. Carley，"Monastic Collections and Their Dispersal"，in *The Cambridge History of the Book in Britain*，vol. 4，*1557—1695*，ed. John Bernard and D. F. McKenzie，with Maureen Bell（Cambridge：Cambridge University Press，2002），339—348。

[95] Roberts and Watson，*Dee's Library Catalogue*，14.这些包括 Oxford，Corpus Christi College Library，MS 125，这是一份圣奥古斯丁关于魔法、炼金术和染料的文本的汇编，详细讨论见 Sophie Page，*Magic in the Cloister*。

[96] David J. Crankshaw and Alexandra Gillespie，"Parker，Matthew（1504—1575）"，*Oxford Dictionary of National Biography*.帕克的书籍见 M. R. James，*The Sources of Archbishop Parker's Collection of MSS at Corpus Christi College*，*Cambridge*（Cambridge：Cambridge Antiquarian Society，1899）；Bruce Dickins，"The Making of the Parker Library"，*Transactions of the Cambridge Bibliographical Society* 6（1972—76）：19—34；R. I. Page，*Matthew Parker and His Books*（Kalamazoo，MI：Medieval Institute Publications，1993）；Anthony Grafton，"Matthew Parker：The Book as Archive"，*History of Humanities* 2（2017）：15—50。应当注意，帕克的许多书籍现在不存于帕克图书馆，而存于不列颠图书馆的科顿手稿（Cotton manuscripts）。

[97] 科克比的书籍末页见 Cambridge，Corpus Christi College Library，MS112，358。

[98] 剑桥大学基督圣体学院图书馆手稿 395 未被迪伊注释，但它的一些内容被列于迪伊 1556 年 7 月阅读的炼金术书籍书单中，见 Roberts and Watson，*Dee's Library Catalogue*，191—192。他的另一批炼金术手抄本 Cambridge，Corpus Christi College Library，MS 99 包含了达斯汀、培根和鲁伯斯西萨的作品，这批文档被詹姆斯（James）基于 fol. 1r 的字母 Δ（常被迪伊用来代表自己的名字）而暂时与迪伊联系起来，M. R. James，*A Descriptive Catalogue of the Manuscripts in the Library of Corpus Christi College*，*Cambridge*（Cambridge，1912），1：186。迪伊的炼金术阅读见下文第八章。

[99] Ranulf Higden，*Polychronicon*，Oxford，Queen's College，MS 307（fifteenth century），fol.2r，在 Roberts and Watson，*Dee's Library Catalogue*，182 中编号 DM161；也见 Robert M. Schuler，"William Blomfild"，80。

第六章 时间与金钱

204 旧日里也确实如此，皇帝们、国王们和王侯们渴望这门科学，更多是因为这件事的尊贵，多过仰慕对黄金的渴望，他们也的确基于那种目的支持高贵与博学的哲学家。[1]

1565年，英格兰炼金术士因为英格兰女王同意资助一位荷兰炼金术士的活动的消息而感到震惊，事实上，女王已经让他在萨默塞特府邸(Somerset House)建立了一个有一笔丰厚津贴支持的全副装备的工作间。[2]虽然也有关于更早的王室事业的线索，包括理查德·卡特在爱德华四世的伍德斯托克采邑的实践，甚至还有理查德·琼斯以亨利八世的名义工作的稀疏证据，但是柯奈留斯·德·朗诺瓦是第一位已知的获得如此规模的实质性王室支持的炼金哲学家。消息传得飞快，在其他践行者当中燃起希望。如今以法兰西为基地的英格兰宇宙志学者理查德·伊顿从他的新教徒赞助人沙特尔副伯爵(Vidame de Chartres)①让·德·费里埃(Jean de Ferrières)那里获知此事。[3]他致信伊丽莎白的国务大臣威廉·塞西尔(William 205 Cecil)，祝贺他挽留了“据我的领主告知为女王陛下工作的伟大哲学家”，祈祷女王在获得石头方面有所斩获，“我相信可能性千真万确，并且我判断她最值得拥有上帝如此杰出的一件礼物”。他并非一个任机会溜走的人，所以结尾时暗示，如果需要，可以获得他在炼金术事务上的建议：“我将为阁下写更多有关内容，假如我知道

① 副伯爵是法兰西一种封建头衔，由教区主教挑选并获伯爵同意的一位世俗官员，以伯爵名义执行有关教会俗世利益的职责。——译者注

该怎么做。被蜇的渔夫会明智。等等。”[4]

伊顿以挖苦地引用伊拉斯谟的一句箴言“被蜇的渔夫会明智”(“第一次被打，第二次学乖”①)来收尾，正是对他自己炼金术生涯中种种失败的恰当反省。[5]1546年，他被任命为亨利八世的蒸馏师，却因为国王于次年驾崩而被拒绝授职。1550年，他以护国公一位重要食客的名义展开炼金术实践，但当他的事业被出卖给地方当局后，他便触犯了反对增殖的法令。伊顿注定要停止在故土实践炼金术，于是最终跟着一位外国赞助人德·费里埃的一众随员离开英格兰，费里埃是法兰西新教的导航灯之一，也是帕拉塞尔苏斯派医学的一位赞助人。[6]他虽然写信道贺，但是他的君主最终选择支持一位外国炼金术士而非英格兰人，这消息不啻一个重击。

伊顿的引语点到他早前与法律的小冲突，但也是一则预言。朗诺瓦的事业失败了，结果很难再说服女王资助更多操作，虽说塞西尔和其他行政官员及廷臣都继续支持有前途的冶金计划，包括几个与炼金术有关的。[7]尽管如此，伊丽莎白一世对德·朗诺瓦的赞助触发了英格兰请愿人的一波请求，他们希望自己的努力也能获得类似关注。 206

本章追索炼金术赞助在宗教改革之后的逐渐明朗化。[8]爱德华六世和伊丽莎白一世当政期，随着炼金术活动的地点彻底转换到包括私人住家和铸币厂在内的俗世情境中，产生了新的赞助类型和不同种类的践行者。铸币厂官员、商人、工匠和在俗神职人员都在筹谋炼金术计划、申请许可证并寻求资助，有时还得到本国高级行政官员(官方或非官方)的支持。兴趣的扩散也使得复制中世纪炼金术文本的需求增长，尤其是对英语译本的需求。这种需求加强了15世纪行家们如里普利和托马斯·诺顿的声望，一如它也塑造了践行者们对自家历史的认识，有助于他们对自己是一种经久不息且有自主性之传统的继承人的意识，这种传统就如英格兰教会，无须再被视作欧陆权威的随从。

这些书籍中有许多都留存下来，包括理查德·伊顿、托马斯·查诺克和理查德·沃尔顿的手稿，他们都曾向伊丽莎白请求执业许可证。托名柳利炼金术在这些藏品中占主导地位，里普利的名字也是，这位哲学家现在受拥戴的原因不仅在于他是雷蒙德的一位胜任评注人，还在于他是炼金哲学中一种独特英格兰传统的代表。早在隐修院解散之前，平信徒社区已经着手于复原古代炼金术知识这一进程，

① 译文为拉丁文原文的字面意思，括号中是作者所给意思对应的英语俗语，也照字面翻译，若再对应为汉语俗语，则是“一朝被蛇咬，十年怕井绳”。——译者注

而随着拉丁文文本被译为英语，中世纪论著以印本面世，以及践行者力图将这些资料塑造成关于英格兰实践的有形"历史"，此进程加速发展。即使在新教英格兰的新智识景观中，炼金术践行者们也无法逃避他们的中世纪往昔。

炼金术的英格兰化

对16世纪的读者-践行者而言，重构炼金术历史就像重构炼金术实践，取决于获得恰当的书籍。在识字率提高且城市中心人口增长的背景下，来自各种社会背景和教育背景的读者都收集炼金术手稿并制作副本，若非为了自己使用，就是当作给他人的礼物或受人委托而制作。[9]誊录的步伐跟上了英格兰商人阶层的扩大，这滋养了对有利可图的中世纪行家之冶金秘密与医学秘密的兴趣，随之而来的还有拉丁文作品之本地语言译本的一批受众。

207

随着16世纪一天天过去，炼金术文本日益多地以印本形式为人所用，主要以中世纪论著汇编本的形式，就是纽伦堡印刷商佩特雷乌斯招标过的那种类型。[10] 1556年7月，约翰·迪伊通过一些新刊印的纲要开展他的工作，这些纲要包括佩特雷乌斯出版的《论炼金术》(*De alchimia*，1541)和法兰克福印刷商西里亚库斯·雅各布(Cyriacus Jacob)的《关于炼金术的古代哲学家作品合集》(*De Alchimia opuscula comlura veterum philosophorum*，1550)第一卷。[11]这些欧陆印刷产品固然提供了中世纪论著如托名贾比尔《完美掌握大权》和匿名作者《哲学家的梯子》的珍贵版本，但仅凭它们还不足以满足崭露头角的践行者的需求，他们依旧大力倚重抄写员发表的作品。托名柳利文集虽然对炼金术和实际操作都有巨大影响，但1561年之前它很少以印本形式出现，同时英格兰哲学家如里普利和诺顿的作品依旧只能获得手抄本。这种匮乏催生了积极地分享和抄写炼金术书籍的文化。

读者-践行者以寻找任何可获得形式的文本来回应。迪伊在其16世纪50年代和60年代的早期调查中给他书单中的印本书籍补充了一份令人印象深刻的炼金术手抄本汇编，包括贾尔斯·杜韦斯的几部作品。[12]托马斯·史密斯先生(1513—1577年)的蒸馏室存储的许多书籍被描述为"手写的"，至少包括里普利的三部手稿和一本"蓝色天鹅绒的诺顿的手写书"，此外还有托名柳利《实验》(*Experimenta*)的一个抄本，这是一件来自他从前的学生伊顿的礼物。[13]印本也可以变化为抄本。伊顿把古格列尔莫·格拉塔鲁洛(Guglielmo Gratarolo)1561年刊本中的条目抄写

208

到他自己的摘要中，与大量未发表文本并置。[14]塞西尔的文件包括《阿拉伯人贾比尔的炼金术》（*Alchemiae Gebri Arabis*）1545年版本的一套完整英语译本，该版本是此前迪伊研习过的1541年版本的重印本，很像来自一位请愿人的礼物，寄望凭此迎合这位大臣出了名的炼金术兴趣。[15]

印本资料和手抄本资料的混合反映出炼金术资料的市场在扩大，读者们寻求在这个市场中查阅一系列哲学模式和实践指示，无论是供个人使用，还是着眼于用作交换或赠礼。它也反映出16世纪头几十年对蒸馏药剂的强烈医学兴趣，希罗尼姆斯·布伦施维希（Hieronymus Brunschwig）关于蒸馏药剂的本地语言汇编《关于简单蒸馏术艺术的书》（*Liber de arte distillandi de simplicibus*，1500）享有畅销书地位就说明了这一点，此书于1527年成为首部以英语印行的炼金术技术书。[16]这种趋势引领出版商优先处理医学-炼金术作品，像鲁伯斯西萨的《论精质书》和《关于自然秘密亦即精质的书》关于医学的头两卷，与后面关于质变术的章节相比，这两卷的印本问世得相当早。这种不完整版本很难满足黄金炼制者对雷蒙德难以理解的《第三种区别》的渴望，但它们对那些不希望抄写全部文本的人来说依然能节省时间。当伦敦绸缎商罗伯特·弗里洛夫1536年誊录《关于自然秘密亦即精质的书》的一个15世纪手抄本时，他只抄写了第三卷和第四卷，承认头两卷早有印本可看： 209

> 第一区别和第二区别被坚持认为出自雷蒙德·柳利的书，他那些书名叫《关于遗嘱和实践，等等》（*On the Testament and Practica*，*etc*.）。不过你不该在这些书中找寻关于医学的艺术，如在另一本1521年8月4日于威尼斯印行的某位（号称）约翰尼斯·马修斯·德·格拉迪（Johannes Matheus de Gradi）的《约翰尼斯·马修斯·德·格拉迪医案，等等》（*Consilia of Johannes Matheus de Gradi*，*etc*.）中能找到的那样。既然我买了这本名叫《论精质书》（*Book Concerning the Quintessence*）的书并在里面发现了上述第一区别和第二区别，那么为了简洁起见，我就省下重新抄写这两种区别的力气。[17]

弗里洛夫对柳利炼金术的投入为杜韦斯和格林的人文主义世界同本地语言的商业语境之间提供了一个连接，前者的特征是注意早期手稿及拉丁文本的正确性，后者是炼金术在16世纪英格兰蓬勃发展的语境。弗里洛夫是绸缎商虔敬公司（Worshipful Company of Mercers）的一员，到1550年12月时也担任商人冒险家公司（Company of Merchant Adventurers）的书记员，可能发现他的商业人脉在从国外获取炼金术书籍方面很有用。[18]一旦获得这种资料，他就将之转化为一种以誊 210

录本和英语译本形式出现的智识与经济的新资源,通过对中世纪资料的新呈现来精心打造他自己的哲学人格。

1536年4月,杜韦斯已去世一年,但格林还有两年才自称放弃炼金术实践,这时弗里洛夫获得了英格兰最重要的托名柳利纲要之一,即牛津大学基督圣体学院图书馆手稿244,看来是直接得自格林。他把它的大部分内容誊写成一部美观的汇编本,其中包括复杂的图形乃至科克比的旁注,也包括上文提到的《关于自然秘密亦即精质的书》的选抄本,这就是现在不列颠图书馆的斯隆手稿3406。他也在其中世纪范本上留下自己的记号。牛津大学基督圣体学院图书馆手稿244中,格林在一条未署名的旁注中补充了《遗嘱》的缺失文本,弗里洛夫就在这里挥笔于羊皮纸上写下自己的信息,用他最优美的字迹增补了旁注归属“罗伯特·格林·W先生”。他又在这下面签上以希腊字符移译的自己的名字 φελοβε(F[r]elove)(图6.1)。[19]

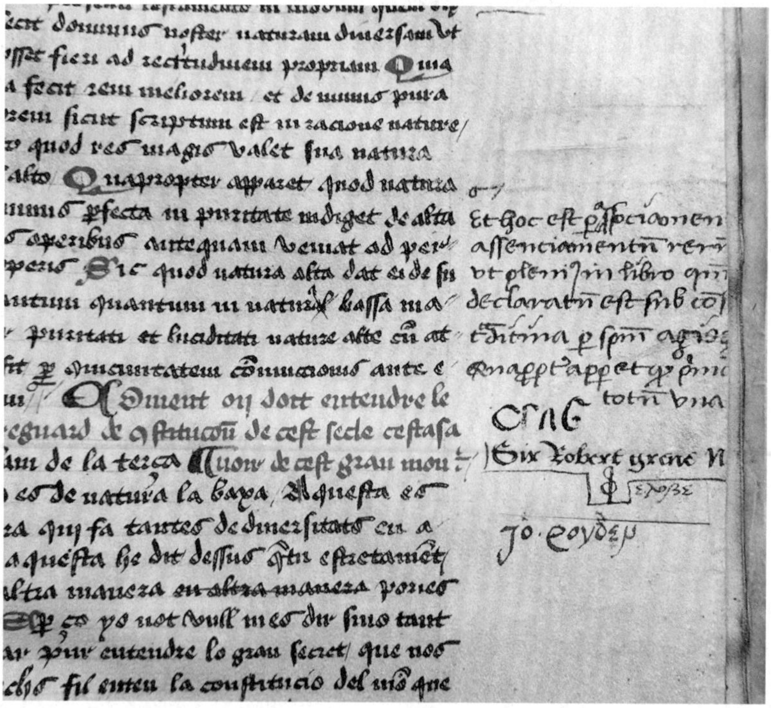

资料来源:牛津大学基督圣体学院图书馆手稿244, fol. 37r。蒙牛津大学基督圣体学院院长与教师委员会允准。

图6.1 韦尔比的罗伯特·格林和罗伯特·弗里洛夫在托名柳利《遗嘱》上写的旁注

弗里洛夫的做法表明,他不仅因为这手稿是一个有用的范本而重视它,还因为它是一个关联到一位践行者的“留念本”，这样一位践行者也许是他本人认识的，也许是通过书籍间接知道的。他也把格林当作炼金术阅读及书写艺术的楷模。他像格林那样为自己的誊录本配置了大量书籍末页，上面不仅有他的名字和日期，还有这一天里的时刻，有些时候还有当天的星相状况。[20]他也像格林一样，力求炫耀他对希腊文略知一二。1536年5月13日，他在自己抄写的《附加条款》上签名时笨拙地把自己的名字和职业“绸缎商罗伯特·弗里洛夫先生”移译成希腊字符。[21]格林采用了一个希腊单词 *chloros*（绿色）来翻译自己的姓氏，而弗里洛夫采用了一个希腊名字 Eleutherius（Ελευθέριος，意为“解放者”）一语双关地代表自己姓氏的第一个音节 Free，然后通过在斯隆手稿3406各个页面上自由自在地挥洒这个名字而达成了这个别名蕴含的期望。[22]

尽管这部手抄本没有完工，上面也没有关于弗里洛夫赞助渴望的明确声明，但对斯隆手稿3406慷慨给予的呵护暗示出它被当作一个呈送书卷，这可能是这位伦211敦绸缎商希望引起亨利八世注意的一个迹象。例如，弗里洛夫更改了牛津大学基督圣体学院图书馆手稿244的文本顺序，使他自己的藏品以雷蒙德《金属质变术之灵魂的纲要》（*Compendium animae transmutationis metallorum*）开篇，这是雷蒙德致其赞助人罗伯特国王（King Robert）的关于制作宝石的论述。这部作品的起始处堂皇地装饰着弗里洛夫手抄本的第一页“愿罗伯特[国王]的王冠熠熠生辉”（Fulgeat regis diadema Roberti）。这种开篇辞除了适合王室接见的场合，似乎也是为弗里洛夫量身定制，因为他与雷蒙德的王室谈话人同名，且他姓氏的首字母与开篇辞的首字母相同。弗里洛夫为了强调这两点而把自己的名字“Robertus Eleutherius Freelove”塞入花体字母F的盘圈中。最后，他把亨利八世的一幅微型肖像画进《金属质变术之灵魂的纲要·实践》开篇那个以图案装饰的字母I里。

212无论弗里洛夫是否以自己的名义接洽过潜在赞助人，他都很清楚一本这种类型的书对那些依然无法获得印本托名柳利文本的践行者的价值，斯隆手稿3406后来以总计20英镑的可观价格售出。[23]213即使在简陋一些的产品中，像杜韦斯、格林和弗里洛夫这类抄写员也都注意给誊录本签名，这证明了他们对记录更早资料这一进程的重视度。如此精心制作的书籍末页是一种时代风格，让抄写员能够把自己写入他们文本的历史中，此行为在传递炼金术作品的语境下格外有意义，因为它将书写人的贡献同往昔的哲学家们联系起来。

214这种关切延伸到令弗里洛夫现在能被记得的主要工作——翻译中世纪文本。弗里洛夫是能确定身份的英格兰炼金术作品最早译者之一，而且他的翻译生涯贯穿宗教改革之前和之后,他的书籍末页反映出这一事实。他为人所知的最早作品是一篇归给让·德·默恩(Jean de Meung)的关于"真福植物石"之法语论述的译文,1522 年 5 月 3 日 3 点到 4 点之间的某时完稿,题献给"万物的制造者和形成者并给他受崇敬的真福母亲玛丽"。[24]他于爱德华六世当政期翻译的拉丁文论述则明显缺少对圣母的调用,如 1550 年 12 月 16 日完稿的《阿维森纳的秘密》(*Privitie or Secret of Avicen*)和 1550/1551 年 2 月 16 日完稿的托名培根的《世界之根》(*Radix mundi*)都只赞颂上帝,反映出新教徒的思绪。[25]

16 世纪 50 年代至 60 年代可以看作本地语言翻译的一个黄金时代,可获得的中世纪经典之英语版本数量日增。这个时期最伟大的功绩之一是《遗嘱》于 1558 年被沃尔特·阿瑟顿(Walter Atherton,职业不明)译为英语,一位住在紧邻圣保罗大教堂东边的以旧换新街(Old Change)的男装经销商理查德·沃尔顿记载了这一贡献。沃尔顿与早于他的格林和弗里洛夫一样,把自己的角色糅进文本的历史中,提供了文本传播的一个谱系:"本书就此结束,马修·隆德(Mathew Lond)1472 年 12 月 17 日以拉丁文撰写,沃尔特·阿瑟顿于 1558 年 8 月 29 日译为英语,伦敦男装经销商理查德·沃尔顿于主历 1563 年 3 月 16 日抄写。"[26]

这股翻译潮的出现时值雷蒙德的权威开始被其英格兰代言人里普利赶上乃至超过之际。在接下来几十年,"里普利文集"的核心文本开始同时主导本地语言纲要和英格兰赞助请求,因为此前只以拉丁文为人所知的里普利作品有新的英语译本可以阅读了。其中最重要的是《炼金术精髓》,最早由一位新教徒神职人员大卫·怀特海德于 1552 年翻译,同一个世纪晚些时候由温彻斯特(Winchester)代牧约翰·希金斯(John Higgins)重译。[27]《圭多和雷蒙德的一致性》可能此后不久就被翻译。[28]

215

沃尔顿手书的纲要亦即现在的牛津大学博德利图书馆阿什莫尔手稿 1479 提供了关于这些早期译本的一份珍贵藏品,其中包括里普利的《炼金术精髓》《圭多和雷蒙德的一致性》《炼金术的可能性》和《抒情曲》。沃尔顿对其中一些也署了日期,这些从 1561/1562 年 2 月 1 日到 1565 年 10 月 20 日的日期提供了它们问世的最晚可能日期,这期间正值英语炼金术读写能力有了前所未有的能量和扩张态势。[29]这些译本给以英语为母语的读者提供了一批"新"内容,它们被快速分享和复制,且如我们要看到的,经常被复制成里普利和托名柳利的全套作品的纲要。这些作品加上里普利著名的《炼金术合成》和《致爱德华四世的信》①以及两篇通常归给他的中

① 这两部原本就是英语作品。——译者注

世纪英语论述[《炼金术瞳孔》(*Pupilla alchemiae*)和《雷蒙德的缩略程序》],形成了16世纪60年代这位律修会修士炼金术声望的基础。

文集的英语化既服务于实践目的,也服务于古籍研究目的,同步于一个君王和其他投资者都早已把炼金术专长看作通过改进采矿和冶金技术来开启矿藏财富之钥匙的历史时刻。[30]英格兰开采本地矿物资源(包括那些与从前的隐修院土地有联系的矿藏)的渴望伴随着始终险恶的铸币局势——这个难题直到伊丽莎白一世开始执政才获解决,因此强化了潜在赞助人以及商人和工匠对炼金术的兴趣,还孕育了对炼金术书籍的需求。结果,里普利的声望远胜于他16世纪的读者们。炼金术赞助的承诺和诱惑将在16世纪50年代共同兑现,因为践行者们开始卷入与王室铸币厂高级官员有牵连的一系列丑闻中,包括萨默塞特公爵爱德华·西摩(Edward Seymour,约1500—1552年)圈子里的成员,这位身为护国公的公爵是英格兰的实际统治者。 216

布洛姆菲尔德的竞争者

宗教改革之后,炼金术不端行为属于僧侣、律修会修士和托钵会士领域的大众印象发生改变,此转变在布洛姆菲尔德1577年的《百花》中早已显露,这部诗歌令往昔哲学家(大多是修道士)同当今骗子和傻瓜(大多是铸币厂官员)的大肆表演形成鲜明对照。其结果是产生一幅关于"炼金术士"和"哲学家"这对传统两极的独特世纪中叶景象。更早的讽刺作品,如乔叟和里普利的作品,都涉及不具名的虚构角色,但布洛姆菲尔德描述了活跃于亨利八世朝和爱德华六世朝的有明文记载的践行者的活动,其中许多人都被卷入由糟糕的货币政策或公开的货币犯罪引发的丑闻中。

《百花》中的哲学花园重建了中世纪浪漫叙述中不受时间影响的空间,梦想家在这里遇到行家本人,而在现实中,布洛姆菲尔德只能在书页中遇到这些行家。其中有几个人的作品此时已经与英格兰实践联系在一起,他们是大阿尔伯特、罗杰·培根和雷蒙德·柳利,同样还有里普利"这位如此深刻的布里德灵顿律修会修士"。[31]不过,布洛姆菲尔德的竞争对手们的出场给这梦幻风景带来一则有关时事的评论,他把他们贬黜到哲学大门之外的不毛之地:

> 他们是神父布鲁克和穿着花里胡哨外套的约克, 217
> 他们抢了国王亨利一百万黄金;

马丁·普里、梅里和托马斯·德·拉艾,
说是他们将令国王财富大增。
他们在他耳边低语,告诉他这个故事:
"我们将为陛下您制作仙丹,
这件高贵的工作名叫王室之作。"

他们又带来马尔登(Maldon)的代牧,
带着他的绿狮子,最尊贵的秘密,
理查德·雷科德和可怜的伊顿大师
(用腐蚀物煅烧和销蚀他们的金属);
休·奥尔德卡斯尔和罗伯特·格林先生遇到他们,
发狂地锈蚀和灼烧所有东西,
像[蠢学家们(Foolosopher)]最终因失败而终止。[32]

无论布洛姆菲尔德的谴责同真实实践是何关系,他选择的靶子都反映出截至16世纪50年代炼金术践行者和他们的计划在英格兰公众中的可见度。他们多数都在铸币厂任职,有几个与不受欢迎的经济政策有关系,尤其是伦敦塔铸币厂之一的监察官罗伯特·布鲁克(Robert Brock,也拼为Brooke、Broke),他为亨利八世的灾难性货币大贬值背负了许多公众骂名。[33]布洛姆菲尔德不是唯一一个讽刺他的。早在爱德华六世当政期,前伍斯特主教休·拉蒂默(Hugh Latimer)就抨击那些热心获取王室官职而不照料自己教众的充满俗心的高位教士。他在论战性的《论犁地的布道》(Sermon on the Plough)中的攻击目标显然就是布鲁克。拉蒂默强烈要求:"我乐于知道,当一个人控制了铸币厂时,谁在控制他的堂区的恶魔?……我无法告诉你,但俗话说,自从牧者当了铸币工,钱就比从前糟糕了。"[34]

218 英格兰的货币管理在爱德华六世治理下没有改善。布洛姆菲尔德那位住着"无忧无虑小棚屋"的多姿多彩的约克是伦敦和米德尔塞克斯(Middlesex)的郡治安官约翰·约克先生(Sir John York,1569年卒),他也是沃里克伯爵约翰·达德利[John Dudley,很快就要成为诺森伯兰(Northumberland)公爵]的一位重要食客。到1550年,约克是伦敦最有影响力的人之一,也是伦敦塔铸币厂和萨瑟克(Southwark)铸币厂的实际主管。他后来在财务方面行为失检的名声主要源于1551年的一次意外,当时他因为在安特卫普交易所的不幸投机交易而损失了爱德华的4 000镑银子，尽管他随后得到宽恕。[35]从他被包括在《百花》中这点来看，此种违法之举显然活在公众记忆中。按布洛姆菲尔德所说，约克不是唯一的过失人，他的另外三个靶子——爱德华六世当政期曾在不同铸币厂效力的马丁·普里（Martin Pirry，1552年卒）、约翰·梅里（John Maire，活跃于1548—1561年）和罗伯特·雷科德（Robert Recorde，约1515—1558年）——也都引发过这样那样的丑闻。[36]普里（Pirry或Pery）被任命为都柏林（Dublin）铸币厂的监察官，尽管此前他曾因涉嫌货币剪边而逃往法兰西；神父约翰·梅里（Maire或Mayre）是位于达勒姆府邸（Durham House）的教会铸币厂的试金师，因为一次以魔法定位被埋宝藏的可疑魔术活动而被控，这种活动被《巫术法案》明文禁止。[37]

布洛姆菲尔德很难说是一位公正的见证人，但他的诗歌的确为铸币厂在较普遍的认知中是增殖和货币犯罪之温床提供了线索，反映出公众对英格兰货币状况的不满。监管这些经济误判的统治者们也难逃其责。萨默塞特公爵兼前护国公爱德华·西摩曾以爱德华六世的名义统治英格兰直到垮台，当他1552年被处死时，针对他的一项怨尤是他"下令实行增殖和炼金术，滥用国王的钱币"。[38]萨默塞特的 219 一位主要食客理查德·惠利（Richard Whalley）的确雇用了一位炼金术士，这很说明问题，尽管直到西摩上了断头台以后这一点才为人所知。惠利的同谋就是布洛姆菲尔德耻辱榜上提到的那位"可怜的伊顿大师"，一位人文主义宇宙志学者，他的例子既例证了实践的诱惑，也例证了书籍和读者团体在把炼金术确立为一项英格兰事业中发挥的作用。

理查德·伊顿的事业

伊顿今天为人所知的是他与伊丽莎白一世当政期最重要的大臣威廉·塞西尔和托马斯·史密斯的通信，而他对宇宙学和航海学作品有影响力的译作更加为人称道，这些译作在英格兰正开始树立自己海上强国地位的时刻充实了这个王国的航海知识储备。[39]吊诡的是，正因为他没能在他最感兴趣的炼金术和医学蒸馏上获得稳定收入，他才在科学史上赢得这个地位。他在整个职业生涯中都力图通过让赞助体制运转而发展这些兴趣，如培养个人和家族人脉，寻找各种炼金术实践场所——包括宫廷、铸币厂和一位绅士的家——的使用权。

伊顿在剑桥王后学院读书时似乎就在他的朋友兼导师托马斯·史密斯的影响

下获得了对科学知识的热情，史密斯是杰出的数学家、古典学者和民法教授。[40]伊顿通过史密斯赢得人文主义者圈子的入场券，这个圈子包括钦定希腊文教授约翰·奇克(John Cheke)，也包括奇克有前途的学生罗杰·阿斯克姆(Roger Ascham)和威廉·塞西尔。这个圈子还被证明是培养炼金术口味的适宜环境。后来伊顿于1563年给塞西尔写信时，回忆说奇克对于逐渐灌输"阁下身上神圣的知识火花"负有部分责任，这是指对炼金术秘密的赏识。[41]史密斯和塞西尔在他们全部职业生涯中都将保持这份赏识，令像伊顿这样的践行者有机会在化学事务中塞入他们自己的专长。

220

史密斯的影响力可能帮助伊顿获得在国库的第一份工作，伊顿后来回忆，在那里"他待了两年，直到国王驾崩；而国王临终之际也没忘了他，任命他蒸馏室的职务"。[42]从亨利八世1539年5月到7月使用的54种蒸馏水来看，他很看重蒸馏药剂，这些蒸馏水可能由伊顿的前任托马斯·希克斯(Thomas Seex)制作。[43]伊顿被任命在亨利的内务系统取代希克斯，这暗示当他1547年12月接获任命时，早已在炼金术操作的技能方面有了名声。当萨默塞特将这职位另授他人时，伊顿被迫寻找其他方式发挥那种专长。

1550年年初，伊顿遵循约翰·约克先生的建议而决定到沃里克伯爵那里碰碰运气，伯爵是自然哲学的出名赞助人，政治星途看好。在狮子码头(Lion Quay)等船去格林威治(Greenwich)时，伊顿偶遇一位此前在一场饭局中见过的绅士。理查德·惠利不是贵族，但却是一位有着可敬出身的绅士，他曾在亨利八世当政时因购置前隐修院地产而获利。惠利给伊顿提供了他自己船上的一个位子，于是两个人在讨论一本炼金术书籍中轻松地消磨航程，伊顿解释说，这书是他带来给沃里克当礼物的：

221

> 于是我向他展示了一本当时就在我手边的书，涉及这些事务，是我亲手书写并从各个作者那里收集起来的，我对他进一步声明，我在约翰·约克先生的要求下打算将那本书当作礼物送给我的沃里克大人、现在的诺森伯兰公爵。因此我们用阅读和推理打发时间，直到我们来到格林威治，在那里分手。[44]

此趟旅程对这两人都是一次试探。伊顿在他们之前的饭局会面中已经确定，惠利对采矿事业兴致盎然，但也对炼金术的可能性着迷，并且对伊顿技能的程度感到好奇。在惠利这边，他知道伊顿在冶金和药物蒸馏方面的名声，大概在讨论他的手抄本汇编时确认了这种印象。伊顿和惠利后来返回伦敦，这次由沃里克的食客约克陪同。这几人共同进餐，且惠利把伊顿单独叫到花园里，向他许以一个职位和在他自己家里的实验室空间。伊顿高兴地同意了。两个月后，他和妻子搬到惠利的住宅亦即前韦尔贝克（Welbeck）修道院的旧址，准备开始从事以蒸馏葡萄酒为基础的“关于金属和精质”的实践。[45]

惠利提供他家里的一个地点和一笔 20 英镑的年薪，这对一位新婚的有学者气质的炼金术士来说必定显得格外吸引人，然而这到头来是一次政治误判。惠利是萨默塞特公爵的管家、顾问和姻亲，公爵 1549 年 10 月已经被捕，就在惠利与伊顿初次碰面后不久。惠利和塞西尔作为公爵扈从中的要员，都在萨默塞特倒台后被短暂地囚于伦敦塔，当两人 1550 年 1 月获释后，都开始匆忙打造同现今如日中天的沃里克的纽带。惠利现在要为萨默塞特一家的开销负责，他自己的地位也不确定，大概就在这时，他开始认真考虑炼金术。[46]

考虑到法律风险，我们可能奇怪是什么促使这位头脑冷静的资产管理人在一个政治上危机四伏的时刻为一位炼金术士提供家里的空间。惠利的兴趣或许源于他渴望开发通过购买前隐修院土地而获得的实质性财产，其中包括几处矿藏。[47] 222 伊顿后来报告说，惠利在他们首次会面时曾就他的采矿知识进行询问，并委托他将毕林古乔论采矿和冶金的作品《烟火制造术》（*Pirotechnia*）从意大利语译为英语。[48]可是伊顿明确否认了他处理“粗笨矿物”（金属矿石）的专长，而且事实上“从未见过矿物生成的地方”。他的技能更在于“处理精细得多的东西”，亦即“哲学家之石，可饮用黄金和精质”。[49]基于此，则伊顿受雇从事的既有质变术也有医学药剂，包括他最初向惠利推销的精质和可饮用黄金。他的新赞助人以购买“许多炼金术书籍”以及玻璃器皿和其他设备的举动让自己扎入这项新事业，如伊顿后来的证词所言，这些东西“还留在他的房子里”。

接下来两年里，惠利对炼金术的兴趣与他自己的运气一起逐渐低迷。1551 年 2 月，他因涉嫌试图让萨默塞特重新担任护国公而被囚于舰队街。当年 10 月他再度被捕，并在伦敦塔度过一段时间，正赶上萨默塞特的审判与最终处决。伊顿在这段难熬时光里继续为他的赞助人效力，有时候去伦敦塔探视他以讨论业务，并在惠利要求说明“我在所有那些时间里都实践了什么”时为自己缺少成果加以辩护。[50]惠利获释后不久，伊顿似乎就向诺丁汉郡（Nottinghamshire）土地没收法院（Court of Augmentations）①审计员奥斯伯顿（Osberton）的威廉·伯利斯（1495—1583 年）泄

① 亨利八世解散隐修院后设置的法院，专门处理没收的隐修院地产与岁入。——译者注

露了他的炼金术活动。惠利于1552年10月第三次被捕,虽说非法增殖的指控最终被撤销了。伊顿在写了书面证词之后被释放,约定以200英镑为条件避免再从事炼金术。

萨默塞特倒台后,伊顿试图通过利用他翻译和编辑科学及宇宙志作品的语言技能来恢复他在新政权的地位,虽说可想而知鉴于他最近的困窘,他避免发表炼金术主题的作品。[51]伊顿对英格兰商业利益和海事利益的效劳没有清除公众对惠利事件的记忆,导致牛津莫德林学院(Magdalen College)的老师劳伦斯·汉弗莱(Lawrence Humphrey)1558年描述他是“宇宙志学者和炼金术士”。[52]如我们所见,1557年布洛姆菲尔德把他列入给这门艺术带来坏名声的“蠢学家”行列。虽然伊顿的阅读和实践被挑出来放在布洛姆菲尔德和其他同时代践行者的一边,但它们看起来没那么大区别。它们都关心多头并进的同一种托名柳利炼金术传统,这种路径既提供黄金炼制的好处,也提供医学好处,并且从分享中世纪资源中引出了对炼金术阅读技巧的运用。

英语炼金术纲要

伊顿的实践为后宗教改革时代英格兰炼金术赞助的机制提供了一份富有启迪的报告,但它也是一个关于书籍所扮演角色的故事。伊顿1550年的对“各个作者”的辑纂本既是呈送给沃里克的礼物,也是在赴格林威治的航程中进行哲学即兴表演的由头,它对于吸引权势人物的兴趣而言是必不可少的支柱与工具。他在法兰西旅行期间继续利用该种策略,送了一份托名柳利《实验》的副本给他从前的导师史密斯。史密斯本身是个热心的蒸馏师,正着手重构一些书籍的内容。[53]伊顿也编辑供自己使用的文本。虽然伊顿没留下自己写的炼金术论著,但一部存世的拉丁文及英语权威汇编记录了他对色利康炼金术的迷恋之情。[54]

剑桥大学三一学院图书馆手稿R. 14. 56虽说此前被联系到伊顿,但这份手稿主要是他的书写笔迹并且飞页上有他的名字Richardus Edenus。[55]这本书全篇都有他密密麻麻的注释,其中一些还签了他的缩写名字“Ed.”。尽管原始手稿丢失了大约50个对开页并且自最初问世之后曾被相当大程度地重新安排,但是剩余的部分不仅足以提供对伊顿炼金术的洞见,也足以提供对一些读者团体的洞见,他阅读过那些读者团体的书籍。[56]此书塞满了配方和注释,交叉引用其他条目和其他书籍，其内容肯定了伊顿实践中有强烈的托名柳利主旨。他详细注释了来自《遗嘱》和《论缩略程序的书信》的摘要，表明他努力分析这些难解的文本，尤其是《遗嘱》中的"植物G"的性质，同样还有"可溶解的溶媒"和"绿狮子"这类神秘的同源词。[57]通过这样的沉思，伊顿透露出支持他阅读中世纪资料以及英语炼金术诗歌时的实际关注点，他以处理拉丁散文般的严谨度和严肃性处理英语诗歌。[58]

伊顿的书强调了我们从其他同时代手稿和赞助请求中已经知晓的东西——进入该世纪后半叶，托名柳利传统中的矿物流派和植物流派都继续在实际上被实践 225 的英格兰炼金术中发挥主要作用。无论后人给他们打上傻瓜标签还是哲学家标签，实际上所有向伊丽莎白一世请愿的英格兰践行者都在他们的请求中调用了植物石，且大多数人是基于里普利的权威而这么做。因此，尽管布洛姆菲尔德论战式地指控伊顿是个江湖骗子，但这两人可能投身于广义而言的类似活动。两人都把雷蒙德和里普利视为权威，也都把关于精质的许诺当作招募赞助的手段。例如，我们从伊顿的书面证词中得知，他正在研究从《论缩略程序的书信》(或者如他所言《雷蒙德称为缩略程序的作品》)中提炼出的托名柳利关于植物石的制作法。[59]其实他与惠利的一个争论起因于确保足量红酒供应方面的困难，红酒是这项工作的主要成分。

布洛姆菲尔德自己对托名柳利炼金术的投入早已被指出，且这在1574年左右依旧宛然可见，那时他写了《布洛姆菲尔德的精质，或管理生命》作为获得伊丽莎白宠眷的一次尝试。[60]这部作品以迷人的方式描述了"我们的天堂"(精质)如何能被星辰(金属实体)美化，具体而言就是通过把1磅粉末状的铅浸没在葡萄酒挥发液中八天，提取出精质，再加以蒸馏，制造出一种"有糖味的"油。[61]布洛姆菲尔德称扬这种甜味的铅化合物"对许多人身体的各种疾病都很有疗效"。[62]

尽管我们缺少布洛姆菲尔德自己的札记，但他的同时代竞争者伊顿的札记透露出炼金术阅读策略继续构成复制植物石之实际尝试的基础。例如，一个加工方法的标题表明伊顿对照《遗嘱》来阅读《论缩略程序的书信》，标题写着"雷蒙德关于酒石、哲学家的葡萄酒、植物G以及哲学家的酒石盐亦即《遗嘱》中的水银的缩略程序"。[63]伊顿甚至在记下这个程序时也努力将它与其他托名柳利作品加以调和，这 226 次用的是《论缩略程序的书信》中的黑酒石(著名的"比黑色更黑的黑东西")来注释"遗嘱教师"那神秘的"G"。

伊顿本来也能从他另一个主要权威——里普利的《炼金术精髓》——那里获得关于酒石价值的一条重要线索，但这部纲要只包括归于里普利名下作品中的少数

（来自《雷蒙德的缩略程序》和英语版《圭多和雷蒙德的一致性》的摘要）。不过，几乎每一页都提及这位律修会修士的作品，暗示出伊顿利用手边一部里普利文本汇编进行工作，而且他把它们用作阐释他那些托名柳利资料的关键。一条笔记（签名 Ed.）将《关于自然秘密亦即精质的书》中的一个关于溶解珍珠的段落同《炼金术精髓》中一个类似流程加以比较，而其他笔记表明伊顿在努力搞清里普利的术语，比如“色利康”和“铅物质”。[64]

这些笔记有时候能让我们追踪他用自己的实践经验调和文本的努力。有个程序一开始是反复申说铅物质的各种名称：“拉丁文里称 *Saturnus*（铅）；那就是这种石头，或锑块。”伊顿评论说，他在“一本相当古老的书”中发现用这种方式提到的铅物质，但他自己的实验没能获得对其含义的可靠解释。[65]这个配方指示这位践行者取 4 磅铅物质，碾成精细粉末，并放在一只陶土平底锅中，加入 4 加仑强效蒸馏醋，用一根棒子搅拌，直到粉末溶解成一种清澈透明的水。伊顿意识到，红铅不能轻易用这种方法溶解，评论说“因此它不是铅丹”。[66]不过铅物质也没有明显对应为锑块，因为这个配方声称由此产生的液体是清澈的。伊顿在页缘沉思着说：“所以它不是锑块，因为那个总是更红或更紫。”[67]那么色利康是什么？

伊顿在分析这些术语时并非被迫只依赖自己的资料。他的手稿表明了一本炼金术书籍在团体中如何发挥作用和被使用，它不仅是供私人研习的一份资料，还是不同读者和收藏者之间相互交流的小宇宙。有其他笔迹显示出若非伊顿的朋友和同时代人的介入，就是后来在伊顿中断之处继续研究的书籍所有者的介入。[68]旁注和行间注表明伊顿也查阅与铸币厂或采矿有联系的同时代人辑纂的其他手抄汇编。它们包括一位“巴普蒂斯塔”（Baptista）的书籍和注释，他是威尼斯炼金术士乔瓦尼·巴蒂斯塔·阿格涅，像伊顿一样，后来受惠于沙特尔副伯爵德·费里埃的支持。[69]伊顿也提到属于一位“伯利斯先生”的托名柳利书籍，几乎可以肯定这就是将惠利和伊顿的活动出卖给法庭的那个人。[70]

227

威廉·伯利斯此前不曾被鉴定为炼金术士，但他处在一个很利于获取和磨练冶金技能的位置上。他在 1549 年 3 月到 1550 年 12 月间是伦敦塔铸币厂的出纳员，正是伊顿力图通过约克的办事处在那里找个职位的时期，也恰在惠利发出雇用要约的前夕。[71]伯利斯也是隐修院解散的受益人。他与惠利一样，负责评估和分配他们的战利品，曾于 1536 年 4 月被克伦威尔任命为德比（Derby）、诺丁汉郡和柴郡的土地没收法院审计员。他获政府给予诺森伯兰郡菲利（Felley）的前奥古斯丁派小修道院，1541 年也从他的专员同事罗伯特·戴顿（Robert Dighton）手中购买了沃克索普(Worksop)附近的奥斯伯顿庄园的一部分。[72]与此同时，戴顿将奥斯伯顿庄园的另一部分卖给惠利，为此，这两人不仅是同行，还是邻居和未来的诉讼当事双方。[73] 228

伯利斯在空间上接近伊顿和惠利，这有助于解决他们故事中的一个谜题——他如何率先知道他们的非法活动。现在看来，伯利斯本人就对炼金术感兴趣，即使不是践行者，也肯定是个读者。现为格拉斯哥大学图书馆弗格森手稿(MS Ferguson) 102的一部题写"所有人，威廉·伯利斯"的手抄本提供了他对托名柳利炼金术有兴趣的证据。[74]此书的抄写员就是在伊顿手抄本结尾增补了几篇论述的同一人，这构成两部书之间的有形联结。[75]

无论惠利事件之后伊顿和伯利斯的个人关系命运如何，他们的书籍都表明这两人分享着对雷蒙德和里普利炼金术的共同兴趣。不过他们在重要方式上有别。伊顿的纲要大多以拉丁文写就，主要由摘要而非完整作品构成，同时其中那些注释的性质和密集度又表明他把此书当作工作副本和进一步努力注解的平台。另一方面，伯利斯的书提供了关于在16世纪后期和整个17世纪都日益常见的一类文献的早期例子，这类文献就是英语炼金术纲要，即以翻译作品和原创英语作品为主导的汇编。这类纲要虽说可能为资料剪贴簿①和伊顿那种工作副本充实内容，但显然也旨在提供文本的完整参考副本。照此来看，它们对于在人文主义和学者圈子之外散播炼金术论述发挥了至关重要的作用，把翻译过的文本带到形形色色的潜在践 229 行者手中，其中有些人着眼于获取王室实践许可而重新利用它们的内容。如伊顿、伯利斯、迪伊和沃尔顿这类炼金术读者的手抄本揭示出一个文集的概貌，这个文集不仅塑造了英格兰炼金术的内容，也塑造了对英格兰炼金术历史的认识。

英格兰炼金术赞助请求

16世纪50年代的丑闻很难促进接下来几十年里的英格兰炼金术事业。英格兰人在与外国践行者竞争时也不必然已经装备精良。16世纪60年代，英格兰的采矿事业依旧重度依赖海外"异乡人"，尤其是日耳曼工程师，他们拥有英格兰同行缺

① 这种书籍类型叫commonplace book/books，也称为commonplaces，也就是将所获得的知识信息写下来汇编成册，里面有各种写作类型，通常按主题分类。相当于现代人的分类卡片，但是装订成一本书。——译者注

乏的冶金专长。[76]炼金术领域也一样,英格兰行家们在名声上逊于他们的意大利和日耳曼兄弟们。解决之道是通过实践手段证明技术专长,但这条道路因为反对增殖者的旧法令而进一步受阻,这条法令强迫践行者坦承(至少在他们给女王的通信中要坦承)他们对石头完全没有意图。因此这条法律把他们置于同外国炼金术士相比相当不利的位置,后者可以表明他们在国外获得的经验。在此环境下,无须讶异于同伊丽莎白时代受资助的计划有联系的大多数炼金术士都来自海外,包括那位获得重大王室赞助的第一位也是最后一位炼金"哲学家"柯奈留斯·德·朗诺瓦,他是在克拉科夫(Cracow)受教育的荷兰炼金术士。[77]

德·朗诺瓦在他跟女王的最初接洽中提出各种关于医学和黄金炼制的好处,其中一些在他题献给她的论著《论制作神圣仙丹或哲学家之石》(*De conficiendo divino elixire sive lapide philosophico*)中加以详述。一旦掌握了伊丽莎白的主要兴趣在于金块和银块,他就以提出一份野心勃勃的黄金制作进度表加以回应,包括可信的逐年产出量。[78]在此事件中,这项事业的开展路线类似于活跃在日耳曼土地上的那些"企业家式炼金术士"的路线,塔拉·努默达尔已经记录过他们的活动。[79]初期的乐观气氛很快让位于这位炼金术士对材料和设备不足的抱怨,以及君王对进展缓慢的忧心,这些都在快速侵蚀信任。德·朗诺瓦开始工作后不到一年,塞西尔就开始怀疑这位炼金术士计划与另一位潜在赞助人瑞典的塞西莉亚公主(Princess Cecilia)一起逃离英格兰,于是采取行动保护女王的投资。1566 年 7 月,德·朗诺瓦和他的业务被转移到伦敦塔。1567 年 2 月,伊丽莎白的黄金炼制实验实际上结束,但伦敦塔依然扣留德·朗诺瓦至少到 1572 年,此后再没听过他的消息。[80]

在这段赞助人-食客关系还没变质之前,这个政府看似愿意投入炼金术计划的景象已促使来自各种社会背景和教育背景的英格兰践行者提呈他们自己的服务建议。爱德华·克拉多克(Edward Cradock)于 1565 年被任命为牛津大学玛格丽特夫人神学教授,他同时用英语和拉丁文撰写有关哲学家之石的作品,并配以拉丁韵文写的一篇给女王的长篇献词。[81]托马斯·查诺克在 1565 年冬季写出了一本更长的论著,表示自愿被关在伦敦塔里,作为他制造哲学家之石的质押担保。[82]他后来记录了当获悉自己的提议因塞西尔调查德·朗诺瓦的声明而被弃置一旁时的不满之情。[83]男装经销商理查德·沃尔顿可能于同年请求过许可证。1570 年有一波请愿新浪潮,包括来自我们熟悉的人物如迪伊、伊顿和布洛姆菲尔德的接洽,也有来自一位希望被从莫斯科召回的工程师汉弗莱·洛克(Humfrey Lock)的请求,来自一位因债务被关押的古物研究学者弗朗西斯·西恩(Francis Thynne)的请求,还有来自一位急于晋升的萨默塞特绅士萨缪尔·诺顿的请求。[84]

鉴于欧洲权威们在16世纪前半叶引领炼金术理论、风格和实践的道路,我们可以预期看到欧陆革新主导这些英格兰赞助请求,哪怕是在人文主义者圈子之外。如我们所见,自《论哲学神秘学》问世以来,阿格里帕在英格兰就被作为一位重要行家受到拥戴。乔瓦尼·阿戈斯蒂诺·潘蒂奥(Giovanni Agostino Pantheo)设计了一个艺术术语Voarchadumia①,他用该术语区分他自己那灌注了喀巴拉的哲学同在他的故土威尼斯不合法的"炼金术",迪伊采纳了该术语,而它也有更广泛的感染力,尤其是在德·朗诺瓦在自己的请求中使用了该术语以后。[85]伊顿在他的炼金术纲要中授予自己一个绰号"Voarchadumus"②,沃尔顿和西恩在他们的请愿书中采用了该术语,就连里普利的《炼金术精髓》也在希金斯的译本中被更名为《黄金炼金术精髓》(*Medulla Warchadumia*),表明一种避免与alchemy(炼金术)产生负面联系的努力。[86]

对于不具备可靠拉丁文阅读知识的践行者而言,或对那些不能获取最新欧陆书籍的人而言,赞助请求所需材料的另一种资源就更容易到手,即英语的炼金术纲要,其中塞满了它们中世纪前身的智慧。这些书籍也提供了像查诺克、沃尔顿、西 232 恩和萨缪尔·诺顿这类读者的历史信息来源,他们的请愿书都具有试图把自己的实践同更早的英格兰行家的实践联系起来的特征,有时还试图联系到更早的英格兰国王的赞助。正如炼金术阅读帮助塑造了他们的实践渴望,它也支配着他们请愿书的形式和内容。因此,尽管伊丽莎白和塞西尔当下关心的是巩固王国财政,但他们的请愿人却坚持称赞炼金术的医学贡献与其质变术价值等量齐观,此路径可以直接追踪到雷蒙德和里普利的影响以及他们对区分动物石、植物石和矿物石的提倡。

沃尔顿把自己的阅读材料和实践计划雕琢为一份适合于呈递给女王的请愿书,此种努力例证了这条路径。尽管他的原始书信已经不存,但编号不列颠图书馆斯隆手稿3654的一份17世纪手抄本中保存了一个副本,该副本标题的一个抄写错误(把作者名字Walton误写为Walker)意味着此前它未被注意。[87]沃尔顿可能是在1565年10月之后某个时间写了它,10月是他完成把诺顿《炼金术序列》誊写进编号牛津大学博德利图书馆阿什莫尔手稿1479的抄本中的时间。他在自己的请愿

① 含糊地指某种制作黄金的东西。——译者注
② 承上一个术语,可以译为"黄金制作家"。——译者注

书中几次提及这项誊写工作，看起来对之记忆犹新。[88]鉴于时间安排，我们可以推测沃尔顿正在回应伊丽莎白广为人知又慷慨大方的赞助德·朗诺瓦这一新闻。他寻求比单单一纸许可证更坚实的支持形式，声称“保有我的房子花费如此高，我将无法承受由此产生的收费”。[89]他在“多难之秋”已经损失了600多镑，这可能是指玛丽当政期虔诚的新教徒经历的苦难。沃尔顿和他的妻子伊萨贝尔（Izabell）肯定已经公平分担了悲伤和困苦。阿什莫尔手稿1479中一个外加页面上的沃尔顿笔记表明，他出生于1548年到1566年之间的14个孩子中有9个没能活过婴儿期，可能是1563年蹂躏该市的鼠疫大流行的牺牲品。[90]

233 沃尔顿的《书信》（*Letter*）是这时期一项本地语言赞助请求的缩影，也是一个样本，示范了一种现在可以特征化为炼金术实践之独特“英格兰”路径的东西。它不仅以英语写就，也基于包括翻译文本在内的英语资源而创作，这些文本此前都被沃尔顿汇集在自己的炼金术纲要中。它们主要包括如培根、里普利和诺顿这些英格兰权威的作品，虽说雷蒙德在《书信》和阿什莫尔手稿1479中也享有一个荣誉地位。这份请求还效仿了一个英语范例，这就是《炼金术精髓》中记下的里普利给主教的呼吁书，沃尔顿悄悄复述了其中一些。他甚至还吸收了里普利关于植物性工作所需之黄金数量的估算，计算出这位律修会修士“较少量”的黄金应等值于72天使币。①他继而用这个数值作为估算自家提案成本的依据，得出结论称，整个工作将花费244镑，为此他请求从女王那里获得100镑的补助。[91]

结果是，这请求牢牢扎根于雷蒙德和里普利文集中的炼金术，尤其扎根于构成里普利《炼金术精髓》之核心的两种“火”的相反操作。在阿什莫尔手稿1479中，沃尔顿除了誊写和注释文本，也尝试记下关于两种溶媒的具体程序——“关于自然之火亦即一种精质的真正制作”和“依据雷蒙德的关于反自然之火的完美制作”，还有从《炼金术精髓》中摘录的里普利对四种火的“阐述”。[92]这些段落告知我们他给伊丽莎白的《书信》中记下的实践是什么，他在其中一个加了托名柳利术语风味（自然之火，绿狮子）的段落中宣扬精质的价值既是“生命的仙丹，也是金属的仙丹”。[93]

沃尔顿无论多欠缺正规教育，都认可掌握代号是获取这种哲学手艺的一个必要步骤。在注解里普利的《炼金术合成》（《书信》的另一项资源）时，他评论说“每种科学都有自己恰当的术语”，这句话引自诺顿的《炼金术序列》。[94]在里普利就石头

---

① 天使币（angel）是爱德华四世1465年开始发行的一种金币，流通到1619—1624年詹姆斯一世发行新金币为止，因为正面有大天使米勒迦屠龙的图像而得名。——译者注

有无穷名称发出警告之处，沃尔顿指出其道德寓意："因此要学会每个术语的含义，否则你就不是哲学家，而是个烤炉。"[95]但他也没把这门艺术浪漫化，并且不惧于在恰当之处提出修正。里普利推荐使用一只炼丹炉保温，但沃尔顿不理会这项技术而属意于近期的革新，"已发明的其他设备感觉比从前的炼丹炉更好用"。[96]他也像个哲学家那样，阅读书籍时比照另一本来解决疑问。当里普利制作哲学水银的流程看起来太费力时，沃尔顿提醒自己"看看诺顿"比较一下。[97]他在研习《炼金术的可能性》时，惊奇地看到制作一种既植物又矿物的水的配方不同于《炼金术精髓》中关于这种合成水的著名流程，评论说"这种成分与《炼金术精髓》中的一点也不一样"。[98]他还比照自己的实践阅读文本，在他制作反自然之火的配方中划掉普通盐，理由是"盐会损害你的工作"。[99] 234

沃尔顿与其14世纪和15世纪资源的密切关系向我们展示出一位应该算是英格兰炼金哲学家的人工作的样子：获取并研习文本、测试其内容并反省它们之间的关系。这种活动无法在隔绝状态下开展，倒可能是在一个读者团体中进行，我们现在只能粗略描绘这些读者的轮廓。例如，1561/1562年2月，沃尔顿获得《炼金术精髓》序诗的一个应该非常新的英语译本，"由威廉·伯利斯翻译"——几乎可以肯定这位伯利斯先生（如我们早已见到的）与沃尔顿一样对柳利和里普利资源有着热切的兴趣。[100]

不过，像伯利斯这样的地主有能力从自己的庄园获得收入。沃尔顿则与协调昂贵且费时的实践和自家贸易需求的困难斗争着，"因为他做了这个就做不了别的"。[101]因此，赞助至关重要。他向女王据理力陈：

> 我发现古时候，除了贵族和富商的子弟及他们的朋友，没人能获准学习七种自由科学，只有那些人才能被交付以足够的尘世财产供他们生活，使他们能把心思全部投入学习，并且实践他们通过学习而推测出的那些东西。[102] 235

他可能是根据他的《遗嘱》的英语副本而把雷蒙德的忠告记在心里，雷蒙德说炼金术只能由那些被赋予了金钱、智慧和书籍的人追求。不过沃尔顿避免提及从前为修道士践行者提供了实践与推测皆需之孤寂状态的隐修院生活。他转而选择将雷蒙德的格言用作史实证明炼金术根植于古代的、异教徒的和世俗的往昔。他提出，假如上帝甚至都允许异教徒进行这种有益的"推测"，那么基督徒肯定更适合领会"黄金炼金术或炼金术"这种神圣科学。一纸许可证和一份王室投资将使他能够追随那些古人的脚步，并且对他而言还要加上改革宗的好处。通过这种着眼于获取赞助而开展的谋略,英格兰炼金术获得了自己的历史。

给炼金术编年

英格兰炼金术的第一部"历史"被写入一份赞助请求中,这是炼金术士兼无证医学从业者托马斯·查诺克的作品。查诺克生于肯特郡(Kent)的法弗沙姆(Faversham),后来搬到他妻子的故乡萨默塞特郡斯托克兰布里斯托尔(Stockland Bristol)附近。现在他最为人熟知的是他著名的《自然哲学摘要》(*Breviary of Natural Philosophy*),1557/1558 年 1 月完稿,这是一首诗歌,但不同于布洛姆菲尔德《百花》的自传性质和散漫风格,且更大程度上取范于诺顿的《炼金术序列》而非里普利那更多聚焦于学说的《炼金术合成》。[103]查诺克对轶闻趣事和生动叙述的偏爱也构成他 1565/1566 年整个冬季撰写的《题献给女王陛下的书》(*Booke dedicated vnto the Queenes Maiestie*)的鲜明特征,这部作品可能从来无缘觐见伊丽莎白,反而被归档在塞西尔的文件中。[104]

查诺克描述自己是"未受教育的学者",他明白书本知识对于实践成功和塑造236 哲学人格都是必要的钥匙。受阻于文本的可获得性和他本人有限的拉丁文知识,他的解决方法是主要依据本地语言的炼金术资源编纂一部历史,创作出一种有个人特质的叙事,这种叙事更应算入中世纪编年纪传统,而非人文主义史学传统。[105]确实,查诺克看重炼金术论述和诗歌的部分理由似乎是它们有助于理解往昔哲学家的活动,他评论说,这是一部"我在非英语编年纪中绝不会读到的"历史。[106]

《题献给女王陛下的书》以这位炼金术士和一位来自牛津的博学访问者之间的闲谈形式表现他的发现,查诺克让这位学者饱饫往昔炼金术士的故事,以及他希望以女王名义开展之"事业"的细节。此种设计安排令查诺克表现自己时可以依据饱读诗书的人文主义哲学家如迪伊或伊顿的类型,而不依据里普利、诺顿和乔叟取笑的那种被损害的炼金术士的类型,他对这几人的讽刺韵文长篇引用。为此目的,他让这位牛津人赞扬他为了研究而配置的全套装备——袍服、地图和其他科学仪器,还有"一间相当好的图书室,且自我上次来过以后大大扩充了"。[107]

对一位外省践行者而言,获取这样一间图书室并非摆设。查诺克在他的论著中声称,他从伦敦得到的仅有书籍是 12 岁那年从叔叔那里继承来的那些,叔叔也叫托马斯·查诺克，是一位驻扎在拉德盖特(Ludgate)黑衣修士小修道院①(Blackfriars)的多明我会士神学博士。[108]自那以后，他造访伦敦购买更多炼金术书籍的希望就一直被生意压力挫败。不过查诺克自己的书籍暗示，他在获取材料方面长袖善舞。几样来自他的"相当好的图书室"的东西幸存下来，让我们能在他自己的收藏实践和注解实践的帮助下阅读他的请愿书，就像阅读伊顿和沃尔顿的请愿书那样。

1562年到1579年间，查诺克注释了几部15世纪和16世纪早期的纲要，现在保存在剑桥大学三一学院图书馆手稿O. 2. 16(pt. 1)和O. 8. 32中。[109]这些表明，尽管查诺克自视为一个"习惯于巨大的孤独"的人，但当他着手获取炼金术资料时，无论如何也没隔绝尘世。[110]一份此前属于约翰·梅里(可能就是布洛姆菲尔德贬损的那位铸币厂试金师)的小册子有梅里1560年的签名和日期标注，这个年份只比它变成查诺克的财产早两年。[111]另一份是从剑桥大学三一学院图书馆手稿O. 8. 24的杜韦斯的汇编中抄写的，包括查诺克用自己的笔记加以润色的里普利的《抒情曲》和其他解说文本。[112]有几个配方是斯托克兰代牧约翰·科齐(John Coch)手书，查诺克在《题献给女王陛下的书》中几次提到他是医学事务上的合作者。[113]一份托名柳利文本的纲要曾经属于理查德·阿特金斯(Richard Atkins)，这是一个在别处都鲜为人知的人物，他也拥有一部15世纪的占星学纲要，现在被列入牛津大学博德利图书馆阿什莫尔藏品。[114]

237

查诺克的资源的性质和他搜罗书籍的散漫结果影响了他对炼金术历史之观点的形成。《题献给女王陛下的书》述及英格兰行家们的冒险活动，他们中的大多数都是宗教团体的成员。查诺克主要依赖较早的作品重构这段历史，包括里普利《炼金术合成》中关于假炼金术士的讽刺段落、诺顿《炼金术序列》中关于托马斯·道尔顿(Thomas Daulton，一个因其炼金术知识而被劫持的僧侣)的故事，他把这些都当作真实报告对待。不过，他提供一部完整历史的能力受限于获取合适文本方面的困难，他也悲叹缺乏"许多英格兰哲学家"的好副本，使他无法核实他们的精通度，"我没有完整和完好的他们的书籍，因此我无法很好地行使我的权力"。他列出自己希望获取的书籍清单，想用它们形成"一份更大的藏品"，比如梅林作品的一个完整副本，他指出，这位梅林不是威尔士或苏格兰的假先知，而是炼金哲学家梅林，他

① "黑衣修士"现在是伦敦一个地名，那里曾经有一所黑衣修士小修道院，1538年解散，正好是查诺克12岁左右，由此可知查诺克的叔叔生活时期，小修道院还在，故而此处应译为"黑衣修士小修道院"。——译者注

239 的书"我从未得到，只得到6页或9页"。[115]查诺克就像他的对头诗人布洛姆菲尔德，关心让自己的活动远离任何魔法或迷信的暗示，倒是把魔法实践保留给天主教的僧侣和托钵会士如培根，他颇为详细地展开了培根的历史(受到后来关于培根是个臭名昭著的魔术师这类传说的强烈影响)。[116]

查诺克试图区分梅林的多重身份——既是不列颠传说历史中的预言家和魔法师，也是一套卓越的拉丁文炼金术韵文的作者，这阐明了在获取炼金术实践知识和理解炼金术历史方面都依赖书籍的践行者们面临的难题。对于那些把炼金术文本当作历史信息合法来源对待的读者而言，诸多核心论著的托名属性带来了一部不经意间就被歪曲的编年史。这些托名作品制造出另一种往昔，类似于蒙默斯的杰弗里和他的中世纪后继者的传奇历史，或者教会历史学家如马修·帕克的产品，帕克为了仔细搜寻一个古老且未受损害的英格兰教会的证据而洗刷了古代不列颠。在这部主要属于虚构的"炼金术史"中，归给梅林的韵文的存在便意味着早在12世纪把阿拉伯文本译为拉丁文之前，不列颠诸岛就已实践炼金术，同时托名柳利文本和里普利文本的序言暗示着哲学家和历史上的英格兰国王有着常规合作。

并非所有的干预都是偶然。查诺克尽管有对权威性的渴望，但他为了推动自己的赞助抱负，对于编造或详细阐发一些插曲不会感到良心不安。他在请求中向伊丽莎白提供了几个王室赞助炼金术士的例子，从任命诺顿为御用哲学家的英格兰的爱德华四世，到查理五世皇帝——他珍视柯奈留斯·阿格里帕的炼金术专长

240 的原因更多在于"这件事的尊贵"，较少在于"年度黄金产量的价值"。[117]这类合作在亨利七世身上达到顶峰，(查诺克向伊丽莎白保证)亨利七世是位凭自己的权利就拥有石头的哲人王：

> 我指的是女王享有最杰出恩典的祖父亨利七世，他是一位伟大且睿智的哲学家，远在他因为一个犹太人出身的人而去世之前多年就有了这种石头，这是我从我叔叔关于这种科学的书籍中得知的……我叔叔写书时是这位国王当政最后一年里的告解神父。[118]

虽然许多赞助请求都摆出倾向炼金术之哲学谱系的姿态，但没有哪个像查诺克那么直截了当地伪造哲学家与国王之间的历史关联，也没有哪个像查诺克那么毫不隐瞒地把撰写人自己表现为那段历史的一个必要组成。查诺克通过他的叔叔与亨利七世之间的所谓联系而把自己的家族写入英格兰炼金术历史中，通过赞扬伊丽莎白的祖父来恭维女王，同时为他自己和女王的关系设置了一个明显类

比——他希望成为她的御用哲学家。迪伊或伊顿面对这种粗俗的方法可能会退缩，但对像查诺克这样一个缺乏宫廷人脉或拉丁文学识的践行者而言，编造炼金术历史可能提供了唯一貌似可行的晋升路线——与往昔的一种关联因为他继承的书籍以及不言而喻的技能而变得牢靠。

炼金术的神意历史

若说查诺克给了我们炼金术历史的一种主要植根于英格兰僧侣活动的“编年化”类型，那么从沃尔顿和布洛姆菲尔德的请愿书中就能引出另一种更加“神意的”历史类型，这两人是有着清教徒倾向的践行者，力图根据“圣经”的权威性而非王室先例将他们的科学合法化。查诺克对自己的资料洗洗刷刷是为寻找炼金术士与国王间的联系，沃尔顿却得出一个不同的结论——没有一个英格兰君王曾经成功获得这石头，因为上帝只将它给予贫穷和谦卑的人。

神意论作为16世纪后期和17世纪英格兰在学院神学和大众布道中都最重要的主题之一，影响了英格兰文化生活的方方面面，包括英格兰自身的历史。亚历山德拉·沃沙姆（Alexandra Walsham）已经指出霍林斯赫德（Holinshed）《编年纪》（*Chronicles*）和其他伊丽莎白时代的历史书与殉道录中体现出的神意的历史观，在这些作品中，政治事件和个人不幸都被读作关于上帝的意愿和上帝在创世中加以直接干预的证据。[119]以福克斯的《殉道者之书》为范例的这种历史呈现通过把宗教改革表现为神圣命定之事而服务于新教徒的目的，但它也给炼金术知识暗留了一个特别角色。哲学家之石固然是个彻头彻尾的物质产品，但制作它时的困难意味着神意之手在工作，这是“上帝的礼赠”这一长盛不衰的比喻的一个变体，对新教徒炼金术士格外恰当。 241

置身他的时代以及新教英格兰的沃尔顿设想的似乎正好就是这样一种神意秩序，上帝通过这种秩序将真正的炼金术知识延伸到谦卑的臣民那里，而非直接延伸到国王：

> 我没读到自征服以来国王曾以任何方式拥有它。尽管雷蒙德·柳利在爱德华三世国王的时代，里普利在爱德华四世国王的时代，诺顿在爱德华四世国王末期、理查王及亨利七世国王时代，但他们都没向这些国王教授它。……因此，上帝乐意把他伟大的恩典授予纯洁又简单的人，比如看起来是被所有人排

斥的人……那些本应把自己丢在他们的君王和国家的脚下的人。[120]

在这些条件下,沃尔顿的低微地位有利于他,使他成为看似恰当的恩典候选人。从这个段落中也看到,沃尔顿不知道(或故意选择忽略)将往昔行家如雷蒙德和里普利同英格兰国王联系起来的盛行传说。[121]另一方面,他从归结给女先知玛丽的炼金术作品中轻易得出结论说:“大慈大悲的我们的主上帝确实将[这秘密]给了摩西,因为我已发现摩西的妹妹玛丽制作了一本关于这种科学的书。”[122]这种从阅读中挖掘出来的关联使沃尔顿不仅能把他和他的作品表现为与里普利和诺顿这些较早的英格兰哲学家有联系,还能让他表现出对上帝话语的权威性尽在掌握。

242

沃尔顿可能觉得,宣称炼金术是上帝的礼赠有助于减轻他直接接洽女王之举的冒昧,但它也透露出英格兰作者们如何调整自己对炼金术的概念以与新教教义一致。沃尔顿评论说上帝反复挑出贫穷人士来开展他的任务,并在他们犹豫时惩罚他们,因为基督“不要那些把蜡烛藏在斗下面的人”。[123]因此,得上帝授予炼金术秘密的人不能像没用的仆人那样埋葬自己的才能,如《马太福音》第25章谴责的那样。这是自西奥菲勒斯的《论若干艺术》以来行业请愿书中的一个标准比喻,但沃尔顿在此加以调整,以证明他是凭恩典而非事工投身于拯救的教义。[124]根据这种教义,仅凭令人满意的工作情况并不能保证得救,但尽管如此,人们也应当欢欣鼓舞地好好工作(“不是说我们做得好就值得被赏”)。他们的慰藉在于上帝,上帝即使对他没用的仆人也给予巨大礼赠,“不是由于我们应得,而是出于他自己的考虑”,从头至尾在基督的仁慈中。[125]沃尔顿把谦逊抛到一边,将自己等同于有用的仆人,这意味着他把自己看作上帝给予之知识的收受人,因此就是幸运选民的一员。

得拣选的哲学家在炼金术历史和神圣历史中都要发挥作用,这观点也出现在其他新教徒炼金术小册子中。于是,对布洛姆菲尔德来说,宗教教义和炼金术学说交织缠绕。就连领会物质不可见的潜能这种能力也被解释为选民身份的标志,由于那些缺少恩典的人不能掌握自然的秘密,因此实践也会失败。恩典就这样被与注解能力关联起来,如他在《百花》中暗示的:

它来自上帝,上帝令它可感知,
对一些被预先拣选者;对别人它则否认。[126]

243

布洛姆菲尔德在《一部无与伦比的作品》《实践》和《布洛姆菲尔德的精质,或管理生命》这三部散文作品中都使用“无用的仆人”这个比喻来为接洽亨利八世和伊丽莎白一世之举辩解，但也用它来支持他关于自己在实践和灵性上都有杰出才能的宣言。[127]它在《布洛姆菲尔德的精质，或管理生命》中格外明显（此书是他唯一一部在确定属于新教的政权下创作的论著），他在这里宣称“不是从人类的手中得到才能，而是仅从上帝之手，一切专业技能的给予者之手”，据此他提出分享医学炼金术的秘密。[128]布洛姆菲尔德关于炼金术知识为直接启示的宣言与他关于自己宗教实践的描述可相比拟，这实践具体而言就是“我已经掌握了一段时间的这种神圣的练习”。[129]

在承认炼金术这种“专业技能”具有神圣起源的同时，我们的请愿者没有一个人把炼金术的实际操作当作除了物质流程以外还涉及任何其他东西的事情来对待，注意到这一点很重要。他们工作的宗教维度明确地与分析哲学文本所要求之洞察力的高级层次相联系，也明确地与成功重构内容所需之谨慎和技能相联系。但这些践行者没有宣称石头本身拥有任何类型的超自然力量，事实上，布洛姆菲尔德宗教气息最浓厚的作品《布洛姆菲尔德的精质，或管理生命》甚至都没描述石头，却提供了一套以精质为基础的医学配方。

当然，医学炼金术依然能以其他方式服务于宗教目的，最迫切的就是通过保持这位新教徒女王的生命。伊丽莎白的健康是对她的臣民们有普遍利益的事务，尤其是在16世纪70年代，那时对英格兰王位的最强势要求依然来自一位天主教徒要求者——苏格兰女王玛丽。对女王健康的考虑只会提高各类炼金术药物的价值，其范围从普遍石到特定药物，查诺克希望前者能服务于“保持陛下尊贵的生命健康无恙”[130]，后者则比如布洛姆菲尔德认为格外适合一位女王的可饮用黄金，因为“有价值的特别的东西属于特别的君王赞助”。[131]查诺克为了努力说服伊丽莎白而把石头表现为一份与三船从美洲和东印度运回的黄金、珠宝和胡椒等价的宝藏，它的价值不那么在于它制作黄金的力量，“而在于它是世间最伟大的补品”。[132] 244

许可证申请允许请愿人直接对女王致辞，这提供了一个让虔诚的新教徒说出此种关切的机会，也让那些觉得伊丽莎白在改革教会方面过于温和的人有机会就宗教事务提供自己的意见。布洛姆菲尔德在《布洛姆菲尔德的精质，或管理生命》中全面利用了这个机会，这是他最有自信的作品，也是受其清教徒激进主义影响最强烈的作品。他写给伊丽莎白的前言把她安置在一部牢牢由天意决定的历史中，上帝在这部历史中“用各种各样的方式如叛乱来净化和清洗你，[使]你能带来更多成果”。[133]然而他的赞扬因为一个明确无误的暗示而打了折扣，这暗示是，上帝的眷顾也可能被取消。他劝谏女王迫害天主教徒，提醒她“圣经”中的国王亚哈

(Ahab)的命运,他在战斗中击败亚述国王后饶了国王一命,结果让上帝在他敌人的地盘摧毁了他。[134]此书写于1574年,在天主教徒密谋的里多尔菲阴谋(Ridolfi Plot)之后,因此很难看不出这段落是影射伊丽莎白被人认为对待玛丽心慈手软,而处决玛丽早就是较过激的新教徒的一个目标。[135]尽管布洛姆菲尔德希望他那伴随着医学配方赠品的请愿书能帮他重获教区并恢复他"神圣的练习",但面对一位较保守的女王,这种咒骂不可能推进他的事业,哪怕这些咒骂的确保留了一点点直率品性,无疑正是这种品性导致他被他从前的教众排斥。

一种进取的科学?

1572年8月,理查德·伊顿顶着宗教战争的锋锐出现了,此时他与他的胡格诺派(Huguenot)赞助人在圣巴托洛缪大屠杀中勉强逃生。他后来评论说:"财物损失与生命危险驱使我再度返回我的故国。"[136]回到英格兰,他恼怒地发现外国人看上去依旧享受眷顾,而他在自己的全部职业生涯中都被拒绝给予这种眷顾。1573年9月,他最后一次投标争取王室支持他的炼金术奋斗,这次是要求一份许可证以致力于制造帕拉塞尔苏斯派药物:

245

> 眼下在英格兰,谁能用金属和矿物合成令人敬仰的帕拉塞尔苏斯的药物(它们以一种炼金术方法为代表),却不会立刻从无知的诽谤者那里招致开展炼金术的狼藉声名和灾祸呢?开展炼金术是法律禁止的。为避免这种恶行,就需要一份王室许可证。我也不怀疑,既然允许布罗卡尔德斯(Brocardus)和其他许多外国人自由实践[那种艺术],那么王室权威也会许我以更加公正的同样的意旨。[137]

伊顿的评论反映出英格兰践行者持续存在的对于外国人在炼金术和医学事务上受偏爱的感知,讽刺的是,他表达怨言的语境是他为了致力于从事自欧洲大陆引进的帕拉塞尔苏斯实践而投标。[138]外来竞争的气氛强化了对英格兰自身炼金术传统的强调,这种强调在如此多英格兰赞助请求中都显而易见。不过,对外国竞争者的忧虑不足以透彻解释16世纪后半叶对托名柳利和里普利炼金术真心实意的实践兴趣,英格兰践行者在探索阿格里帕、潘蒂奥和帕拉塞尔苏斯这些更晚近的欧陆革新的同时仍不断探索这种炼金术。这方面的成功部分取决于色利康炼金术反映

或吸收此类改编的能力——医学蒸馏和金属成分的混搭构成进一步实验的基础，246
包括日益注意使用酒石、锑块和对“色利康”的其他解读成果。多亏可以接触英语版的核心文本，以及此路径所涉大多数原料相对易获得且成本低，该种实践路径成为社会等级中所有层次的践行者都可以尝试的一条路径。

此时期英格兰炼金术中最醒目的方面之一是，即使缺少宫廷联系，践行者也因为拥有炼金术知识而觉得自己被赋权直接接洽伊丽莎白一世。他们认识到，他们的社会地位和教育背景不足以迫使女王注意自己，而且在法令的阴影下，他们也不能宣称实际上已经完成关于石头的工作。他们宁愿寻求令读者相信，他们卑微的外表之下隐藏着对哲学秘密的优先使用权，无论这是通过自然哲学的专长、炼金术阅读上的独创性抑或是上帝的特殊恩典而获得。与他们的外国竞争者相比，他们竭力主张炼金术的英格兰性——这是一种从他们在阅读中遇到的线索和碎片中找回的知识传统，并且在他们自己巧妙的请愿书中编织成一幅完整图景。随着践行者在16世纪最后25年日益转向帕拉塞尔苏斯派的炼金术药物，他们便在如下框架内这样做：集医学与黄金炼制、中世纪与宗教改革为一体，且始终是色利康的。

【注释】

[1] Thomas Charnock, *Booke Dedicated vnto the Queenes Maiestie*, British Library, MS Lansdowne 703, fol. 39r.

[2] *Calendar of State Papers Domestic: Edward, Mary and Elizabeth, 1547—80* (London: Her Majesty's Stationery Office, 1856), 249—250, 255—257, 275—277; *Calendar of State Papers Domestic: Elizabeth, Addenda, 1566—79* (London: Her Majesty's Stationery Office, 1871), 10—13.关于伊丽莎白赞助德·朗诺瓦和其他炼金术士的详细讨论见 James Stuart Campbell, "The Alchemical Patronage of Sir William Cecil, Lord Burghley" (Master's thesis, Victoria University of Wellington, 2009), 78—87；也见 Glyn Parry, *The Arch-Conjuror of England: John Dee and Magic at the Courts of Renaissance Europe* (New Haven: Yale University Press, 2012), 74—78; Deborah E. Harkness, *The Jewel House*, 170, 172。

[3] David Gwyn, "Richard Eden, Cosmographer and Alchemist", *Sixteenth Century Journal* 15 (1984): 13—34, on 30—33.伊顿也见 James Stuart Campbell, "The Alchemical Patronage of Sir William Cecil"; Andrew Hadfield, "Eden, Richard (c. 1520—1576)", *Oxford Dictionary of National Biography*; Christopher Kitching, "Alchemy in the Reign of Edward VI: An Episode in the Careers of Richard Whalley and Richard Eden", *Bulletin of the Institute of Historical Research* 44(1971): 308—315。伊顿的译作、序言和一份丰富的传记-书目信息的汇集见 Edward Arber, "The Life and Labors of Richard Eden, Scholar, and Man of Science", in *The First Three English Books on America: [?1511]—1555 A.D.*, ed. Arber (Birmingham: [Printed by Turnbull & Spears, Edinburgh], 1885), xxxvii—xlviii。也见 Susanna L. B. De Schepper, "'Foreign' Books

for English Readers：Published Translations of Navigation Manuals and Their Audience in the English Renaissance，1500—1640"(PhD diss.，University of Warwick，2012)。

[4] 理查德·伊顿1565年10月12日致伯利勋爵(Lord Burghley)威廉·塞西尔，National Archives，SP 70/80，fol. 125v。

[5] Erasmus，*Adagia* 1.20.拉丁文 *Piscator ictus sapiet* 字面可翻译为"被蜇的渔夫会明智"，指粗心大意的渔夫一把将手探入渔网，结果抓住一只海蝎，由此取得的经验。

[6] 这位副伯爵对炼金术和帕拉塞尔苏斯学说的兴趣，见 François Secret，"Réforme et alchimie"，*Bulletin de la Société de l'histoire du protestantisme français(1903—2015)*，124(1978)：173—186，on 173—176。

[7] 塞西尔在1568年7月的一封信里记录了他对某位意大利人所声称之事的兴趣，但评论说女王认为这种活动"徒劳无果"，这可能就指炼金术，如 Glyn Parry，*Arch-Conjuror of England*，78 提出的。

[8] 关于近代早期英格兰科学赞助的较一般性叙述，见 Stephen Pumfrey and Frances Dawbarn，"Science and Patronage in England，1570—1626：A Preliminary Study"，*History of Science* 42(2004)：137—188；Deborah E. Harkness，*The Jewel House*，chap. 4。

[9] R. A. Houston，*Literacy in Early Modern Europe：Culture and Education，1500—1800* (London：Longman，1988).

[10] Petreius，*De Alchemia*，374.炼金术出版方面的早期冒险活动见 Didier Kahn，*Alchimie et Paracelsisme*，100—108。

[11] *De Alchimia opuscula complura veterum philosophorum*... (Frankfurt am Main：Cyriacus Iacobus，1550).迪伊没提到阅读《哲学家的玫瑰园》(*Rosarium philosophorum*)，这是构成雅各布刊本整个第二卷的一份长篇集锦。他的清单也包括：《关于自然秘密亦即精质的书》的一个版本(他没说明是哪个)，Petrus Bonus，*Pretiosa margarita novella de thesauro，ac pretiosissimo philosophorum lapide*，ed. Giovanni Lacinio(Venice：Aldo Manuzio，1546)，以及 Philipp Ulstad，*Coelum philosophorum*，这是关于鲁伯斯西萨的约翰传统下之哲学蒸馏术的一部通俗作品，首次出版时题名 *Coelum philosophorum seu de secretis naturae*(Fribourg [Strasbourg]：[Johann Grüninger]，1525)，并被频频重印。

[12] 早期例子包括不列颠图书馆斯隆手稿2128和2325中的15世纪手抄本，这两份都有迪伊1557年的手书，并题写着他的名字和年份。这份清单的内容有许多与杜韦斯从前的手抄本相符，包括 Cambridge，Corpus Christi College Library，MS 395[如《阿威罗伊论隐士》(*Averrois super hermetem*)和《希拉尔德斯与一位精灵的对话》]，British Library，MS Harley 3528 [《追踪轨迹》(*Semita semitae*)，是一个归给威兰诺瓦的阿纳德的文本，含一篇引言《尊敬的神父》]，及 Cambridge，Trinity College Library，MS O.8.25 [杜韦斯《扩展知识的书信》(*Epistola scientiam enucleans*)]。

[13] "An Inventarie"，Queens' College MS 49，fol. 117v.这份清单包括《里普利作品》《里普利作品文钞》及《一本里普利撰写的书，属于约翰·布肖普(Jo[hn] Busshop)》。史密斯的书见 Richard Simpson，"Sir Thomas Smith's Stillhouse at Hill Hall：Books，Practice，Antiquity，and Innovation"，in *The Intellectual Culture of the English Country House，1500—1700*，ed. Matthew Dimmock，Andrew Hadfield，and Margaret Healy(Manchester：Manchester University Press，2015)，101—116。

[14] Guglielmo Gratarolo ed.，*Verae alchemiae artisque metallicae，citra aenigmata，doctrina，certusque modus，scriptis tum novis tum veteribus nunc primum & fideliter maiori ex parte editis，comprehensus*(Basel：Heinrich Petri and Peter Perna，1561).伊顿的书见 Cambridge，Trinity College Library，MS R.14.56(下文讨论)，包括来自这个刊本的几则摘要，尤见 fols. 78r-79v，例如"Opus ex Mercurio solo. Ex libro Raymundi qui dicitur Summaria lapidis consideratio. Ex magno libro Guilhelmi Grataroli. fol. 162"(只用水银的工作。来自雷蒙德的书《对石头的简单考虑》。来自古格列尔莫·格拉塔鲁洛的巨著第162页)(fol. 78r)。

[15] Hatfield House，Cecil Papers 271/1.这是 Chrysogonus Polydorus ed.，*Alchemiae Gebri Arbis* (Bern：Mathias Apiarius，1545)的一个英译本，而这个版本本身又是 Chrysogonus Polydorus ed.，

In hoc volumine de alchimia continentur（Nuremberg：Iohannes Petreius，1541）的重印本。

[16] Hieronymus Brunschwig，*Liber de arte distillandi de simplicibus*（Strassburg：J. Grüninger，1500），译本题名 *The vertuose boke of distyllacyon of the waters of all maner of herbes*（London：Laurence Andrewe，1527）。布伦施维希见 Alisha Rankin，"How to Cure the Golden Vein：Medical Remedies as *Wissenschaft* in Early Modern Germany"，in *Ways of Making and Knowing*：*The Material Culture of Empirical Knowledge*，ed. Pamela H. Smith，Amy R. W. Mayers，and Harold J. Cook（Ann Arbor：University of Michigan Press，2014），113—137；Tillmann Taape，"Distilling Reliable Remedies：Hieronymus Brunschwig's 'Liber de arte distillandi'（1500）between Alchemical Learning and Craft Practice"，*Ambix* 61（2014）：236—256；Tillmann Taape，"Hieronymus Brunschwig and the Making of Vernacular Knowledge in Early German Print"（PhD diss.，Pembroke College，University of Cambridge，2017）。康拉德·格斯纳的《关于秘密药物》以 Euonymus 之名出版，是蒸馏药物的另一部重要资料：*Thesavrvs Evonymi Philiatri De remediis Secretis*...（Zurich：Andreas Gesner and Rudolf Wyssenbach，1552），英译本题名 *The newe iewell of health wherein is contayned the most excellent secretes of phisicke and philosophie*...，trans. George Baker（London：Henrie Denham，1576）。

[17] British Library，MS Sloane 3604，fol. 64v.格拉迪的编校本见上文第 145 页注释[29]。

[18] Oxford，Bodleian Library，MS Ashmole 1478，pt. 2，fol. 96r.商人冒险家公司在 16 世纪早期的主要业务是布料贸易，该公司随后被绸缎商主导。这时期伦敦的商人活动见 Kenneth R. Andrews，*Trade*，*Plunder and Settlement*：*Maritime Enterprise and the Genesis of the British Empire*，*1480—1630*（Cambridge：Cambridge University Press，1984）；Robert Brenner，*Merchants and Revolution*：*Commercial Change*，*Political Conflict*，*and London's Overseas Traders*，*1550—1653*（London：Verso，2003）；Stephen Alford，*London's Triumph*：*Merchant Adventurers and the Tudor City*（London：Allen Lane，2017）。

[19] Oxford，Corpus Christi College Library，MS 244，fol. 37r.

[20] 例如 British Library，MS Sloane 3604，fol. 14v。

[21] Ibid.，fol. 106r.由于弗里洛夫在别处都没使用"先生"这个头衔，所以这可能暗示他对格林风格的进一步模仿。

[22] 例如可见 British Library，MS Sloane 3604，fols. 39r，63v，141r。

[23] Ibid.，fol. 290v："本书值英格兰法定货币 20 镑。"

[24] New Haven，Beinecke Rare Book & Manuscript Library，MS，MS Mellon 33，fol. 59v.该副本不是弗里洛夫自己抄写的。诗人让·德·默恩是 12 世纪一部著名法语传奇故事《玫瑰传奇》（*Roman de la rose*）的作者，后来被树立为一位炼金术权威，依据是他在诗歌中对炼金术的简短涉猎，见 Newman，*Promethean Ambitions*，77—82。

[25] Oxford，Bodleian Library，MS Ashmole 1478，pt. 2，fol. 96r 的托名阿维森纳作品，弗里洛夫手书。托名培根的作品保存在 Beinecke Rare Book & Manuscript Library，MS Mellon 33，fol. 97r，也见 Bodleian Library，MS Digby 133，fol. 36r。这两个副本都不是弗里洛夫自己抄写。梅隆手稿 33 中一篇毗邻译作是归给哈利德·伊本·雅兹德的一篇论述（fols. 96v-110v），可能也是弗里洛夫翻译，虽然没签名，但书籍末页所书"主历 1542 年自拉丁文译为英语"的风格类似他其他译作的书籍末页（fol. 110v）。

[26] Oxford，Bodleian Library，MS Ashmole 1479，fol. 140v.

[27] British Library，MS Sloane 1842，fol. 78.《炼金术精髓》的翻译史见 Jennifer M. Rampling，"The Catalogue of the Ripley Corpus"，pp.130—131，《炼金术精髓》的条目在该文 16。

[28] 约翰·贝尔在 1557 年的《目录》（*Catalogus*）中似乎提到里普利《圭多与雷蒙德的一致性》的一个英译本。贝尔的书目著录了此书的两份引言，头一份《因为雷蒙德说，说到石头的发酵》原文为拉丁文，到 1548 年时为贝尔所知，见贝尔书目英译本 John Bale，*Index Britanniae Scriptorum*：*John Bale's Index of British and Other Writers*，ed. Reginald Lane Poole and Mary Bateson（1902；repr.，Cambridge：

D. S. Brewer, 1990), 85。第二份《雷蒙德关于石头发酵的断言》,似乎是贝尔将英译文回译为拉丁文,见贝尔书目拉丁文版 John Bale, *Scriptorum illustrium maioris Brytanniae... Catalogus*, 623。

[29] Oxford, Bodleian Library, MS Ashmole 1479:沃尔顿于1561/1562年2月1日誊写了《懂炼金术的玛丽》(marie of allchimy)(fols. 35r-42v),截至1563年5月誊写了《哲学家圭多和雷蒙德·柳利的一致性》(concordance bytwyne guido & raymonde lully ij phylosophers)(fols. 43r-44r)。这个卷册也包括《抒情曲》一个英译本的开始部分(fol. 228v,可能有缺页)以及《炼金术士的哲学》(phylorsium of [th]e alchymists)(fols. 229r-235r)。

[30] 英格兰采矿业务在16世纪后半叶的发展见 Eric H. Ash, *Power, Knowledge, and Expertise in Elizabethan England* (Baltimore: Johns Hopkins University Press, 2004), chap. 1;M. B. Donald, *Elizabethan Monopolies: The History of the Company of Mineral and Battery Works from 1565 to 1604* (Edinburgh: Oliver & Boyd, 1961)。斯图亚特英格兰早期的采矿文化见 Cesare Pastorino, "Weighing Experience: Francis Bacon, the Inventions of the Mechanical Arts, and the Emergence of Modern Experiment"(PhD diss., University of Indiana Bloomington, 2011)。

[31] Blomfild, *Blossoms*, 24—25(ll. 106—110).布洛姆菲尔德也将一位无名的"僧侣"包括进来,但这位践行者的身份不清楚。大阿尔伯特在几部中世纪英语炼金术作品中都作为主人公出现,可能反映出托名阿尔伯特的《直路》的巨大成功,见 Peter Grund, "Albertus Magnus and the Queen of the Elves: A 15th-Century English Verse Dialogue on Alchemy", *Anglia: Zeitschrift für englische Philologie* 122(2004):640—662;Peter Grund, "'ffor to make Azure as Albert biddes': Medieval English Alchemical Writings in the Pseudo-Albertan Tradition", *Ambix* 53(2006):21—42。在托马斯·查诺克的《题献给女王陛下的书》中,阿尔伯特被作为一位英格兰行家提及,见 British Library, MS Lansdowne 703, fols. 16r-18r, 51v。

[32] Blomfild, *Blossoms*, 25(ll. 127—140).

[33] 伦敦塔里坐落着两座铸币厂,布鲁克是一号塔的监察官,见 C. E. Challis, "Mint Officials and Moneyers of the Tudor Period", *British Numismatic Journal* 45(1975):51—76, on 57。

[34] Hugh Latimer, "A Sermon of the Reverend Father Master Hugh Latimer, Preached in the Shrouds at Paul's Church in London, on the Eighteenth Day of January, Anno 1548", in *Sermons* (New York: E.P. Dutton, 1906); Project Canterbury, http://anglicanhistory.org(2018年7月7日访问)。查利斯(Challis)认为,那个时代认为布鲁克要为大贬值负责的观点没有事实根据,见 C. E. Challis, *The Tudor Coinage*, 87n146。

[35] J. G. Elzinga, "York, Sir John(*d*. 1569)", *Oxford Dictionary of National Biography*.

[36] 布洛姆菲尔德实际上写的名字是理查德·雷科德,即数学家罗伯特·雷科德(约1510—1558年)的兄弟,他于1559年成为藤比(Tenby)的市长,见 Edward Kaplan, "Robert Recorde(c. 1510—1558): Studies in the Life and Works of a Tudor Scientist"(PhD diss., New York University, 1960), 1。不过,罗伯特在铸币厂的职位和他后来因欠债而入狱的事实,表明他貌似是此处所指的炼金术士。罗伯特显然对炼金术感兴趣,因为贝尔列举了他的一些炼金术书籍,其中包括诺顿《关于金属质变术》(*De transmutation metallorum*,可能是《炼金术序列》的另一个标题)的一个副本,见 John Bale, *Index Britanniae Scriptorum*, 179。

[37] 分别见 Challis, "Mint Officials and Moneyers", 65, 63。普里见 Schuler, "Three Renaissance Poems", 47。梅里见威廉·威彻利(William Wycherley)的书面证词,他指控梅里搞魔术,而他本人因为同样的违法活动接受调查,见 John Gough Nichols, *Narratives of the Days of the Reformation*, 330, 332—334。

[38] "K. Edvvard. 6. The Troubles and Death of the Duke of Somerset", in John Foxe, *The Unabridged Acts and Monuments Online (1570 edition)* (HRI Online Publications, Sheffield, 2011), 1587; http//www.johnfoxe.org(2018年1月29日访问)。

[39] 伊顿见上文注释[3]。

[40] Ian W. Archer, "Smith, Sir Thomas(1513—1577)", *Oxford Dictionary of National Biography*; Mary Dewar, *Sir Thomas Smith, a Tudor Intellectual in Office* (London: Athlone Press, 1964).

[41] British Library, MS Lansdowne 101, fol. 19v.此信的炼金术内容见 James Stuart Campbell, "The Alchemical Patronage of Sir William Cecil", 25;Glyn Parry, *Arch-Conjuror of England*, 76。该信在英语翻译研究中的地位见 Neil Rhodes, Gordon Kendal, and Louise Wilson eds., *English Renaissance Translation Theory* (London: Modern Human Research Association, 2013), 305—307。

[42] Edward Arber, "The Life and Labors of Richard Eden", xlv.伊顿在这份致伊丽莎白的个人简历文本中用第三人称指自己。

[43] London, British Library, Royal MS 7 C XVI, fol. 19r:关于 54 种水的一份目录,题名《这些是水的名称,它们在我们的君临之主亨利八世国王当政的第 31 年[即 1539]的 5 月初到 7 月 15 日被蒸馏》;还有关于 24 种水的第二份目录,题名《去年留下的旧水》。希克斯于 1546 年因为给国王提供蒸馏水的服务而被授予一笔年金,见"Henry VIII: December 1546, 26—31", *Letters and Papers, Foreign and Domestic, Henry VIII*, vol. 21, pt. 2, *September 1546—January 1547*, ed. James Gairdner and R. H. Brodie(London: Her Majesty's Stationery Office, 1910), 313—348; *British History Online*, http://www.british-history.ac.uk/report.aspx?compid=80889(2008 年 11 月 21 日访问)。

[44] National Archives, SP 46/2, fols. 164—167; Christopher Kitching, "Alchemy in the Reign of Edward VI", 312.

[45] Christopher Kitching, "Alchemy in the Reign of Edward VI", 312.

[46] 伊顿后来报告称,惠利在"自由身"时给他提供了一个职位,那就是说在他从 1550 年 1 月 25 日的首次囚禁中获释之后。伊顿的话引自 Christopher Kitching, "Alchemy in the Reign of Edward VI", 312。

[47] 惠利于 1536 年开始购买前隐修院的土地,当时获得了韦尔贝克修道院的地产。1545 年他被任命为约克郡土地没收法院的接收员,同年购买了沃克索普小修道院,见 Alan Bryson, "Whalley, Richard(1498/1499—1583)", *Oxford Dictionary of National Biography*。

[48] Christopher Kitching, "Alchemy in the Reign of Edward VI", 314; Biringuccio, *De la pirotechnia*.

[49] Christopher Kitching, "Alchemy in the Reign of Edward VI", 311.

[50] Ibid., 314.

[51] 伊顿用一本译著寻求诺森伯兰的眷顾,即题献给诺森伯兰公爵的 Sebastian Münster, *A treatyse of the newe India with other new founde landes and islandes, aswell eastwarde as westwarde, as they are knowen and found in these oure dayes...*, trans. Richard Eden (London: S. Mierdman for Edward Sutton, [1553])。他可能也曾担任塞西尔的秘书,如 Edward Arber, "The Life and Labors of Richard Eden", xxxviii 所示:"我相信,伊顿在这个日期[即 1552 年]左右担任威廉·塞西尔先生的私人秘书。不过我把关于此信息之权威性的参考资料弄丢了。"伊顿最重要的出版著作《数十年》主要是对 Pietro Martire d'Anghiera, *De orbe novo decades* ([Alcalá]: [Arnaldi Guillelmi], [1516])和 Gonzalo Fernández Oviedo, *Historia general y natural de las Indias* (Seville, 1530—55)的头 30 年内容的翻译,见 Richard Eden, *The Decades of the newe worlde or west India, Conteyning the nauigations and conquestes of the Spanyardes, with the particular description of the moste ryche and large landes and Ilandes lately founde in the west Ocean perteynyng to the inheritaunce of the kinges of Spayne* (London: Richard Jugge, 1555)。

[52] Lawrence Humphrey, *Interpretatio linguarum: seu de ratione conuertendi & explicandi autores tam sacros quam profanos, libri tres* (Basel: Hieronymus Froben, 1559), sig. L4,原文把他的名字写为 Joannes Eden。贝尔袭用了这个标签,见 John Bale, *Scriptorum illustrium maioris Brytanniae... Catalogus*, sig. 3,被 Edward Arber, "The Life and Labors of Richard Eden", xl 引用。

[53] Queens' College MS 49, fol. 117v:"雷蒙德·柳利的《实验》,来自理查德·伊顿书写的礼物。"伊顿保留着与史密斯的通信,后者于 1572/1573 年 3 月 9 日写信给他,见 National Archives, SP 70/146, 60。史密斯的蒸馏实践见 Richard Simpson, "Sir Thomas Smith's Stillhouse at Hill Hall"。

[54] 这份手抄本现为 Cambridge, Trinity College Library, MS R.14.56,详细内容描述见 Anke Timmermann, "Alchemy in Cambridge", 450—459。

［55］Cambridge，Trinity College Library，MS R.14.56，飞页。伊丽莎白常常在不同场合培植不同的帮手，在约翰·迪伊的例子中也可见。尽管与伊顿写给塞西尔的信相比，他的书以一种不太正式的文书体书写，但大多数单个字母的式样都相同。尤其是，签名和注释与伊顿注释过的彼得罗·马蒂尔·迪安吉拉（Pietro Martire d'Anghiera）《数十年》的副本（藏约翰霍普金斯大学图书馆）以及博德利图书馆萨维尔手稿（MS Savile）18，fols. 37v 和 171r 中的伊顿签名相符。萨维尔手稿 18 是一本 14—15 世纪誊录本组成的书，伊顿与他王后学院的同学爱德华·加斯考因（Edward Gascoyn）共同拥有此书，而这表明了伊顿早年的科学兴趣。是书包括罗杰·培根关于透视和物种繁殖的作品。

［56］此手稿的物理结构见 Anke Timmermann，*Verse and Transmutation*，144n6。

［57］例如可见 Cambridge，Trinity College Library，MS R.14.56，fols. 12v，129r-v。

［58］如安科·蒂默曼评论的，这份藏品中的这些诗歌的实践含义被像研究该份藏品中的散文论述那样仔细研究过，甚至比研究散文论述还仔细。她详细审阅了这份手抄本中的记笔记策略（虽然没有联系到伊顿），见 Anke Timmermann，*Verse and Transmutation*，chap. 5，尤其是与韵文内容的关系。

［59］Christopher Kitching，"Alchemy in the Reign of Edward VI"，313—314.

［60］*Regiment of Life*，fol. 15v.许多配方都采用了"天堂般的精质"（如 fol. 10v），并且打算用于医学目的，且依循《关于自然秘密亦即精质的书》中的疾病分类。

［61］Ibid.，fols. 11v-12v.这一小节直接取自鲁伯斯西萨的《论精质书》。

［62］Ibid.，fol. 12r.

［63］"The Accuration of Raymond concerning tartar and the wine of the philosophers，and G. vegetable，and also the philosopher's salt of tartar，which is the mercury of the Testamentum"，Cambridge，Trinity College Library，MS R.14.56，fol. 129r.

［64］Ibid.，fol. 40v.

［65］Ibid.，fol. 41r.

［66］Ibid.，fol. 41r.（正文没说但注释引文补充的一个信息是，"一天搅拌三四次"。——译者注）伊顿在最后的评论处加了一条注记，承认里普利在《炼金术精髓》中描述过一种类似的清澈透明的水。

［67］Ibid.

［68］这本书最令人吃惊的特征可能是它似乎保存在惠利家族的手中，或者是被归还给惠利家。它最终由理查德·惠利的孙子托马斯捐赠给剑桥三一学院，他是该学院的副院长。这本书的一位注释人写下他的姓名首字母 TW，据推测就是这位副院长本人，要不就是他的伯父、理查德的长子托马斯，这位托马斯曾帮助伊顿支付红葡萄酒这项物资的钱，也是伊顿"一项秘密实践"的目击者（如伊顿后来告知塞西尔的），见理查德·伊顿 1562 年 8 月 1 日致威廉·塞西尔书，British Library，MS Lansdowne 101，fol. 19v；Christopher Kitching，"Alchemy in the Reign of Edward VI"，313。关于惠利家族各代见 Robert Thoroton，*The Antiquities of Nottinghamshire*，ed. John Throsby，2nd ed.（Nottingham：G. Burbage，1790），1：250。关于三一学院副院长托马斯·惠利捐赠书籍，见 Anke Timmermann，*Verse and Transmutation*，144；Anke Timmermann，"Alchemy in Cambridge"，352。

［69］阿格涅见 James Stuart Campbell，"The Alchemical Patronage of Sir William Cecil"，121—124；Deborah E. Harkness，*The Jewel House*，174—178。

［70］在一个于"普通水"中溶解水银的流程的结尾处，有人——可能是伊顿自己——在他自己最初的笔记上画了删除线，又补写"见雷蒙德的结尾。伯利斯"，fol. 66r。伊顿也对照多种书籍交叉引用流程，比如在伯利斯的一本书以及他自己的另一本书中都能找到从水银油中提取一种仙丹的配方，"关于从水银油中提取仙丹，见伯利斯的书，fol. 67，以及我们的雷蒙德[副本]的结尾"，fol. 24v。另一条笔记提到伯利斯的《一本黑书》（*Liber niger*）的结尾，fol. 69r。

［71］C. E. Challis，"Mint Officials and Moneyers"，56.

［72］菲利见 Patent Rolls，30 Henry VIII，pt. 6，m.19，1 Sept。见 J. Charles Cox，"The Religious Pension Roll of Derbyshire，temp. Edward VI"，*Journal of the Derbyshire Archaeological and Natural History Society* 28(1906)：10—43，on 15—16。1552 年 10 月一个委员会被任命调查年金

支付情况，发现伯利斯以 20 诺贝尔购买了一位前修道士的年金，ibid.，19—20。戴斯伯顿关于惠利和伯利斯的书面证词见 Robert Thoroton，"Osberton"，in *Thoroton's History of Nottinghamshire：Volume 3，Republished With Large Additions By John Throsby*，ed. John Throsby（Nottingham，1796），401—402；*British History Online*，http：//www.british-history.ac.uk/thoroton-notts/vol3/pp401—402（2018 年 4 月 14 日访问）。

[73] 伊顿的原始书面证词也是一份关于他的实践在什么情况下首次曝光的记录，它能幸存是因为伯利斯在 1556 年为了惠利引起的一桩讼案寻求自保时旧事重提，见 National Archives，SP 46/8，fol. 168r；Christopher Kitching，"Alchemy in the Reign of Edward VI"，310—311。

[74] Glasgow University Library，MS Ferguson 102，fol. 3v.

[75] Cambridge，Trinity College Library，MS R.14.56，fols. 80v-83r.共同的笔迹暗示，要么伯利斯本人为抄写这两部书都做出贡献（假如这笔迹是他的），要么弗格森手稿 102 是另一位不知名的抄写员所写，这位抄写员的其他书籍之一后来成为伯利斯的财产，且他也为剑桥三一学院图书馆手稿 R. 14. 56 的几页做出贡献。不过不能确定这位"伯利斯抄写员"写的文本是否在它尚为伊顿所有时被补入三一学院图书馆手稿 R. 14. 56，因为这几页不是伊顿注释的。

[76] Eric H. Ash，*Power，Knowledge，and Expertise in Elizabethan England*，chap. 1.移民或"异乡人"在伊丽莎白时代的科学中扮演的角色见 Deborah E. Harkness，*The Jewel House*。

[77] 德・朗诺瓦在 1569 年 2 月 9 日致伊丽莎白的信中介绍自己的资格证明是"曾就读于克拉科夫学院的哲学家和医疗占星学博士"，National Archives，SP 12/36，fol. 25r。

[78] Cornelius Alnetanus［de Lannoy］，*De conficiendo divino elixire sive lapide philosophico*（14 July 1565），印本题名"Libellus Elizabetae Reginae Angliae dicatus，tractat de conficiendis duobus olcis pro Elixire diuino ad transmutandum metalla imperfecta"，in *Secreta secretorum Raymundi Lulli et hermetis philosophorum in libros tres divisa*（Cologne：Goswin Cholinus，1592），143—155。这篇论文截至 1605 年已被译为英语，是年被托马斯・罗伯森抄写，见 Oxford，Bodleian Library，MS Ashmole 1418，fols. 43r-47v；另一个副本见 British Library，MS Sloane 3654，4r-6v。

[79] Nummedal，*Alchemy and Authority*，esp. chaps. 3—4.

[80] 芭芭拉・德・朗诺瓦（Barbara de Lannoy）为让丈夫获释而于 1571/1572 年 2 月写给塞西尔（现在是伯利勋爵）的申诉书，如 James Stuart Campbell，"The Alchemical Patronage of Sir William Cecil"，86 所鉴定，藏 Longleat House，The Dudley Papers，MS DUI，fol. 209r。

[81] 克拉多克见 Mordechai Feingold，"The Occult Tradition in the English Universities of the Renaissance：A Reassessment"，in *Occult and Scientific Mentalities in the Renaissance*，ed. Brian Vickers（Cambridge：Cambridge University Press，1984），73—94，on 86；Schuler，*Alchemical Poetry*，3—48。后一部书包括克拉多克《触及哲学家之石的论文》（"Treatise Touching the Philosopher's Stone"）的一个编校本。克拉多克的作品保存在 Bodleian Library，MS Ashmole 1445，pt. 6 和 MS Rawlinson poet 182。克拉多克也向塞西尔呈送了一篇希腊文演讲的文本，见 British Library，MS Lansdowne 19，fol. 57r（art. 25）。

[82] British Library，MS Lansdowne 703，fols. 9r-v，10v-11r，52r.

[83] Cambridge，Trinity College Library，MS O. 8. 32，fol. 44r："我主 1566 年，我的确将一本关于哲学的书题献给伊丽莎白女王，并且将它递送给她的首席大臣即塞西尔大臣。但因为女王和她的顾问在我来之前已经在伦敦萨默塞特府邸开始了一项工作，且已经在那里工作了一年，因此我的书被搁置了一段时间，并被放进女王的图书室，在这本书中我的确写了，我以性命担保，我会做这个王国所有人都不会再做的事情。说话人，托马斯・查诺克。"

[84] 洛克见 Peter J. Grund，"*Misticall Wordes and Names Infinite*"。西恩见 James Stuart Campbell，"The Alchemical Patronage of Sir William Cecil"，45—51；David Carlson，"The Writings and Manuscript Collection of the Elizabethan Alchemist，Antiquary，and Herald，Francis Thynne"，*Huntington Library Quarterly* 52（1989）：203—272；Louis A. Knafla，"Thynne，Francis（1545？—1608）"，*Oxford Dictionary of National Biography*。诺顿将在下文第七章讨论。

[85] Giovanni Agostino Pantheo, *Voarchadumia contra Alchimiam*: *Ars distincta ab Archimia*, *et Sophia* (Venice: Giovanni Tacuino, 1530), fols. 8r-9v.迪伊在自己的《象形文字单子》(*Monas hieroglyphica*)中对潘蒂奥的运用，见 Deborah E. Harkness, *John Dee's Conversations with Angels*: *Cabala*, *Alchemy*, *and the End of Nature* (Cambridge: Cambridge University Press, 1999), 88—89; Hilde Norrgrén, "Interpretation and the Hieroglyphic Monad: John Dee's Reading of Pantheus's Voarchadumia", *Ambix* 52(2005): 217—245。德·朗诺瓦在写给伊丽莎白的信中称这科学是 Boarchadamia(原文如此)，见 National Archives, SP 12/36, fol. 25r; James Stuart Campbell, "The Alchemical Patronage of Sir William Cecil", 79; Glyn Parry, *Arch-Conjuror of England*, 75。

[86] 伊顿在其手抄纲要中自己名字的后面写了这个术语，虽说它后来被划掉了，见 Cambridge, Trinity College Library, MS R. 14. 56, fol. Ir。沃尔顿对该术语的使用见 British Library, MS Sloane 3654, fol. 14v; 西恩的使用见"A discourse vpon the Lorde Burghleyghe his Creste", Cambridge, Trinity College Library, MS R. 14. 14, fol. 69r。希金斯翻译的《黄金炼金术精髓》见 British Library, MS Sloane 1842, fol. 78。

[87] British Library, MS Sloane 3654, fols. 14v-17r.沃尔顿在这个书籍末页中得到明确无误的鉴定，因为上面写着"你卑微的臣民，居住在保罗教堂旁边以旧换新街的男装经销商理查德·沃尔顿"。这部手抄本也包含德·朗诺瓦给伊丽莎白一世的论述《论制作神圣仙丹或哲学家之石》的英译本(fols. 4r-6v)，暗示这位手抄本辑纂人已经跻身王室请愿之列。我还没能在政府文件中鉴定出沃尔顿作品的任何副本。

[88] Oxford, Bodleian Library, MS Ashmole 1479, fol. 300r; British Library, MS Sloane 3654, fols. 15v-16v.

[89] British Library, MS Sloane 3654, fol. 16r.

[90]《于主历 1547 年 8 月 14 日结婚的理查德·沃尔顿和他妻子伊萨贝尔所有孩子的出生年份和日期》, Oxford, Bodleian Library, MS Ashmole 1479, fol. 222v。沃尔顿声称他起草这份清单时 48 岁。伊丽莎白时代伦敦的瘟疫插曲见 Paul Slack, *The Impact of Plague in Tudor and Stuart England* (Oxford: Clarendon Press, 1990)。

[91] British Library, MS Sloane 3654, fol. 17r.他从《炼金术精髓》中获得的关于花费的资料，见上文第 112 页。

[92] 分别见 Oxford, Bodleian Library, MS Ashmole 1479, fols. 33r-34r, 52v, 218v-19r。

[93] British Library, MS Sloane 3654, fol. 17r.

[94] Oxford, Bodleian Library, MS Ashmole 1479, fol. 8v; *Thomas Norton's The Ordinal of Alchemy*, ed. John Reidy, 55(l. 1730).

[95] Oxford, Bodleian Library, MS Ashmole 1479, fol. 8v，沃尔顿关于里普利《解决法》诗节 21 的笔记。

[96] Ibid., fol. 14r，关于里普利《腐烂》诗节 7 的笔记。

[97] Ibid., fol. 8v，关于里普利《解决法》诗节 22 的笔记。

[98] Ibid., fol. 313v.

[99] Ibid., fol. 52v.

[100] Oxford, Bodleian Library, MS Ashmole 1479, fol. 32r.阿什莫尔后来在《不列颠炼金术剧场》中收入了伯利斯的译文，虽说没将译文归于他名下，见 Elias Ashmole ed., *Theatrum Chemicum Britannicum*, 389—392。

[101] British Library, MS Sloane 3654, fol. 17r.

[102] Ibid., fol. 14v.

[103] Thomas Charnock, "Breviary of Natural Philosophy", in Elias Ashmole ed., *Theatrum Chemicum Britannicum*, 291—303.

[104] British Library, MS Lansdowne 703.这部手稿之发现及其内容见 Alan Pritchard, "Thomas Charnock's Book Dedicated to Queen Elizabeth", *Ambix* 26(1979): 56—73。查诺克也见 F.

Sherwood Taylor，“Thomas Charnock”，*Ambix* 2（1946）：148—176；Robert M. Schuler，“Charnock，Thomas(1524/6—1581)”，*Oxford Dictionary of National Biography*。查诺克本人给《题献给女王陛下的书》提供了三个不同的创作日期：1565年11月25日给女王写了作为序言的信；1565年12月5日写了对这部“闲谈”的评论；按照上文注释[83]提到的注记，1566年实际寄送手稿给伊丽莎白。

[105] 英语编年纪的结构和叙事风格见 Chris Given-Wilson，*Chronicles*：*The Writing of History in Medieval England*（Hambledon：Hambledon Continuum，2004）。这种格式在近代早期的衰落，见 D. R. Woolf，*Reading History in Early Modern England*（Cambridge：Cambridge University Press，2000），chap. 1。

[106] British Library，MS Lansdowne 703，fol. 21v.

[107] Ibid.，fol. 7v.

[108] Ibid.，fol. 25r.《牛津学生录》(*Alumni Oxonienses*)记载“托马斯·查诺克”是“多明我会士，1528年6月15日学士，1530年4月8日博士”，见“Chaffey-Chivers”，in *Alumni Oxonienses*，*1500—1714*，ed. Joseph Foster（Oxford：Parker and Co.，1891），255—273；*British History Online*，http://www.british-history.ac.uk/alumni-oxon/1500—1714/pp255—273(2018年2月1日访问)。

[109] 阿什莫尔后来为查诺克在这些手抄本中写的笔记抄了副本，见下文第九章。

[110] Cambridge，Trinity College Library，MS O. 8. 32，fol. 102r.

[111] Cambridge，Trinity College Library，MS O. 2. 16，pt. 1，fol. 82r.

[112] Ibid.，fols. 25r-31v.

[113] Ibid.，fol. 79r：“供制作铅白，根据科齐大师。”笔迹类似不列颠图书馆哈利手稿1887中科齐的医学纲要的笔迹。查诺克在不列颠图书馆兰斯顿手稿703，fol.47r中提到他时说“斯托克兰的代牧兼考辛顿(coussenton)的牧师，那位博学的约翰·科齐先生，我与他确实就医学交换意见”。

[114] Cambridge，Trinity College Library，MS O. 8. 32，fol. 1r：“理查德·阿特金斯的书”，比较 Oxford，Bodleian Library，MS Ashmole 391，fol. 1写的“理查德·阿特金斯的书”。

[115] British Library，MS Lansdowne 703，fol. 24v-25r.查诺克说的是12世纪关于两位梅林的传统说法：一位是威尔士人不朽的梅林(Merlinus Ambrosius)，另一位是苏格兰人西尔维斯特的或加里东的梅林(Merlinus Silvestris/Caledonius)，两人都源自蒙默斯的杰弗里在《不列颠列王史》(此处给出的是书的拉丁文名字 *Historia regum Britanniae*，而前文出现过的是英语名字。——译者注)和《梅林生平》(*Vita Merlini*)中提供的梅林神话版本。梅林传奇的发展见 J. S. P. Tatlock，“Geoffrey of Monmouth's Vita Merlini”，*Speculum* 18（1943）：265—287。懂炼金术的梅林见 Didier Kahn，“Littérature et alchimie au Moyen Age：De quelques textes alchimiques attribués à Arthur et Merlin”，*Micrologus* 3(1995)：227—262。

[116] British Library，MS Lansdowne 703，fols. 16r-18r.这个关于培根的段落显然受到同时代作品如《托钵会士培根的著名历史》(*The Famous Historie of Fryer Bacon*)的影响，这部16世纪中叶的匿名论著最初以手抄本形式流通，把培根表现为一位魔术大师，(按查诺克的版本所说)他最终对他与精灵们的交易表示悔悟，见 George Molland，“Bacon，Roger（c. 1214—1292?）”，*Oxford Dictionary of National Biography*。

[117] British Library，MS Lansdowne 703，fol. 38v.

[118] Ibid.，fol. 22r.

[119] Alexandra Walsham，“Providentialism”，*The Oxford Handbook of Holinshed's Chronicles*，ed. Felicity Heal，Ian W. Archer，and Paulina Kewes（Oxford：Oxford University Press，2012），427—442；Alexandra Walsham，*Providence in Early Modern England*（Oxford：Oxford University Press，2001）；Nicholas Popper，*Walter Ralegh's "History of the World" and the Historical Culture of the Late Renaissance*（Chicago：University of Chicago Press，2012）.

[120] British Library，MS Sloane 3654，fol. 14v.

[121] 既然牛津大学博德利图书馆阿什莫尔手稿1479不包含《致爱德华四世的信》，那么沃尔顿可能不

知道将里普利和爱德华联系在一起的传统。另一方面,他的《遗嘱》英语副本的书籍末页非常清楚地声明,这书被送给"伍德斯托克的爱德华国王"保管,暗示他要么对这种归属权有着不同寻常的怀疑,要么选择忽视它,见 Oxford, Bodleian Library, MS Ashmole 1479, fol. 215r。

[122] British Library, MS Sloane 3654, fol. 14v.

[123] Ibid., fol. 15r.这条箴言取自《马太福音》(5:15, Bishop's Bible):"人点灯,不放在斗底下,是放在灯台上,就照亮一家的人。"比较《马可福音》4:21,《路加福音》8:16。

[124] British Library, MS Sloane 3654, fol. 15r.

[125] Ibid., fol. 15r-v.

[126] Blomfild, *Blossoms*, 23(ll. 61—62).布洛姆菲尔德的清教徒倾向见 Schuler, "William Blomfild", 82—85。

[127] British Library, MS Sloane 2170, fol. 59v:"假如我不说出这种上帝给予我的知识,我将被责备成无用的仆人,将他主人的才能藏在地里。"Oxford, Bodleian Library, MS Ashmole 1492(152):"一个理由是问心无愧,免得被基督谴责是无用的仆人,将我主人的才能藏在土里。"*Regiment of Life*, fol. 2v:"因为我不想被裁断成一个将我主人的才能藏在土里的无用的仆人,我现在将揭开秘密隐藏的财富。"

[128] *Regiment of Life*, fol. 2v.

[129] Ibid., fol. 1v.布洛姆菲尔德似乎专注于以自由阐释经文为基础的"练习"或"预言",这是清教徒牧师的一种实践,后来被伊丽莎白谴责,见 Schuler, "William Blomfild", 83—84。

[130] British Library, MS Lansdowne 703, fol. 39r.

[131] *Regiment of Life*, fol. 10v.

[132] British Library, MS Lansdowne 703, fols. 4v-5r.

[133] Ibid., fol. 7r.

[134] Ibid., fol. 8v.这里指的是《列王纪上》20:28—43(Bishop's Bible),尤其是 20:42:"耶和华如此说,因你将我定要灭绝的人放去,你的命就必代替他的命,你的民也必代替他的民。"

[135] 庇护五世(Pius V)1570 年以教宗诏书《于高处统治》(*Regnans in excelsis*)绝罚伊丽莎白一世,因此强化了英格兰的反天主教情绪,对玛丽·斯图亚特关于英格兰王座之强烈要求的忧虑也与日俱增,见 Carol Z. Wiener, "The Beleaguered Isle: A Study of Elizabethan and Early Jacobean Anti-Catholicism", *Past & Present* 51(1971):27—62。

[136] National Archives, SP 92/32,译文见 Edward Arber, "The Life and Labors of Richard Eden", xlvi。

[137] 理查德·伊顿给威廉·温特尔先生(Sir William Winter)的献词,见 Jean Taisner, *A Very Necessarie and Profitable Booke Concerning Navigation*, trans. Eden(London: Richard Jugge, [1575]),被 Edward Arber, "The Life and Labors of Richard Eden", xlvi 引用。

[138] 坎贝尔(Campbell)提出,他的特定靶子可能是日耳曼医师兼采矿专家布尔查德·克拉尼希(Burchard Kranich,约 1515—1578 年),他就是那位 1562 年因为保护女王免受天花感染而获得信誉的布尔科特博士(Dr Burcot),见 James Stuart Campbell, "The Alchemical Patronage of Sir William Cecil",124—125。布尔查德也见 M. B. Donald, "Burchard Kranich(c. 1515—1578), Miner and Queen's Physician, Cornish Mining Stamps, Antimony, and Frobisher's Gold", *Annals of Science* 6(1950):308—322; M. B. Donald, "A Further Note on Burchard Kranich", *Annals of Science* 7(1951):107—108。另一个可能的候选人是意大利新教徒雅各布·布罗卡尔多(Jacopo Brocardo,英语化为 James Brocard),他撰写基督教喀巴拉方面的内容,直到 1580 年左右才出现在英格兰,见 Antonio Rotondò, "Brocardo, Jacopo", *Dizionario biografico degli italiani 14(1972)*, http://www.treccani.it/enciclopedia/iacopo-brocardo_(Dizionario-Biografico)/(2018 年 5 月 1 日访问)。

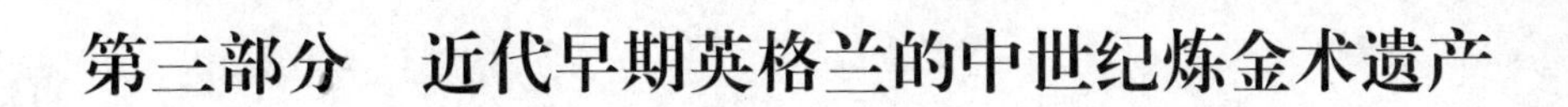

第三部分　近代早期英格兰的中世纪炼金术遗产

第七章　复原与修订

最后，因为更好地考虑我的里普利大师的话，我学会了在我惯于摔倒之处 249
站直，因为他是唯一那个人，他的手能推开通常人们摔倒之处的绊脚石。[1]

1577 年 7 月 20 日剑桥圣约翰学院（St. John's College, Cambridge），萨默塞特炼金术士萨缪尔・诺顿（1548—1621 年）将《炼金术之钥》题献给伊丽莎白一世。他这么做时便加入了那群数量日增的英格兰人，他们寻求获取王室赞助以让自己的炼金术实践合法化和有资金。诺顿像其他英格兰践行者一样，通过诉诸先驱们的权威来支持自己的常规专业领域，这些先驱就是 15 世纪的伟大行家乔治・里普利和托马斯・诺顿。不过，诺顿也声称有权使用一种他的同辈人无法接触的知识资源。萨缪尔的《炼金术之钥》除了展现里普利广为人知的作品，还展现出在一本旧资料剪贴簿中的斩获，此书"被认为是律修会修士乔治・里普利先生的手迹"。[2]

诺顿重新发现了里普利的《怀中书》，一本充斥着文本、配方和韵文的纲要，这强调了里普利在 16 世纪 70 年代那公认的重要性，同时也开创了一个研究这位英格兰律修会修士作品的崭新且更热切的时期。在这个对炼金术历史有着强烈兴趣的语境下，《怀中书》的出世是一项激动人心的发现，它既是一本有价值的古籍，也是一位著名英格兰哲学家积累起来的关于实用忠告与秘密的知识库，据推测，这位哲学家已经制作出石头。这些因素使得《怀中书》的内容成为有着巨大威望的交换对象，副本也迅速激增。此进程几乎完全通过手抄副本而非通过印本发生，故而迄今都不被注意，但《怀中书》的影响就此波及整个欧洲。 250

炼金术历史、实用注解和赞助这些主题因为《怀中书》而拧为一股。关于英格兰往昔的这份遗物促使人们尝试实验性重构，践行者们寻求复制里普利的实验和传奇般的结果，而诺顿希望这些效果将被证明值得引起王室的兴趣。他的发现是英格兰海内外一波翻译和誊录新浪潮的催化剂，这股浪潮延伸到 17 世纪，为印本和手抄本中的里普利炼金术接受史留下一个永久印记。与此同时，诺顿对里普利的热情运用阐明了英格兰权威作为久经考验的、可以复制并能为了女王和国家的利益加以改编的实验信息知识库，在被投入于服务国家和臣民时有多么强大。

对历史学家而言，里普利遗失的这部书提供了看待 15 世纪炼金术的一种新方法，尤其提供了对他那有影响但晦涩的代表作《炼金术合成》以及他本人生平的洞见。只是，这个炼金术复原的故事中有点波折。《怀中书》的原本已经不存，只存有伊丽莎白时代和斯图亚特早期炼金术热心分子们的复制本和翻译本，且所有这些本子都可以被认为既有对材料的省略也有对材料的篡改。这意味着我们对里普利实验活动的重构要以他的近代早期读者的经验和期望为媒介，而里普利对他们而言早就是一位受膜拜的权威。为此，我们阅读《怀中书》就得通过他们的眼睛，还得根据他们的优先性考虑来评估它的价值和影响力。对这些读者而言，《怀中书》提供了进入炼金术历史的一扇窗，也通过重构里普利的实验并在此过程中雕琢英格兰炼金术的新传统而提供了参与那段历史的新机会。

吸收中世纪炼金术

德·朗诺瓦炼金术实验失败之后，16 世纪 70 年代出现炼金术践行者致伊丽莎白一世和威廉·塞西尔的一波新请求，塞西尔于 1571 年被封为伯利男爵。其中一些践行者可能受到朝廷对炼金医学感兴趣的迹象和不一般的冶金计划的鼓舞。1571 年到 1576 年，新艺术学会（Society for the New Art）资助了一种铁变铜的质变术加工法，此法由炼金术士威廉·麦德利（William Medley）设计，塞西尔和托马斯·史密斯先生担任主要投资人。自 1576 年从北美带回一块被宣告含金的黑色矿石后，王国政府也投资了马丁·弗罗比舍（Martin Frobisher）往返北美的航行。[3] 塞西尔对质变术和炼金药物出了名的好奇心鼓励人们采用新路径，这些新路径有时因个人危机而突然降临，有时因发现有趣的新文献而促成。

这些请愿人不必然寻求执掌主要的炼金术事业。例如，炼金术士兼古物研究

251

者弗朗西斯·西恩渴望摆脱惯有的财务困境,但他更长远的目标是获得一个与他的学者志向相称的位置。因此,他致伯利的呈送书卷旨在强调他对古物研究的兴趣大过他对炼金术实践知识的兴趣,它包含一些关于纹徽(包括塞西尔的纹徽)的谈话,也包含一首复杂的炼金术诗歌。这份礼物可能在1576年3月证明了自己的价值,当时西恩因债务被关在萨瑟克的白狮(White Lion)监狱,再次向塞西尔请求帮助。[4]他在1576年5月左右获释,多年后的1602年他成功获任纹章院掌礼官(Lancaster Herald)①之职。[5]

另一位英格兰炼金术士汉弗莱·洛克在寻求从国外一个令人不快的职位中返回故土时求助炼金术。彼得·格伦德(Peter Grund)将洛克鉴定为一个英格兰工匠,可能是工程师或建筑工,1567年开始为伊凡雷帝(Czar Ivan Vassilivitch)服务。[6]洛克在写给塞西尔和莱斯特伯爵(Earl of Leicester)的信中抱怨自己在莫斯科英格兰商人团体各成员中,尤其是大使那里遭受的对待,并恳求获准回国。他的请愿书大约写于1572年,附有一篇论文,他希望此论文可以勾起赞助人的兴趣,从而想要召回他:

> 我编纂它是为了把它寄回英格兰当作一份能帮我离开俄国返回家乡的礼物和介导,为此我把它写得比较隐秘,好让我能尽快被送回家乡亲自做它。[7]

西恩和洛克在截然不同的环境下写作,然而他们在创作各自的论述时都求助一份共同的英格兰权威资料库。西恩1573年为伯利创作的诗意的《金属变形》(*Metalls Metamorphosis*)展示了一些英格兰行家们的爱国主义考虑,这些行家诸如“英格兰自由人老培根,以及好不列颠人里普利”,还有托马斯·诺顿,他广泛引用了诺顿的《炼金术序列》。[8]他的收藏习惯也表明了与更早一代英格兰践行者的连接。1573年10月18日,西恩依据一份属于某位托马斯·彼得的原稿抄写了中世纪英语诗歌《梅林和莫里恩》(Merlyne and Morien),他声称是在彼得的帮助下誊写的,这声明引出了吸引人的可能性——这位彼得可能就是约40年前在小莱斯小修道院制造严重混乱的那一位。[9]即使在被关押期间,西恩也设法获取了一份杜韦斯的手稿,即杜韦斯之前赠送给格林的剑桥大学三一学院图书馆手稿O.8.24。1574年年末,他抄写了其中大部分内容,包括杜韦斯的页缘解说。[10]

在更遥远的莫斯科,洛克核对整理了来自中世纪资料的摘要,把它们按照动物

252

① 字面意思是“兰开斯特传令官”,因为这个职位最初由兰开斯特家族的一位仆人担任。——译者注

石、植物石和矿物石的类别分成章节,作为他自己长篇论述的基础。洛克的《论文》(*Treatise*)一如理查德·伊顿旨在献给沃里克伯爵的书,本质上是对更早资料的汇编,其中有圭多·德·蒙塔诺《论炼金术艺术》、里普利《炼金术精髓》及《圭多和雷蒙德的一致性》的英译本,也有中世纪英语作品《光之镜》(*Mirror of Lights*),这是一篇以归给大阿尔伯特的托名作品《直路》为基础的文本。[11]但洛克不同于伊顿之处在于,他不仅仅是对早前权威进行剪贴,他还以让人能了解他对这些内容之实际阐释的方式对它们进行编辑和重新安排。例如,虽然他关于植物石的一章大幅引用《炼金术精髓》,但他省略了里普利称色利康为"煅烧为红色的金属"这一至关重要的指涉,而代之以酒石,里普利在其文本靠前的部分影射到酒石,但却是在一个不同语境下。[12]

253

西恩和洛克的例子阐明了通过抄写而流通的炼金术文本在16世纪70年代依然发挥作用,也阐明了英格兰读者-践行者回应早期权威们时的多样性,例如一种回应方式是编纂基于有号召力之英格兰行家旧谱系的"新"论著并为了个人发展而利用它们。我们关于中世纪晚期和亨利时代之炼金术的证据有这么多都以来自这个誊写黄金时代的抄本形式幸存,这并非偶然。这个年代最惊人的产品包括所谓的"里普利卷册",这是一系列标志性卷册,外观是有意制作出的古风形式,将英语炼金术韵文和相关的图像一体呈现,抄自一份15世纪后期的范本。[13]萨缪尔·诺顿的请愿书正是在这个以复制、翻译、编辑和寻求赞助为特征的背景下逐渐成形。

萨缪尔是萨默塞特绅士乔治·诺顿先生(Sir George Norton)的儿子,当他1577年在剑桥圣约翰学院完成给伊丽莎白一世的《炼金术之钥》时,还是个年轻人。[14]他成为炼金术的学生早已有些年头,而且在他1584年继承了布里斯托尔附近阿伯茨利(Abbots Leigh)的家族地产和被任命为萨默塞特和平法官及郡治安官之后,他的兴趣还将持久不懈。[15]16世纪80年代,他将另一部较短的关于赫耳墨斯学和帕拉塞尔苏斯学主题的作品题献给伯利勋爵,与此同时,他在《炼金术之钥》中首次写下来的引文和阐释再度出现在他1599年完成的《关于哲学树图表的三书》(*Libri tres tabulorum arboris philosophicalis*)中,这次他不再是个学生,而是一个51岁的受人尊敬的地方行政长官。[16]

254

萨缪尔虽然是乔治·里普利的特别信徒,但他也对自己身为里普利同时代人托马斯·诺顿的后代而继承的炼金术遗产感到骄傲。萨缪尔选了"林维尔"(Rinville)做自己的炼金术别名,这看来就是有意致敬他的曾祖父托马斯·林维尔·诺顿(Thomas Rinville Norton)。[17]身为英格兰炼金术"贵族"之一的后代,加上自己的学识，让萨缪尔在宣称《关于哲学树图表的三书》的作者是“萨缪尔·林维尔，别名诺顿，佩有哲学思维的纹徽”时底气十足，这宣言被骄傲地附加在这本书上。[18]

诺顿与西恩和洛克一样，力图通过从文本和实践上密切参与一种既存传统而跻身行家之列。他的早期作品《炼金术之钥》是一本七章的书，外加作为献词的一封书信、诗句和前言，此书构成对里普利作品及其托名柳利资源的持续评注。虽然不清楚《炼金术之钥》是否曾经达于女王视听，但它代表了为一种范围广阔的炼金术计划吸引支持的一次严肃尝试。当诺顿在献词和前言中援引早前统治者和炼金术士之间的关系时，采用了此类呼吁书中遵行的许多惯例。他除了引用亚里士多德和亚历山大、莫里安努斯和哈利德以及雷蒙德和塞维利亚的罗伯特国王这些传统配对之外，还提供了一个英格兰模型——引用了他的祖先托马斯·诺顿从爱德华四世国王那里享有的眷顾。[19]这些例子为他自己制备质变仙丹和医用仙丹的计划打下地基。诺顿对他的提案满腔热忱，这可以从关于设备和炉子的详细图画中判断，他用这些图画外加对计划成本的逐项估算作为论著的收尾。这项工作刚好63 英镑 6 先令 4 便士，与投资于德·朗诺瓦昂贵事业中的几千镑相比体现出相当大的改进。[20]

诺顿也关心英格兰炼金术中更晚近的主题，其中最重要的是对帕拉塞尔苏斯炼金医学日益增长的兴趣，这种医学以一种在中世纪论蒸馏的作品中早已显见的方式利用炼金术和医学知识。尽管帕拉塞尔苏斯为自己的药用“精质”提出了一个不同的理论基础，但制备这些精质很大程度上仍属于鲁伯斯西萨的约翰和托名柳利所示范的那种传统，于是确保了这些权威继续具有相关性，哪怕他们的名声开始日益夹缠不清。[21]帕拉塞尔苏斯医学理论的到来也影响了炼金术士们叙述自身历史的方式，转而在一个更传统的关于医学与赫耳墨斯学知识的谱系下调适这位瑞士医师打破旧习的路径。 255

诺顿的请求提供了英格兰接受帕拉塞尔苏斯医学理论的一个早期例子，表现出通过将这位有争议的医师安置在如柳利和里普利这般早已享有炼金医学名望的权威们旁边而对他进行精神重建的尝试。[22]因此，《炼金术之钥》中的帕拉塞尔苏斯被披露为内心是个托名柳利派，因为诺顿宣称，他在制备他的升华物时使用的“生命水”是“我们的生命水，不是一种葡萄酒，而是我们真正的精质及[水银]植物”。[23]诺顿通过将帕拉塞尔苏斯的生命水同雷蒙德和里普利描述的“植物水银”相提并论而自信地把这种新药物读回到一种较早的中世纪传统中。

这番调和遵循一种几年前才发表的影响力大得多的对于帕拉塞尔苏斯医学和传统医学的综合论,即连续几任丹麦国王的御医彼得·索伦森(Peter Sørensen/Petrus Severinus,1542—1602年)的《哲学医学的典范》(*Idea medcinae philosophicae*,1571)。[24]不清楚诺顿本人是否知晓这部论著,但索伦森在作为融合论者和成功食客这两方面的成功可能给一位胸怀大志的年轻炼金术士提供了难忘的先例。

256

诺顿在自己的综合尝试中推广这种新医学的好处,但同时仍对盖伦和希波克拉底的权威保持尊敬(至少是表面尊敬),通过在这些对立的医学立场之间制定一条炼金术中间道路来达成这种折中。他评论说,在实践中有"居于盖伦派和炼金术医师之间的多种医学"。[25]盖伦派倾向于开药过量,但炼金术医师也因为"不顾一切地给人水银和有害矿物"而有伤害病人的风险,这是一种有害的实践,因为"很少人知道如何正确制备它们"。[26]例如,诺顿不考虑水银升华物和沉淀物,以之为"恶魔",它们在外科手术中比作为内服药更有效。我们可能注意到,这正是那种使用反自然之火进行的毒物制备,雷蒙德和里普利都推荐用于质变术,但同时禁止用于实际医学,诺顿身为区别矿物石和植物石的支持者,在此似乎对这种区分加以背书。

诺顿提出了位于这些危险极端之间的第三条路,通过从金属实体中提炼油和精质来实现。这种方法允许"具有已知优点的金属""若被变成可饮用液体后"得到妥善管理。[27]如此的第三条道路稳固地扎根于《关于自然秘密亦即精质的书》的精质炼金术和"英格兰的雷蒙德"里普利的色利康实践中,同时也保留了帕拉塞尔苏斯的名声。[28]

不过,诺顿的兴趣超出了仅仅调和文本。《炼金术之钥》旨在确保王室支持他自己的实践努力,在他的实践中,医学植物石的地位远远高于炼制黄金的矿物工作。为此目的,诺顿寻求将位处两极的权威盖伦和帕拉塞尔苏斯都招募进来,支持精质医药,这种精质医药就是雷蒙德和里普利处于全盛期时提供的那种。这是一种英格兰传统,肯定被计划用来迎合一位英格兰女王的口味,而且诺顿希望伊丽莎白能邀请他延续此传统。如我们将看到的,诺顿的努力的确将改变英格兰炼金术的历史进程,尽管不怎么符合他设想的方式,因为他设想的是凭他本身是个行家而给他带来成功,而不是作为对里普利色利康实践新一轮兴趣猛增的渠道。

257

里普利的《怀中书》和诺顿的《炼金术之钥》

《炼金术之钥》从未付梓,而且由于萨缪尔的谱系宣言,它主要作为有关托马斯·诺顿的信息来源而被发掘。[29]不过，萨缪尔本人的创作尽管从未获得他祖先《炼金术序列》具有的那种成功，但它们依然在知识渊博的人当中流通。例如，《炼金术之钥》1613 年落入英格兰炼金术作品的伟大抄写家托马斯·罗伯森之手。[30]罗伯森立刻复制了它，并于 1617 年制作了几乎算是完整的第二份誊录本，还评论说："假如它在某些人手中，我认为他们将因为它而将一些伟大事物带向完美。"[31]此文本的一个略微更完整的版本幸存于另一个抄本中，后来被吸收进 18 世纪随船医生兼炼金术士希格斯蒙德·巴克斯托姆(Sigismund Bacstrom)的藏品中。[32]

诺顿的《炼金术之钥》像洛克的《论文》，结构和内容都重度依赖里普利的《炼金术精髓》。不过，《炼金术之钥》在组织和综合材料方面有更加详赡的处置，构成在制造各种各样有着清楚描绘的产品方面的导览。除了人们熟悉的动物石、植物石和矿物石，还包括一种"混合"石头和一种"透明"石头。诺顿显然被里普利在《炼金术精髓》中关于合成水的描述打动，因为他把它改编成自己关于混合石这章的基础，评论了它结合矿物和植物的特点。只有透明石在《炼金术精髓》中没有明显等价物，诺顿部分地从《雷蒙德的缩略程序》中抽出此方法(用于制作珍珠和宝石)，这 258 本书也被他归于里普利名下。在这五种石头之外，他补充了关于发酵和增殖方面之具体难题的章节，还有关于养命仙丹的一章，这章包括来自《关于自然秘密亦即精质的书》的一个长段落。

因此，《炼金术之钥》由源于托名柳利作品并经里普利作品示范的同种学说和技术主导。对诺顿而言，里普利在实践的绝对数量方面甚至超越了雷蒙德。例如，雷蒙德只提供了一个混合石配方(在《论缩略程序的书信》中，诺顿对之广泛引用)，里普利却给了三个。诺顿在他关于这两位行家之关系的反思中总结说：

> 因此，假如[研究里普利的]学者们在雷蒙德那里发现这么多好处，这无须惊讶。考虑到他们的老师如此精通雷蒙德的作品，并且是一个如此伟大的雷蒙德评注人，以致他可能算得上类雷蒙德典范。不过在这方面他肯定超越了雷蒙德，看看他从雷蒙德那里取出的无论什么东西，他都进行了最大限度的证明。[33]

诺顿最后的评论吐露了心声。他认为里普利的贡献不仅仅在于复述了雷蒙德说过的，还在于用实践测试它们。在《炼金术之钥》这部当时最全面的里普利炼金术阐释中，诺顿可能有意着手为里普利做一些里普利曾经为雷蒙德做过的事。不过诺顿认识到，里普利作品的模糊性令它对许多人而言都难以理解，这对这位律修会修

士的名望产生了有害效果。我们在《炼金术之钥》的前言对里普利的介绍中甚至能察觉到一丝捍卫之情:

> 我对我们尊贵的里普利怎么称赞都不为过,尽管有些人针对他猛烈抨击,对这些人我将指出他们自己的错误,然而里普利不应被责备,受责备的是对里普利的误解和对他的无法理解。请上帝作证,我从未在里普利那里发现虚假结论,只找到刚好符合他言论的证据。[34]

令《炼金术之钥》真正有别于包括洛克拼贴式《论文》在内的其他同时代赞助请求的,正是诺顿要让里普利炼金术具有实际意义的决心。诺顿不满足于只处理单259 一文本甚至单一作者,而是比照与其他权威——雷蒙德、贾比尔和更近期的大师帕拉塞尔苏斯——的关系来评价里普利的各部作品。最重要的是,他审视了里普利对托名柳利的文本及流程的运用,格外注意这位律修会修士的主要专长所在,即植物石、动物石和发酵艺术。[35]

诺顿把自己放在里普利评注人的位置上,也有理由认为他非常胜任这项任务。其他炼金术士可能援引里普利,从他的作品中寻章摘句,甚至也如查诺克那般宣称得到了一位里普利门徒的教导,但只有诺顿提供了与往昔更切实有形的连接,那就是一本拉丁文旧资料剪贴簿,他宣称是里普利本人所写。[36]此书并非一份被粗心的抄写员歪曲并搞得面目全非的传世誊录本,它展示了里普利个人的笔记和简记,是"他抱在怀里的书或他每天使用的书"。[37]

诺顿在作为《炼金术之钥》开篇的给女王的献词中就描述了对这本书的发现和它的价值:

> 尽管我是以不期然的方式偶然获得机会,遇到里普利这本秘密的《怀中书》,在里面发现了真正的地基,在其中获得证据,发现这么多都是真实的,也几乎不怀疑剩余部分可以实现;但是我认为在此向陛下您揭示和开启这些秘密乃事关责任之举。[38]

诺顿对于自己如何偶遇这份来自英格兰真正黄金时代的遗物没有给出提示。如我们已经看到的,早期炼金术手抄本被 16 世纪后期的践行者所珍视,也被广泛复制。但诺顿的叙述加上缺少更早的手抄本参考信息,表明这份特殊发现品在 16 世纪 70 年代之前没有广泛传播。诺顿明白,它的实际重要性和它的古董价值双双令翻译它显得格外迫切,所以他解释说,他即使抱病也要努力完成翻译:

> 上一个圣烛节前后我因为生病而情况危急，那时我想到的最悲伤的事，无非是我再也无法从疾病中康复，长久以来躺着等死。就在这时，我发现了这么大的可能性，可以确信，还有真实的实践，这迫使我就算病成这样，也要严肃认真地工作，完成对里普利的翻译。[39]

260

1573/1574年2月的布里斯托尔，诺顿完成了翻译。过了三年多一点，这回是在剑桥，他完成了《炼金术之钥》的写作，他在此书中试图依据《怀中书》中的炼金术解释里普利为人熟知的作品（尤其是《炼金术精髓》）。这个十年将尽时，来自里普利遗失书籍的摘要已经越出供诺顿研究的范围，而在其他炼金术发烧友的图书室里安家落户。在又一个十年之内，它们到达了位于布拉格的神圣罗马帝国首都。[40]再多几年，一首摘自《怀中书》的诗歌变成英语炼金术首批刊印文本之一。

令人高兴的是，诺顿的原始译稿似乎幸存下来。不列颠图书馆斯隆手稿3667是诺顿亲笔抄本的一个貌似可信的候选者，尽管它写以一种粗重且凌乱的笔迹，还有着令人头疼和前后不一致的拼写。它与16世纪后期及17世纪早期的其他一些手抄本装订在一起，其中包括诺顿《关于哲学树图表的三书》的一个副本。[41]这部包含《怀中书》的手抄本开篇是一段祷词，写于诺顿的家乡，“1573年于布里斯托尔”，祈祷者在这段祷词中恳求上帝支持他的炼金术努力。[42]祷词之后是《炼金术之钥》中引到的三部作品：《炼金术精髓》（怀特海德的英译本）、《雷蒙德的缩略程序》以及一位不那么知名的炼金术士“伊夫大师”（Master Ive）的短篇实践。[43]《怀中书》紧随其后：

> 一本旧书的副本，此书被认为是律修会修士乔治·里普利先生手书，由第五代萨缪尔·诺顿先生于主历1573[/1574]2月5日从拉丁文译出。[44]

261

对诺顿的同时代人而言，接下来的肯定看着像是哲学家之石的文本化具象。《怀中书》挤满了材料，包括四篇重要的散文体评注、两首诗歌、关于此著的一棵图形“树”和几百条配方，这些配方长度各异，有的仅几行，有的长达几个对开页。里普利的主要权威——雷蒙德和圭多——通篇被大力引用。除了文本有鲜明的里普利特色，书中还有许多题着这位律修会修士姓名或姓名首字母的注解，同时有些隽语中也融合了他的名字。庞大内容令誊写成为一项冗长乏味的工作，如一个拉丁文副本要结束时的一条有启迪性的个人笔记所示：“这本书的抄写人在此开始厌倦，跳过的配方跟此处保留的配方一样多。”[45]即使有这些省略，所说的这部手抄本即不列颠图书馆哈利手稿2411仍是原始拉丁文本《怀中书》的最完整抄本，因为诺顿的那个范本已经无影无踪。虽然《怀中书》有译本和誊录本存世，但原始资料神秘地消失了，一如它神秘地出现。

原始《怀中书》的遗失给现代读者带来了直接难题。最明显的问题是它的真实性。这当真是里普利编纂的书，抑或是一本有着里普利色彩的炼金术汇编？怀疑者认为，这书过多地强调里普利的名字，可能带有愿望成真或刻意伪造的气息，是诺顿或另外某人既要制造对这手稿的更多兴趣，也要制造由它激发之评论的一种尝试。鉴于这时期炼金术托名作品盛行，《怀中书》的出世和它在诺顿炼金术赞助投标中的作用乍一看非常可疑。然而诺顿那体现深入研究的提案和交叉引用的笔记道出了他本人对里普利的著作权和《怀中书》与里普利其他作品之关系深信不疑。为了令人信服地争辩《怀中书》的真实性，我们必须同时依据它残留的书目信息和从它的内容中识别出的炼金术原理来审视它。

手抄本形式的《怀中书》

262 全面检查现存副本不是件轻松工作，因为《怀中书》存有数个版本。哈利手稿2411中的拉丁文副本的日期定为始于17世纪早期，它提供了最完整的誊录本，因此构成此次讨论的模本。这部纲要冠名《乔治·里普利各种实践汇编，有些对赫耳墨斯、亚里士多德、圭多和雷蒙德的评注》，接着是一条英语注记——“我常听说此书被称为《里普利的怀中书》”。[46]除了这个拉丁文副本，还有斯隆手稿3667所存的诺顿英译本，它后来被一位书记员的笔迹修订过。这位17世纪的注解人也负责誊写了斯隆手稿2175，这是斯隆手稿3667的一个抄本，同时吸收了该位抄写员较早的修订和诺顿自己的大量旁注。[47]在日期定为1579年以降的其他藏品中可以鉴定出一些来自诺顿译本的较短摘录。[48]

从牛津大学博德利图书馆阿什莫尔手稿766(pt. 5)中一份此前未被鉴定的抄本中可以看出，在尝试翻译《怀中书》方面，诺顿并非唯一的热心人士。不寻常的是，此抄本的标题是《关于炼金术的某本书，由一位不知名作者为了制作黄金而撰写》[49]，它完全没提到里普利，还遮蔽了这部汇编作品强烈的医学倾向。这个译本比诺顿的晚20年，由一位罗杰·豪斯(Roger Howes)于1593年7月24日完成，“给绅士高恩·史密斯先生(Mr Gawyn Smithe)”。[50]豪斯是一位有经验的炼金术作品译者,1590 年也为史密斯英译了菲拉拉的彼得鲁斯·伯努斯(Petrus Bonus of Ferrara)的作品。[51]高恩·史密斯被豪斯称呼为“女王陛下的工程大师绅士”,是为伊丽莎白一世效力的一位杰出工程师,后来从詹姆斯一世(James I)那里获得专利证书,使他能自称“英格兰首席工程师”。[52]他是约翰·迪伊的一位朋友,1590 年 7 月曾以迪伊的名义向女王请愿。[53]不知疲倦的托马斯·罗伯森于 1606 年抄写了豪斯的译本,此后还在他的其他一些手抄辑纂本中收入了该译本的摘录,称该译本是“未经雕琢的书”。[54] 263

现存《怀中书》各副本的结构也各异。哈利手稿 2411 与斯隆手稿 3667 中的诺顿译本相比,外观更像笔记本,因为材料没有清晰的呈现顺序(表 7.1)。例如,它开篇是一份配方集,为首的配方是一个题名《我在伊斯特盖特的流程》的九阶段程序。[55]而诺顿在译本中将这个流程与各种其他流程一起安排到最后几页。[56]诺顿在原属该流程的位置以里普利的《圭多和雷蒙德的一致性》开篇,这部作品也被收入哈利手稿 2411,但在这部纲要中的位置靠后得多。看起来诺顿选择性地重新安排了《怀中书》的材料,效仿中世纪“哲学”论著更常见的格式亦即一篇理论之后是一篇实践的格式,让理论性文本优先于实践配方。豪斯的另一个译本的顺序安排更接近哈利手稿 2411,暗示后者的确保留了《怀中书》的一些原始格式,此结论也符合豪斯是被雇来从事翻译而非编辑文本这一事实,而诺顿在着手他的英译本时,头脑中早已构思了一份王室献词。[57]

如我们在第三章所见,诺顿和豪斯使用的范本中有许多内容与其他里普利作品有紧密联系,支持了它起源于 15 世纪的论据。在最突出的项目中有《取自圭多·德·蒙塔诺书中的值得注意的规则》,这是在《炼金术精髓》和《圭多和雷蒙德的一致性》中也曾引用的一组 45 条的格言,其中一些在《怀中书》各个副本中被以暗示性的注记“G. R.于此”所润色。[58]《怀中书》还有两条配方的起始句都是“把最重的实体放进蒸馏器,提取它的冷凝液滴”[59],而这是一条在《炼金术精髓》中被逐字引用的托名柳利格言,里普利用此格言暗示他自己植物石的制备。这类例子在《怀中书》全篇不下数十个,同时突出了 15 世纪汇编之作的特征和它与里普利文集尤其是《炼金术精髓》的许多交汇点。这种证据强烈暗示,萨缪尔·诺顿的确偶然发现了一部 15 世纪的资料剪贴簿,若非里普利本人编辑,就是从里普利编辑的一本书中抄来的。 265

264

表7.1　乔治·里普利《怀中书》(约1470年编纂)的主要构成,按照不列颠图书馆哈利手稿2411中所见的顺序

短标题	内容描述	在CRC(Jennifer M. Rampling, “The Catalogue of the Ripley Corpus”)中的编号(若适用)
《我在伊斯特盖特的流程》	九步配方	
《对亚里士多德和赫耳墨斯的阐述》	评注《众妙之妙》与《翡翠板》	
树状图	作品的图形化架构,始于“铅物质”	
《铅物质配方》	详尽的色利康配方	《来自经验的实践》的基础:CRC 26
《艾丁卡关于制作水银》	引自圭多·德·蒙塔诺的黄金炼制配方的汇编	
《玛丽口述》	关于女先知玛丽一则教诲的评注	
《分离元素》	基于蒸馏色利康而分离四种元素的有关联的系列配方	《整个工作》的基础:CRC 35
《圭多和雷蒙德的一致性》	圭多和雷蒙德关于发酵和炼金术实体之忠告的一致性	CRC 10
《取自圭多·德·蒙塔诺书中的值得注意的规则》	自圭多作品中提炼出的45条格言	CRC 22
《关于我们的火的一则笔记》	对托名柳利自然之火和反自然之火的评注	CRC 15
《全部艺术的纲要》	对色利康炼金术的评注;里普利摈弃1450年和1470年间开展的错误实验	
《实践纲要》	引用圭多的短论文	
《幻象》	寓言诗	CRC 32
《梦境》	寓言诗	CRC 28
《这七种自然事物》	元素表、非自然的、炼金术的“火”等	
《放较重的实体》	用贴了标签的炉子图形图解短配方	《旅费》的组成:CRC 31

《怀中书》的炼金术

《怀中书》具有的里普利特征被它的理论内容和实践内容所巩固。虽然这部汇编包含形形色色的配方和评注，但这两类都由色利康炼金术主导。《怀中书》的炼金术内容频频与里普利《炼金术精髓》的内容重叠，尤其是他关于植物石与合成水的著名流程。这些相似性可以用如下事实解释：这两部书有两个共同的主要权威——雷蒙德和圭多。《怀中书》更实质性的文本中有大量对里普利所偏爱之两位哲学家的指涉，尤其在基于炼金术语录的四篇评注中。它们包括两篇对单独一位冠名作者（女先知玛丽和雷蒙德）之段落的阐述，以及两篇不同权威间的一致性阐述（圭多和雷蒙德，亚里士多德和赫耳墨斯）。它们中的每一篇都透露出同里普利毕生之作间的更深连接，我们依次审视其中三篇就可看出。

《关于我们的火的一则笔记》（*De ignibus nostris*）

除了《圭多和雷蒙德的一致性》，《怀中书》评注中里普利色彩最突出的就是一篇题名《关于我们的火的一则笔记，未告知对它们的驾驭度还不完善，阐述人、律修会修士 G. R.撰》的文本。[60]评注的对象是归给柳利的一个短段落《这里是相反的操作》，描述了雷蒙德两种相反的火——自然之火与反自然之火。[61]这个段落一字不差地出现在《哲学家的梯子》中，后来又出现在《炼金术精髓》中，构成了里普利自己对各种火的阐述。 266

事实上，《关于我们的火的一则笔记》比《炼金术合成》与《炼金术精髓》更详细地阐发了这种学说。作者在此解释，为何矿物腐蚀在低阶的炼金术工作中有用，但在更伟大的炼金术工作中没用：

> 我们工作中的这种火（即反自然之火）不具备我们的水银的优点和操作，自然之火（即我们的油性燃烧水）才是纯粹自然的。因此圭多说，它是世间所见的给人类身体的最伟大药物，它治愈人体的所有疾病，优于希波克拉底和盖伦的所有药剂……而关于反自然之火，雷蒙德说，所有炼金术黄金都是用腐蚀物制作的，因此它的确吞噬和破坏自然，为此它不应被列入用于人体的药物。[62]

人们通过里普利《炼金术精髓》中的阐述已经熟悉了矿物出身的反自然之火和葡萄酒基自然之火间的区别，而此处对之有明确叙述。此段落引用的雷蒙德和圭多的教导也出现在《炼金术精髓》中，再次强调了质变水和医药水的区别。[63]总而言之，很难设想还有另一部作品能比《关于我们的火的一则笔记》更与里普利的炼金哲学相容，无论主题选择还是权威选择皆然。不过，尽管这文本看起来与《炼金术精髓》有关，但这种关系的确切性质却不够清楚。我们应该牢记，里普利不是15世纪炼金术士中唯一对雷蒙德关于对立火的阐述感兴趣的人。例如，属于15世纪的不列颠图书馆斯隆手稿3747中就包含对这同一段柳利话语的阐述，诚然，它远不够详细。[64]

《对亚里士多德和赫耳墨斯的阐述》(*Exposition of Aristotle and Hermes*)

267 另一篇评注例证了《怀中书》和里普利文集的关系模棱两可，里普利在这篇评注中显然把来自他钟爱的权威的断言引进了一篇已经存在的文本。结果就是一篇题名《乔治·里普利对亚里士多德和赫耳墨斯之教导的阐述，调和它们彼此》(以下简称《阐述》)的重要论文。[65]评注人在此寻求两篇虽然短小但有影响力的文本——赫耳墨斯的《翡翠板》和出自托名亚里士多德《众妙之妙》的著名辅助论点“取动物的、植物的和矿物的石头，它们不是石头，没有石头的性质”。[66]在阐述过程中，他频频求助于柳利和圭多，比如引用圭多关于不完善金属实体一旦得到净化就比普通的黄金或白银好1 000倍的教导(这教导也在《雷蒙德的缩略程序》及《圭多和雷蒙德的一致性》中被引用)。对一个像诺顿这样的早就熟悉里普利作品的读者，大量彼此有关联的参考资料，加上里普利出了名的对调和难对付权威的嗜好，这些无疑暗示着此篇评注为该律修会修士亲笔所写。他在《炼金术之钥》中对这一点的接纳不遑多让，在关于植物石的一章中引述了《里普利论赫耳墨斯和亚里士多德话语的一致性》。[67]

不过，这篇《阐述》的原稿根本不是里普利的作品。不列颠图书馆斯隆手稿3744的15世纪纲要中包含了一个较短的版本，被归给“什罗浦郡的理查德”(Ricardus de Salopia)，这是一位大概生活在14世纪后期或15世纪早期的炼金术士。[68]理查德的存世配方聚焦于卤砂，包括一条通过蒸馏自下水道收集起来的人类排泄物制作“人类石”的配方。[69]考虑到理查德实践的焦点，则他对《众妙之妙》268 的评注透露出对动物石格外有兴趣——动物石是呈现在人体组成中的一条植物性原理，这就不足为奇。[70]

因此,《怀中书》中所见的《阐述》版本构成了对什罗浦郡的理查德之原始协调之举的一层后出的和增补性的评注,增补部分反映出里普利对这文本的“处理”,类似于他在《炼金术精髓》中对柳利的评注。在此进程中,基础炼金术发生了转变。从理查德的版本中游离而增加了对雷蒙德和圭多的指涉,这带来了一种熟悉的解读,亦即“这石头首先源于葡萄酒,其次才源于铅物质”。[71]由此产生的评注向我们展现出属于里普利自己的对理查德更早论述的色利康阐释,这是一种文本解体拆用与挪用举动,旨在服务于这位律修会修士自己的实践计划。

《玛丽口述》(*Maria dicti*)

里普利为更早的权威增加一个色利康曲笔的诀窍在《玛丽口述》中得到进一步阐发,这是他对一个归于古代权威犹太人玛丽,也叫女先知玛丽的段落的评注。该段落描述了一个使用一种不易挥发金属实体的流程:“你用它从两种被神之手制作的赛贝斯(zaybeths)中制作水,像流淌的水,此后把它终结在作为土星的心脏的不易挥发实体上。”[72]这个文本本身是从一部有影响力的15世纪对话录中改编来的,此对话录中的“玛丽”使用“赛贝斯”(zaibeth/zaybeth)作为水银的一个代号。[73]如此,这个难解的段落就适合加以一种色利康解读。

第一步是对玛丽的术语进行词语注解。对里普利而言,玛丽的不易挥发实体必得是铅物质这种不完善金属,“由它制作出被大师们称为‘色利康’的东西”。她的“水”是从这实体中提取出的溶媒,具有双重性质,同时包含醋和这种实体本身的水银。[74]这种同时具有植物性和矿物性的双重溶媒符合玛丽那两种神秘的“赛贝斯”。它被用来溶解那种不易挥发的实体,或曰“土星的心脏”——这个术语给这位评注人带来一些起步时的困难:

269

> 我自己研究和沉思了很长时间,才明白那种叫“土星的心脏”的是什么。很长时间里我以为它是黄金,但这不是很像……圭多这么说:钱包不会因为巨额花费而打开,这在我们这门艺术中是不需要的。[75]

圭多关于昂贵材料的禁令再度令黄金被排除在主要成分之外。这种不易挥发的实体更应该对应一种不那么昂贵的材料——当过量流体被蒸馏干之后由溶媒自身制成的“第二种土”。这种土被反复浸泡在双倍“赛贝斯”溶媒中,并反复蒸馏,“直到所有都被干燥和固结在一起”。[76]

于是玛丽的原始说法被拆开以引出一个精确映射到里普利自己的植物石配方

上的流程,也契合 15 世纪对于初始物质之高昂成本的关切。里普利甚至在《炼金术精髓》中对他那不完善实体采用了同样的描述——“被大师们称为色利康的东西”。[77]把摈弃黄金而偏爱基础金属作为一条材料原理,加上圭多对钱包开口过大的严厉谴责,这也是典型的里普利风格。诺顿肯定不会错过这两部作品间的关系,他在关于色利康的参考旁评论,这个“符合 G. R. 的《炼金术精髓》”。[78]对这位伊丽莎白时代的读者来说,里普利对《怀中书》享有著作权这一点必定不言自明。

这位炼金术士的名字

270 《怀中书》的内容透露出作者编纂它时头脑中有一个特定目标——为一种得自托名柳利文本的色利康炼金术汇集理论和实践权威。碰巧,这结果与乔治·里普利的炼金术高度契合,尤其与《炼金术精髓》及《圭多和雷蒙德的一致性》契合,但也有一些在其他 15 世纪纲要中会遭遇的事项。似乎没有理由怀疑,《怀中书》是货真价实的 15 世纪后期产品,也没有理由怀疑里普利是其多数内容的作者和评注人,若不能说是全部内容。

但依然有个问题,即那些内容是里普利亲自收集的,还是由另一位辑纂人——大概是某位可使用这位律修会修士的书籍的人——收集的。拉丁文版本(哈利手稿 2411)和诺顿的译本(斯隆手稿 3667)都记录了首字母 G. R. 的多次出现。里普利的名字在整个文本中也附在大量单篇论文上。这样的例子并非前所未闻,比如在一部 15 世纪后期的手抄本中,里普利的首字母附加在一组诗句“愿艺术家欢欣”上。[79]不过在这个语境下,首字母暗示的是另一位抄写员所指定的著作权,而非里普利自己的签名。[80]假如《怀中书》是里普利本人所写,无节制地使用姓名和首字母看起来就格外多余。在此,(上文提过的)牛津大学博德利图书馆阿什莫尔手稿 766 中的高恩·史密斯的不具名《怀中书》副本与不列颠图书馆哈利手稿 2411 和诺顿译本形成一个重要对比。在此副本中,标题没有将这份汇编归结给一位有名有姓的权威,由此引出的问题是,里普利与《怀中书》的关联实际上是否如诺顿的指涉所表现得那么昭然若揭。

里普利在阿什莫尔手稿 766 中的出场肯定不那么明显。他的名字在《圭多和雷蒙德的一致性》的标题与结束语中都付之阙如,同时诺顿译本中记录的他的首字母的高频出现也被略去。不过,首字母 G. R. 依旧在这整部手稿中几处与诺顿译本相同的位置重复出现，例如在《圭多值得注意的规则》和《关于我们的火的一则笔记》中。[81]有些作品被明确归给了“律修会修士乔治・里普利”。[82]不仅如此，这份手稿还保留了几条包含里普利名字的隽语，位置与哈利手稿 2411 和斯隆手稿 3667 中的一样。看起来我们必须得接受，这些特征是《怀中书》的内在组成，这些首字母可能是一位早期的甚至仍是 15 世纪的所有者增补的。 271

隽语提供了更多有说服力的证据，证明里普利编辑了《怀中书》。一条隽语提供了对这位炼金术士名字直截了当的重组：“乔治在一个简短篇幅里把他所有作品给你品评。把 piR 倒过来，加上 Lay。”[83]这个公式除了产生 Riplay 这个名字，也通过增加希腊词语 pir（πυρ，意为火）而使这位炼金术士的名字一语双关。最长的隽语是一首拉丁文四行诗，包含两则谜语。[84]

诺顿在他的誊录本中省略了这段隽语，豪斯则选择以未经翻译的拉丁文记录它，但第一行在某个时间为配合摘自《怀中书》的另一个文本《来自经验的实践》（*Practise by Experience*）而被翻译出来：“乔治英年早逝，他简短地给出这些箴言。”[85]这里提及里普利去世，意味着他不可能自己创作这段隽语。但这种松散的翻译错失了对里普利名字的另一个显见双关语，而调整译文之后就能看到：

> 熟年的乔治躺下了（Ripe Geor lay down），吉乌斯（Gius）简短地把这个给予，
> 那个当姓氏被颠倒时也不会改变的人，
> 他的恒久不变在此确然呈现，
> 故而艺术将如此有尊严之物交付于他。

“吉乌斯”简短给予的东西是这段隽语的一个线索——既然 Georgius 这个名字被分开了（分成 Geor 和 Gius），乔治的姓氏必定也被一分为二。毫无疑问，答案隐藏在拉丁原文 Maturus iacuit 中，它可以译为 Ripe-lay，或 Ripley。

在哈利手稿 2411 和阿什莫尔手稿 766 中，这段隽语旁边都匆匆记下了 Maram（玛拉姆）这个名字。该词的回文结构显然满足谜语的第二部分——Maram 之名颠来倒去都不变，使他成为值得继承里普利学说的人。这位玛拉姆可能就是原始《怀中书》的辑纂人，甚或从里普利本人那里继承了这部珍贵的古抄本。不管是哪种情况，这段隽语都意味着同这位律修会修士的私人关系，并且可以解释为何《怀中书》通篇无节制地散布里普利的首字母。 272

这番调查在鉴定这位有着回文名字的玛拉姆的身份方面肯定不足，虽说诺顿提供了一个暗示。诺顿在《炼金术之钥》前言中的英格兰行家里收录了一位"约克主教玛拉姆(Marram)，里普利为他写了《炼金术精髓》"。[86]约克大主教乔治·内维尔的各种称号中可以算上 Wharram 这个名字，但这两个名字显然不一样，而玛拉姆当时早已是个英格兰姓氏，也是林肯主教教区的一个城镇。或许在这一点上，诺顿放飞自己的推测。《怀中书》作为炼金术文献中最大的难解之谜之一，留下这个最后的谜团看来也适得其所。

诺顿和实用注解

尽管《怀中书》的复活有这么特殊的环境，甚至都缺乏一个范本，我们还是能得出结论：萨缪尔·诺顿拥有了一份货真价实的包含里普利原作的 15 世纪手抄本。这也许是该律修会修士在推行自己独具一格的色利康炼金术的强烈且夸张的进取心下编纂的，这种进取心可能与一份赞助请求相联系。当时的受众能查看实际的书，似乎不疑有他地接受了书的来源，并迅速制作他们自己的副本。[87]

《怀中书》各内容的受欢迎度各异，两首拉丁文诗歌《幻象》(*Visio*)和《梦境》(*Somnium*)格外成功。前者几乎只以英语译本为现代读者所知，亦即《乔治·里普利先生的幻象》(*The Vision of Sir George Ripley*)。[88]在这首著名诗歌中，一只蟾蜍的死亡构成对炼金术工作的寓言，它其实是诺顿对原始韵文《他在夜晚某个时候保持清醒搞研究》①的翻译。[89]《梦境》是一则更具奇异格调的寓言，描述了黄金和色利康怪物"铅物质"之间的一场战斗，黄金起先在这怪物的火焰中毁灭了，只为以一种能快乐地经受火焰的形式重生。[90]这首《梦境》虽然从未付印，但三次被译为英语，分别被诺顿和豪斯翻译，还被一位有炼金术倾向的神学家爱德华·克拉多克于 1582 年翻译，时值诺顿首次翻译《怀中书》九年后。[91]

273

有些谜题仍在，因为尽管有这场誊写活动，但在晚出的抄本中找到的摘录经常与迄今讨论的《怀中书》各版本有显著差异。例如，《怀中书》包括一个以《铅物质配方》开篇的色利康加工法，它后来以一个英语译本的形式获得独立流通。在这个题为《乔治·里普利关于石头的来自经验的实践》(*George Ripley's Practise by Experi-*

① 此则和下一则没有单独标题，都是以首句为标题。——译者注

ence of the Stone)的新版本中，原始配方得到修正，以适合一些显然基于实证观测的评论。这种改编被迪伊和罗伯森与其他东西一起抄录下来。[92]

尽管《来自经验的实践》的来源可以被轻松鉴定为《铅物质配方》，但在手抄本中它常常与一部有些更难联系到《怀中书》内容的作品相伴出现。这是一个实践性的长文本，名叫《关于哲学石或伟大仙丹之构成以及关于首先溶解粗笨实体的整个工作》，下文为了方便简称为《整个工作》。[93]这一篇到16世纪70年代晚期早已流通，并且到17世纪早期已经被完全融入里普利文集中，仙丹的创造在其中以彼此分离且相对易懂的步骤列出来。[94]除了《幻象》，《整个工作》恐怕是《怀中书》里最出名的一篇，出名到让它顶着《怀中书》的标题付印。它于1683年被威廉·库珀以《乔治·里普利先生的怀中书》之名出版。[95]

《整个工作》清楚的实践导向从它的开场白"首先取30磅重的色利康"就显而易见。色利康溶解于醋后蒸发，产生一种绿色黏胶，被恰如其分地称为"绿狮子"，"这么做我们的色利康将凝结为一种被称为'我们的绿狮子'的绿色黏胶，这种黏胶易于干燥，但你得知道烧了他的花就会破坏他的绿色"。[96]当这种脆弱的黏胶在一只蒸馏瓶中被加热时，它首先产生熟悉的微量的水，然后是白烟。最后，以较强温度加热会产生红色的"像血液的液滴"，要小心保存它们。一旦容器冷却，践行者也将发现玻璃瓶中还有其他有用的产品。容器的瓶颈覆盖一层"白色硬结晶体"，像"雾蒙蒙的水蒸气凝结"，这位作者将此比拟为水银升华。[97]黑色的沉淀物或渣滓也留在容器底部，这些被称为"黑龙"。 274

尽管这龙看起来可能像一件废品，但它构成了一个非凡化学效果的基础。实践继续：

> 然后取所有剩下的上述黑色渣滓或黑龙，把它们比较薄地铺在一块干净大理石或其他合适的石头上，并在其中一侧放进一块燃烧的煤，火会在半小时内滑过这些渣滓，并把它们煅烧成一种柑橘色，看着格外光彩夺目。[98]

虽然这样一段报告在经过证明的里普利作品的别处都找不到，但指示足够清楚，因此能在一个现代实验室中复现它，只要采取简单的应对措施，用铅黄(黄色的一氧化铅)代替红铅。当这种"黑龙"被倾倒到一个耐热表面并被一块热煤点燃时，黑色的铅快速转变为橙黄色，创造出了"滑动的火"这个期望中的效果，这在现代化学术语中是个简单流程，指的无非是被完全分离的铅再次氧化变回铅黄(图7.1)。

资料来源:作者拍摄。

图 7.1 "滑动的火"从一块热煤上向外扩散

这个醒目的转化易于复制,此点肯定不会被《整个工作》的一位近代早期读者忽视。显然,里普利式配方提供了可测试的和戏剧化的结果。因此,《整个工作》是联系到《怀中书》但可以绝对排除里普利著作权的少数文本之一,这显得格外讽刺。其实,《怀中书》的"可测试"部分完全不来自这部作品。

哈利手稿 2411 和诺顿的译本中,长篇评注《玛丽口述》之后都跟着一篇实践文本《分离元素》(*Separato elementorum*)。它的开篇是"当我们的红色体液从色利康中蒸馏掉,它应当被用水浴槽加以调整",接着才简要描述了从色利康中提炼一种"最炽烈的挥发液"。[99]这种挥发液的可燃性由一个标准测试判定:假如一块先在该液体中浸泡过的亚麻布被点燃,此挥发液将在不损坏这块布的情况下燃烧。这种澄澈的挥发液对应"风",且这篇文本接着描述了剩余三种"元素"的离析。

275

这段包括可燃性测试在内的材料在《整个工作》中直到真正进入流程时才出现。《整个工作》的核心部分虽然相当严密地复制了《分离元素》,用一些实践观测补充了里普利的程序,但是它的前缀文本与《怀中书》没有关系,除了在开篇句子里提及色利康。那么，这份篡入的文本来源何在？它又如何来到那里？

假如回头看诺顿《炼金术之钥》的前言，这个谜题就迎刃而解。诺顿在这里赞扬英格兰炼金术士的成就，并特地挑出两个人：

> 再没有比我们的同胞值得更多称赞和荣誉的人了，我将提及其中两人——伊夫与乔治·里普利。我判断，他们的作品是因上帝某种神圣天意而留下来供恢复那些杰出艺术的，因此它们不应被雪藏和尘埋。[100]

276

伊夫这个名字在英格兰炼金术研究中并不为人熟悉。他有可能从事医学，因为诺顿解释了"伊夫"如何"在医师学院教授如何处理基础事物和提炼药用溶媒"。[101]不过，赢得最大赞扬的依然是里普利：

> 因此我必须说，里普利是独一人，因为他在伊夫开始之处起步，且未停止，而是明白展示出，如何起步，如何继续，以及如何完成和达致完美。[102]

诺顿关于里普利在伊夫止步之处继续前进的声明不仅仅是修辞。在斯隆手稿3667中，伊夫配方中的一则《伊夫大师写的关于色利康的一份值得注意的作品》被放在《怀中书》前面。[103]这份作品提供了《整个工作》①缺失的片段，包括对"滑动的火"的独特指涉(表7.2)。这份作品把诺顿的话逐字逐句付诸实践，程序的起始几个阶段取自伊夫，其余的来自《怀中书》，而包括"火"扩散所花时间在内的一些额外细节显然是实践观测的结果。

表7.2　《伊夫大师写的关于色利康的一份值得注意的作品》和《整个工作》比较

《伊夫大师写的关于色利康的一份值得注意的作品》，斯隆手稿3667，fols. 115f-116r	《乔治·里普利先生的怀中书》，伦敦，1683
取那种如此黑和干燥的剩余物质，把它放在一块宽阔的石头上或干净的地上，并把一块燃烧的煤放在它的一侧，煤立刻就会点着全部，火焰在一刻钟之内整个滑过它并煅烧它，烧成一种黄颜色，像太阳的光线那般明亮，看着叹为观止	然后取所有剩下的上述黑色渣滓或黑龙，把它们比较薄地铺在一块干净的大理石或其他合适的石头上，并在其中一侧放进一块燃烧的煤，火会在半小时内滑过这些渣滓，并把它们煅烧成一种柑橘色，看着格外光彩夺目

各自分离的文本的杂烩是整个15世纪和16世纪的炼金术论述在其他特征之外的又一个共同特征，如洛克的《论文》所例证的。不过《整个工作》给这一司空见

① 原文如此，但按照上下文，这里理当是《分离元素》，因为伊夫的作品和《分离元素》共同构成《整个工作》，这段描述在《整个工作》中有，但在《分离元素》中没有。——译者注

惯之事和随手为之的活动带来一个新维度,不仅要求在理论上相容,也要求有实践效果。两个独特的配方被结合起来制造出一个逐步进行的程序,这带有一种意味,说明从伊夫到里普利的最大的跳跃可以没有障碍地完成。哲学家们对此举的共识只需简单假定存在。

差不多能肯定这些变体版本的来源就是诺顿本人。斯隆手稿3667固然呈现了277 诺顿的原始译本,但这位足智多谋的炼金术士在译稿完成和创作《炼金术之钥》之间花了三年时间测试和改编《怀中书》的材料。关于此活动的一个线索幸存于《炼金术之钥》的题献信中,他在那里提及自己以前的计划是制作一个经他自己的实践和批评性评注补充的里普利《怀中书》的一个编校本:

> 我现在提供的那部书,那部可能到陛下手中的书,更重要的不是书本身,而是我自己的一些实践。这些实践应当被附加在那里,加上对其余一系列过程的正确审查和判断,因为尽管我知道有些人也有这部作品,但他们没能提供证据,这不是因为这位作者的错误,而是他们自己愚蠢。[104]

按照炼金术著作权的最佳传统,这个段落中的重要之处一定是弦外之音。诺顿为了招募赞助而关心自己不要仅仅被当作里普利遗失已久之实践的消极介导而被不予理睬,当他只给女王呈递《怀中书》的一个译本时,肯定产生了这种风险。诺顿更想强调他给文本增加的价值,这价值就是他让里普利的流程经受过他自己的实证检测,然后将结果记录在计划好的译本的"附录"上。潜在的竞争者被他在评论中排除在外,评论说即使那些能使用同样作品的人也没能把它们转译成可行的实践。

诺顿在某个时间改变了计划。他写了《炼金术之钥》,表明他选择修订原始方278 案,为了给伊丽莎白提供"比那本书所含的更多的内容,或我自己在那时既不知晓也没思考过的内容,是从我开始实践以来发现的"。[105]"那本书"即"附录"对诺顿的目的已经不再够用。不过这项较早计划的一些遗痕幸存了下来。它们包括相辅相成的伊夫和里普利的流程,诺顿把它们融合在一起构成了《整个工作》,同时拉丁文本《铅物质配方》变成了《来自经验的实践》。这些修订过的作品甚至可能在《炼金术之钥》完稿之前就开始流通,如一些副本较早的日期所示。

诺顿将伊夫和里普利的配方拼接在一起,这就是实用注解在起作用——扎根于权威并尊敬权威,但难以抗拒地以结果为导向。这条务实路径加上诺顿反复强调他自己的经验,突出了他正寻求的除了一份许可证还有投资这一事实。为此目标,他向伊丽莎白奉上自己的作品,但也有“执行它的作者的手,只要陛下您下令”。[106]就像半个世纪前在马绍尔西监狱撰述的布洛姆菲尔德,诺顿也希望他那经过时间证明的(虽说还没有完全由诺顿自己证明)重构15世纪实践的能力将说服女王,他适合于开展更全面的试验。

对一位同时寻求再现里普利作品中的流程和结果以获取苛刻的王室赞助的炼金术士而言,填补描述性报告之间的缺口同样重要。诺顿明白,他的提案可能被曲解。他解释说,他还没有将这工作进行到尽头,因为被某位“熟知法律的”朋友忠告,这种活动可能落在亨利四世反对增殖的法令范围内。为了让女王消除疑虑并“打消对邪恶交易的疑心”,诺顿不仅清清楚楚记下他的制作方法,还提供了关于工作总成本的估算。[107]说到做到,他以一份清单结束了《炼金术之钥》,清单上列出了“在完成或开展这整个艺术和科学的过程中会产生的这类费用”。[108]

这些费用让我们得以确切鉴定诺顿如何设想他的实践。他的清单始于制作色利康的成分:“红铅或铅丹重280[磅]”,1磅4便士,与“280加仑蒸馏醋”相比相当便宜,醋是用来溶解红铅的,1加仑10便士。还需要另外160加仑醋用于第二次蒸馏。这些成分要通过用3打“石头实体来蒸馏醋”而制备,每打16便士,再加上3打蒸馏盖(每打12便士)和4打大的接收器(一个16便士)。分配10英镑以支付制作六只炉子所需之砖块和铁件的成本,对此诺顿用清单后面附的图形加以解说(图7.2)。 279

在制备过植物石之后,诺顿接着请求10磅天然水银,每磅5先令,“以供制作矿物石”。构成“用于溶解黄金和白银的腐蚀水或合成水”的“制作混合石的各项材料”没有逐项列举,只简单总计为4英镑。最后,诺顿请求14英镑用于他最昂贵的项目——黄金和白银各4盎司,“用于养命仙丹和石头的发酵”,加上另外3英镑以支付“清洗和将之锤成箔片”的成本。

这些成分能精确映射到诺顿在《炼金术之钥》以及他其他配方中描述的流程,它们都从里普利的《炼金术精髓》和《怀中书》中摘录出并加以修订。这些材料具体表达了诺顿想尝试一系列炼金术产品的计划——从铅和醋中蒸馏出的一种植物石,自水银升华成的一种矿物石,将硫酸盐、硝石和色利康熔炼一起的一种混合石,还有一种“养命仙丹”,这种仙丹只有天然黄金和白银才能制作,正如里普利一个世纪前警告主教的。诺顿在这份费用清单中将他关于已洞悉哲学家秘密的宣言和他为女王亲自重造它们的能力都加以详细列举。

复制色利康?

假如需要有证据表明色利康炼金术这一英格兰“本土传统”在16世纪后半叶的活力,那么伊丽莎白时代的里普利门徒们的作品就能充分提供。置身一个帕拉塞尔苏斯理念早已在英格兰流通并在巴黎全体医学从业人员中引起重大不安的时代,诺顿、布洛姆菲尔德、查诺克、洛克等践行者和数不清的匿名践行者不断把托名柳利和里普利的炼金术当作在材料和概念上都与自身炼金术实践相关的东西。这种相关性意味着,权威们不必然被当作铁板一块的文本对待,而是被当作适合于进一步实验和改编的工作文件。在重新声张里普利遗失之作的过程中,诺顿处理《怀中书》的方式一如里普利处理他自己的材料——基于广泛阅读和个人化的实践经验补充与合并较早的文本。诺顿《炼金术之钥》中可见《炼金术精髓》对柳利资源之评注的相似物,此书也是对一个既存作品主体提供一种新鲜的阐释和务实的领悟。

280

部分托名的《整个工作》是对中世纪文本进行此种务实处理的一个产物。与其说诺顿有意提供冒牌货,不如说他自由发挥较早的材料,这表现出一种重构自手稿资源中发掘出之简洁程序并重获往昔大师们之实践智慧的诚恳努力。他对配方的拼接得到实验证据的支持——这种实验证据以回溯性的方式证明了往昔权威的正当性,此举暗示出一类扎根于信念的新型“伪造”——深信中世纪实践既相关又可达成,也深信实践效果作为证据来源最终胜过文本真实性。[109]

不过,诺顿在重构里普利的真实实践方面是否比他重新组装这位律修会修士遗失的《怀中书》更加成功呢?如现代在实验室进行复制的尝试(包括我自己的)所表明的,在寻求重现过去的实验——尤其是那些涉及以代号表示的成分和有杂质成分的实验——时必须小心谨慎。[110]如我们早已看到的,纯净的铅丹不能轻易溶解于醋,这暗示诺顿可能修改了自己的成分以获得他所描述的结果,无论如何,通过替换成另一种铅化合物铅黄,就能轻易达成结果。

近代早期读者们恰好面临同样的进退两难,并且也达成了广义上的相同结局。萨缪尔·诺顿固然通过倡导使用红铅而对里普利可能实现的意图保持忠实,但法兰西外交官兼译者布莱斯·德·维吉尼亚(Blaise de Vigenère, 1523—1596年)就采用了另一条路径。德·维吉尼亚这位一种重要密码的发明者,他看来轻松破译了里普利的“色利康”,但认识到它难于溶解,因此他转向更易于溶解的铅黄:

> 有些人如里普利,还有其他人,取用铅丹,但它是……一种难于溶解的东西,铅白和煅烧过的铅也是。就我而言,我找到了铅黄,不是其他,只是铅……在上面倒上蒸馏过的煮沸的醋,用一根小棒使劲搅拌,突然醋就会自行充满,同时铅黄溶解。[111]

281

德·维吉尼亚有充分的理由信心满怀,因为他的替换在《整个工作》描述之流程的早期阶段里不会造成可感知的差异,若说有差异,那就是简化了程序。由此产生的"黏胶"可以被干馏以制造一种白烟,恰如《整个工作》所描述的。而且,如德·维吉尼亚接下来解说的,留在蒸馏容器底部的沉淀物(诺顿称之为"黑龙"的残留物)依旧能燃烧:

> 残留在曲颈瓶里的那种东西,把燃烧的木炭放在它上面,它就会像火柴点燃引信一样着火,这时你能获得一个不错的秘密——只要它不接触空气,它就不会燃烧,而且它能再度溶解于醋,像之前那样。[112]

一根火柴点燃一门大炮的引信,这成为对伊夫和萨缪尔·诺顿描述之"滑动的火"的一个让人浮想联翩的比喻。更加引人入胜的是德·维吉尼亚声称,若是这龙"不接触空气"就无法点燃。此时正是一个简单的实验室重现就能阐明文本含义的时刻。铅制的黑龙具有高度自燃性,以致从容器取出时它还是热的,它与空气接触时会频频"着火",哪怕没有热煤,这种效果似乎也是德·维吉尼亚观察到的。

我们可能感到奇怪,假如诺顿的确策划了《整个工作》,他为何没提到黑龙这种惊人的属性? 出现省略当然可能是因为他选择了一种不同的铅化合物,比如铅丹。但也可能是他没观察到这种效果,因为该文本的指示是警告践行者在"所有东西冷却"之前不要从曲颈瓶上移除接收器。[113]若正确遵守该指示,则沉淀物自行氧化的可能性就小得多。诺顿在《炼金术之钥》里关于管理炉子的忠告也要求确保设备全面冷却,这降低了他的黑龙会自燃的可能性。在他给炉子插图写的笔记中,他提出在提取色利康溶媒的流程中使用两只炉子,"当一只工作时,另一只可以放着不动和冷却"(图 7.2)。[114]

282

诺顿和德·维吉尼亚对同一流程的不同回应构成有益的提醒,让我们记得在近代早期欧洲会遇到路径的多样性,也记得即使阅读以实践为焦点的炼金术文本也存在困难。《怀中书》虽然给诺顿提供了各种机会,但在实践中他选择不以未加改动的形式呈现其内容,这恐怕是重构炼金术实践时所面临之挑战的必然后果。

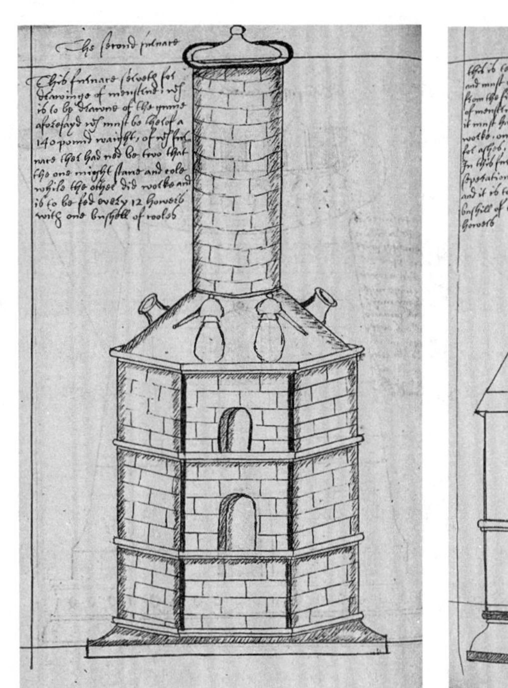

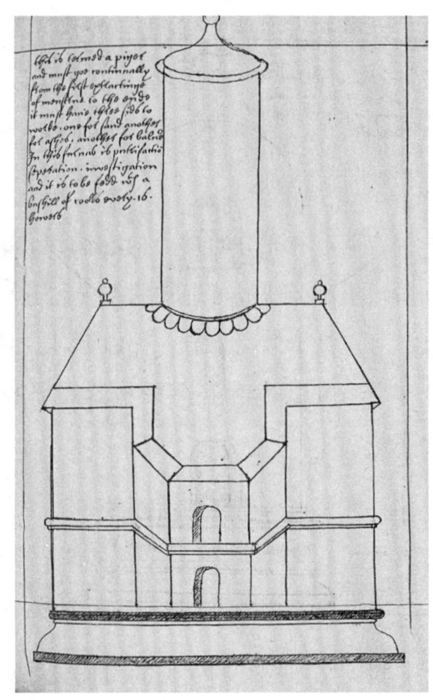

资料来源:牛津大学博德利图书馆阿什莫尔手稿 1421, fols. 218v-19r。蒙牛津大学博德利图书馆允准。

图 7.2　炉子设计图,托马斯·罗伯森从萨缪尔·诺顿《炼金术之钥》中复制

从手稿记录中浮现出的,是伊丽莎白时代践行者郑重其事地把他们的书面资源当作可测试且务实的信息库来处理。诺顿明白里普利遗失之书的历史重要性,但令其古籍价值屈居于其所包含之实用信息之下,甚至在必要时修改配方。他对资源的尊敬因为对结果的关心而降温。毕竟,《怀中书》作为一部资料剪贴簿而非一部连贯论述,其内容不总带有里普利个人权威的印记,如诺顿在一次不幸的“分离”尝试之后学到的:

> 这证据是我用可怕的方式充分购买来的,因为我在依据那种方式寻求银扇草时损失了我全部的白色酊剂,因为我从我以为是里普利本人的分离方法中找到的,原来却是一条里普利从霍图拉努斯作品中摘出的关于分离的笔记。[115]

诺顿把挫折抛在一边,并不在自己的调查中轻易失望。对《怀中书》的秘密研究了几年之后,他对这位律修会修士作品的热情不降反升。在他 1599 年完稿的《关于哲学树图表的三书》中,里普利依旧是最常被引用的权威之一。该律修会修士关于植物石的加工方法甚至构成诺顿论“土星或铅”的第三书的基础。[116]1630年，约克医师埃德蒙·迪恩（Edmund Deane，1572—约1640年）以八本系列短册子的形式出版了《关于哲学树图表的三书》，其中包括被冠以恰当标题“饱和的铅”（Saturated Lead）的诺顿的色利康流程[117]，这让《怀中书》的接纳之轮再转了一圈。

里普利的炼金术通过这类重新表述而直至17世纪都能既保持声望也保持实用性。不过现在有数量日增的一批近亲与他的原创作品并辔而行，它们的形式是对同样的原始文本进行实用化新阐释，其中一些将以回溯的方式被安上里普利的著作权。在这个再创造的轮回中，诺顿同时是这位律修会修士那不堕威名的受害人和受益人。随着里普利的名望升温，诺顿对《整个工作》的贡献最终黯然失色，然而他自己的介导迪恩在印本中赋予他一个不温不火的来世，并随之赋予他在英格兰炼金术史上的一席之地。

【注释】

[1] Samuel Norton，*Key of Alchemy*，Oxford，Bodleian Library，MS Ashmole 1421，fol. 173r.

[2] London，British Library，MS Sloane 2175，fol. 148r.

[3] 这些命途多舛的计划见 James Stuart Campbell，“The Alchemical Patronage of Sir William Cecil”；Deborah E. Harkness，*The Jewel House*。

[4] 弗朗西斯·西恩1576年3月13日致伯利勋爵威廉·塞西尔，British Library，MS Lansdowne 21/57。

[5] Campbell，“The Alchemical Patronage of Sir William Cecil”，47—48；Louis A. Knafla，“Thynne，Francis(1545?—1608)”.

[6] 洛克见 Peter J. Grund，“*Misticall Wordes and Names Infinite*”。

[7] Ibid.，11.

[8] Francis Thynne，“Another Discourse vpon the Philosophers ARMES”，Cambridge，Trinity College Library，MS R. 14.14，fol. 138r.西恩誊写的炼金术论述保存在 Warminster，Longleat House，MS 178，包括里普利的《炼金术合成》（fols. 58r-86r，日期署1578年4月5日）和一份《炼金术序列》（fols. 10v-48r，日期署1574年6月3日），西恩对这两份都仔细注释。

[9] Warminster，Longleat House，MS 178，fol. 105v：“1573年10月18日由本人弗朗西斯·西恩据原稿抄写，我从托马斯·彼得先生处获得原稿，原稿由这同一位托马斯·彼得书写，但我认为这作品不够完善，因为似乎缺少一些令韵律完整的诗句，但我还是依样抄写。赞颂永恒的上帝。”彼得见上文第四章。

[10] British Library，MS Add. 11388；讨论见 Jennifer M. Rampling，“The Alchemy of George Ripley”，chap. 5.这些被抄写的小册子依据西恩署的日期排列如下：《关于老妇人》（*De vetula*），1574年9月20日；《关于苹果》（*De pomo*），1574年9月28日；拉克坦提乌斯，1574年11月1日；克劳迪阿努斯（Claudianus），1574年11月3日；《抒情曲》，1574年11月18日。这些文本随后被以一种不同的顺序装订。

[11] 此文本的构成见 Grund,“*Misticall Wordes and Names Infinite*”。

[12] Lock, *Treatise*, ed. Grund, in “*Misticall Wordes and Names Infinite*”, 224(ll. 25—28),讨论见下文第 337—338 页。

[13] 尽管存世的最早卷册是 Bodleian Library, Bodley Rolls 1(15 世纪后期),但大多数抄本的日期始于 16 世纪后期和 17 世纪。详细讨论见笔者即将出版的著作 *The Hidden Stone*。综述见 R. Ian McCallum, “Alchemical Scrolls Associated with George Ripley”, in *Mystical Metal of Gold*, ed. Linden, 161—188;卷册上的韵文见 Anke Timmermann, *Verse and Transmutation*, chap. 4, 294—303。

[14] Getty Research Institute, MS 18, vol. 10, pt. 2, 13:“1577 年 7 月 20 日于剑桥圣约翰。”这份抄本的来历见下文注释[32]。

[15] Scott Mandelbrote, “Norton, Samuel(1548—1621)”, *Oxford Dictionary of National Biography*; Campbell, “The Alchemical Patronage of Sir William Cecil”, 71—74; Jennifer M. Rampling, “Transmuting Sericon”, 29—31.

[16] Samuel Norton, *Summarie Collections of true natural Magick grounded vpon principles diuine: and from the writinges of Hermes Trimegistus and others the learned Auncients: conteining the true Philosophie and Physick drawen into commune places*, Cambridge University Library, MS KK. 1.3, pt. 3, fols. 32r-52r. 对这部此前遭忽视之论著的率先讨论见 Campbell, “The Alchemical Patronage of Sir William Cecil”, 71—74。London, British Library, MS Sloane 3667 包含《关于哲学树图表的三书》的一个不完整抄本,包括一系列美观的“图表”或树形图(fols. 24r-89v;更多图表见 fols. 11r, 12r, 15r)。Oxford, Bodleian Library, MS Ashmole 1478, pt. 6, fols. 42r-96v 是一个完整抄本,日期署为 1599 年 5 月 20 日布里斯托尔(fol. 104v)。

[17] London, British Library, MS Sloane 3667, fol. 71r:“我的曾祖父托马斯·林维尔·诺顿。”

[18] Oxford, Bodleian Library, MS Ashmole 1478, pt. 6, fol. 104v.

[19] Getty Research Institute, MS 18, vol. 10, pt. 2, 15.

[20] Ibid., 156—168.

[21] 帕拉塞尔苏斯的医学作品在 16 世纪 50 年代至 60 年代开始有印本可用。它们在英格兰的早期接受史见 Paul H. Kocher, “Paracelsan Medicine in England: The First Thirty Years(ca. 1570—1600)”, *Journal of the History of Medicine* 2(1947): 451—480; Allen G. Debus, *The English Paracelsians* (London: Oldbourne Press, 1965); Charles Webster, “Alchemical and Paracelsian Medicine”。

[22] 律师兼议员理查德·博斯托克(Richard Bostocke,约 1530—1605 年)后来尝试将帕拉塞尔苏斯插入包括培根、里普利和托马斯·诺顿在内的英国杰出行家谱系中,见 R[ichard] B[ostocke], *The difference betwene the auncient phisicke, first taught by the godly forefathers, consisting in vnitie peace and concord: and the latter phisicke proceeding from idolaters, ethnickes, and heathen: as Gallen, and such other consisting in dualitie, discorde, and contrarietie* ...(London: [G. Robinson] for Robert Walley, 1585), 139。博斯托克见 Charles Webster, “Alchemical and Paracelsian Medicine”, 313, 329—330; David Harley, “Rychard Bostok of Tandridge, Surrey(c. 1530—1605), M. P., Paracelsian Propagandist and Friend of John Dee”, *Ambix* 47(2000): 29—36。萨缪尔·诺顿可能受到博斯托克的影响,他在自己的《藏品总结》(Summarie Collections)中遵从后者对盖伦的尖锐批评。

[23] Getty Research Institute, MS 18, vol. 10, pt. 2, 130.

[24] 索伦森见 Jole Shackelford, *A Philosophical Path for Paracelsian Medicine: The Ideas, Intellectual Context, and Influence of Petrus Severinus(1540/2—1602)* (Copenhagen: Museum Tusculanum Press, 2004)。其他帕拉塞尔苏斯派的医师后来相继赢得宫廷职位,包括法兰西亨利四世的常任医师约瑟·杜凯斯内(Joseph Du Chesne,约 1544—1609 年),见 Didier Kahn, *Alchimie et Paracelsisme*。

[25] Getty Research Institute, MS 18, vol. 10, pt. 2, 129.

[26] Ibid., 129—130.诺顿的评论早于后来关于“坏”帕拉塞尔苏斯派(与“好”相对)的批评,例如乔治·克劳斯(George Clowes)对帕拉塞尔苏斯派医师的攻击,讨论见 Harkness, *The Jewel House*, chap. 2。

[27] Getty Research Institute，MS 18，vol. 10，pt. 2，130.

[28] Ibid.，127："英格兰的雷蒙德，我说的是乔治·里普利。"

[29] 例如 John Reidy，"Introduction"，in *Thomas Norton's The Ordinal of Alchemy*，ed. John Reidy，xxxviii—xlii。

[30] Oxford，Bodleian Library，MS Ashmole 1424，pt. 2，19.

[31] Ibid. 完整副本收入 Oxford，Bodleian Library，MS Ashmole 1421，fols. 165v-220v(fol. 217v 写"本人托马斯·罗伯森 1613 年抄")。第二个抄本收入 Oxford，Bodleian Library，MS Ashmole 1424，pt. 2，49—90(102 写"1616 年 2 月 28 日完")。罗伯森见下文第九章。

[32] Getty Research Institute，MS 18，vol. 10，pt. 2，pt. 2.这个本子可能是 Wellcome Library，MS 1027 所收威廉·亚历山大·艾顿(William Alexander Ayton，1817—1909 年)一个誊录本的范本，因为艾顿还誊录了巴克斯托姆图书室的其他作品，见 S. A. J. Moorat，*Catalogue of Western Manuscripts on Medicine and Science in the Wellcome Historical Medical Library* (London：Wellcome Institute for the History of Medicine，1962—73)，2：58。巴克斯托姆则抄写过 Getty Research Institute，MS 18，vol. 11，fols. 5r-11r 所收诺顿论动物石的那章。巴克斯托姆及其手抄本藏品见 Ron Charles Hogart ed.，*Alchemy，a Comprehensive Bibliography of the Manly P. Hall Collection of Books and Manuscripts：Including Related Material on Rosicrucianism and the Writings of Jacob Böhme；Introduction by Manly P. Hall* (Los Angeles：The Philosophical Research Society，1986)，226—234。

[33] Getty Research Institute，MS 18，vol. 10，pt. 2，113.

[34] Ibid.，19—20.

[35] Ibid，21："仅里普利有植物石的价格。"Oxford，Bodleian Library，MS Ashmole 1421，fol. 173v："里普利对动物石的触及胜过其他所有作者。"(这段文本在 Getty Research Institute，MS 18，vol. 10，pt. 2 中被省略)Getty Research Institute，MS 18，vol. 10，pt. 2，20："因此他胜过世上所有作者，开启了发酵处理的秘密。"

[36] 查诺克声称他的一位老师得到里普利的"男孩"的教导，见 Elias Ashmole ed.，*Theatrum Chemicum Britannicum*，301。

[37] London，British Library，MS Sloane 2175，fol. 148r.

[38] Getty Research Institute，MS 18，vol. 10，pt. 2，7.

[39] Ibid.

[40] 里普利作品的传播见 Jennifer M. Rampling，"John Dee and the Alchemists"，及下文第八章。

[41] 鉴定诺顿的笔迹受到阻碍，因为他在《炼金术之钥》献词结束时表示他曾雇用一位抄写员："我非常谦卑地渴望陛下能接纳我数月艰苦劳动后结出的青涩果实中好的那部分……尽管我和我的书写员还没能将它制作、表达和书写得如我所望的那么确切。"(Getty Research Institute，MS 18，vol. 10，pt. 2，13)这位书写员可能仅被雇来制作王室副本。弗朗西斯·西恩似乎也曾雇用一位专业人士为其《论述》(*Discourse*)抄写呈送伯利勋爵的副本，见 Rampling，"The Alchemy of George Ripley"，chap. 5。

[42] London，British Library，MS Sloane 3667，fol. 91v："我想为了您最神圣的名的荣誉和光辉而请求这类事情……得到关于自然事物之知识的指导……因此我谦卑地急切恳求好上帝给我恩典，让我知晓这些事情，并且恰当和有效，不受阻碍。"

[43] 斯隆手稿 3667 中的《炼金术精髓》译本被归给"神职人员大卫·怀特海德先生，1552 年"(fol. 104v)，《雷蒙德的缩略程序》归给"雷蒙德·柳利，由律修会修士乔治·里普利压缩并汇合成集(如人们所想的)"(fol. 112v)。接着是《伊夫大师写的关于色利康的一份值得注意的作品》(fol. 115r)。

[44] London，British Library，MS Sloane 3667，fol. 124r.

[45] London，British Library，MS Harley 2411，fol. 85v.

[46] Ibid.，fol. 1r-v.

[47] London, British Library, MS Sloane 2175, fols. 148r-72r. 除了旁注，这份抄本还提及斯隆手稿3667的编张数号和各种插入部分，如fol. 153r记"接下来的是订在副本上的一张纸"。

[48] 录于Rampling, "The Catalogue of the Ripley Corpus" 3。可确定年代的最早证据是托马斯・波特1579—1580年对一个选篇《整个工作》(*Whole Work*)的誊录本。

[49] Oxford, Bodleian Library, MS Ashmole 766, pt. 5, fol. 1r.

[50] Ibid.

[51] *Introductio in divinam chemiae artem integra*(10月16日完稿)及*Pretiosa margarita novella*(11月30日), London, British Library, MS Sloane 3682。豪斯评论说译稿是"60天或左右的工作"(fol. 285r)。

[52] London, British Library, MS Sloane 3682, fol. 1*r; Gawin Smith, "The true Coppie of a peticion deliuerid to[th]e L[ord] mayor & Aldermen of[th]e Cittie of London by Gawin Smith", British Library, MS Cotton Titus B. V, fol. 273r.提及史密斯的其他手抄本见Harkness, *The Jewel House*, 286n56。

[53] 史密斯曾于1589年10月在不来梅(Bremen)造访迪伊数日，见Edward Fenton ed., *The Diaries of John Dee* (Charlbury: Day Books, 1998), 249, 240。

[54] Oxford, Bodleian Library, MS Ashmole 1418, pt. 2, fols. 1r-47v.

[55] "Processus meus apud Estergate", London, British Library, MS Harley 2411, fol. 1r. 伊斯特盖特(Estergate或Eastergate)是西萨塞克斯郡(West Sussex)一个村庄。

[56] "Mr George Ryples Prosedynges at estergate", London, British Library, MS Sloane 3667, fols. 171v-72r.

[57] 不过，豪斯交换了前两篇的顺序，因此他的副本起首是《对亚里士多德和赫耳墨斯的阐述》，接着是"艾斯盖特"流程。London, British Library, MS Harley 2411中是相反的顺序。

[58] 见上文第114—115页。这些格言的前十七条也见于Cambridge, Trinity College Library, MS O. 8.9的15世纪手抄本，但因为遗失了几个对开页，这一组有删节。

[59] London, British Library, MS Harley 2411, fols. 72r, 74r,在《炼金术精髓》fol. 2r有引用。《怀中书》另一流程《基布罗斯配方》(Recipe Kibrith)的各个变异版本在《炼金术精髓》(fol. 4v)和剑桥大学三一学院图书馆手稿O. 8.9(fol. 34v)中都反复出现。

[60] London, British Library, MS Harley 2411, fols. 57r-61v.在斯隆手稿3667中无标题。

[61] 哈利手稿2411中的这段文本("这里是相反的操作，因为就像反自然的火，他释放了固定在云做的水中的实体的精神，且飞翔的精神的身体冻结在冰冻的地面")可以与《炼金术精髓》中采用的那段相比较，见上文第84—85页。

[62] London, British Library, MS Sloane 2175, fol. 156r. 我在此采用了经抄写员"改进的"诺顿译文版本。

[63] *Medulla*, fol. 5r:"因为如雷蒙德断言的，所有炼金术黄金都用腐蚀产生的物质制作。因此，如此制成的黄金不能供医用","那么他有力量将所有实体转变成纯金并治愈所有疾病，优于希波克拉底和盖伦的所有药剂"。

[64] London, British Library, MS Sloane 3747, fols. 34v-35r.

[65] London, British Library, MS Harley 2411, fol. 7r.

[66] London, British Library, MS Sloane 3667, fol. 149r.

[67] Oxford, Bodleian Library, MS Ashmole 1421, fol. 181r.

[68] 基于理查德引用的权威(还没包含对雷蒙德・柳利的任何指涉)以及有几部出现了他的作品的手抄本被定为15世纪而提出这个日期(见下文注释[69])。

[69] "Text*us* Ar*istote*l*es*", London, British Library, MS Sloane 3744(fifteenth century), fols. 54r-60r.归给理查德的作品包括"De proporc*io*ne elemen*t*tor*um* dicit Ric*ard*us de Salopia"(《什罗浦郡的理查德说的元素比例》), London, British Library, MS Harley 3703(fifteenth century), fols. 74v-95r;"Elixer de lapide hu*man*o per Ric. de Salopia"(《什罗浦郡的理查德的人类石仙丹》),

London, British Library, MS Sloane 3744, fols. 9v-11r; DWS 222 and 223。《元素比例》透露出与《众妙之妙》有类似专注点,反复述说托名亚里士多德的忠告"有了这种来自风的水、来自火的风和来自土的火,你就拥有全部艺术"(London, British Library, MS Harley 3703, fol. 74v)。

[70] London, British Library, MS Sloane 3744, fol. 55v:"亚里士多德在其《众妙之妙》中说,这种植物的运行在人类身体的组成中。"

[71] London, British Library, MS Harley 2411, fol. 20r:"这石头首先源于葡萄酒,其次源于铅物质,这就是说,它同油有些相像,因此由于最初受到的玷污,需要进行多次净化。"

[72] Ibid., fol. 40r.

[73] "Mariae Prophetissae Practica", in *Artis auriferae, quam chemiam vocant*, 3 vols.(Basel: Conrad Waldkirch, 1593): 1:319—324, on 321—321;依据手抄本资源的近期编校本见"Alumen de Hispania", in Timmermann, *Verse and Transmutation*, 305—311(讨论见第44—45页)。这两个版本都缺少对"土星的心脏"的注释。

[74] London, British Library, MS Harley 2411, fol. 40r.

[75] London, British Library, MS Sloane 2175, fol. 149v.

[76] Ibid., fol. 149r.

[77] 讨论见上文第二章。

[78] London, British Library, MS Sloane 3667, fol. 125v.

[79] "Gaudeat artista", Oxford, Corpus Christi College Library, MS 336, fol. 4v. 见 Jennifer M. Rampling, "Establishing the Canon", 196。这些诗句列于 Rampling, "The Catalogue of the Ripley Corpus" 14。

[80] 例如,剑桥大学三一学院图书馆手稿 O. 8.9 的《愿艺术家欢欣》版本中没出现首字母,该版本与牛津基督圣体学院手稿 336 似乎享有一个共同范本。

[81] London, British Library, MS Sloane 3682, fols. 41r, 43v.

[82] *Compendium & Somnium*: London, British Library, MS Sloane 3682, fols. 50v, 52v.

[83] London, British Library, MS Harley 2411, fol. 68r.

[84] Ibid., fol. 40v.

[85] Oxford, Bodleian Library, MS Ashmole 1485, fol. 88r.

[86] Getty Research Institute, MS 18, vol. 10, pt. 2, 15. 牛津大学博德利图书馆阿什莫尔手稿 1421, fol. 171v拼写为 Maram。

[87] Jennifer M. Rampling, "The Catalogue of the Ripley Corpus" 32.

[88] Elias Ashmole ed., *Theatrum Chemicum Britannicum*, 374,讨论见下文第九章。拉夫・拉巴兹 1591 年出版了这篇译作。

[89] "Pervigil in studio, nocturne tempore quodam", London, British Library, MS Harley 2411, fol. 69r.诺顿把首句翻译为"当我忙着我的书时,我在某个夜晚端坐", London, British Library, MS Sloane 3667, fol. 149r。

[90] "Sompnia ne cures, Dictum vulgare tenetur", London, British Library, MS Harley 2411, fol. 69v.

[91] Philadelphia, University of Pennsylvania, Codex 111, fol. 43r:"布里德灵顿的律修会修士乔治・里普利先生的《梦境》就此完结,由克拉多克博士先生于 1582 年 6 月 4 日翻译。"

[92] "Practise", Rampling, "The Catalogue of the Ripley Corpus" 26.

[93] "The whole wourcke of the composition of the stone philosophicall or great Elixir, & of the fyrste sulucion of the grosse Bodye", London, British Library, MS Sloane 1095, fol. 75r.

[94] Rampling, "The Catalogue of the Ripley Corpus" 35.

[95] "The Bosome-Book of Sir George Ripley, Canon of Bridlington. Containing His Philosophical Accurtations in the making the Philosophers Mercury and Elixirs", in *Collectanea Chemica*, 101—121.

[96] Ibid., 102.

[97] Ibid., 102—103.

[98] Ibid.，104.

[99] London，British Library，MS Harley 2411，fol. 43v.

[100] Getty Research Institute，MS 18，vol. 10，pt. 2，19.

[101] Ibid. 16世纪医师学院有数位成员名叫伊夫斯(Ives)，但不清楚哪位能对应诺顿的"伊夫大师"。

[102] Ibid.，20.

[103] "A notable worke of Sericon written per master Ive"，London，British Library，MS Sloane 3667，fol. 115r.

[104] Getty Research Institute，MS 18，vol. 10，pt. 2，8.

[105] Ibid.

[106] Ibid，155.

[107] Ibid.，12.

[108] Ibid.，156.

[109] 近代早期对于"伪造"的观念见 Anthony Grafton，*Forgers and Critics：Creativity and Duplicity in Western Scholarship*（Princeton：Princeton University Press，1990）。也见 Didier Kahn and Hiro Hirai eds.，"Pseudo-Paracelsus：Forgery and Early Modern Alchemy，Medicine，and Natural Philosophy"，*Early Science and Medicine* 5—6(2020)：415—575。

[110] 关于现代重构以往炼金术流程的尝试过程中产生的一些方法论议题，尤见 Lawrence M. Principe，"'Chemical Translation' and the Role of Impurities in Alchemy：Examples from Basil Valentine's *Triump-Wagen*"，*Ambix* 34(1987)：21—30；Principe，*Secrets of Alchemy*，chap. 6；及 Hjalmar Fors，Lawrence M. Principe，and H. Otto Sibum eds.，"From the Library to the Laboratory and Back Again：Experiment as a Tool for Historians of Science"，*Ambix* 63(2016)中汇集的论文。

[111] Blaise de Vigenère，*A Discourse of Fire and Salt*，*Discovering many secret Mysteries*，*as well Philosophicall*，*as Theologicall*（London：Richard Cotes，1649），70；这是维吉尼亚身后出版的著作 *Traicté du Feu et du Sel*（Paris：Abel l'Angelier，1618)的一个英译本。

[112] De Vigenère，*A Discourse of Fire and Salt*，71.

[113] "The Bosome-Book of Sir George Ripley"，103.

[114] Oxford，Bodleian Library，MS Ashmole 1421，fol. 218v.

[115] Ibid.，39.

[116] Samuel Norton，"Liber ramorum tertius inceptis Aprilis die martis 16. anno domini 1599. De tabula Saturni siue plumbi ramus primus"，Oxford，Bodleian Library，MS Ashmole 1478，pt. 6，fol. 74v.

[117] 迪恩系列的第一本是 *Mercurius Redivivus*，*seu Modus conficiendi Lapidem Philosophicum*...（Frankfurt，1630）。迪恩见 Scott Mandelbrote，"Norton，Samuel"。

第八章　国内与国外

爱德华·凯利确实为我开启了伟大的秘密,感谢上帝![1]　284

1591年4月,欧洲最著名的活跃炼金术士之一爱德华·凯利在波西米亚(Bohemia)被捕。截至此时,这位英格兰人都在帝国首都布拉格和特热邦(Třeboň)——有权有势的罗森伯格(Rožmberk)家族的一处庄园——致力于一项令人叹为观止的炼金术事业。关于他那非凡质变术的报告来到英格兰,重新点燃伊丽莎白对炼金术的兴趣,也促使塞西尔支持凯利返回故土。但凯利不领情,他向塞西尔承认,英格兰宫廷不可能给他与在国外匹敌的优越地位。神圣罗马帝国皇帝鲁道夫二世是炼金术的一位忠诚赞助人,他使凯利自称爱尔兰贵族后裔的声明生效,并同时授予他帝国骑士头衔和枢密院的一个席位。[2]凯利也从他的赞助人波西米亚高级世袭领主、罗森伯格家的威勒姆(Vilém of Rožmberk, 1535—1592年)那里获得几个庄园和村庄。[3]他评论说:"我没疯到逃离我现在的荣誉并登陆(英格兰)强求新的。"[4]

随着被捕,凯利显然失去了曾赢得的一切,不仅是他的土地和在鲁道夫宫廷的　285
职位,还有他在英格兰的信誉度。对他炼金术杰出才能的质疑促使他逃离布拉格,尝试在罗森伯格那里获得庇护。他在途中被追上,并按照皇帝的意愿被关押在克里沃克拉(Křivoklát)城堡,又名皮尔格利茨(Pürglitzz)。他的被捕引起轰动,流言满天飞,而且在布拉格和英格兰的一组通信中,伯利的情报员们针对凯利那奇怪地未加解释的突然失宠抛出各式各样也相互矛盾的理由。有些人暗示说,这位英格兰人债务缠身;他诽谤皇帝,甚至企图毒死皇帝。另一些人认为,鲁道夫已经获悉伊丽莎白和伯利诱惑凯利离开布拉格的企图,因此把这位黄金制作者囚禁起来,防止他潜逃。[5]

初看之下,凯利失败的事业不是一个明显关于英格兰的故事。16世纪后期有来自各个国家的炼金术士被吸引到波西米亚,那里虽是天主教政权,却在相当大程度上容忍其他认信派别,并自夸有一些最慷慨和最贴心的支持炼金术的人,他们以鲁道夫二世及其最高级别要人罗森伯格的身份行事。[6]在此语境下,凯利的得势与失势不过是努默达尔研究过的,在全欧洲都对炼金术骗局有疑心的背景下,又一个赞助关系破裂的例子。被定罪的骗子常常从国外来到帝国各邦,满载着之前赞助人的背书和他们的炼金术技能带来的有前途的利润回报。在许多例子里,这些男人(间或也有女人)可能对他们的成功结果怀有真挚预期,只是因为对他们的实践加以物理限制、把他们绑缚在不可达成之目标上的严格契约以及失败时会遭受的严厉惩罚而变得惊慌失措。[7]

正如凯利的赞助事业不具有明显的英格兰特征,它初看之下也不是关于书籍和阅读之历史的一个显著片段。不同于他有影响力的同时代人——同为鲁道夫食客的迈克尔·塞迪沃吉(Michał Sędziwój/Sendivogius, 1566—1636年)和迈克尔·迈耶(Michael Maier, 1568—1622年),凯利后来的声望在于他作为一位高阶践行者而非一位哲学论述作家的名气。[8]他的作品鲜有付梓,而那些的确冠以他的名字刊印的作品有高度模仿性质,显然提供不了什么概念革新和实践革新方面的内容。当时之人事后回忆凯利的功绩时,较少逗留在他的文字遗痕上,而更多着眼于他精湛的实践展示,最著名的是一个当着皇帝的面做的实验,他在15分钟之内制造出汞金。[9]

不过,凯利著名的实践,甚至他对实验的选择,都深深扎根于英格兰炼金术的历史。他通过阅读而吸收这部历史,获益于对欧洲最伟大的科学图书室之一的使用权,亦即他声誉卓著的伙伴约翰·迪伊的图书室。在一个大多数炼金术作品,包括几乎所有归给英格兰权威的作品依然以手抄本流通的时代,迪伊的炼金术手抄本(其中许多都伴随这对英格兰组合去了波西米亚)为一位崭露头角的践行者提供了一份宝贵资源。但是凯利在阅读中获得的远不只实践知识,他也学会如何把自己彻底改造成一个有着独特国家传统的哲学家。正如他的物质成功取决于证明自己是爱尔兰一个贵族世家的后裔,他身为哲学家是否可信就要求他为自己的实践精心打造一个权威谱系。[10]因此他着手发明了一个新的关于里普利色利康炼金术的起源故事,立足于一位更早的行家的权威,亦即10世纪的坎特伯雷大主教圣邓斯坦。[11]

即使远离家乡,凯利也为英格兰如何接受中世纪后期的炼金术提供了最值得

286

注意的例子之一。他在波西米亚的功绩表明中世纪资源能如何被一位实践派炼金术士改变用途，这位炼金术士寻求挪用一种国家传统下的权威来支持他所渴求的赞助。凯利并不仅仅阅读里普利的文本，他还重构了里普利的实践，为里普利的作品撰写评注，并将里普利的作品当作赠礼。如我们将要看到的，他还使用伪造的托名性质的小册子来进一步提升他那些英格兰资料的权威性，也推而广之到他自己专长的权威性。最重要的是，他利用相对不为人知的新发现，比如里普利的《怀中书》，作为易于令同侪感兴趣并捕获赞助人眼球的新奇物品。在他手中，炼金术阅读变成建造职业生涯的地基。 287

凯利作为一位炼金术读者和作者的活动在很大程度上被他那位著名的伙伴兼旅伴迪伊的同类活动所遮蔽。他对炼金术历史的操控也在很大程度上不受注意，因为就像他的多数阅读材料，证据不是以印本而是以手稿存世。我在本章运用凯利本人那些此前遭忽视的撰述整理关于他炼金术实践的证据，这些撰述中有许多之前都不曾被鉴定过。这些在他生前或去世后不久抄写的材料被布拉格和别处的炼金术发烧友们仔细研究过，这些人包括凯利的助手、通信人、赞助人以及他被关押期间的看守。最有意义的是，这些材料中包括一部来自鲁道夫二世图书馆的古抄本，现在藏于莱比锡大学图书馆，它保存了凯利被关押在皮尔格利茨期间为皇帝准备的一系列哲学论述和实用小册子。

这些"狱中撰述"提供了对爱德华·凯利的新看法——他不是从后来的历史书中熟知的那种单一维度的江湖骗子，也不是约翰·迪伊那更为人熟知的故事中的配角，而是一位炼金术的读者和注解人，他的成功至少部分依赖于他在将以文本为基础的描述转译为可复现之效果方面的技能。凯利在波西米亚的重构活动通过展示中世纪权威（包括新近披露的里普利《怀中书》的内容）有着不断发展的实践重要性而为古老文本注入新生命。他也像萨缪尔·诺顿那样了然于在这些早期资料中放上自家印记的必要性。在策划和利用与杰出英格兰行家如里普利和圣邓斯坦有联系的"新"文本方面，凯利其实比诺顿走得更远。在命运的一场奇异反转中，凯利的名声最终服务于提升他那些英格兰先驱们在英格兰和海外的形象。

国外的英格兰炼金术

当英格兰国内的炼金术士们对他们中世纪先驱的成就感到欢欣之际，欧洲大陆的炼金术却没有故步自封。从帕拉塞尔苏斯的编校本到意大利“传授秘密的教授们”的汇编本,炼金术材料在整个16世纪和17世纪都以印本和手抄本形式流入英格兰。这些作品也并非独自旅行,因为欧陆践行者们还横渡英吉利海峡来伦敦或更远的地方寻找职位。柯奈留斯·德·朗诺瓦、布尔查德·克拉尼希和乔瓦尼·巴蒂斯塔·阿格涅属于那些在英格兰成功赢得重大支持的人,但还有其他许多异乡人显露出对英格兰炼金术的兴趣。比如迈克尔·迈耶1611—1616年访问英格兰,后来还把托马斯·诺顿著名的《炼金术序列》翻译为拉丁散文,他也与英格兰的炼金术疗法专家弗朗西斯·安东尼合作,制作了安东尼关于可饮用黄金之著名论著的拉丁文编校本。[12]

流通并非单向的。中世纪英格兰权威如培根和达斯汀长期以来享誉全欧洲,而在16世纪后半叶,晚近的行家如诺顿、里普利、约翰·扫特里和杜韦斯也通过通信、书籍和践行者的流通而被介绍给欧陆受众。[13]阿格涅在他题献给伊丽莎白一世的论述中广泛引用《炼金术合成》,而他的威尼斯同胞们可能也在本国读过里普利的《炼金术精髓》,读的是将怀特海德的英译本回译为拉丁文的版本。[14]最终于1614年在法兰克福付梓的正是此书的这个“二型”版本,而非里普利的原始拉丁文版本。[15]

尽管有迈耶对诺顿的翻译,但英格兰行家中只有里普利的作品在欧洲大陆取得最大的成功。到了16世纪70年代早期,里普利核心文集中的大多数早就以拉丁文在法兰西和意大利流通,但只有《炼金术的可能性》以原始拉丁文本面世。《炼金术合成》于1571年被翻译为《关于十二道大门的书》(*Liber duodecim portarum*),《致爱德华四世的信》此后不久也被翻译。[16]里普利身为一位受信赖的资深权威,在欧陆炼金术士当中也因其阐述的透彻性和其制作方法的实际效用而受到尊敬。萨克森①炼金术士、医师兼学校老师安德烈亚斯·利巴维乌斯(Andreas Libavius,约1550—1616年)是同时代践行者的一位尖锐批评家,他认为柳利和里普利的中世纪后期“赫耳墨斯”炼金术在实际效果和术语的一贯性方面都比更晚近的帕拉塞尔苏斯派作品优越。[17]利巴维乌斯在其丰碑式著作《炼金奥义句段:卷[一]二……》(*Syntagmatis arcanorum chymicorum*: *tomus*[*primus*] *secundus*...)中写了一段长达37个对开页的对《关于十二道大门的书》的评注,让这位英格兰律修会修士要么

---

① 这里说的是日耳曼的萨克森,不是指英格兰的盎格鲁-撒克逊。利巴维乌斯生于哈雷,此地于中世纪先后属于旧日的萨克森公国及其衍生公国。——译者注

是“撰写过黄金炼制术的最佳人士中的第一人……要么离第一也不远”。[18]里普利也因其医学方面的杰出才能而备受推崇。法兰西王室医师兼炼金医学的捍卫人约瑟·杜凯斯内把这位英格兰律修会修士列入努力发现普遍医药的最重要的“医生和哲学家”之列;其他入围人士包括雷蒙德·柳利、罗杰·培根、鲁伯斯西萨的约翰和另一位托名柳利作品评注人巴黎的克里斯托弗(Christopher of Paris)。[19]

此种名声的强度催生了这位著名行家新作品的一批受众。欧洲的需求有助于解释几部归给里普利的“新”论述在16世纪后期的问世,它们率先出现在欧洲大陆。其中有两篇后来在1649年的里普利《炼金术全集》(*Opera omnia chemica*)中发表,即《旅费,或各种实践》(*Viaticum, seu varia practica*)和《黄金大门的钥匙》(*Clavis aureae portae*)。[20]然而这些吸引人的新册子不过分别是《怀中书》和《雷蒙德的缩略程序》这两部归给里普利的较早作品的重新编排。它们的问世不仅阐明了欧洲大陆对这位英格兰律修会修士的兴趣有多大,也阐明了在赢取赞助和新受众这项事业中,利用里普利的实用议程依旧能获得的价值。 290

《旅费,或各种实践》固然是《怀中书》摘要的相当直白的编辑,但《黄金大门的钥匙》就是反复循环伪造的产物。[21]它实际上是一篇归给坎特伯雷大主教圣邓斯坦的更早文本《论哲学家之石》(*De lapide philosophorum*)的篡改版本。接下来我将把这篇拉丁文论述称为《邓斯坦之作》,它本身是对中世纪英语版《雷蒙德的缩略程序》的翻译,在这个译本中,对里普利主要权威雷蒙德和主多的指涉全被移除,大概是为了加强它有更早起源并且为邓斯坦所著的论据。[22]因此,《邓斯坦之作》代表了从一份后出资源中精心炮制出一个“古代”权威的蓄意尝试。至于《黄金大门的钥匙》,它提供了关于第三代托名作品的一个令人称奇的例子,因为现在轮到邓斯坦的名字被从标题中剥夺,代之以一个伪造的开头段落,“里普利”在这个段落中以不可信的方式重申了他的著作权。[23]

从表面看,这些论述就像我们在托名柳利文集中早已追溯过的那种炼金术托名作品的典型样品。然而事实上,这两部作品最早的手抄副本于16世纪80年代后期首次在中欧东部出现,这很说明问题。它们的到来适逢凯利待在特热邦,恰恰在他正树立自己既是一位高阶践行者,又是一个英格兰炼金哲学传统之继承人的名望的时刻。如我们将要看到的,他的全部实践似乎都依赖在《怀中书》和《邓斯坦之作》中发现的制作方法,在迪伊和凯利到来之前,这两部作品在波西米亚并不为人所知,而且这个英格兰组合在传播它们方面扮演了重要角色。

爱德华·凯利崛起

291 欧洲最出名的占卜师之一最终凭借其实践成就而非灵性成就赢得物质成功，这显得自相矛盾。在学术文献中，凯利最为人所知的依旧是他担任迪伊著名的“与天使谈话”的媒介，这让他首先被作为迪伊的附庸得到研究，而非作为一个自主的践行者。[24]但是凯利本身的功绩值得研究，且不仅仅是作为一个无论是在炼金术领域还是在天使魔法领域都能够凭自己的能力持续令潜在赞助人印象深刻的成功食客。[25]

我们对凯利的早年生活知之甚少。他生于伍斯特，可能首先接受过药剂师训练，虽说细节依旧模糊。27岁那年，他是一个执业灵媒。对凯利能力的最早记载见于1581/1582年到1586年间于迪伊位于莫特莱克(Mortlake)的住宅里进行的著名的系列占卜降神会，或者用迪伊的话说是占卜“行动”。[26]在这些行动里，凯利凝视着一块玻璃并描述他声称从中认出的精灵和其他人物，而迪伊对这些精灵提问，然后记下凯利传达的回应。[27]

这种天使预言有宗教分支和政治分支，它们令迪伊的一些赞助人着迷，这些人偶尔也参加降神会。其中一位是谢拉兹(Sieradz)的巴拉汀伯爵奥尔布拉赫特·拉斯基(Olbracht Łaski)，在他1582年造访英格兰期间，他对波兰王位的主张得到天使的鼓励。292 债务飙升兼以国内似乎缺乏赞助机会，这局面说服迪伊加入拉斯基的扈从并随他返回欧洲大陆。[28]迪伊、凯利和他们的家人于1583年9月21日离开英格兰，首先前往克拉科夫，然后再去布拉格。

对于具有迪伊和凯利这样的兴趣与专长的人而言，布拉格显然是目的地所在。鲁道夫二世对炼金术和自然魔法的兴趣令波西米亚成为16世纪后期欧洲神秘主义主题的主要赞助中心，在他的全部土地上有约200位炼金术践行者得到雇用，其支持力度令布拉格成为全欧洲炼金术士的目标之选。[29]即使对那些不指望获得帝国赞助的人来说，布拉格在宗教上相对宽容的环境也有助于将该城确立为诸国践行者的聚会中心。[30]

迪伊、凯利和他们的家人于1584年8月1日抵达布拉格，寄宿在塔迪亚斯·哈耶克(Tadeáš Hájek)家，此人是个医师，与宫廷和活跃于波西米亚的许多炼金术践行者都有密切联系。[31]然而迪伊本人没能给皇帝留下深刻印象，加上对其魔术活动的忧虑，这意味着他不能把鲁道夫对他真正擅长之领域的兴趣变现。教廷大使日耳曼努斯·马拉斯皮纳（Germanus Malaspina）的敌意导致这对英格兰组合于1586年5月遭放逐，全靠罗森伯格的支持才最终劝说皇帝大发善心。这对组合被获准定居在该世袭领主在特热邦的庄园，此地距离布拉格约80英里，他们于1586年9月14日抵达那里。

这两位英格兰人不是第一批从罗森伯格的赞助中受益或在他的保护下开展实践的怀有炼金术兴趣的访客。这位世袭领主雇用了多达50位践行者，遍布他的各个庄园，他们既专注于质变术，也专注于炼金医学。[32]凯利迅速领会到，这般环境可以让一位熟练且有进取心的炼金术士获得多大的机会，同样也领会到在一个拥挤的炼金术市场里，让自己的实践独树一帜有多大困难。他的专长也已经达到如此地步，使他能够让自己远离同迪伊的密切合作，尤其鉴于罗森伯格对政治预言的兴趣显然不及对黄金炼制的兴趣。此外，与巫术的联系为这对英格兰组合带来的害处多过益处。凯利无疑足够敏锐地意识到，天使行动在他自己的前途中是个阻碍而非激励，于是他相应地重新定位自己的活动。

天使谈话的减少和凯利炼金术实践日增的状态标志着这两位英格兰人关系的转折，因为凯利走出了迪伊的阴影，承担起高阶炼金术士的职能。迪伊的日记报告称，凯利在罗森伯格城堡的门楼上建立了实验室，经常得到其他践行者包括迪伊本人的帮助，他们不仅在理论事务上提出忠告，也对实际问题提出忠告，比如砌炉子的砖块最合适的形状。[33]在建立和利用人脉方面担任领导的是凯利而非迪伊，他定期走访罗森伯格在西里西亚（Silesia）和波西米亚的其他庄园，在那些地方拓宽他的同行践行者及可能赞助人的圈子，其中一些人反过来也造访迪伊和凯利。

记载最多的联系人当中有一位是尼古拉斯·迈伊（Nicolaus Mai）或迈厄斯（Maius），他是鲁道夫的委员当中又一位怀有炼金术兴趣的人，后来被任命担任约阿希姆斯塔尔（Joachimsthal）的帝国银矿长官。[34]迈伊还是位诗人，凯利鼓励他运用此技艺重新翻译英格兰的领军炼金术诗人里普利的作品。在凯利的建议下，迈伊将《炼金术合成》转变成挽歌，与截至16世纪70年代早已在欧洲流通的粗糙拉丁文译本相比，这种形式更适合一个复杂精致的宫廷场景。[35]

尽管这项诗意的任务服务于迈伊本人的志向（译本自然是题献给皇帝的），但它也表明随着凯利的到来，波西米亚宫廷对英格兰炼金术的兴趣日增。迈伊在题献给鲁道夫的诗节中暗指了这种兴趣，评论说他同时代的无知之人攻击古代哲学家的作品是野蛮之作，甚至完全轻视炼金术的真相，还相信“里普利的书籍是徒劳的梦境”。[36]针对诽谤,皇帝通过支持炼金术践行者来捍卫炼金哲学,迈伊则寻求以另一种方式抵消这些批评,他以一种更优雅的形式奉上里普利的智慧。此外,他还是在另一位英格兰人的建议下这么做的——“凯利,没人比他更出色,他指示让这作品被转化成拉丁韵文”。[37]信息已经很清楚,无论英格兰的语言有什么缺点,英格兰实践的价值都不应被低估。

凯利通过给迈伊的译本写了一首序诗而亲自为这则信息划上重点。他借着*maius*一词和*magis*一词共同的含义(更大更多)而一语双关,既赞扬了朋友,又重申了里普利作为践行者和诗人的英格兰属性:

> 凯利致读者
>
> 无论一群哲学家按何种顺序集合,
>
> 里普利都用母语唱出一首歌:
>
> 迈厄斯用他的笔把这首歌塑成拉丁歌,
>
> 于是里普利被尊敬,而迈厄斯更伟大。[38]

如此友好的唱和暗示出鲁道夫宫廷的同盟者之间会相互赞扬,不过凯利也以自己的名义制作了呈送书卷。切申图书馆(Książnica Cieszyńska)SZ DD. vii. 33就是这样一卷书的副本,它是一部重要的文本纲要,最初由凯利于1589年编辑,后来于1592年5月到7月之间在布拉格被卡普尔斯特津的冉·卡普尔(Jan Kapr of Kaprštejn)抄写,此人是凯利的一位常规联系人,曾在他的特热邦实验室当助手,可能也担任凯利的文书助理。[39]凯利打算把这部汇编当作给毕贝尔斯特津的卡尔(Karl of Biberštejn, 1528—1593年)的礼物,他是一位西里西亚官员兼帝国的委员,也有冶金兴趣,曾两度担任波西米亚铸币厂的主管。[40]一条来自凯利的笔记透露出,就在他本人的贵族地位获皇帝正式批准的同一个月,他将此书赠送给毕贝尔斯特津:

> 爱德华·凯利出于善意和对他最可靠的朋友、尊贵的爵士毕贝尔斯特津的卡尔的爱意,于1589年8月2日撰写此书。他希望能像了解自己的哲学养子一般了解卡尔,并尊敬他胜过其他一切凡人。[41]

献词的措辞令这份礼物浸透了额外意义。凯利通过把这位铸币厂主管作为他的“哲学儿子”收养而承担起主人和导师一体的职责,这种关系通过移交炼金术知识,尤其是一位早期英格兰行家里普利的智慧而得到具体表达。切申(Cieszyń)的这份手稿包含七部里普利的作品,其中有《炼金术合成》和《致爱德华四世的信》的

295

拉丁译本，还有《炼金术精髓》的原始“一型”、《炼金术瞳孔》及《炼金术的可能性》。除了这些人们耳熟能详的作品，这份汇编中还收入了《邓斯坦之作》和里普利文集的一位新成员——《黄金大门的钥匙》。

这样一份英格兰知识的藏品正适合充当一位英格兰行家给其哲学学生的赠礼。不过，尽管凯利积极地在朋友当中散播炼金术作品，但这些赠礼同他作为一位践行者的声望快速提升有何关系，这却不能一望而知。关于这一点，我们必须转向 296 有关凯利与其原始资料之密切关系的早期证据，尤其是他对他钟爱的资源——《怀中书》和自里普利衍生出的《邓斯坦之作》——中那种色利康炼金术的采纳。

转变的标志

早在凯利进入迪伊的生活之前，迪伊就已在积累里普利文本的手抄本。他不仅把它们视为古董，也视之为有用的实际指导，这从他在 1581 年 6 月 22 日和 10 月 6 日之间于莫特莱克开展的系列炼金术实验中可见一斑。迪伊在某个时间描述了通过一次升华提炼出超过 10 盎司“水银”，“部分靠我勤劳地在我手指间挤压这种软性物质，也靠在蒸馏过的醋里洗涤它”。他也注意不要对水银过量使用醋，“因为里普利在《炼金术的可能性》中警告过”。这是指《炼金术的可能性》的一个段落，里普利在那里忠告践行者要逐步溶解水银，以免“无节制地用水闷住它”。[42]

迪伊仔细地对权威文本和自己的观测进行交叉引用，这指出了近代早期炼金术实践中一个重要维度——期望文本能够指导实践，因为它们针对同样的程序描述了更早的重复情况。出于同样原因，迪伊制作石头的努力可以被看成对里普利此前实验的尝试性重构。较早的配方与较晚的尝试间的连贯性假定得到了权威们关于特定效果之描述的帮助，这些效果是炼金术的标志物，它们给了践行者信心，表明他们正在正确追随指示。里普利的《整个工作》中描述的“滑动的火”是这类物理标志物或“记号”中格外醒目的例子。[43]

凯利接触过迪伊的书籍，但他可能也从迪伊对其权威的亲身投入中学习，因为在凯利的炼金术作品中宛然可见文本和实践的密切互动。不过凯利迅速获得了远远超过其伙伴的实践名声。他在波西米亚的成功部分归结于他在劝说受众方面的技巧，说服他们相信他已经在自己的实践中重构了往昔权威们设置的“记号”。他 297 在皇帝面前快速制作出汞金提供了一个最壮观的例子，但如我们将要看到的，这并非凯利学会再现的唯一效果。

迪伊 1588 年 2 月 8 日的日记记录了当晚凯利邀请他去门楼实验室见证他复制一个炼金术实验:

> 爱德华·凯利先生于午后 9 点派人叫我去他在门楼上的实验室,去看他如何蒸馏色利康,按照他近来从我那里获悉的里普利以前的做法。[44]

虽然里普利描述过很多使用色利康的实验,但多亏不列颠图书馆哈利手稿 2411 保存的关于此事件的另一份记载,我们才能精准确定凯利正尝试重构的究竟是哪个流程。这是《怀中书》的唯一存世拉丁文版本,它似乎是根据迪伊的副本誊录的,因为在几条旁注笔记上加了首字母 J. D.。在笔记上签名是迪伊注释风格的一个鲜明特征,但为一次观测分享此举于他就很少见。此处补充了凯利的首字母,标志着凯利在此过程中的角色:

> (新历)1588 年 2 月 8 日在波西米亚的特热邦,我看到同样的东西。2 磅色利康溶解在蒸馏醋中,用葡萄酒挥发液清洗掉多数沉淀物,产生 4 盎司红色葡萄酒或油。J:D. E:K. 。[45]

这条笔记附加在关于一种名叫"哲学家的伟大腐蚀物"的色利康溶剂的流程上。此次观测的重要意义因为迪伊同时在一条签名注释和一则日记上记载了它而被强调,这表明他把凯利的结果看作一个重要的进步。但是仔细审视之后发现,这效果既是炼金术阅读的产物,也是实践技能的产物,因为就像《怀中书》中的大多数内容,若对色利康是什么缺乏理解,在实践中就无法再生产"伟大腐蚀物"。

里普利流程的开始阶段很像中世纪后期制作矿物酸或升汞的任何其他配方。298 首先,践行者应当将 1 磅干燥的黄色硫酸盐同半磅硝石一起研磨,然后将之放入一只烧瓶,猛火加热,提取出一种硝酸。不过,此处所指的显然不是普通的硝石,因为这个术语旋即被注释为"色利康盐"。[46]用这种色利康盐代替普通硝石,这改变了所产生溶剂的性质,因此它不可能是常规的硝酸。毋宁说它是一种哲学溶媒,当它升华时会产生一种奇异的结晶状"水银":

> 当我们的溶媒"水银"在猛烈的火力下从色利康中上升,当经过完全蒸馏和玻璃冷却之后,它的某个部分被发现在烧瓶侧面裂开,像盐,并有一种结晶体外观……。这种土的形式就像升华的水银,因此灼灼生辉……。我从实践中获悉此秘密:乔治·里普利,上帝为证。[47]

里普利带着对实践经验的个性化强调,继续描述他这种结晶体残留物的特别属性。首先,它是一种不易挥发的物质,“易于接受任何形式”,因此他决定把它用于进一步实验。例如,他描述了在一片热玻璃上测试它的不易挥发性。他发现,只要玻璃在火上保持高温,这种土就不能与玻璃分离,而且依旧是白色。另一份在铁上测试的样品在他眼皮底下变为黄色,也依旧固着不挥发。[48]

这个流程中令人深感兴趣的一个面向是,里普利反复告诉读者,他们在此流程中应该期望从不同角度看到什么。在实践中,此种特征可能有助于实验的“再现性”。在炼金术文本中描述特定效果,这通过让践行者将自己的观测同权威们的书 299 面指示相互关联而有助于复制。从罗伯特·格林的水银树到色利康的“滑动的火”,这类标志和记号充当着观测线索,宽慰读者-践行者说,他们走在正确道路上。[49]

在凯利的色利康蒸馏过程中,当迪伊观察到一种水银般的残留物包围玻璃瓶颈时,似乎体验到了同样信心满怀的感觉。对迪伊而言,这是他们已经正确解释了里普利那种色利康盐的清晰标志,他通过在此配方结束处速写了一只烧瓶来评价这项成就,用一段虚线指示白色残留物。他补充了 1588 年这个日期和一条解释性笔记:“因此在上面那一圈,这种物质是像[水银]的清澈物质。”

不过我们不清楚该如何解读迪伊关于他在这次实验中“看到同样的东西”的声明。虽然他的注释提到一种红色的油,但《怀中书》的配方实际上没提及这种颜色,反而描述了一种金色的油。既然红色不见于原始文本,那么迪伊和凯利可能是依据别的资源进行工作,甚至可能是《怀中书》的其他实践。然而从迪伊的视角看去,他们正在再造本质上相同的效果,因此就是与里普利所见过的相同的实践。

制造看似确实令权威们的描述栩栩如生的惊人炼金术效果,这种能力是凯利的军械库中最成功的技巧之一。既然重构这些记号依赖于成功地重新阐释编码文本,那么从凯利的展示活动中随即可以得出,他也拥有对智慧、启示和技术专长的恰当的“哲学式”结合。这类证据有助于令从迪伊到鲁道夫的受众们确信他的路径的前途。它也同时令其中世纪资源(这个例子中就是里普利)的权威性生效。

迪伊在 1588 年一整年紧凑的日记条目中都展现他的伙伴是一位置身于一项主要实践突破之尖端的炼金术士。色利康实验之后仅仅几个月的 5 月 10 日,他在日记中惊呼凯利对他开启了“伟大的秘密”。这次披露标志着两人关系的进一步转变,也是迪伊逐渐从赞助人降格为助手的一个标志。若说迪伊发现他的伙伴透露 300 的炼金术信息意义重大,那么他并非唯一这么想的人。凯利的实践成果也令传召他去布拉格的鲁道夫印象深刻。从凯利的视角看去,他的处境改变也表明迪伊已301 经没用,他们的伙伴关系要解散。迪伊因为福运不佳而灰心丧气,也因为罗森伯格日益施压让他离开特热邦,因此于1589年3月与家人离开波西米亚,踏上回家的漫长旅途。[50]而凯利无视伊丽莎白一世鼓励他回国的反复提议,留了下来。

凯利在接下来两年多享受着名气和成功的好处,为关于其炼金术非凡才能的传奇播下种子,在他败落之后很久,这些种子依旧在欧洲蓬勃生长。实际上,他那现成出产的黄金是由借款而非质变术资助的。负债的流言,加上凯利不愿对他的专长开展决定性评测,这些看来都是他被捕和遭监禁的原因,而被捕一事促成他炼金术生涯一个戏剧化的新阶段。然而一个如他这般充满勇气的人不会因为下狱就坐以待毙。凯利虽然名誉扫地并身陷囹圄,却为了赢得自由而继续操控文本、人员乃至炼金术历史。

狱中作品

爱德华·凯利并非第一个试图靠写作让自己摆脱麻烦的炼金术士,因为我们已经见过理查德·琼斯和威廉·布洛姆菲尔德的例子,他们都被控施行魔术。在整个16世纪,有大量炼金术材料都是在狱中制作的,内容从哲学论述到重要的配方集。在波西米亚,炼金术士哈斯迪兰的巴沃尔·罗多夫斯基(Bavor Rodovský of Hustiran, 1526—1592年)于16世纪80年代因为负债而被囚布拉格期间为罗森伯格准备论述和译述。[51]在英格兰,负债累累的炼金术士们也把策略性创作视为摆脱麻烦的一种方法。如我们已经见过的,因为债务入狱的弗朗西斯·西恩为伯利302 奉上他的炼金术服务,他此前早已为伯利题献过炼金术作品。[52]更凡俗一点的,商人克莱门特·德雷珀(Clement Draper)可能把抄写和翻译炼金术文本(包括雷蒙德《关于自然秘密亦即精质的书》的一个罕见英译本)当作在牢狱中谋取收入的手段。[53]

不过,这些努力都在一个关键方面与凯利的处境不同,所有这些人原本都并非因为炼金术欺诈而被关押。凯利遭囚则可能是没能令鲁道夫信服其炼金术能力的直接产物。[54]面对此种境况,这位英格兰炼金术士证明自己技能的责任就更加沉重了。他通过准备一系列论述来应对这项挑战,这些论述写下了他自己对于炼金术理论和实践的态度,如今保存在一个单一古抄本中。

此抄本从前在鲁道夫二世的图书馆，如今是莱比锡大学图书馆手稿 0398，它是一部厚实的 4 开手抄本，含超过 400 对开页的拉丁文和德语炼金术内容。[55]其中最实质性的项目是凯利创作（虽然不是他抄写）的一系列论述，有一些直接致皇帝。这份材料的大多数但不是全部都写以同一种清晰且正规的文书字体，但有几篇是后来增补的，包括一篇日期署为 1600 年的，那是凯利去世几年以后。因此，这份手抄本代表着后来将这位英格兰人"狱中撰述"的副本加以编辑的一次努力，并用编校者的增补和尝试性阐述加以补充。

凯利能够写作，这终究表明了自他最初被捕——彼时被关在一间很窄的牢房里——之后，他的境况改善到什么程度。这段时间里，凯利可能依靠他的赞助人罗森伯格对皇帝求情，而且有迹象表明罗森伯格确实成功地让他的食客获得好一点的待遇。[56]当凯利这位有权有势的保护人于 1592 年 8 月 31 日去世时，他失去了支持源，但这损失与帝国内务府伸出一枝仿佛橄榄枝的东西同时发生。

303

1592 年 2 月 8 日，鲁道夫的一位内阁侍从哈努斯·黑登（Hanuš Heyden）给克里沃克拉的城主珀尔格斯道尔夫的冉·津德里希·普罗豪弗尔（Jan Jindřich Prolhofer of Purgersdorf，1604 年卒）写信。黑登寻求普罗豪弗尔的帮助，要设法从凯利那里获得炼金术秘密，包括凯利关于可饮用黄金的加工方法，还有在查抄自凯利实验室的书籍中遇到的符号的含义。[57]他也通过把这位城主招募为中间人而开辟了一条与这位英格兰炼金术士交流的渠道。

此次接触标志着凯利重新把握自己命运的时刻。古抄本中日期最早的篇目是这以后不到一个月时完成的，是一份 16 对开页的无标题论著，抬头写着"爱德华·凯利于 1592 年 3 月 1 日在波西米亚皮尔格利茨的狱中创作本书"。[58]它的内容主要是哲学性的而非实践性的，如起始句"的确，每天在学校里"所示。凯利在这里取笑了他钟爱的两个主题：将一种元素转变为另一种，他的神秘初始物质的身份。[59]数月之后，"在他于皮尔格利茨的监狱承受厄运的第十四个月"，即 1592 年 6 月，凯利提交了一部更长的论著《关于炼金术士的一篇演讲》（*De chymicis oratio*），这是一篇以古典诗人的习语为装饰的充斥着修辞的作品，目的是把真正的哲学家同骗子区分开。[60]此论著之后是一系列复杂的拉米斯特（Ramist）①表格，以一封给鲁道夫的单独书信为序言。[61]

① 拉米斯特指 16 世纪法国哲学家和教育家皮埃尔·拉米的追随者，他们喜欢把知识分门别类，强调理论同实际运用的相关性。身为胡格诺派的拉米 1572 年死于圣巴托洛缪大屠杀，他的身后影响力就此开始形成。——译者注

在所有这些作品中，凯利的口气在自负与绝望之间摇摆，但是他对自己无辜这一点寸土不让。因此，他以对鲁道夫热忱的恳求结束了《关于炼金术士的一篇演讲》的序言信，“我双膝跪倒并全心顺服，陛下您最终能怜悯于我，这个最无辜的也很值得被怜悯的人”。[62]他在这些表格的导言中谴责了那些以不实之词指控他的敌人，并促请皇帝“停止……用雷霆盛怒……摧毁一个最无辜的人”。[63]这篇序言以语调悲惨的“凯利，凡人中受折磨最甚的人”结尾。[64]然而就在前面几行，我们还能看到他在不怎么巧妙地为较好的待遇讨价还价。他对自己因为缺乏足够的写作材料而不能提供关于黄金和白银的表格(流程中最关键的部分)抱恨：

304

> 假如能得到更多纸张，我本可以完成剩余的关于太阳和月亮的表格。任何时候若陛下开恩，龙颜嘉悦于我，我都将使您成为这门奇妙科学的主人。最后我再唠叨一遍：用您伟大的仁慈怜悯我吧，恺撒；我意思是，我这个最无辜的人，也是您的仆人。[65]

我们从这些早期论述中看到凯利在哲学阐述与对自己有别于骗子之因素的极力强调间保持平衡，这些因素是他的知识、他的正直和他的虔敬。《关于炼金术士的一篇演讲》尤其如此，它的结论贴切地总结了全篇的信息，凯利在结论中引了古代晚期的一条隽语，“若你是严肃的人、不事欺诈的人，那你就是无知的人、信赖博学者的人”。[66]

我们从这篇文本获悉，凯利可能处于更快地制造实践结果的压力下。他在一个意味深长的段落中提醒皇帝，往昔的权威们不是一夜之间取得成功。他指出，多年的研究对于获得秘密是必要之举，哪怕对伟大的行家也是，因此“罗杰·培根在降临这片研究旷野时已经55岁，花了三个拉斯特[即15年]才达成目标”。[67]威兰诺瓦的阿纳德和雷蒙德·柳利在成功之前也花了很多年追求石头。然后，凯利列出其他经过长期研究后最终达成这门艺术的践行者：约翰·加兰德(John Garland)、霍图拉努斯、里普利、伊萨克·侯兰德斯(Issac Hollandus)、邓斯坦、布里克瑟姆(Brixham)和特雷维索的伯纳德(Bernard of Treviso)。

305

这份目录的引人入胜之处不仅在于它是对持久耐心的一份恳求，还在于它是凯利阅读情况的一份记录。包括凯利自己偏爱的权威里普利和圣邓斯坦在内的英格兰践行者是主导人选。罕为人知的炼金术士“布里克瑟姆”也指示出与迪伊藏书的一个关联。迪伊拥有一部14世纪后期的英语手抄本，里面包含几则归给神秘的布里克瑟姆的配方，这暗示出凯利在某个时间为获取实践信息而研习过那卷书。[68]不过，凯利把更多注意力投向里普利较年轻的同时代人托马斯·诺顿，以他为个性化模型，这表明尽管凯利对邓斯坦和里普利这些修会权威有着实际依赖，但他力求把诺顿认同为在智慧和社会地位上与自己相当之人——一位绅士兼地位相当的骑士，对所有科学博闻广识。[69]

凯利在这场战斗中最值得注意的特征恐怕就是其显而易见的成功。与其他许多名誉扫地的16世纪践行者不同，凯利于1593年秋季被从狱中释放，获得自由。尽管他与皇帝之间再没恢复从前那种亲密度，但他也得以返回自己的庄园并恢复作为一名绅士的生活。这只是因为鲁道夫大发慈悲，还是因为这位英格兰人找到了其他方法证明自己是有用的？

凯利很清楚，只声称自己无辜和维护自己在哲学家中的位置还不够，毫无疑问他必须表明自己的实践专长也值得享有那种地位。凯利对其英格兰先驱们的关注实际上是为以务实方式阐述自己的炼金术搭建地基，这种阐述大力倚靠里普利和邓斯坦这两位他心中屹立不倒的权威。当我们浏览过这个卷册，也浏览过他的关押时期，就会清楚地看到凯利没有在牢房里无所事事地坐着，而是被允许恢复实践活动，但现在是在他的看守人普罗豪弗尔监督之下。不仅如此，凯利对英格兰炼金术士的持续引用也不仅仅是修辞。同时带着质变术和医学视角来从事的色利康炼金术构成他狱中实践的基础，而且我们也必须猜测，它构成他终获自由的基础。 306

该死的土和自然之火

被关在克里沃克拉的凯利不失时机地栽培城主。与普罗豪弗尔互动的线索出现在莱比锡大学图书馆手稿0398中他最后两篇论述里，即《回复质问》（*Responsum ad Interrogata*）和《哲学句段》（*Syntagma philosophicum*），只有后面一篇才是实际写给鲁道夫的。前一篇的不寻常在于它是写给普罗豪弗尔的，凯利热切地招呼他为“出色的人，上尉爵爷”。[70]《回复质问》虽然有个不吉利的标题，但它不是一份法律书面证词，而是一份哲学论述，凯利可能希望这标题让人想起王室学生、君王哈利德对莫里安努斯提出的命令式问题组。

凯利在《回复质问》中把他早前论述中出现过的一些思路汇总起来。他影射自己为皇帝准备的拉米斯特表格，声称这些表格上的知识将有助于进一步解释流程。

凯利在这些表格的导言中确实引入了托名柳利传统下常见的两种物质——自然之火和该死的土。该死的土也出现在柳利的《遗嘱》中,它是开启物质大门的强大"工具",能让实体最内在的部分被揭示出来并被透彻检查。就像水手没有船便无法获取关于其他人群的知识,"哲学家也一样,除非他有这种该死的土,否则对其他金属中最重要的秘密将甚少查知或一无所察"。[71]这种炼金术工具显然是一种能够溶解贵金属的溶剂,但它不像硝酸那样由矾类和盐类制成。凯利自夸道:"明矾、硝酸盐和硫酸盐在这里都没份。""该死的土自己就是守门人,是唯一的主人,它能开启307这些自然的秘义。"[72]这种神秘的溶剂源于"血液",这意思是说它提取自一种不完善金属——色利康。

秉着炼金术最好的知识离散传统,凯利在另一篇文本《回复质问》中揭示了这种金属的身份,他在这篇文本中首次引入"色利康"这个术语。凯利向这位城主保证,他已经"在八年里付出巨大的劳动、慎重之心和花费"进行工作,提纯这种石头和这种仙丹的各元素,各种元素必须要"用天然色利康不断补充,因此不再需要其他任何溶剂"。[73]这个流程听起来有里普利的特征,但他把它归给一个更早的英格兰权威圣邓斯坦。[74]莱比锡大学图书馆手稿 0398 中包含《邓斯坦之作》的两个副本——拉丁文原本和德语译本,这突出了这位大主教的重要性。两个版本都有注释,而德语副本上的一些笔记签了 J. D.,表明它们是从迪伊的一个手抄本中转抄而来。[75]

这些狱中作品虽然扎根于 15 世纪的资料,但它们提供这些哲学性的外部标志是为了服务于一个看起来繁忙杂乱的实用计划。它们也透露出凯利克里沃克拉的囚徒生涯中此前不为人知的一面——他在普罗豪弗尔的监督下重启实践了,普罗豪弗尔则向布拉格报告他的进展。这些报告的回响在莱比锡大学图书馆手稿 0398 中以无归属人的残篇形式继续存在,这些残篇以第三人称指凯利,暗示出普罗豪弗尔在与另一位高阶中间人通信,称呼仅为"阁下"。

其中一份报告谈到这位英格兰人关于汞金的著名流程,此流程的标题是"凯利用这样一种方法让普通水银浸透了汞金"。[76]撰写人报告称,凯利在把他的汞金同普通水银一起碾磨成粉末之前,先是用一种"煅烧出的油"升华和凝结它。只用一308夜的时间,结合起来的两种水银就一起升华到容器顶部。凯利随即收集升华物,保留一部分供进一步工作使用,把其余部分给了撰写人,"让它被送回他在布拉格的最神圣的陛下"。[77]

另一个明显得自凯利的配方是他的前赞助人拥有的一个秘密——"罗森伯格

勋爵的油”。这东西提炼自铅黄和铅丹混合物①，据说“与[罗森伯格]用来增殖药剂和给药封口的黏胶是同样的东西”。[78]这种药用油去除了毒性和害处，但当与使用反自然之火或硝酸制备过的黄金混合时，它也能用于“炼金术士的伟大工作”（亦即质变术），当然是要在这种易挥发产品不从容器中逃逸的条件下。[79]这个流程听起来明显类似于里普利在《炼金术精髓》中关于多用途植物石的描述，包括对这种油的易挥发性的指涉。莱比锡大学图书馆手稿 0398 也包含《炼金术精髓》的一个副本，还附带一则对植物石的评注，评注明确聚焦于色利康在“葡萄的最大湿度”中的溶解，这并非巧合。大概这评注若非凯利所写，就是一位尝试着搞懂他的流程的官员所写。[80]

凯利的论述和实践不仅仅援引英语文本，实际上这些作品的副本也相伴出现，此事实证明了这些权威在他的战斗中位居核心。邓斯坦和里普利的炼金术为他日期最晚的论述《哲学句段》提供了哲学与实践内核，此篇完成于 1593 年 9 月 20 日，比他获释早不到一个月。这是凯利的皮尔格利茨小册子中唯一付梓的一份，尽管是身后付梓，1676 年作为《关于哲学家之石的两份出色小册子》（Two Excellent Tracts on the Philosophers' Stone）之一出版。[81]它在里面被改名为“潮湿之路，或关于土星的植物溶媒的一则论述，取自一部手稿”，此标题承认了该文本突出的色利康焦点。莱比锡大学图书馆手稿 0398 可能是这个刊印版本的范本，尽管刊印版本省略了对凯利遭囚的一切指涉，而且还纳入了原稿中未见的篡入部分，亦即一段来自《炼金术精髓》却未提归属的段落，以及几个虽然出自凯利但却是从手抄本别处摘取的总结性配方。[82]

309

凯利在《哲学句段》中对色利康学说进行最详尽的阐述，说这是一项以土星或铅为基础的工作时，解说了不完美金属的性质。他使用了一个关于金属与它们所对应行星之轨道的类比介绍铅的力量，这工作之所以始于土星，乃因土星也是最遥远的行星，“其他行星的运行范围自然被包括在它的圆形轨迹之内”。正如土星的轨道必定包含内行星的轨道，从土星的金属对应物中提取的金属质地的水——铅——也必定包括了其他金属的属性。继而铅是唯一一种金属，其溶媒能溶解其余金属。[83]

凯利的轨道类比和支撑它的金属理论都扎根于中世纪晚期那些把炼金术表现

① 此处的术语是 litharge of gold，指混合了红铅因而颜色呈红色的铅黄，故而译为“铅黄和铅丹混合物”。而 litharge 这个词不单指铅黄，它最初指炼银剩下的矿渣，用于合成词则分别指几种类似的物质。——译者注

为一种"低阶天文学"的资料，在此理论中，七种金属一一映射到托勒密宇宙学的七颗行星。[84]此理念到了16世纪广泛传播。迪伊早在遇到凯利之前就已在其《象形文字单子》(1564年)中发展了"低阶天文学"的理念，他书中的人物"单子"表达了天与地之间的类比。[85]不过凯利关于行星同心运行范围的视野更接近差不多一个世纪前里普利所设想的——以附在《炼金术合成》中的轮状图形形式表述：

310 这个图形被称作我们的天，

我们的图表也是低阶天文学。[86]

凯利显然注意到这轮子，因为这些诗句的一个拉丁文译本也被附加在他之前送给毕贝尔斯特津的《黄金大门的钥匙》的结尾。[87]不过里普利的影响比借用一个巧妙的类比要深远得多，凯利也利用了里普利《雷蒙德的缩略程序》中表述的且后来被《邓斯坦之作》和《黄金大门的钥匙》挪用的金属生成理论。如我们在第三章所见，这个范式依赖各金属以连续统一体形式存在的假定，由此，铅通过矿物植被的一种缓慢的自然进程而逐渐"熟化"成黄金。因此铅有潜力成长为所有其他金属。恰是它的粗糙性意味着它也拥有最强大的"植物性"力量，使它成为其他金属最恰当的溶剂。

凯利的革新之举是增加了一种等级制构成。铅基质溶媒用于溶解"相邻的"下一种金属木星或锡，产生一种新溶剂——此进程以成熟度递增的顺序持续贯穿各种金属。例如，接下来产生的一种溶剂将溶解铁，接着是铜。最后获得一种可以溶解黄金和白银的溶剂，由此生成用于质变术的"伟大溶媒"。

不过，若土星已经是最遥远的行星，那反过来怎么溶解它呢？凯利解释说，既然没有金属比土星更粗糙，那么适合它的溶剂就不能从另一种金属来源中提取。因此它必定出自植物王国而非矿物王国：

确实，谈到土星的形式，和更多参与金属实体[的性质]这方面，最有价值的就是存在于植物性事物中的东西。因此，溶解土星的工具应当用某种植物性东西制作……且这东西应当在属性上与铅完全相符。[88]

311 尽管矿物和植物物种不同，但一种植物性实质依旧能"通过自然共鸣的欲求或法则"来分享铅的属性，在这个例子中就是通过铅和醋所共享的粗糙性和不成熟性。[89]既然甜味与成熟度关联，那就可以推导出一种"不成熟的"溶剂会是酸的，因此"适合溶解铅的主体，其自身性质必定是一种植物性的、醋味的水"。[90]凯利的推理把我们领向一个熟悉的公式——铅在蒸馏醋中溶解。考虑到凯利的纲要中也包括确切描述了这个流程的色利康派的《炼金术精髓》，此结论谈不上让人吃惊。这部手抄本中也包含许多其他线索，暗示凯利倾向于此方向的实践，比如制作"古法蒸馏土星"的一个流程，描述了"古代哲学家如何习惯于在醋里溶解铅"以制作一种黏胶。[91]

所有这些例子都透露出里普利《怀中书》对凯利实践的影响，但它们都不及在莱比锡大学图书馆手稿0398接近开头处发现的一个配方的影响深刻。凯利于此透露出另一个他钟爱的记号——我们早已在萨缪尔·诺顿对伊夫大师的改编中遇到的"滑动的火"的秘密。凯利描述了用蒸馏法从色利康黏胶中提取一种溶媒后，一种黑色的土如何残留下来：

> 在覆盖玻璃底部的封泥靠上一点的位置迅速打破玻璃。这样，黑色的土就会自动点燃，并不可思议地自行煅烧。这秘密就连哲学家们也未笔之于书，他们只说我们的石头能自行煅烧、冲洗、溶解、完善和增殖。一旦这土像块活炭一样被点燃了，就应当由一位工人用一根铁棍搅拌几次，这样，它的各部分都能被好好地、完美地煅烧。[92]

尽管这显然是《整个工作》所记录的同样效果，但凯利的程序在一个重要方面有所不同。凯利提到使用一块煤炭点燃黑龙，但他声称这粉末也可以"自动点燃"。实际上这恰恰是布莱斯·德·维吉尼亚后来在他关于该流程的版本中暗指的效果，而且如我们所见，也是一种在现代条件下能轻易复制的效果，只要在曲颈瓶有机会冷却之前打开它就行。[93]　312

这个效果也阐明了凯利在改编《邓斯坦之作》中的可能角色。《邓斯坦之作》的各副本包含一个非常相似的描述——有把握地说蒸馏过"绿狮子"之后剩余的黑色渣滓将"自动……被煅烧成一种最黄的土"。[94]此描述不见于《雷蒙德的缩略程序》的原本，但显然也是受到"滑动之火"这同一个记号的鼓舞。这位精明的英格兰人通过将一个较早的文本改编成与他自己的一个记号相容，在操控炼金术历史这件事上插了一脚，把一位10世纪的大主教彻底改造成一个色利康炼金术士，其作品比里普利的早了500年。

把一个可复制的有名效果写入一篇伪造的中世纪论述中，还有什么比这更好的方法能为戏剧化"重构"圣邓斯坦的古代实践做好准备呢？这类方法似乎是凯利的特色，他的整个职业生涯都在精确制造受众所期望之效果方面展现出非凡技巧，无论是在炼金术实验中，还是在天使谈话中。精心炮制《邓斯坦之作》之举成为了解他的成功的一个线索,同时也突出了15世纪实践在近代早期欧洲持续具有的相关性。即使在凯利的波西米亚堡垒中,英格兰的色利康炼金术也独占鳌头。

已故炼金术士们的遗产

凯利的好运没能长盛不衰,他在获释数年之后又锒铛入狱,这次被关在摩斯特(Most)堡垒。关于他最后时光的记录模糊不清,如当时一份报告所暗示的,他可能在一次失败的越狱之后服了毒。[95]大约他再次寻求通过为皇帝写作而恢复地位。以印本问世的《关于哲学家之石的两份出色小册子》的前一部体现出是他在第二次被关押期间写的作品,正暗示出这样一种努力。[96]它由一系列资料剪贴簿构成,内容都是凯利那些旧主题:元素的作用、金属的成熟度,以及来自中世纪文本的引语。

313

凯利的影响力以及他与中世纪英格兰炼金术的关系并未随着他去世而终结。他从前的伙伴们如今在他那些书面遗产的骨头中仔细挑拣。其中有尼古拉斯·迈伊,他似乎在凯利名誉扫地且身陷囹圄之后依然与之保持联系,后来为凯利的未亡人琼创作了一篇墓志铭。[97]迈伊也能使用至少一部分凯利的文件,包括他的狱中作品,当迈伊以自己的名义寻求赞助时把这些材料铭记于心。

迈伊尽管有着约阿希姆斯塔尔采矿业务监管人的美名,还是不断培植与其他身居高位之炼金术艺术拥护者的人脉。1603年1月22日,他给欧洲最杰出的炼金术支持者之一黑森-卡塞尔(Hesse-Kassel)的伯爵领主莫里茨(Moritz)写信,告知收到了莫里茨的来信,它们"对我而言比所有黄金都宝贵"。他在给莫里茨的回信中坦承,他较早时候在"哲学化"上的尝试没有冒犯伯爵领主,反而激发了他的兴趣,这让他感到如释重负。莫里茨如此热情,甚至派他的专职神父约翰·伊克塞利乌斯(John Eccelius)与迈伊会面并鼓励他随他们返回卡塞尔,"这样我就能与他们直接去阁下您那里,并在您耳边诉说那些阁下极度渴望的辉煌事情"。[98]虽然迈伊因为业务的压力而不得不谢绝亲自前往,但他同时也私下同伯爵领主的信使们就他的哲学研究交换了意见。[99]为进一步安抚莫里茨的好奇心,迈伊宣称自己会写下他关于哲学家之石这种东西的意见。

314

随之而来的冗长文章有股扑面而来的熟悉气息。其实它几乎是逐字照搬凯利的《哲学句段》,开篇是土星在行星等级体系中的角色,以及需要一种植物性溶剂。迈伊的挪用甚至扩展到用自己的名字替换他权威的名字。例如,凯利以一则引自

维吉尔(Virgil)《牧歌一》(*First Eclogue*)的难解笔记结束了《哲学句段》:

> 别说太多了,凯利,因为远方早有烟雾从屋顶升起,山丘的影子也开始拉长。[100]

迈伊用同样的措辞结束了他的阐述,但是把"凯利"替换成"迈厄斯"。[101]

把凯利的改造和挪用技巧最终运用于迈伊自己的作品中并指向类似的目的——讨好一位君王的偏好,这看起来挺合适。不过,由于进一步的波折,迈伊的借用通过令与凯利有关联的资料流通到国外甚至到达印刷所,而最终令凯利的身后名誉受益。

在三十年战争的白热化阶段,布拉格被瑞典军队洗劫一空,鲁道夫的炼金术图书馆亦未能幸免。鲁道夫和罗森伯格的许多书籍,包括迈伊制作的《关于十二道大门的书》的一个呈送书卷,都被当作战利品带离布拉格。[102]大概要感谢迈伊对莫里茨的提案,才使关于他与凯利关系的部分记载逃脱清洗,最终栖身于黑森-卡塞尔王廷的档案室。迈伊的手抄本中除了他翻译的里普利作品的一个副本,还包括一个塞满了里普利文本的独立卷册,由迈伊本人注释。[103]后者也记录了凯利在波西米亚之活动的珍贵线索——一则听凯利亲口讲述的配方;对凯利爱尔兰贵族家系的一份证明书,落款1593年3月10日于戈尔韦(Galway);还有几则明显出自凯利书信的摘要(其一署1587年6月20日于布拉格)。[104] 315

几十年后,这份窖藏引起了莫里茨的前医师路德维希·考姆巴赫(1590—1657年)的注意,他本人是炼金医学的信徒。考姆巴赫惊奇地找到了一整套里普利作品集,他得出结论说,其中一些必定是由著名的凯利亲自翻译的。他当机立断出版了凯利的书信残篇,兜售它们与"迈伊委员"的联结,以此作为它们真实性的证据。[105]1649年,他在这卷书之后跟进出版12本归给里普利的作品的一个编校本,把迈伊的手抄本当作一个主要资源。[106]迈伊这部手抄本总计包含《炼金术全集》所收12篇文本中的8篇,而包括《黄金大门的钥匙》在内的其中6篇此前出现在凯利送给毕贝尔斯特津的礼物中。[107] 316

考姆巴赫的编校本对托名柳利炼金术的拥护者而言来得正当其时,因为文集的权威性正受到攻击。就在上一年,海尔姆施塔特大学(University of Helmstädt)的自然哲学、医学及法学教授赫尔曼·康林(Hermann Conring, 1606—1681年)谴责《关于自然秘密亦即精质的书》是一部"充斥着蠢话与浮夸之辞"的作品。[108]考姆巴赫通过出版欧洲最杰出的柳利炼金术阐释人之一里普利的作品,起而捍卫雷蒙德。在他的编校本中,这位英格兰律修会修士的作品构成一条时间链的必要环节,这条时间链将最负盛名的中世纪理论家之一柳利同近代早期享誉最多的践行者之一、里普利的同胞和评注人凯利联系起来。

考姆巴赫可能是在回应当时的论战,但他的论据依赖大约60年前以波西米亚为基地的一张践行者网络的活动,该圈子关联到凯利,并因对那位布里德灵顿的英格兰律修会修士的兴趣而独具一格。正是通过这样迂回的路线,里普利那"合订成集的炼金术作品"首次也是唯一一次付梓,但不是在这位律修会修士的祖国,却是在一个更广阔的欧洲语境下,在那里,炼金术的拥护者们为捍卫他们的科学而整理各个国家的炼金术历史。

里普利回归

从书面赞助请求和呈送书卷到实验室实践的内容,凯利炼金术事业的典型特征是他对中世纪晚期英格兰权威的运用达到炉火纯青之境。不过,尽管里普利的作品如《怀中书》渗透了凯利的炼金术活动,但这种联系的好处并非单方面的。与凯利这样一位成功且有超凡魅力的践行者的关联引出对凯利本人所倚靠之作者的新兴趣,由此为里普利的英语作品在神圣罗马帝国的各个宫廷和印刷所铺平了道路。在这场国际性并跨世代的哲学家大会中,一位权威支持着另一位。不过考姆巴赫还是选择在出版凯利的权威里普利的作品之前,先出版凯利自己的作品。

317

回到英格兰,迪伊、凯利和里普利在印本中将始终不可分离地捆绑在一起。地方行政长官兼不得志的工程师拉夫·拉巴兹1591年出版了里普利的《炼金术合成》,这是一部英格兰本地语言炼金术作品首次以其原始语言出版。[109]拉巴兹在给伊丽莎白一世的献词中称颂英格兰炼金哲学家们的成就,"迪伊博士先生在他的《象形文字单子》中尤其"称赞他们"学习理论时的深度"。[110]尽管这句唐突之语称赞的是理论的敏锐,但他也暗示了倘若这工作"被任何经验丰富的践行者执行时"所能获得的结果,然后表达了自己愿意以女王的名义在这个职位上工作。[111]

身为一个"经验丰富的践行者"的炼金术士能够令往昔行家的艺术复活,这个形象也是对爱德华·凯利在失势之前那几年里之自我写照的恰当描述。尽管拉巴兹在他的前言里没有直接提及这位颜面尽失的英格兰人,但他的确收入了一首归给凯利的诗歌《爱德华·凯利先生关于哲学家之石,写给他特别的好朋友 G. S.根特》。[112]首字母暗示出同迪伊的朋友"绅士高恩·史密斯先生"的一份关联,他就是委托豪斯翻译《怀中书》的那位王室规划师。[113]倘若如此,我们就能把史密斯加 318 在不断变长的接收凯利的哲学通信且应该是行家的人员名单上。史密斯和拉巴兹既是工程师同行,又都对炼金术有兴趣,因此他们可能也相识,而这是凯利的诗歌到达英格兰印刷所之路线的一个可能指示器。

围绕里普利作品之出版而出现的大量同步事件提供了充足的证据,表明近代早期有着生气勃勃的以手抄本形式传播炼金术文本的活动,哪怕是已经处于印刷时代。《炼金术合成》最早的一批编校本——分别由拉巴兹、皮诺、尼古拉斯·巴尔瑙德(Nicolas Barnaud)和考姆巴赫出版——不是孤立出现的,而是躺在交流、权威和赞助的网络中,这是一张泛欧洲的网络,如迪伊和凯利这样的英格兰践行者们是其热心和有影响力的参与者。这张网络现在仅存残片:友好的献词、旁注和在不期然之地出现的特定作品——最引人注目的就是出现在凯利请求自由的诚恳申诉书中。这类线索引导我们走上里普利的代表作获得一定程度成功时所循的路线——为一位英格兰国王而写,为一位英格兰女王而付梓,又为一位神圣罗马帝国皇帝而翻译。迪伊这位在大量欧洲君主那里都是成功度相当低的请愿人很可能会嫉妒这种成功。

【注释】

[1] 约翰·迪伊 1588 年 5 月 10 日的日记,收 *The Private Diary of Dr. John Dee, and the Catalog of His Library of Manuscripts*, ed. James Orchard Halliwell (London: Printed for the Camden Society, 1842), 27。

[2] 凯利在布拉格的活动见 R. J. W. Evans, *Rudolf II and His World*; Michael Wilding, "A Biography of Edward Kelly, the English Alchemist and Associate of Dr John Dee", in *Mystical Metal of Gold*, ed. Linden, 35—89; Rafał T. Prinke, "Beyond Patronage: Michael Sendivogius and the Meaning of Success in Alchemy", in *Chymia*, ed. López Pérez, Kahn, and Bueno, 175—231; Vladimír Karpenko and Ivo Purš, "Edward Kelly: A Star of the Rudolfine Era", in *Alchemy and Rudolf II*, ed. Purš and Karpenko (Prague: Artefactum, 2016), 489—534。

[3] 凯利从罗森伯格那里获得利贝莱斯(Libĕřice)和诺瓦里本(Nová Libeň)的庄园,Prinke, "Beyond Patronage", 183。

[4] 爱德华·凯利 1590 年 8 月 10 日致伯利勋爵威廉·塞西尔,London, National Archives, SP 81/6, fol. 65r。

[5] 凯利被捕的原因在历史文献中有广泛讨论,对同时代各种解释的综述见 Wilding, "Biography of

Edward Kelly”，65—72。赞助人会认真对待潜逃国外的风险，英格兰有一件与凯利案相似的案件，即伯利决定将柯奈留斯・德・朗诺瓦拘押在伦敦塔（见上文第 229—230 页）；也见 Tara Nummedal，*Alchemy and Authority in the Holy Roman Empire*。

[6] 关于使布拉格同时成为宗教宽容中心和炼金术生产中心的条件，见 Evans，*Rudolf II and His World* 和 Purš and Karpenko，*Alchemy and Rudolf II* 中所收各篇论文的讨论。

[7] Tara Nummedal，*Alchemy and Authority in the Holy Roman Empire*，chaps. 4 and 6.

[8] 拉法尔・普林科提出，赛迪沃吉的成功部分在于他的策略——声称他不是自己制造石头，而是从另一位行家那里获得的，Rafał Prinke，“Beyond Patronage”。

[9] 如 Matthias Erbinäus von Brandau，*Warhaffte Beschreibung von der Universal-Medicin*（Leipzig：F. Lanckisch，1689），13，79，92 所证明，被 Evans，*Rudolf II and His World*，226 引用。

[10] 凯利的贵族身份专利证书取决于他对自己是爱尔兰伊梅米（Imaymi）家族后裔的证明，见 Prinke，“Beyond Patronage”，182—183。

[11] 历史上的邓斯坦见 Nigel Ramsay，Margaret Sparks，and Tim Tatton-Brown eds.，*St Dunstan*，*His Life*，*Times*，*and Cult*（Woodbridge：Boydell，1992）。

[12] Michael Maier，*Tripus Aureus*，*hoc est*，*Tres Tractatus Chymici Selectissimi*...（Frankfurt：Lucas Jennis，1618）；Nils Lenke et al.，“Michael Maier”，5—9.

[13] 例如，卡塞尔州立图书馆（Kassel Landesbibliothek）4° MS chem. 47 包括《约翰・扫特里之书》（“The Booke of John Sawtre”，fols. 42r-65v）和贾尔斯・杜韦斯《自然与一位哲学之子间的对话》（fols. 73r-100v）的英译本，也有一份英语的《实践的，葡萄酒仙丹》（*practica*，*Elixir vini*，fol 103r-v），此书有时与里普利文集联系在一起。对卡塞尔藏品的进一步讨论见下文第 314—316 页。（此处的藏品编号原写为“MS 40 Chem. 47”，据后面的写法改为“4° MS chem. 47”，而且“47”可能是“67”之误，因为书末参考资料中没有 47 号。——译者注）

[14] Florence，Biblioteca Nazionale Centrale，MS Magliabechiano XVI. 113，10v：“清楚的哲学精髓……1566 年威尼斯版。”（Jennifer M. Rampling，“The Catalogue of the Ripley Corpus” 16.10）阿格涅论著出版时题 Giovanni Battista Agnello，*Espositione sopra un Libro intitolato Apocalypsis spiritus secreti*（London：John Kingston for Pietro Angeliono，1566）；后来的译本题 John Baptista Lambye（i.e.，Agnello），*A reuelation of the secret spirit*：*Declaring the most concealed secret of alchymie*，trans. Richard Napier（London：John Haviland for Henrie Skelton，1623）。

[15]《炼金术精髓》这个二型版本刊于 *Opuscula quaedam Chemica*. *Georgii Riplei Angli Medvlla Philosophiae Chemicae*. *Incerti avtoris canones decem*，*Mysterium artis mira brevitate & perspicuitate comprehendentes*... *Omnia partim ex veteribus Manuscriptis eruta*，*partim restituta*（Frankfurt am Main：Johann Bringer，1614）。此文本的翻译史见 Rampling，“The Catalogue of the Ripley Corpus” 16。

[16] 巴黎国立图书馆（Paris，Bibliothèque Nationale）MS Lat. 12993 的《关于十二道大门的书》日期定为 1571 年（Rampling，“The Catalogue of the Ripley Corpus” 9.45）。博洛尼亚大学图书馆（Bologna，Biblioteca Universitaria）MS 142（109），vol. 2（见 Rampling，“The Catalogue of the Ripley Corpus” 9.42）属于卡普拉拉藏品（Caprara collection）的一部分，可能是 1570 年之后不久在法兰西编辑的，包括拉丁文的《致爱德华四世的信》、《关于十二道大门的书》、《炼金术的可能性》、《炼金术精髓》（二型）、《炼金术瞳孔》和《世间的土地》[*Terra terrarum*，一首匿名诗歌《取大地的土》（Take Erth of Erth）的拉丁译文]。《论水银》（*De Mercurio*）与《关于十二道大门的书》一起刊于 Nicolas Barnaud ed.，*Quadriga aurifera*...（Leiden：Christophorus Raphelengius，1599）。《关于十二道大门的书》也刊于 Penot，*Dialogus*（1595）及 George Ripley，*Opera omnia chemica*，ed. Ludwig Combach（1649）。皮诺和巴尔瑙德的编校本随后被纳入拉扎勒斯・塞茨纳尔的《炼金术剧场》，确保在整个 17 世纪里广泛传播，分别见 Lazarus Zetzner，*Theatrum chemicum*，2：114—125，3：797—821。

[17] 利巴维乌斯见 Bruce T. Moran，*Andreas Libavius and the Transformation of Alchemy*：*Separating*

Chemical Cultures with Polemical Fire（Sagamore Beach，MA：Science History Publications，2007）。

[18] Andreas Libavius，"Analysis Dvodecim Portarvm Georgii Riplaei Angli，Canonici Regularis Britlintonensis"，in *Syntagmatis arcanorum chymicorum*：*tomus* [*primus*] *secundus*...（Frankfurt，1613—15），400—436，引文见第400页。

[19] Joseph Du Chesne，*Ad Veritatem Hermeticae Medecinae ex Hippocratis veterumque decretis ac Therapeusi*，... *adversus cujusdam Anonymi phantasmata Responsio*（Paris：Abraham Saugrain，1604），fol.[a.v]r.

[20] George Ripley，*Opera omnia chemica*，ed. Ludwig Combach，337—365，225—294.

[21]《旅费，或各种实践》见 Rampling，"The Catalogue of the Ripley Corpus" 31；Rampling，"Dee and the Alchemists"，504。《黄金大门的钥匙》的演化见 Rampling，"The Catalogue of the Ripley Corpus" 7；Rampling，"Alchemy of George Ripley"，chap. 4。

[22] 我称此著为《邓斯坦之作》是遵循迪伊、凯利和其他近代早期读者的先例，他们一般都这样称呼它。手抄本信息见 Rampling，"The Catalogue of the Ripley Corpus"，on 141。

[23] George Ripley，*Opera omnia chemica*，ed. Ludwig Combach，226.

[24] 凯利在天使谈话中的角色尤见 Harkness，*Dee's Conversations with Angels*；也见 Clulee，*Dee's Natural Philosophy*；Glyn Parry，*The Arch-Conjuror of England*；Stephen Clucas，"John Dee's Angelic Conversations and the *Ars notoria*：Renaissance Magic and Mediaeval Theurgy"，in *John Dee*：*Interdisciplinary Studies in English Renaissance Thought*，ed. Stephen Clucas（Dordrecht：Springer，2006），231—273。克卢卡斯的论文还包括对历史编纂学中关于占卜降神会之态度的一段有益综述，也概述了把迪伊的精神"行动"当作历史事件剖析时的困难。

[25] 虽然凯利在历史文献中一般被表现为江湖骗子，不过一种更细致的观点参见 Harkness，*Dee's Conversations with Angels*；Kassell，"Reading for the Philosophers' Stone"；Prinke，"Beyond Patronage"。

[26] 迪伊此前于1581年同另一位占卜师巴尔纳伯·索尔（Barnabas Saul）一起工作。他后来咨询过另外两位——他的儿子阿瑟·迪伊（Arthur Dee）与巴塞洛缪·希克曼（Bartholomew Hickman），见 Harkness，*Dee's Conversations with Angels*，16—25。

[27] 迪伊的记录保存在 London，British Library，MS Sloane 3188，3189，3191；British Library，MS Add. 36674；Oxford，Bodleian Library，MS Ashmole 1790。天使谈话的部分内容后来出版，见 Meric Casaubon，*A True and Faithful Relation of What Passed for Many Years Between Dr John Dee and Some Spirits*（London：Garthwait，1659），此版本依据 British Library，MS Cotton Appendix XLVI，pts. I—II 的誊录本。

[28] 如斯蒂芬·庞弗里（Stephen Pumfrey）指出的，以迪伊时代的标准衡量，他在获得宫廷赞助方面相对成功，哪怕结果未达他的预期，Stephen Pumfrey，"John Dee：The Patronage of a Natural Philosopher in Tudor England"，*Studies in History and Philosophy of Science* 43（2012）：449—459。

[29] 鲁道夫的赞助见 Evans，*Rudolf II and His World*，chap. 6，及 Purš and Karpenko，*Alchemy and Rudolf II* 中各篇论文。

[30] Rampling，"Transmission and Transmutation"。

[31] Ivo Purš，"Tadeáš Hájek of Hájek and His Alchemical Circle"，in *Alchemy and Rudolf II*，ed. Purš and Karpenko，423—457.如伊沃·普尔斯评论的，哈耶克的地位在之前的文献中引起一些混淆，他有时被错误地描述为哈布斯堡皇帝中一位或另一位的私人医师，甚至被描述为鲁道夫二世的"炼金术士审查官"。实际上他为宫中一些仆人提供医疗服务。

[32] Ivo Purš and Vladimír Karpenko，"Alchemy at the Aristocratic Courts of the Lands of the Bohemian Crown"，in *Alchemy and Rudolf II*，ed. Purš and Karpenko，47—92，on 59.

[33] 迪伊在1587年10月28日—29日的一则日记中评论了凯利的伙伴冉·卡普尔"确实在大门上面开始建炉子，以及等等，而且他用了我的圆形砖块"，Dee，*Diaries of John Dee*，231。

[34] 迈伊见 Evans，*Rudolf II and His World*，209—210，216；Olivier，"Bernard G[illes?] Penot"，

609—610；Telle，*Parerga Paracelsica*，176—177；Wilhelm Kühlmann and Joachim Telle eds.，*Alchemomedizinische Briefe*，*1585 bis 1597*（Stuttgart：Franz Steiner，1998），13。到 1586 年后期，迈伊早已开始与迪伊通信，也在 1589 年 1 月实地造访特热邦数日，此时凯利的实践和名声都已为人公认，见 John Dee，*Diary*，in Oxford，Bodleian Library，MS Ashmole 488，fols. 88v，125r。迪伊那部被称为日记的东西由对 *Ephemerides coelestium motuum*，ed. Johannes Antonius Manginus（Venice，1582)的旁注构成。

[35] 迈伊的译本"Georgii Riplaei，canonici angli，XII. Portarum liber，elegiaco carmine editus a Nicolao Maio"现存两个手抄本，其一藏 Biblioteca Apostolica Vaticana，MS Reg. Lat. 1381，相关描述见 Beda Dudík，*Iter romanum*：*Im Auftrage des Hohen Maehrischen Landesausschusses in den Jahren 1852 und 1853*，pts. 1—2（Vienna：F. Manz，1855），228。其二藏 Kassel Landesbibliothek，4° MS chem. 68，属于黑森-卡塞尔伯爵领主莫里茨的炼金术藏品，见下文第 315—316 页。

[36] Kassel Landesbibliothek，4° MS chem. 68，fol. 4v.

[37] Ibid.，fols. 4v-5r："理由对我是两方面的，首先，你理解这门艺术，你属意哲学家们、工匠们，也爱他们。其次，凯利，没人比他更出色，他指示让这作品被转化成拉丁韵文。"

[38] Ibid.，fol. 5v.

[39] Cieszyń，Książnica Cieszyńska，MS SZ DD.vii.33，fol. 146v："1592 年 5 月 14 日于布拉格由冉·卡普尔抄写。"卡普尔是鲁道夫葡萄园的负责人，频繁以 John Carpe 或 Johannes Carpio 的名字出现在迪伊的日记中。他的官衔是"葡萄园看守"(perkmistr hor viničných 或 Bergmeister der Weingarten)，见 Kühlmann and Telle，*Alchemomedizinische Briefe*，165—166，168；与拉法尔·普林科私人交流的信息。

[40] 毕贝尔斯特津是格沃古夫公国(Duchy of Głogów)的领导人(*Landeshauptman*)，非常感谢拉法尔·普林科帮我查阅了一些波兰记载。

[41] Książnica Cieszyńska SZ DD.vii.33，fol. 119v.

[42] Bodleian Library，MS Rawlinson D.241，fol. 3r；George Ripley，*Opera omnia chemica*，ed. Ludwig Combach，200："通过蒸馏器从这同种石头中汲取水，并在蒸馏器中用那水溶解这石头，但要一点点地倒水溶解，这样就不会无节制地用水闷住它，因为若能恰当地控制水，你将能用 1 品脱水制出无限量的水。"

[43] 见上文第 274—275、281 页。

[44] Dee，*Diary*，fol. 111r.

[45] London，British Library，MS Harley 2411，fol. 55r. fol. 18v 有另一条笔记写着"J. D.那是唯一"。

[46] Ibid.，fols. 54v-55r.不寻常地把硫酸盐的颜色描述为黄色，这也能表明所指是另一种物质。

[47] Ibid.，fol. 55r.《整个工作》中出现了一个类似的配方，暗示它也被萨缪尔·诺顿采用。

[48] Ibid.，fol. 55r.

[49] 这种记号的一个好例子是劳伦斯·普林西比重构的水银树，见 Lawrence M. Principe，"Apparatus and Reproducibility in Alchemy"，in *Instruments and Experimentation in the History of Chemistry*，ed. Frederic L. Holmes and Trevor H. Levere（Cambridge，MA：MIT Press，2000），55—74。

[50] 对于令迪伊突然回国之环境因素的详细讨论见 Glyn Parry，*The Arch-Conjuror of England*，chap. 17。

[51] 其中包括《关于炼金术这一完美艺术的书》(*Kniha Dokonaléh umieni chymiczkého*)，藏 Leiden Universiteitsbibliotheek，MS Vossianus Chym. F.3。这个汇编本收集了罗多夫斯基对拉丁文作品的捷克语译本，包括里普利的《炼金术精髓》(Voss. Chym. F.3，fol. 159r)，标题被改为《赫耳墨斯哲学精髓的摘要，由英格兰的律修会修士可敬的乔治·里普利先生编辑》(Wybrane gadro z Hermesowe filozofie Sepsane Skrze Cztihodneho pana Girzika Ryplea，kanovnika w Englandu)。在 P. C. Van Boeren，*Codices Vossiani chymici*（Leiden：Universitaire pers Leiden，1975），10 中，此文本仅被鉴定为"对赫耳墨斯哲学的评注"。这份手抄本后来为威勒姆的兄弟皮特(Petr)所有，上面题写了皮特的座右铭"在希望中倚靠希望"(*Contra spem in spe*；ibid.，9)。

[52] 西恩见上文第 251—252 页。

[53] London, British Library, MS Sloane 3707,克莱门特·德雷珀的笔迹。德雷珀的炼金术实践和做笔记实践见 Deborah E. Harkness, *The Jewel House*, chap. 5。

[54] 发现凯利通过借钱和典当珠宝而非通过质变术来供应他奢华的开销,加上他不愿意在宫廷当面接受对其专长的最终评测,这些都可能是促使鲁道夫醒悟的因素。关于事件这个版本的证据,见 Prinke, "Beyond Patronage"。

[55] 这份手抄本此前不曾与凯利被囚期间的活动联系起来。非常感谢拉法尔·普林科首先提醒我看这份材料的目录条目,上面显示出与里普利和凯利的可能关联。

[56] Vienna, Österreichische Nationalbibliothek, Sammlung von Handschriften und alten Drücken, Cod. 8964[Fugger-Zeitungen 1591], fol. 641r,被 Karpenko and Purš, "Edward Kelley", 513 引用。

[57] Karel Pejml, *Dějiny české alchymie* (Prague: Litomyši, 1933), 57,引用见 Ivo Purš, "Rudolf II's Patronage of Alchemy and the Natural Sciences", in *Alchemy and Rudolf II*, ed Purš and Karpenko, 139—204, on 195n192。不幸,此信原件的下落眼下不知。

[58] Leipzig Universitätsbibliothek, MS 0398, fol. 31r.

[59] Ibid., fols. 31r-48r,起始句为"的确,每天在学校里亚里士多德的追随者们都讨论第一物质或万物之母"。

[60] Ibid., fols. 51r-106r.

[61] Ibid., fols. 112r-22v.

[62] Ibid., fol. 51r.

[63] Ibid., fol. 112v.

[64] Ibid., fol. 113r.

[65] Ibid., fol. 112v-13r.

[66] Ibid., fol. 106r.译文来自 Jacob Handl, *The Moralia of 1596*, ed. Allen B. Skei (Middleton, WI: Madison, A-R Editions, 1970), pt. 1, 16。这条引语出自 4 世纪或 5 世纪的《十二贤人歌》(*Carmina duodecim sapientum*),这是一部古代晚期隽语集,韩德尔(Handl)在上述《道德论丛》的 1589 年布拉格版本[Jacobus Gallus Carniolus, *Quatuor vocum Liber I. Harmoniarum Moralium*... (Prague: Georgius Nigrinus, 1589)]中为其配了音乐。考虑到时间因素,凯利可能是通过这个布拉格版本接触到该文本。

[67] Leipzig Universitätsbibliothek, MS 0398, fol. 79r.这个句子显示出贺拉斯(Horace)《诗艺》(*Odes*) 3.1指代战神广场(Campus Martius)的"让他降临在这旷野"的一个文学回响(原文是 Descendat in campum,可以英译为凯利指培根的那个句子 descended to the field[of this study]。——译者注)。一个"拉斯特"(lustre)通常指五年,但有时也用来指四年,见 Ovid, *Fastorum libri sex*: *The Fasti of Ovid*, vol. 3, *Commentary on Books 3 and 4*, ed. and trans. James George Frazer (Cambridge: Cambridge University Press, 1929), 47—48。

[68] Oxford, Bodleian Library, MS Ashmole 1451,例如 fols. 37v, 40v, 41r, 57v。

[69] Leipzig Universitätsbibliothek, MS 0398, fol. 79r-v.

[70] Ibid., fols. 316r-22v, on fol. 316r.

[71] Ibid., fol. 112r.

[72] Ibid.

[73] Ibid., fol. 316r.

[74] Ibid.

[75] 约翰·迪伊对《雷蒙德的缩略程序》的带注释亲笔誊录本保存在 London, Wellcome Library, MS 239。

[76] Leipzig Universitätsbibliothek, MS 0398, fol. 299r.

[77] Ibid.

[78] Ibid., fol. 299v.

[79] Ibid.

[80] "Praxis Lapidis Vegetabilis ex Medulla Alchimiae Georgij Ripley"(《乔治·里普利〈炼金术精髓〉中的植物石实践》),ibid., fols. 408v-10v。该文本起始句子谈葡萄的湿度,并指向手抄本较前位置的《炼金术精髓》中一个相关段落:"配方。最大湿度,等等(见上引篇目 fol. 390. lin. 14)。"

[81] 出版时题名"Edouardi Kellaei Via Humida, sive discursus de menstruo vegetabili Saturni. E Manuscripto", in Edward Kelley, *Tractatus duo egregii, de lapide philosophorum* (Hamburg: Schultze, 1676), 43—96。此书内容的英译本收入 *The Alchemical Writings of Edward Kelly*, trans. Arthur Edward Waite (London: James Elliott, 1893)。本章使用的译文是我依据莱比锡大学图书馆手稿 0398 的文本自行翻译。

[82]《潮湿之路》中最后的文本(pp. 82—93)是自莱比锡大学图书馆手稿 0398 fols. 4r-v 和 5r-v 摘出的配方的辑纂,还包括一个我尚未能鉴定的使用锑块的进一步流程。它也包含一些改编自里普利关于动物石那章及《炼金术精髓》序诗的段落。

[83] Leipzig Universitätsbibliothek, MS 0398, fol. 348r.

[84] 视炼金术为低阶天文学,见 Ruska, *Turba Philosophorum*, 80; Joachim Telle, "Astrologie und Alchemie im 16. Jahrhundert: Zu den astroalchemischen Lehrdichtungen von Christoph von Hirschenberg und Basilius Valetinus", in *Die okkulten Wissenschaft en in der Renaissance*, ed. August Buck (Wiesbaden: O. Harrassowitz, 1992), 227—253, on 238—240; Newman and Grafton, "Introduction", in *Secrets of Nature*, on 18; Rampling, "Depicting the Medieval Alchemical Cosmos"。

[85] 迪伊对该术语的使用见 Nicholas H. Clulee, "Astronomia inferior: Legacies of Johannes Trithemius and John Dee", in *Secrets of Nature*, ed. Newman and Grafton, 173—233。

[86] Elias Ashmole ed., *Theatrum Chemicum Britannicum*, 117.也见 Rampling, "Depicting the Medieval Alchemical Cosmos"。

[87] Książnica Cieszyńska SZ DD.vii.33, fols. 60v-63r.

[88] Leipzig Universitätsbibliothek, MS 0398, fol. 348v.

[89] Ibid., fol. 348v.

[90] Ibid., fols. 348v-49r.这个假定可以与前文第 122—124 页讨论过的 15 世纪《一份短小但真实的小册子》中更罕见的关于甜味同腐化的联系相比较。

[91] Ibid., fol. 6r.

[92] Leipzig Universitätsbibliothek, MS 0398, fol. 4v.有细微改动的同一篇文本后来附加在《潮湿之路》上,收 Edward Kelley, *Tractatus duo egregii*, 83。

[93] 见上文第 281 页。

[94] 英译文来自罗伯森抄写的《邓斯坦之作》,藏 Oxford, Bodleian Library, MS Ashmole 1421, fol. 151v。

[95] Karpenko and Purš, "Edward Kelley", 521.

[96] Edward Kelley, *Tractatus duo egregii*, 3—40.

[97] Susan Bassnett, "Absent Presences: Edward Kelley's Family in the Writings of John Dee", in *John Dee*, ed. Clucas, 285—294, on 290.凯利的继女是诗人伊丽莎白·珍·韦斯顿(Elizabeth Jane Weston),以"韦斯托尼娅"(Westonia)之名行世,她题献了一系列诗歌给迈伊,见 Elizabeth Jane Weston, *Parthenica*, vol. 1(Prague: Paulus Sessius, [1606])。

[98] 尼古拉斯·迈伊 1603 年 1 月 22 日致黑森-卡塞尔的莫里茨,藏 Kassel Landesbibliothek, 2° MS chem. 19, fol. 273r。莫里茨见 Bruce T. Moran, *The Alchemical World of the German Court*。

[99] Ibid., fol. 273r-v.

[100] Leipzig Universitätsbibliothek, MS 0398, fol. 352r.

[101] Kassel Landesbibliothek, 2° MS chem. 19, fol. 276v.

[102] Dudík, *Iter romanum*, 228.杜迪克(Dudík)提出,这份手抄本可能是布拉格的罗森伯格藏品的一部分(也见 Evans, *Rudolf II and His World*, 210 n1)。它最终经由瑞典女王克里斯蒂娜(Queen Christina)的王室图书馆抵达罗马,克里斯蒂娜的图书馆包含来自鲁道夫二世藏书和罗森伯格藏书的炼金术手抄本。克里斯蒂娜的炼金术书籍的命运见 Frans Felix Blok, *Contributions to the History of Isaac Vossius's Library* (Amsterdam: North-Holland, 1974);书籍和手抄本从鲁道夫治下的布拉格流出,见 Nicolette Mout, "Books from Prague: The Leiden *Codices Vossiani Chymici* and Rudolf II", in *Prag um 1600: Beiträge zur Kunst und Kultur am Hofe Rudolfs II*, ed. E. Fuécíková (Freren: Luca Verlag, 1988), 205—210; Astrid C. Balsem, "Books from the Library of Andreas Dudith (1533—89) in the Library of Isaac Vossius", in *Books on the Move: Tracking Copies through Collections and the Book Trade*, ed. Robin Myers, Michael Harris, and Giles Mandelbrote (London: Oak Knoll Press, 2007), 69—86。

[103] *Liber duodecim portarum*, Kassel Landesbibliothek, 4° MS chem. 68.卡塞尔州立图书馆 4° MS chem. 67 的里普利藏品也包括一首迈伊的拉丁诗《尼古拉·迈伊先生的谜语》("Æigma M. Nicolaii Maii", fol. 183r)。

[104] Ibid.:《出自爱德华·凯利之口。从木星中取水银并置于三脚架上的坩埚里的配方》(fol. 141r);《来自凯利的一封信,日期署 1587 年 6 月 20 日布拉格》(fol. 181v);《给本省负责人加卢伊(Galuia)的话,于我主道成肉身以来 1593 年的 3 月 10 日》(《英格兰人爱德华·凯利的证词》, fol. 143v)。后面这个文本的复制件见 Karpenko and Purš, "Edward Kelley", 534,英译本见 505—506。也见 Rampling, "Dee and the Alchemists", 503。

[105] Ludwig Combach, *Tractatus aliquot chemici singulares summum philosophorum Arcanum continentes, 1. Liber de principiis naturae, & artis chemicae, incerti authoris. 2. Johannis Belye Angli... tractatulus novus, & alius Bernhardi Comitis Trevirensis, ex Gallico versus. Cum fragmentis Eduardi Kellaei, H. Aquilae Thuringi, & Joh. Isaaci Hollandi...* (Geismar: Salomonis Schadewitz for Sebaldi Köhlers, 1647), 31—33.也见 George Ripley, *Opera omnia chemica*, ed. Ludwig Combach, 11:"接下来的小论述……含凯利的残篇……来自鲁道夫二世的官员和委员多米尼·尼古拉·迈伊选编的古抄本。"

[106] Kassel Landesbibliothek, 4° MS chem. 67 提供了他的《关于十二道大门的书》编校本的基本范本,也构成他准备《炼金术精髓》时使用的两部手抄本的第二部(另一本是 4° MS chem. 66)。

[107]《关于十二道大门的书》、《炼金哲学精髓》、《黄金大门的钥匙》、《炼金术瞳孔》、《哲学世间的土地》(*Terra terrae philosophicae*)、《旅费或各种实践》、《抒情曲》、《致爱德华国王的信》(*Epistola ad Regum Eduardum*)。考姆巴赫印行的其余四个文本中,有三个[《论水银与哲学家之石的书》(*Liber de Mercurio & Lapide philosophorum*)、《炼金术的可能性》和《雷蒙德的缩略程序与实践》(*Accurtationes & practicae Raymundinae*)]都见于考姆巴赫的第二个主要范本,4° MS chem. 66。剩下一个《圭多和雷蒙德的一致性》的范本我还未能鉴定(虽说 4° MS chem. 67, fol. 133v 提到这作品的标题)。也可能考姆巴赫至少对上述文本中的部分还使用了额外范本。

[108] Hermann Conring, *De Hermetica Ægyptiorum vetere et Paracelsicorum nova medicina liber unus* (Helmstedt: Hemming Müller, 1648), 382.关于这则以及其他反对柳利的批评,见 Rampling, "Transmission and Transmutation", 493—495。

[109] 拉巴兹描述了他如何"在这四十年里置身于关于如此好斗之引擎的其他诸多最可称赞的任务和发明中,发现了有罕见用途的海陆通用的各种设施",只是丧失了对"徒劳地将这发明据为己有的……无知之徒"的信任,Rabbards, "Epistle dedicatorie", Ripley, *Compound*, sig. A3v。

[110] Ibid., sig. A4v.序诗中包括一首《绅士 J. D.:赞扬作者及其作品》(Ripley, *Compound*, sig. *2r),此诗有时被归给迪伊,显然基于首字母,见 Peter J. French, *John Dee: The World of the Elizabethan Magus* (London: Routledge & Kegan Paul, 1972), 82n2。鉴于拉巴兹早前特地挑出《象形文字单子》,说迪伊是此诗作者完全可信,因为他有时撰写英语韵文,他的简短《遗嘱》(*Testament*)后来还被收入阿什莫尔编的《不列颠炼金术剧场》,见下文第 324 页。

[111] Rabbards,"Epistle dedicatorie",*Compound*, sig. A4v.

[112] "Sr. E. K. concerning the Philosophers Stone, written to his especial good friend, G. S. Gent", Ripley, *Compound*, sig. *3r-v.署 1589 年的同一首诗歌出现在与凯利的布拉格圈子有关联的一组手抄本中的一本上,即 Copenhagen, Royal Library, GKS 242, 300—301。它在那里的标题是"一位异乡人为向朋友进一步表述他的奇想而写的对友谊的统一性的赞扬。1589 年",签名"爱德华·凯利先生",见 Jan Bäcklund, "In the Footsteps of Edward Kelley: Some MSS References at the Royal Library in Copenhagen Concerning an Alchemical Circlearound John Dee and Edward Kelley", in *John Dee*, ed. Clucas, 295—330。很可能拉巴兹在书籍印行之时不晓得凯利被捕,这桩丑闻在布拉格泄露出去的时间只比《炼金术合成》进行出版登记的 5 月 12 日早 12 天。

[113] 讨论见上文第 262—263 页。关于这首诗联系到高恩·史密斯,有一些初步证据支持,因为 Bäcklund, "Footsteps of Edward Kelley", 299 从哥本哈根"凯利"小组[即 GKS 1727 4°(ca. 1593—95)]的另一份手稿页缘上鉴定出的被删除的名字中出现了"史密斯"。见 Rampling, "Dee and the Alchemists", 506。《怀中书》也在拉巴兹的编校本上留下了印记。《炼金术合成》的序言是《布里德灵顿的律修会修士乔治·里普利先生的幻象》(*Compound*, sig. *4r),而这是萨缪尔·诺顿对节选自《怀中书》的《幻象》的英译(Rampling, "The Catalogue of the Ripley Corpus" 32),见下文第 340—344 页。

第九章　古迹与实验

下面这部作品的主题是关于那个珍藏在自然怀抱中的杰出秘密的哲学报告。很多人都追寻过这个秘密，但只有少数人找到了，尽管如此，富含经验的古籍仍忠实地(尽管不是频繁地)提供了在其中的发现。[1] 319

当伊莱亚斯·阿什莫尔(1617—1692年)1652年出版《不列颠炼金术剧场》时，他相信这部作品将刺激他同时代的英格兰人对本国传统的胃口，同时也能保存本国传统最可贵的成果。[2]假如我们不计入拉巴兹1591年的《炼金术合成》版本中添加的些许诗句，那么《不列颠炼金术剧场》就标志着英格兰炼金术诗歌首部付梓的重要汇编。它的内容巩固了此前历经三个世纪而成形的英格兰权威万神殿，这是行家们的一曲合唱，这些行家们的实践巧思一如他们半神话的出身，都起源于一代又一代读者-践行者传递手抄本时的信息交换和积累起来的深刻见解。

阿什莫尔的计划与另一项引人注目的把英格兰炼金术作为锚文本的炼金术事业同步进行，这就是乔治·斯塔基(George Starkey，1628—1665年)编辑的一部归给神秘的美洲行家伊任奈乌斯·费乐里希斯(Eirenaeus Philalethes)的新炼金术文集。斯塔基如今在研究科学史的历史学家当中众所周知，既因为他担任年轻的罗伯特·波义耳的化学导师，也因为他以笔名撰写的炼金术作品的成功。[3]他于17 320世纪50年代假扮费乐里希斯写下了将产生巨大影响的对里普利作品的系列评注，这些评注涵盖了《炼金术合成》的前六道大门、《致爱德华四世的信》和《幻象》，几部作品都是约60年前由拉夫·拉巴兹出版过的。[4]即使当关于多种石头的色利康范式正日益让位于不同的实践及理论立场的拥护者时，这些评注也维护了里普利的权威性。

阿什莫尔的《不列颠炼金术剧场》和费乐里希斯的评注都对里普利及其中世纪后期的同侪所示范的英格兰炼金术韵文传统展现出敬意。[5]但在其他方面，它们的表现手法和它们所依赖的证据都截然不同。对阿什莫尔来说，英格兰炼金术的遗迹具有超过实践本身的价值，它们是一种可回溯到德鲁伊（Druids）的古老不列颠智慧传统（包括对魔法的知识）的证据。[6]复原这种传统意味着找出并校对关于往昔的“古籍汇编”，亦即这种传统保存在手抄本中。[7]斯塔基也研究过去的文本，但他的兴趣是说一不二的实践兴趣。他的资料基础包括他自己经测试和实验获得的证据，写在记录了他在制作和售卖炼金术产品方面之投入情况的笔记本上。[8]这两项计划的修辞性质也不同。阿什莫尔通过保存和出版文本来呼吁拯救英格兰遭忽视的炼金术遗产，斯塔基则（借助费乐里希斯）把自己表现为一位实际拥有质变术秘321 密的实践哲学家，他对传统加以有形的具体表达时不是以一篇文本或一部书的形式，而是以再造石头的形式。在费乐里希斯的撰述中，构成真正古迹的是实践而非文本。

初看之下，阿什莫尔和斯塔基仿佛提供了对英格兰炼金术的两种视野，也就是17世纪关于我们会视为“古物研究”和“实验”的这两种模式的一个分歧。但我们对于炼金术历史和炼金术实践有着各自独立的读者群这一假定要保持警惕。整个17世纪，中世纪炼金术士们的作品依旧渗透在他们那些17世纪后继者们的鲜活实践中，包括享有罗伯特·波义耳和艾萨克·牛顿这种声誉的自然哲学家们。[9]反过来，古物研究者的编辑工作也常常被他们自己的实践投入所塑造。当我们重新扎入手稿记录、包括阿什莫尔编辑《不列颠炼金术剧场》所依据之资料时，在模式之间进行区分的挑战变得更加艰难。无论是文本、实践还是历史，炼金术的事情从不会长久固着不变。

不列颠炼金术剧场

阿什莫尔和斯塔基的活动没有发生在真空里，因为17世纪见证了对炼金术兴趣的一次激增，这与英格兰印刷业的扩张有关。[10]炼金术主题的英语印本书籍在前一个十年还保持相对稳定，在17年代50年代却增长了十倍，且这个水平差不多持续到该世纪结束。[11]这些数字本身已经很惊人了，但根据伦敦印刷商威廉·库珀1673—1688年间的记录，以拉丁文和各种欧洲本地语言刊印的欧陆出版物的体量令数字进一步上涨，它们在17世纪里也可以被英格兰读者获得。印本书籍只构成有兴趣读者所获得的炼金术文献的一部分，还有数不清的有新有旧的手抄本加以补充，这些手抄本在英格兰社会的各个阶层继续流通。这是一个手抄出版物的世界，它既包括从印本书籍中手工抄录的文本，也包括因为使用者的注释而变成手抄本的印本书籍。即使《不列颠炼金术剧场》也属于这个范畴，因为阿什莫尔在此书正式出版很久之后都在不断注释和改正他自己那个副本。[12]

322

阿什莫尔的《不列颠炼金术剧场》与其他17世纪的纲要一样，扎根于手抄复制与汇编的实践，但它也融入了一些属于印本的独特体裁。一方面，它是炼金术文本的一个编校汇编本，这种体裁近期由塞茨纳尔的多卷本《炼金术剧场》具体呈现，这是欧洲大陆的一项努力，阿什莫尔的汇编则提供了讲英语的人对它的一个独特回应。[13]另一方面，这些文本有大量传记-书目注解作为支持，此类注解是英格兰古物研究者们如约翰·利兰德和约翰·贝尔收集起来的目录和索引中集中出现的那类，阿什莫尔同时从这两人的作品中发掘他的入选作者的信息。[14]

这两种体裁的各个面相塑造出阿什莫尔在《不列颠炼金术剧场》中的自我展示，既是英格兰古物研究者，又是炼金哲学家(虽然按他自认的，还并非一个已经着手"有效手工操作"之人)。[15]《不列颠炼金术剧场》的开头是作者的半身肖像雕版图，阿什莫尔的名字则以有着爱国含义的绰号"英格兰的水银爱恋者"装饰。[16]这名字对一卷志在保存英格兰炼金术往昔遗迹之书的编者来说足够恰当，如阿什莫尔提醒读者的，那些珍贵的手抄本可能已经遗失在时间的劫掠中，"但是我**勤奋**和**不辞劳苦的调查**将它们从时间的**隘口**中拯救出来"。[17]在他常被引用的《导言》中，他对因有意打破旧习和盲目的无知而造成的"我们英格兰藏书的巨大灾难"进一步表示悲痛。[18]

323

阿什莫尔的口气与伊丽莎白时代赞助请求的语气天差地别，反映出时间的距离使虔诚的新教徒也在他的时代悲叹起书籍和建筑因为隐修院解散而遭受的掠夺。[19]炼金术书籍早在16世纪30年代之前就在修院之外流通这一事实，还有阿什莫尔编辑《不列颠炼金术剧场》时所依赖的诸多资料都由商人而非僧侣制作这一事实，都不会冲淡这个关于损失的叙事，也不会冲淡他所援引的英格兰语境的特异性。他的手抄本中所保存的那种炼金术历史的传统属于一个前宗教改革的世界，在这个世界里，僧侣和国王是英格兰社会的内在组成，哲学家们依然能培养与英格兰君王们的个人关系。这是一出在里普利和诺顿的本地语言诗歌中捕获又在查诺克和布洛姆菲尔德的韵文中积极上演的幻想剧,而阿什莫尔在《不列颠炼金术剧场》中把它们统统刊出。

在英格兰的空位期,一个既无僧侣也无国王的国度里,此种艺术同僧侣行家和英格兰王权的长期联系便加载了特定的货物。阿什莫尔从前是个保皇派官员,现在被禁止居住在伦敦方圆20英里以内,他早就属于一个与炼金术历史书的页面上所称颂的世界不同的世界。据说我们可以肯定为他所有的第一部炼金术手抄本是亨利·哈灵顿(Henry Harrington)题献给查理一世(Charles I)国王——"凭上帝的恩典,伟大不列颠的皇帝、法兰西和爱尔兰的国王以及古老大公教信仰的守护人"[20]——的论著。阿什莫尔从外科医生尼古拉斯·鲍登(Nicholas Bowden)那里收到此书作为礼物,他于1649年7月8日写了一首诗真挚感谢鲍登,许诺要遵循文本中的方向,直到他取得仙丹:

> 从倔强的自然到服从的产生:
> 直到造出黄金前,它都一事无成。[21]

324 自这些初步开端之后,阿什莫尔的收集工作加快了步伐。当他着手《不列颠炼金术剧场》这项工作时,他自己的炼金术藏书仍有待发展,所以他在很大程度上依赖熟人们的副本,不仅抄写它们的原始内容,也抄写后来的修订和增补。这些包括《怀中书》中里普利的辩解书,这位律修会修士在此促请读者漠视他1470年之前开展的实验。阿什莫尔在迪伊的一本书中找到这一段,把它摘抄下来当作自己那份里普利纲要(牛津大学博德利图书馆阿什莫尔手稿1459)的一种标题页,特别提到它的高贵出身:"我在迪伊博士的小牛皮纸手抄本中遇到它,它写在里普利的12道大门前面。"[22]他在下面又加上里普利写给《炼金术合成》的拉丁文结束语,摘自迪伊的同一部手抄本,他后来出版了他自己对这部手抄本的英译本。[23]

阿什莫尔对这类留念本中的未充分利用空间展开突击检查,寻找关于从前那些尊贵读者的蛛丝马迹。在《不列颠炼金术剧场》中,迪伊和查诺克写在页边的花体字装饰与他们曾经加以注释的那类中世纪后期文本享有同等名次。阿什莫尔的炼金术韵文的主要范本之一(不列颠图书馆哈利手稿2407的15世纪文本)曾经为迪伊所有,迪伊在里面一张半空的页面上补了一首英语诗歌《遗嘱》。阿什莫尔把这诗歌也收入《不列颠炼金术剧场》,后来在注释他自己的副本时肯定了它确实"抄自迪伊博士本人的手迹”。[24]阿什莫尔的另一个成功之举是在剑桥大学三一学院图书馆手稿O.2.16中发现了由托马斯·查诺克的亲笔注释构成的一大批秘藏。很少有炼金术士像查诺克那样如此热心地使用未充分利用空间，他在15世纪手抄本的页面边缘塞满了笔记，包括他几近着迷的关于制作石头需要循环几次的沉思。阿什莫尔采集了这些笔记，将查诺克的注释誊录下来，同时也从原始手抄本中移走了几页（是否得到所有者的许可就不得而知了）。[25]他在（牛津大学博德利图书馆阿什莫尔手稿1441中）他自己的抄本上模仿查诺克的签名和首字母，甚至试图保留原始手抄本的版面式样，在《不列颠炼金术剧场》中骄傲地记录称，这些遗迹都是“对查诺克亲笔书写的抄录”，或是“散见于一本旧手抄本的未充分利用空间的片段，由托马斯·查诺克亲笔书写”（图9.1）。[26]然而被从其原始场景中撕下以后，查诺克的谜题就不再对它们的15世纪镭文本说话，而是对另一个文本说话。想知道他的实际资源以及他如何阅读它们，我们仍须返回这位肯特炼金术士自己的手抄本。[27]

325

实践的谱系

1650年12月7日，阿什莫尔得到了里普利的《怀中书》。他的资料不是原始的《怀中书》，而是被一位伊丽莎白时代的读者托马斯·蒙特福特（Thomas Mountfort）誊写的一个拉丁文副本。[28]然而蒙特福特的版本不是里普利那个著名纲要的准确复制品，因为他用自己的一组古怪符号替换成分的名字，以此选择隐藏他资料中的实践性内容。此举的效果是令文本发生急剧变形，既模糊了他的权威使用的原始术语，也给它们的含义强加了新的阐释。例如，在《关于我们的火的一则笔记》的一条旁注上，蒙特福特对里普利的两种相反的火提出了自己的阐释，“反自然之火是[水银]”，而“自然之火是我们[太阳]的[水]”。[29]鉴于里普利的原始文本确确实实将反自然之火等同于硫酸盐而非水银，那么蒙特福特指的“水银”是哪种呢？若不将蒙特福特的笔记同一个掺杂质较不明显的副本——如不列颠图书馆哈利手稿2411——作比较，就不会注意到他这种解读的古怪。因此，阿什莫尔在复制他的抄本时，就不仅仅是在记录一份中世纪古籍，他还默默吸收了蒙特福特16世纪后期对这文本的阐释。

327

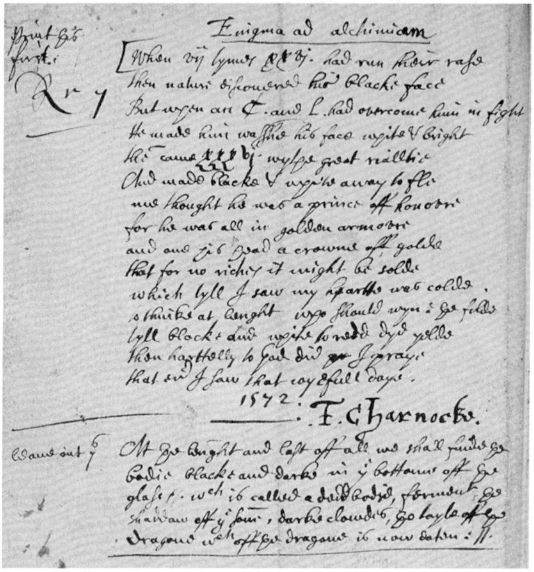

Enigma ad alchimiam

When vij tymes xxvj. had run theire rase
Then nature discovered his blacke face
But when an C. and L. had overcome him in fight
He made him washe his face white & bright
The came xxxvj. wythe great riallte
And made blacke & white away to flie
me thought he was a prince off honoure
for he was all in golden armoure
and one his head a crowne off golde
that for no riches it might be solde
which tyll I saw my hartte was colde
to thinke at lenght who should wyn the filde
tyll blacke and white to redde dyd yelde
then hartelly to God did I praye
that ever I saw that joyefull daye.
1572. T. Charnocke.

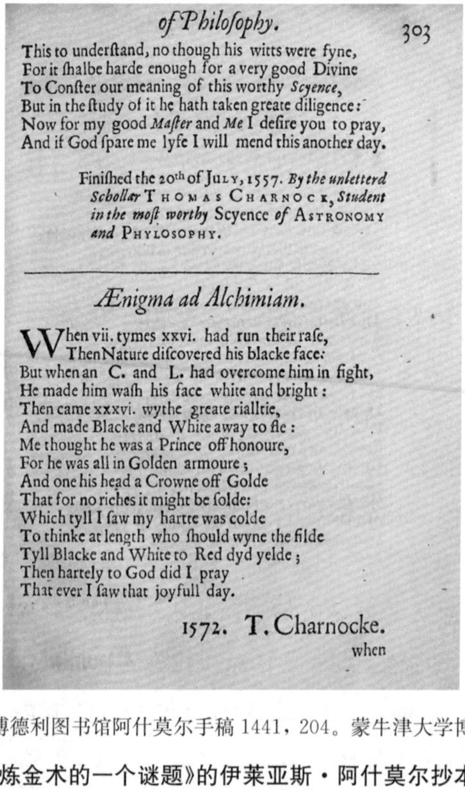

of Philosophy. 303

This to understand, no though his witts were fyne,
For it shalbe harde enough for a very good Divine
To Conster our meaning of this worthy *Scyence*,
But in the study of it he hath taken greate diligence:
Now for my good *Master* and *Me* I desire you to pray,
And if God spare me lyfe I will mend this another day.

Finished the 20th of JULY, 1557. *By the unletterd Schollar* THOMAS CHARNOCK, *Student in the most worthy* Scyence *of* ASTRONOMY *and* PHYLOSOPHY.

Ænigma ad Alchimiam.

When vii. tymes xxvi. had run their rase,
Then Nature discovered his blacke face:
But when an C. and L. had overcome him in fight,
He made him wash his face white and bright:
Then came xxxvi. wythe greate rialltie,
And made Blacke and White away to fle:
Me thought he was a Prince off honoure,
For he was all in Golden armoure;
And one his head a Crowne off Golde
That for no riches it might be solde:
Which tyll I saw my hartte was colde
To thinke at length who should wyne the filde
Tyll Blacke and White to Red dyd yelde;
Then hartely to God did I pray
That ever I saw that joyfull day.

1572. T. Charnocke.

when

资料来源:牛津大学博德利图书馆阿什莫尔手稿 1441, 204。蒙牛津大学博德利图书馆允准。

图 9.1　上:查诺克《炼金术的一个谜题》的伊莱亚斯・阿什莫尔抄本;下:最终效果——《不列颠炼金术剧场》(伦敦,1652 年)第 303 页中阿什莫尔对查诺克《谜题》的编校

实验主题和古物研究主题在像蒙特福特这类辑纂人的书籍中融合起来，他们 328 既是践行者，也是读者，是那些既把书籍作为实践的向导，也作为自身历史的向导而阅读的炼金术士。因此，阿什莫尔勤奋地收集和复制这种活跃读者关系的遗迹，保存的就不仅仅是一套书写品。他的努力抢救出关于书籍从一个所有者到另一个所有者、文本从一位抄写员到另一位抄写员的珍贵的出身证据，这是一份所有权谱系，在此谱系中，孩子并不总是与其父母准确相像。结果产生一种代际“嵌套”效果，因为一个权威的书籍从一双手递到另一双手里，每次相遇的标记都题写在它们的页面上。于是如我们已经看到的，贾尔斯·杜韦斯在16世纪初那几年里热衷于辑纂和修复中世纪文本，只是为了让罗伯特·格林从他那里抄写文本和获取书籍，而罗伯特·弗里洛夫又从格林那里抄写和获取。他们的一些手抄本转而来到迪伊手中，而迪伊的更多书籍来到阿什莫尔这里，阿什莫尔通过不同路线获得杜韦斯和格林拥有的原始手抄本，同样获得弗里洛夫译文的副本。[30]这不单单是传递的过程，因为书籍和文本换手之时，它们的内容也因为相继而来的读者在文献学和实践上的介入而产生变化。

这一点在如蒙特福特这样的读者-践行者身上最为明显，他抢救了关于隐修院配方的散佚藏品，同时把它们的原始形式隐藏（还逐渐覆盖）在一套符号后面，有钥匙才能开启。结果是提供了对里普利同时代人的一些令人干着急的指涉，其中有“著名的沃尔顿（Walton）的律修会修士罗兰德·格雷（Rowland Greye）”和“布里安·古德里克（Brian Goodricke）先生，格洛斯特（Glocester）的律修会修士，一位有着著名且非凡的记忆力的人”，他们当时都享有炼金术专长的名声，现在却几乎被遗忘殆尽。[31]最广博的是一部羊皮纸书的一份“真实副本”，此书1437年由乔治·马罗先生（Sir George Marrow）撰写，他是约克郡诺斯特尔修道院（Nostell Abbey）的一位僧侣，“现在被我们逐字逐句最忠实地重写一遍，在1596年3月20日”（图9.2）。[32]尽管蒙特福特自称准确，但他的抄本却远非逐字逐句。在这些配方中，他把文本剥离到只剩最务实的内容，把成分、器具和流程的名字都替换成他自己设计的符号。329 当我们将蒙特福特版本的里普利《炼金术的可能性》同其他存世副本比较时，他的介入程度最是令人瞠目结舌。[33]他移除了序言和东拉西扯的内容，把里普利的配方剥到只剩骨头，再用自己的符号替换了原始的拉丁术语。

给术语编码固然暗示着蒙特福特对它们的实践内容评价很高，但他可能也享受编码加密这种炼金术游戏。他肯定欣赏《怀中书》里一些更具机巧的方面。他抄写了利用里普利名字的那个对句，同时增加了一首自己写的双关诗：

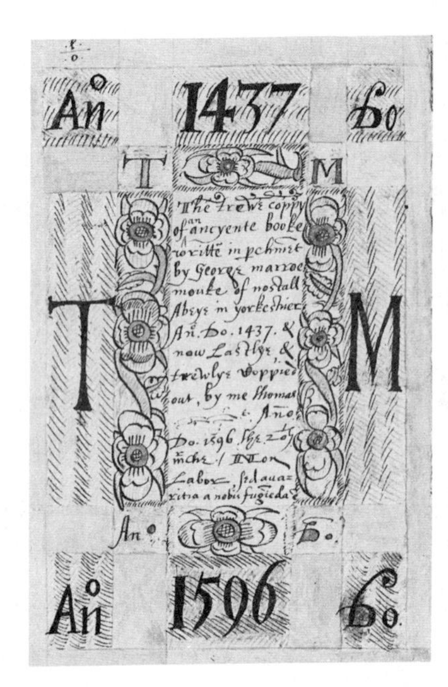

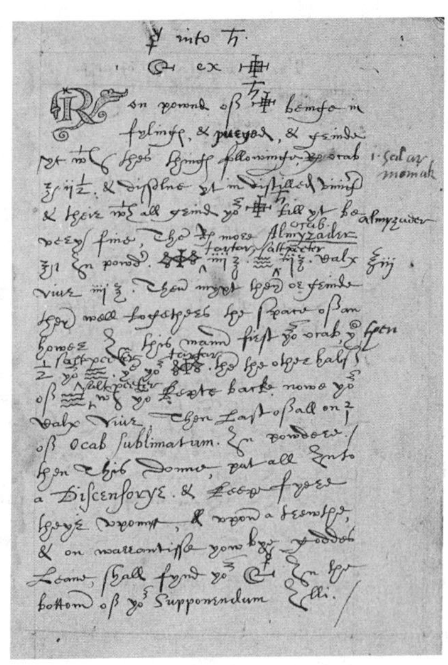

注：一些成分的名字被用符号替换，蒙特福特又用一把钥匙来详述这些符号。

资料来源：牛津大学博德利图书馆阿什莫尔手稿1423，标题页和第1页。蒙牛津大学博德利图书馆允准。

图9.2　托马斯·蒙特福特为他的《乔治·马罗之书》(*Book of George Marroe*)的抄本精心制作的标题页

托马斯·蒙特福特《对乔治·里普利的赞扬》

现在你有个尊贵的乔治

在此揭示伟大的秘密

这会引起很多不满

来自对此有感的那些个。

330　你能被很好地称为“熟了”(ripe)

因为你把物质彻底摧毁(rip up)

你可能知道真相

而那些门外汉(lay=men)对此聒噪不已。[34]

蒙特福特自己的抄本现在随着原始的《怀中书》一起消失不见，他的诗和他对里普利的解读都活在阿什莫尔的誊录本藏书中。

阿什莫尔的古籍研究计划是一项总在进展中的工作，随着新材料来到他手里而没完没了地扩展。《不列颠炼金术剧场》付梓五年之后，他遇到了罗伯特·格林辑纂的令人印象深刻的对开本卷册之一，此前他对格林的认识仅来自布洛姆菲尔德在《百花》中的轻蔑评论。阿什莫尔在他的私人副本中根据新信息注释了他对布洛姆菲尔德的编校本："我见过一个对开手抄本，是炼金哲学一些篇章的汇编本，都是格林手写的，而且他的名字几乎签署在每一章的结尾。"1657 年亦即写下上述内容的时间，这卷书"在执事戈达德手里"。但后来阿什莫尔又更新了这条笔记，提供信息称这手抄本此后"被桑基(Sanchy)上校给了我"，这大概是指再洗礼派的杰罗姆·桑基先生(Sir Jerome Sankey)，他是议会成员，也是议会军的前上校。[35]阿什莫尔依旧不知晓格林与杜韦斯的关系，尽管他在某个时刻获得了杜韦斯誊录的一些英语炼金术诗歌，这是我们关于这位图书管理员在注意拉丁文资源的同时也注意本地语言资源的仅有证据。[36]

阿什莫尔的炼金术藏书在 1669 年急剧扩展，因为他购买了从前属于神职人员兼占星师理查德·内皮尔(Richard Napier，1559—1634 年)的书籍。内皮尔别名桑迪(Sandy)，是大林福德(Great Linford)的教区牧师，阿什莫尔从其侄孙托马斯·内皮尔(Thomas Napier)那里买了书。[37]这批藏品的价值并非仅在于它们是内皮尔自己的笔记、购得物和誊录本，还在于它们是他从 16 世纪末和 17 世纪初的其他读者-践行者那里获得的大量材料。这些材料包括从内皮尔自己的老师占星师-医师西蒙·福尔曼那里继承来的书籍，还有很多托马斯·罗伯森辑纂的手抄本，罗伯森是早于阿什莫尔的英格兰最热心的炼金术作品收藏家之一。 331

我们对 17 世纪初期英格兰最有特色也最有能量的炼金术抄写员之一、别名弗莱彻(Fletcher)的罗伯森知之寥寥。[38]他在炼金术圈子显然有广泛人脉，除了内皮尔的手抄本，还能接触到数量和范围都令人瞩目的手抄范本，包括那些伊丽莎白时代尊贵的收藏家和辑纂人——诸如福尔曼、克里斯托弗·泰勒和"炼金艺术的践行者"罗伯特·加兰德(Robert Garland)——拥有的书籍。[39]罗伯森从伙伴们的藏书中输出了大量誊录本，经常还有可观的双份复制品，因为有两份纲要有着几乎一模一样的内容，暗示他准备这两卷书若非是当作礼物就是为了出售，可能是为了赠给或卖给他在一些时候对之讲话的那位不知是谁的"朋友"。身为一位炼金术文本情报员，罗伯森显然每逢能够到手时就会努力获取令人向往之作的副本。例如 1606 年 9 月 20 日，他努力获得了莫里安努斯教导君王哈利德的著名中世纪遗言《论炼金术的组成》的一个新译本，"确实根据那个后来在伦敦被从拉丁文译为英语的副本而写，现在我又为了我非常好的和可信赖的朋友再写一遍"。[40]同年他抄写了豪斯翻译的《怀中书》，1613 年抄写了诺顿的《炼金术之钥》。

通过阿什莫尔购并的内皮尔书籍，我们也能追究罗伯森用过的一些手抄范本。332 它们包括一本被罗伯森描述为“在印刷时代之前由一只古老的手书写的一本旧书”，这本书我们现在可以鉴定为阿什莫尔手稿1486（pt. 5），亦即“意见持有人”给莱斯小修道院院长托马斯·埃利斯的赠礼。[41]罗伯森除了标记出准备誊录的几篇（相关副本重新出现在他自己的纲要中，现在是阿什莫尔手稿1421），还给这份15世纪的资料加上他的注释。[42]他也从属于克里斯托弗·泰勒的手抄本中大量复制，泰勒是又一位热心的辑纂人，他可能为一位女性赞助人、坎伯兰公爵夫人玛格丽特·克利福德准备了一份炼金术汇编。[43]泰勒的书籍为罗伯森提供了大批有用的英语文本，包括《罗伯特·格林先生的作品》的多个副本、布洛姆菲尔德的《实践》（尽管罗伯森和泰勒都没把这作品归给这位急躁的布道人）以及一篇名叫《关于溶媒》（Of the Menstrewes）的托名柳利语录汇编，可能是罗伯特·弗里洛夫所译。[44]罗伯森也积累包括亚历山大·冯·苏赫滕（Alexander von Suchten）和柯奈留斯·德·朗诺瓦在内的外国行家重要作品的译本。[45]

罗伯森关于英格兰炼金术士的纲要就像内皮尔手抄本的其余部分，并未及时落入阿什莫尔手中以影响《不列颠炼金术剧场》的内容。不过，一旦努力获得了这些传记-书目的奖金仓库，它们就促使阿什莫尔更新他自己手边在用的书。例如，阿什莫尔在罗伯森那个诺顿《炼金术之钥》副本中获悉萨缪尔是托马斯·诺顿的推定后代，也获悉萨缪尔关于托马斯的断言——他不是如通常所信的从里普利那里学333 会炼金术，而是从另一位不知姓名的老师那里学会的。[46]内皮尔的日记提供了显然由凯利亲自开展的一项计划的一份报告，然而阿什莫尔失望地发现这则日记没有日期，“假如也记下了年份，那它或许能让人更满意些”。[47]

阿什莫尔藏品中的书籍通过一张参考信息网错综复杂地交织在一起，受累于法律讼案及缺乏有价值的背景信息（比如杜韦斯同格林的关系），阿什莫尔自己也不是总能辨认出这张网络。但这些书籍不仅提供了文本编辑者之间的结缔组织，也展示出读者和抄写员如何把它们的内容转译为实践。

与蒙特福特一样，罗伯森的编辑努力并未与实践考虑分家。他全神贯注于铅基质流程，用较不为人知的作品——如1606年6月23日自“来自林福德的桑迪先生［即内皮尔］的书”[48]抄写的匿名作者的《一份短小但真实的小册子》和关于铅物质的一份短册子——补充里普利和雷蒙德众所周知的小册子。阿什莫尔手稿1421是他最惹眼的色利康汇编，包含一整部致力于铅的工作的配方集，“从小黑书中摘出来”。[49]他又为这些补充了一个得自他自身经验的流程，《提取［土星］的盐，如我自己1607年所为》。[50]

不过,着眼实践而阅读是桩有风险的事,罗伯森对此一清二楚。他在别处评论说,读者不能轻易被多种多样可能的流程欺骗,这些流程满足的是石头的多样性,而非单独一种东西。他记道,"这些日子有许多人沉溺于阅读这种石头并为此工作",却没人认出他们的原始文本是在不同时期工作的不同践行者的产物。因此,尽管"非常古老的书籍记载"提供了制作矿物石的多种方法,却不能就此推导出这些可以用同一种方式解释,或能被合并成一个统一流程:

> 在阅读这些书籍时,你有许多关于石头的论述,它们让人们初看之下以为是对由此而来之过程的非常直白的论述,但假如你采用了一种石头的规则并且开始制作另一种石头,你这样做的工作将永远不会有任何可行成果。[51]

334

罗伯森敏锐地承认,尽管炼金术阅读的目标是参照另一个文本理解一个文本,但这种合并可能产生两个文本的原始权威都不期然的实际后果。不过他的考虑主要关涉矿物石,因为存世流程中关于矿物石的数量最多。至于植物石,他声称有三位作者可以可靠地协同阅读,因为他们是从不同角度描述了同一流程,故此"一个可以成为另一个的帮助"。

罗伯森的自信依靠一组我们现在应该已经非常熟悉的文本——《邓斯坦之作》、诺顿的《炼金术之钥》和乔治·里普利的《整个工作》。罗伯森列出了视这三个文本可相容的理由。他的权威中有两个似乎都是独立地突然发现同一个程序,因此"邓斯坦先生和乔治·里普利说的不是其他而就是植物"。里普利也是《炼金术之钥》的终极权威,诺顿在此书中"在乔治·里普利的基础上进一步行事",因为它的内容"取自他的《怀中书》"。《整个工作》实际上摘自《怀中书》,如罗伯森兴高采烈记录的:"我运气极佳才得到它,如作者记下来的,这部关于植物的书依循里普利在《怀中书》里的亲笔书写。"[52]

罗伯森正确地注意到色利康炼金术的这三座丰碑间的相似性,但他的选择中依然有大量颇具讽刺意味的情况。如我们已经看到的,《邓斯坦之作》是一部以《雷蒙德的缩略程序》为基础的刻意伪作,而《整个工作》是一个综合性文本,因此罗伯森的选择恰恰就是他早些时候警告他的读者要反对的那种炼金术创造性拼接的一个例子。从现代视角看,这三个文本本质上全是16世纪的产物,尽管源自一个共享的中世纪晚期资源群,这些资源被归给雷蒙德·柳利、圭多·德·蒙塔纳和乔治·里普利。

然而对近代早期的读者如罗伯森而言,托名之作搅浑了水,结果就是文本之间的清晰相似性不必然指向一个共有的制作背景。它们反倒意味着炼金术知识的传335 递是一个长期进程,在此进程中,圣邓斯坦的一篇古代论述开了15世纪里普利作品的先河,随后也开了里普利的伊丽莎白时代门徒萨缪尔·诺顿作品的先河。哲学家们的智慧历几个世纪相袭传延,同时保持着统一特点,此特点当然能通过制作石头的物理流程而接受实践的检验。

此种叙事就是英格兰炼金术历史中最根本的特征。然而在现实中,《众妙之妙》对一种跨越历史的在任何时间任何地点都找得到的石头的称颂,因为各个论述和配方集中所记载之方法的极度多样性而遭到反驳。罗伯森在涉及矿物石时早已承认了这一点,但仍坚持,至少植物石路径可能有望历经时间而保持一致。这种乐观大约仅仅反映出他自己的观点,即他已经鉴别出正确的成分。他在自己的《整个工作》副本的一条旁注上提出一个熟悉的解决方案:"你的色利康是用[醋]自红铅中提取出然后又蒸发掉的那种物质。"[53]不过在17世纪的第一个十年,这种解读早已只是诸多解读中的一种。

取代色利康

当炼金术的文本资料库和阅读它们所需的技巧都服从恒常的变动时,炼金术实践很难保持稳定。幸运的是,读者-践行者有另一种信息来源——经验——可供求助。分析文本资源的困难可以通过用化学原料进行工作而获得的实践经验来缓和,这种实践经验为读者提供了评估书面作品的一个外部手段,或至少能让受过教育的人猜测它们的含义。

这项任务无疑得到近代早期践行者可触及之可能化学操作范围有限这一事实的襄助。各种金属及其制品溶解于矿物酸、变色或免于着火的能力广为人知。因此,自古代已为人所知的特定金属化合物溶解于蒸馏醋中的倾向为里普利色利康配方提供了一种明显解读。不过,铅只是具有此种属性的一系列物质中的一种,这为有创造力的践行者探索别种解读敞开了大门。

336 相应地,那些寻求复制里普利流程的人在试图鉴定色利康的确切性质时把目光投向别处。克莱门特·德雷珀在一份关涉植物石之论文和配方的汇编中,给他自己誊录的《炼金术精髓》补了一条旁注,提出对色利康的另类解读——或者是铅的铅白，或者是一种“用葡萄的最大湿度制作的硫酸盐，就是铜绿，因为它是用醋和酒石制成的”。[54]德雷珀的头一个提议固然顾及色利康与铅(在此是铅白)由来已久的联系，但他的第二个提议铜绿则是铜的一种醋酸盐，它像铅丹一样被广泛用作染料。此处的另类解读能就德雷珀与伦敦王座法院监狱内外的同道读者及践行者的信息交换为我们提供吉光片羽，他在这座监狱度过漫长囚禁生涯时编纂了大量炼金术笔记，有时还测试它们的内容。[55]

另一位伊丽莎白时代的炼金术士托马斯·波特在一部约 1579—1580 年间编辑的炼金术纲要中记录了论述和配方，这纲要现在是不列颠图书馆斯隆手稿 3580A 和 B。从波特成功获取并收集炼金术论述的副本，包括里普利著名的《炼金术合成》来看，他与德雷珀相仿，似乎也与其他热心炼金术的人士有接触。[56]他在自己的注释中将里普利的“绿狮子”鉴定为一种从铜中提取的产物，“绿狮子是金星的水银，它必须要与[金]和[银]一起煅烧”。[57]这种解读可能影响到他对其他里普利作品中色利康的性质的推测。例如，他为《整个工作》的起始句(“首先取 30 磅重的色利康”)加了一条旁注，将色利康注解为“一种朱红色金属粉”，但在金属的选择上不说死，“铜和等等”。[58]

此类金属解读主导着伊丽莎白时代对里普利作品的评注，虽说对它们不乏挑战。里普利对“葡萄的最大湿度”的指涉导致其他读者推测他的色利康意指一种植物成分，而非一种金属实体。例如，另一篇受欢迎的里普利派实践作品《乔治·里普利给约克主教的植物》(The Vegetable of George Ripley to the Bishop of York)可能是因为一位后来的读者破解《炼金术精髓》中植物石流程的努力而获得了生命。[59]这种解读始于用粗酒石(葡萄酒的酒糟)制作酒石，它要在生命水中反复蒸馏以制成一种能够溶解黄金的烈性腐蚀物——此秘密是“这整个科学的钥匙”，因为它开启了通往“哲学夫人的密室”的门。[60]

337

里普利在《炼金术精髓》中的确用了酒石，以之为葡萄酒基溶剂的一种成分，矿物性的色利康“这种被很好地煅烧为红色的实体”在这种溶剂中被溶解。然而托名里普利的《乔治·里普利给约克主教的植物》在讨论这种植物石的药用方面时完全省略了色利康，这种植物石只要求金和银(尽管铜这种不完善金属被用于“次要的”质变工作)。这位评注人还巧妙地提出，由此产生的植物石在性质上依旧是“矿物的”，因为葡萄自土中生长，相应酒石“在其产生之地就是矿物性的”。[61]这条评注在几个副本中变成炼金术托名之作一个羽翼丰满的例子，被重新建构为一封里普利写给乔治·内维尔的信，或者如一位抄写员暗示的，是写给爱德华四世的信。[62]

指向酒石的解读至少塑造了一位伊丽莎白时代的读者——汉弗莱·洛克——的阐释。洛克本人对植物石的解读遵循托名柳利《论缩略程序的书信》和托名里普利《乔治·里普利给约克主教的植物》中的酒石路线，而非《炼金术精髓》中的色利康。因此，他在摘自《炼金术精髓》的一段话中将里普利那种同时为植物和矿物的色利康黏胶替换为一种完全属于植物的产品——黑酒石：

> 以上帝的名义，用葡萄的最大湿度，这不是葡萄藤上的葡萄，而是加泰罗尼亚的黑葡萄，在这项关于植物石的工作中它必须被制成一种黏胶状。[63]

338 为巩固这种解读，洛克加了关于制作经酒石改良的醋的一段，它似乎自《乔治·里普利给约克主教的植物》的首句改编而来。[64]结果固然与里普利预期的实践不匹配，但它们确实表明洛克正在遵循哲学家们关于如何以炼金术方式阅读的忠告，在这个例子里是将多种文本彼此对照着阅读，以便提取制作植物石的"真正"方法。

不过截至此时，对炼金术士们口中红铅的最常见阐释依旧是"锑块"，这个术语一成不变地用于指诸如辉锑矿（锑块的天然硫化物）这类矿石而非指金属锑本身。这种解读的胜利反映出一个事实——16世纪的践行者们对锑块一般都比他们的中世纪先驱们更感兴趣，因此对他们的原始文本中对锑块的可能指涉更警觉。[65]帕拉塞尔苏斯派论述中将锑化合物当作医用泻药推荐，加上它们在整个16世纪日益多地被医学从业者使用并在臭名昭著的"锑块战争"中达到顶峰，这为色利康配方中日渐使用锑块这种替代品提供了一个可能背景。[66]另一个背景是锑块在冶金中的价值，它是清洗不纯黄金的一种手段。16世纪晚期和17世纪早期，亚历山大·冯·苏赫滕和虚构人物巴希尔·瓦伦汀（Basil Valentine）有影响力的作品也有助339 于确保锑块作为炼金术实践中一种关键成分的地位。[67]例如，西蒙·福尔曼早在1598年11月就默默地调整了冯·苏赫滕的一个锑块配方，将锑块（他称之为"Cako"）同金和银一起铸为合金。[68]

两套程序的相似性也有助于将红铅重新阐释为锑块。锑块的医学制剂常常被用于葡萄酒、醋和酒石制成的植物溶剂中，为锑块实践和铅基质实践搭建了一座清晰又实用的桥梁。[69]鲁伯斯西萨的约翰在《论精质书》中曾描述过使用葡萄酒挥发液制备一种"锑块精质"，他明确地将之与铅糖的制作区别开，主张锑产品比溶解于醋的铅白更甜也更好。[70]程序上的一致性可能因为人们认识到的各种"铅制"金属间的关系而得到深化，这些包括锑块、白铁矿和铅在内的金属在早期化学中并不总是有明晰区分，鲁伯斯西萨和他后来的读者帕拉塞尔苏斯对这种一致性都有记录。[71]一种“红锑块”也以红锑矿的形式存在，这使“红铅”成为棕红色锑矿石的一个看似可信的代号。[72]无论决定性因素为何，用锑块取代红铅帮助塑造了对诺顿《整个工作》的接受。

如我们已经看到的，《整个工作》中“30 磅重的色利康”这个秘方最初指铅丹。早期读者的确接受了这种解读，包括上文提到的波特和伊丽莎白时代的手抄本斯隆手稿 1095 的辑纂人，后者给了该术语一个可识别的里普利派注释：“铅一旦被烧灼就变成一种红色，大师们称之为色利康。”[73]但还有其他人明确将之看作锑矿的代号。比如约翰·迪伊就在他 17 世纪初期誊录的《整个工作》的旁注中把色利康注释为“红铅”，接着给出了锑块的符号。[74]到了 1683 年，锑块解读已经足够稳地立住阵脚，一声不响地被吸收进伦敦书商威廉·库珀出版的版本中——“30 磅重的色利康或锑块”。[75] 340

阅读炼金术文本的困难意味着阐释与实践中的这类实质性变化不得不通过手抄副本相当微小的变动来推断。但对一则配方来说，即使细微的变化也可能对一项化学操作的结果具有重大实践意义。[76]几个世纪以来，文本描述变得不与它们最早的传统相伴，而开始与新技术搭配，这种转变由那些目的仅是澄清或充实他们的权威的践行者们不经意间促成。因此，尽管关于溶媒和植物石的色利康范式在 17 世纪继续流通，但随着色利康工作被采用不同方法的拥护者接受和改编，它日益面临来自其他理论模式和实践模式的竞争。

炼金术的两个幻象

我们早已见过作为《怀中书》一个流行成分的里普利的《幻象》，它于 1573/1574 年被萨缪尔·诺顿翻译，随后被拉巴兹和阿什莫尔出版。这首短诗描述了诗人关于一只红色蟾蜍在喝了“葡萄汁”之后断气的幻象：

> 当我忙着我的书时，我在某个夜晚端坐，
> 此处表述的幻象出现在我的模糊视野，
> 我看到一只全身红色的蟾蜍飞快喝下葡萄汁液，
> 直到喝这浓汁过了量，他的肠子都爆裂。[77]

这首诗剩余部分描述了这只蟾蜍死亡的痛苦与腐烂，先是漏出“有毒的汗水”，然后 341

是一股白色水汽，接着是金黄的体液。腐烂中的躯体经过了这项工作的各种颜色变化，从“罕见的颜色”到白色，最终是红色。

诺顿在《炼金术之钥》的第一章依据他自己对里普利炼金术的广博知识解释了这首诗，他这种知识获自《炼金术精髓》《圭多和雷蒙德的一致性》以及《怀中书》所汇集的流程。解释的结果是对蟾蜍及其溶剂的一种合理的色利康解读：“来自葡萄树的并且具有初始化优点的醋……由此，这只蟾蜍意指红铅，是铅物质或铅丹或土星，或者是摩羯座或鲁伯斯西萨的锑块。”[78]

虽然诺顿在此列出了指红铅的别种术语，但我们早已看到，他给伊丽莎白一世的采购清单支持铅丹和蒸馏醋这种传统解读。[79]因此对诺顿而言，蟾蜍之死影射了铅通过醋的初始化优点还原成它的初始物质：

> 用这种方法，实体现在变得不是实体，而是变成或还原成第一物质，成为一种黏性物质，由此它是在土的深处产生……里普利这里的蟾蜍喝得这么快，以致它的肠子都爆裂了，此时我们制成了浓稠的液体。[80]

诺顿将这首寓言诗还原成一个直截了当的实践程序，其类型是《整个工作》和《来自经验的实践》中早已记录的。就连人们熟知的比喻如“微量的水”也被一丝不苟地加以解释：

> 因为在这种溶剂中我们有大大过量的醋，我们不寻求它，而是把它用作一种从铅中提取黏胶水的手段。因此我们把这种水放在三角火炉架上的小火上，于是醋中多余的湿气可以蒸发掉，这样我们能发现被醋的优点提取出的铅的提取物。[81]

342 诺顿在整个流程中都强调醋是一种制备铅的手段，而非石头自身的一种成分。[82]他通过这种方法避免与那些坚持石头是金属性质的哲学家起冲突。或许我们从这些说明中能推断出，16世纪后期人们对醋的使用有着与日俱增的怀疑之情。如我们已经看到的，在诺顿注解之后的几十年里，炼金术践行者已经接触到范围广阔的另类方法，尤其是在质变炼金术领域，相应地就会依据各异的操作指南处理里普利。

诺顿写了《炼金术之钥》后大约75年，乔治·斯塔基为《幻象》写了另一篇“阐述”。由于斯塔基的“里普利”评注的所有原始文本在拉巴兹的编校本中都能看到，所以他可能没有意识到《幻象》其实是基于诺顿对拉丁文原文的翻译。对于《怀中书》在伊丽莎白时代复活的环境以及其中许多内容发生的独特嬗变，他可能也同样不知情。无论如何,在15世纪的语境下重构里普利的炼金术并非斯塔基的目标。他的注解标志着与诺顿和里普利都不相同的一种引人注目的路径。

斯塔基以惯常风格开始他的评注,警告读者说,里普利的诗歌是一个譬喻或一道谜题,"古代的贤明哲学家们常常习惯在开始讲他们的秘密时使用这种方法"。[83]不过,他与这些早期作者的差别在一开始就已经清晰可见,因为他没把红色的蟾蜍鉴定为铅,而是鉴定为黄金。他宣布,"作者们对此一致同意",虽说有些哲学家"为了欺骗不谨慎的人",刻意否认这一真相。[84]

斯塔基其实正在使用挪用往昔权威以支持他自己独具一格的实践这种熟悉的技巧。他的实践不是以铅和醋为基础,而是以金属实体为基础。他在一段塞满了复杂代号的段落中阐述了自己的意思:

> 那么,提取自变色龙或我们的物理磁石之风和神奇的钢的葡萄汁,也就是我们的水银,在我们真正的利姆尼亚之土上方环流;在它通过合并被大大混合并且打开我们的火去消化之后,仍的确进入我们的实体和在实体上方,并寻找实体的深度;通过持续的升和降让这神秘事物显现出来,直到所有的一起变成一道浓汤。[85]

343

斯塔基在此把里普利的"葡萄汁"解读为水银的一个代号,但自然不是普通水银,而是在他较早的作品《国王紧闭宫殿的入口》(*Introitus apertus ad occlusum Regis palatium*)中早已描述过的哲学水银(或"智慧"水银)。[86]其实斯塔基在重申一个呈现在他所有作品中,尤其是里普利评注中的流程。如威廉·纽曼所示,这些作品反反复复地描述了用铁还原锑矿石以制造星状锑金属。[87]这种锑金属与常见的水银结合并经蒸馏后产生智慧水银。此流程也需要银,但斯塔基通过省略对这第四种成分的一切指涉而模糊了流程,在《幻象》评注和在别处都一样。

我们从他含义模糊的描述中仍能鉴定出其他三种成分。铁的含硫挥发液被伪装成"钢"(Chalybs),与他在《国王紧闭宫殿的入口》中使用的术语一样,而锑块即"我们的物理磁石"(our Physical Magnesia)①在别处以"磁铁"(Magnes或our Magnet)之名出现,因为它能提取来自铁的挥发液。[88]这两种成分一起制成锑金属,即"变色龙",它应当与黄金[利姆尼亚之土(Terra Lemnia)]一起环流,直到溶解和分

① Magnesia在现代英语中指氧化镁,但在中世纪后期的炼金术中指的是来自塞萨利(Thessaly)地区的马格尼西亚(Magnesia)的矿石,据说得名于当地居民的名称马格尼特人(Magnetes),实际意思是磁石(lodestone)。此词后来演化为指磁铁的magnet。——译者注

解。[89]斯塔基告诉我们,这个流程将黄金还原"成一种粉末,像太阳的原子,是最黑的黑色,也是一种黏性物质"。[90]这种语言触动了我们对于托名柳利的"比黑色更黑的黑东西"以及里普利在《炼金术精髓》中描述的黑色"油质潮湿物质"的回忆——这是改变传统代号之用途的又一个例子。[91]

斯塔基在所有评注中常常构建他自己的谜语,用模糊的语言和意象伪装他的流程,这些语言和意象可以被那些精通炼金术文献和实践的人破解。在《幻象》这个例子中,谜语是现成的。既然色利康路径和锑块路径都要求一种金属实体溶解于一种溶剂,那么《幻象》中蟾蜍那致命的口渴就对两者的目的都适合。诺顿的阐释固然可能是比较忠实的解读,但他这么做的动机不能说与斯塔基的动机有令人信服的区别。两位践行者都在对一首著名诗歌进行评注之时展示了自己破译令人困惑的炼金术权威的能力,因此也展示出自己适合于宣扬这门艺术。

经过修正的矿物石

我们在斯塔基的锑块炼金术中遭遇了对15—16世纪的文本所钟爱之色利康方法的彻底背离,随之而来的还有对古代动物石、植物石和矿物石传统的排斥。此转变不会令我们吃惊。16世纪后期和整个17世纪,近代早期对物质的思考在向着物质的粒子理论迈进的动力的驱使下以多个方向发展。[92]微粒理论将矿物类别与植物类别之关系的考虑最小化,而这两者的区别正是药用物质这个传统门类所依赖的(该区别也是托名柳利炼金术的基础)。据说斯塔基那些通过无视植物石而在本质上将里普利炼金术中的医学内容剥离的作品被证明对罗伯特·波义耳影响巨大,后者是英格兰微粒物质理论最积极的拥护者之一。[93]

恐怕更值得注意的是,此种转变是在完全不缩减里普利作为哲学家或践行者的权威性的情况下发生的。伊任奈乌斯·费乐里希斯在《复兴的里普利》(*Ripley Reviv'd*)的序言中称赞这位律修会修士优于其他权威,"在我看来,里普利似乎支撑了加兰德"。后来他又比较了他那单一矿物流程与那些"过分喜爱许多石头、植物、动物和矿物"的"可怜的诡辩家"。[94]然而被斯塔基排斥的这种路径在里普利的《炼金术精髓》中是一个整体,此路径也在《炼金术合成》中被略加提及,并在包括诺顿《炼金术之钥》在内的诸多16世纪评注中位居主体。里普利的权威仍在,但炼金术不再是他的,因为他那些众所周知的作品中的结构和隐喻都被挪用去服务新的议程。这项工作的实际动力不源于托名柳利传统，而源于斯塔基所仰仗的晚出的欧陆权威，尤其是冯·苏赫滕。[95]

此种锑块解读的影响甚至塑造了对《怀中书》的接受。如我们已经看到的，色利康在《整个工作》的晚出副本中(包括库珀的版本)被注释为锑块，但一位17世纪读者走得更远，他把整个文本重构为一部“锑块论者”小册子。在不列颠图书馆斯隆手稿689中，诺顿那早已经过合成的文本经历了更深一轮消化，现在嬗变成托名之作《乔治·里普利最秘密的书》(*Liber Secretissimus Georgii Riplei*)。

《整个工作》以溶解30磅色利康开篇，《乔治·里普利最秘密的书》则引入一种新的起点物质：

> 取我们的人造锑块，不是从土中出产的天然锑块，因为那对我们的工作而言太干，没什么或没有潮湿度，里面也不肥沃，取我说的，我们的人造锑合成物，它被天空的露水和土地的肥沃与油润充分补充过。[96]

评注人解释说这种人造锑合成物用通篇被称为“三位尊贵的亲属”的一种“三合一矿物”制作。[97]原始的《整个工作》为这种被引进的物质提供了一个松散框架，但无论如何仍存有中世纪炼金术的遗痕。在蒸馏阶段，一种“无活力且微量的水”首先被抽走，接着是“白烟，被称为我们的风”。[98]这些作为色利康路径之主要内容的记号于此转向新的目标，借取了里普利真作的一点微光给那些在其他方面与该律修会修士自己的作品，甚至诺顿的改造之作毫无共性的流程。鉴于《整个工作》是里普利文集中最具实践性的文本之一，缺少《幻象》中甚至《炼金术合成》中遇到的那类比喻性语言，从而更容易被多样化阐释，则这一巧妙的挪用就更加醒目。346

对里普利进行注解的这些后期例子中也清楚显现出向着一种更明显的黄金炼制炼金术的转变。既作为医药生效也作为质变剂生效的多用途植物石在这些描述中不再出场，有时还被明确排除在外，比如在托名“小霍图拉努斯”的人撰写的《黄金时代，或土星的统治评论》(*The Golden Age：or，the Reign of Saturn Reviewed*)中。[99]此书本质上是与伊任奈乌斯·费乐里希斯的锑块炼金术有关联之声明的集锦，费乐里希斯的作品是该书的主要权威。“霍图拉努斯”在起始几页列举了错误的路径：

> 狄安娜有过剩的溶媒，她有简单的植物溶媒，只用哲学葡萄酒制成，其他的是哲学葡萄酒挥发液，以及最热的属油性的植物、药草、花朵、根茎，等等。还有只用哲学葡萄酒这种物质制成的单单矿物的溶媒，其他的及酸性的挥发

液则有硝酸、硝石挥发液等。矿物溶媒也是由植物的和矿物的溶媒混在一起合成的。[100]

这位作者可能是对最近一份出自立陶宛炼金术士兼学者约翰·西格尔·韦登菲尔德(Johann Seger Weidenfeld)的关于"哲学葡萄酒"的出版物做出反应,后者把各种色利康资料编辑成《关于行家们的秘密或关于柳利的葡萄酒挥发液之使用的……四部书》(*Four Books... Concerning the Secrets of the Adepts, or, of the Use of Lully's Spirit of Wine*)。[101]小霍图拉努斯这么做时拒绝了源自鲁伯斯西萨和雷蒙德《关于自然秘密亦即精质的书》以来的全部炼金术传统,两者都是对葡萄酒挥发液和"热"植物的直接使用,也都是关于合成水的长久习俗。里普利在《炼金术精髓》中展示的正是这样一个配方,但他因为与伊任奈乌斯·费乐里希斯的新关系而免于被包括在受嘲弄的"泥浆-汁液-酱汁制作者"当中,反而成为小霍图拉努斯此书的主要权威之一。《炼金术合成》和《致爱德华四世的信》被广泛征引,尤其是与斯塔基的评注结合在一起引用。这并非唯一的讽刺,因为该作者还悲叹费乐里希斯关于里普利《炼金术合成》后六道大门的评注如今因为斯塔基的"恶意或自负"而致遗失的事实,斯塔基疏于分享它们。[102]

347

霍图拉努斯的口气在16世纪后期和17世纪的炼金术出版物中很典型,这些出版物一向采用较强硬的论战口气反对相反的立场。尽管对不合适成分的抱怨是炼金术一个历史悠久的主题,但对竞争性实践的批评在近代早期欧洲的人文主义环境中被削尖磨利,由于医学争议和对炼金术欺诈与日俱增的忧虑而恶化。随着各种不同原理和技术的拥护者们寻求将自己的方法从炼金术实践的总体领域中区分出来,盖伦医学和炼金医学各自践行者之间的冲突升级,为炼金术争端添油加醋。

里普利的名望弱化了这些风暴,因为他的炼金术固有一种圆滑和巧妙的措辞,能经受住多种阐释,哪怕是那些对以"湿路径"[103]知名的在溶媒中溶解金属的路径感到幻想破灭的人。他的作品在17世纪末期继续引出不同的解读。威廉·萨蒙(William Salmon)于1692年出版了《炼金术精髓》的一部新的(也是相当不准确的)英语译本,显然源自二型拉丁版本的印本,并由此给这部作品的复杂翻译史又添一笔。[104]斯塔基的评注同时以手抄本和印本流通,对里普利作品从17世纪50年代中期直至当今的接受状况做出贡献。[105]

这些15世纪的资料尽管具有这一切变形,但并非仅被视作用于重新阐释的空洞载体。正如里普利本人花力气调和他的托名柳利权威们令人困惑的各个面向,在里普利手抄本中遇到的旁注和出现在印本中的评注也都诉说着17世纪读者们持续存在的从他的作品中获取实践意义的严肃尝试。这样的苹果可能远非从最早的树上掉落，但它们的出现证明了对于把早期文本当作关于往昔成功之文献记载的兴趣持续存在，证明读者们力图让当代的关注点与理论承诺相符。权威的斗篷一 348 代又一代向前滑移，哪怕实践已经被取代和改进。

经过修正的植物石

从托名亚里士多德的《众妙之妙》到高尔的诗句，从里普利的柳利综合体到洛克、凯利和诺顿的赞助请求，动物石、植物石和矿物石的三位一体在长达三个世纪里塑造了读者-践行者构想和安排炼金术实践的方式。炼金术工作的三分法在16世纪末依旧流行，没有突然消失或因某个单一原因而消失。到了17世纪50年代末，一种立足亚里士多德自然哲学和盖伦医学的模型面对质变术的新理论和新实践框架时，可能确实显得过时了，这些新东西从塞迪沃吉的硝基质炼金术和巴希尔·瓦伦汀劝人改宗锑块到关于普遍溶剂或"万能溶剂"的许诺——此种由冉·巴蒂斯特·范·赫尔蒙特(Jan Baptist van Helmont)①提倡的溶剂同时满足了医学和冶金应用。[106]罗伯森以预言的方式警告说，自相矛盾的方法会瓦解存在一种普遍"矿物石"的可能性。随着这个世纪的推进和方法的激增，普遍石的梦想退缩成一种务实目的，即使它的修辞价值仍然存在。

在医学领域，中世纪的植物石传统也面临来自以赫尔蒙特的理论和实践为基础的新药剂的压力，后者在关于化学医学的角色与效用的谈话中日益起主导作用。[107]对于希望把炼金术作为通往赞助的一条道路运用的医师而言，包括对万能溶剂之各种运用在内的赫尔蒙特路径的多功能性提供了对中世纪多种石头模式的时新看法，同时又便利地不再拘泥于它的经院框架。1665年，一群英格兰赫尔蒙特 349 派呼吁成立一个化学医师学会(Society of Chemical Physicians)以同知名的医师学院竞争。[108]在此场景中，托名柳利炼金术维持了信誉度，但现在只是作为后出模式的先导。赫尔蒙特本人把柳利《遗嘱》中描述的石头的凝聚力同帕拉塞尔苏斯的万能溶剂相对比。[109]

① 赫尔蒙特(1580—1644年)被视为现代化学的先驱，尤其是神经化学的奠基人，但他也是炼金术士帕拉塞尔苏斯的门徒，所以在他身上和他的时代就比较明显地体现出炼金术和现代化学的分野，chemistry和chemical用到他身上可以翻译为"化学/化学的"。——译者注

随着将矿物仙丹和植物仙丹配对的原始色利康观念面临新路径的竞争，它们那尴尬的第三方——动物石——就更没希望了。雷蒙德和里普利的核心作品都没有持续不断地阐述这种看似多用途的石头的制造与功能。即使它们最重要的辩护人萨缪尔·诺顿也是花了好大力气来解释从血液中提取的一种仙丹如何能对质变金属和治疗疾病都够用，他在《炼金术之钥》中承认，任何具有关于自然运作之基本知识的人都得付出努力才能认可这样一种可能性，“至于我，起初也非常困难”。[110]到了17世纪60年代，有些读者至少还把《炼金术精髓》的动物石看作一个矿物流程的一种编码配方。波士顿(Boston)医师萨缪尔·李(Samuel Lee)在里普利讨论动物石的页面边缘草草记下代表锑块的符号时就暗示了很多，这是长寿的炼金术阅读技巧及其继续在文本阐释，同时也在文本变形中发挥作用的一个极好例子。[111]

若说截至17世纪50年代，把工作划分成动物实践、植物实践和矿物实践的传统在哲学论述中正趋弱化，那么在阿什莫尔的《不列颠炼金术剧场》中它彻底消失了，在《导言》中被替换成完全不同的一组。阿什莫尔对哲学石的复述是他的编校本中最令人困惑的方面之一。如我们已经看到的，至晚从14世纪末开始，托名柳利 350 的多种石头模式就是英格兰炼金术撰述的主要内容，也是几乎每份幸存的早于1600年的英格兰赞助请求的基础。《不列颠炼金术剧场》中引述的大多数权威，从里普利到布洛姆菲尔德再到凯利，都为一种以多用途仙丹观念为基础的炼金哲学和炼金术实践做出了贡献，这种多用途仙丹由一种质变金属石、一种药用植物石（它若与矿物混合也会生成一种质变“合成水”）和一种药用动物石（有时也会质变）构成。

然而阿什莫尔的序言彻底免除了这个模式。从功能角度看，他只保留了矿物石，它保持其作为一种质变剂的惯常角色，也是最不具有仙丹功能的。[112]他对植物石的看法完全不同于他的权威们所呈现的。他认为植物石不是一种医用仙丹，而是一种魔法产物，让人有能力理解植物和动物的性质，并促进它们的滋生，“是的，在冬季的深处”。[113]

阿什莫尔的石头套装由两种更让人惊讶的产品来完结。一种“魔法的或有希望的石头”让它的使用者能理解鸟的语言，能凭直觉知道任何人的下落，并“能传送一个精灵到一个图像里”，这图像可以被用于神谕，据说无须祈求恶魔的力量。[114]最后一种是天使石，它是如此精微的物质，以致无法被看到或触碰，只能品尝到，它也如此强大，以致恶魔也无法忍受它在场：

> 它有一种神圣的力量，是天空的和隐形的，高过其他，并为拥有者赋予神圣礼赠。它带来天使显灵，并给人一种通过梦境或启示与天使交谈的能力，任何恶灵都不敢靠近它所在的这个地方。[115]

这个显然不在经典中的石头套装是直接从其他资料中抄来的，即一部英语哲学论著《健康财富的缩影》(*Epitome of the Treasure of Health*)，书籍末页署的日期是1561年，落款是一位自称"慷慨爱德华"(Edwardus Generosus)的炼金术士。[116]这部作品虽然主要依赖较早的文本，包括里普利的《炼金术合成》与诺顿的《炼金术序列》，但它也包含爱德华自己对哲学石的阐述。例如，在爱德华看来，植物石被所罗门用来令"树木和药草终年繁荣"并"带鸟儿从空中到他那里，坐在他身旁啁啾鸣唱，也与他一起生活"。[117]他描述的奇迹还包括一块闪亮的"月亮石"，能"凝固"镜子或水晶的表面，于是除了通常的倒影，它还能揭示"难以言状的神乎其神的奇异事物"，这是对使用占卜玻璃球占卜精灵的恰当描述。这就难怪阿什莫尔对爱德华将炼金术与自然魔法和天使魔法的表面合并兴趣盎然，阿什莫尔曾仔细研究过迪伊和凯利的天使谈话，甚至还试图铸造自己的护身符。[118]

351

如我们已经见过的，炼金术和魔法的边界发生如此崩塌，这在英格兰炼金术传统中尤为不寻常。另一方面，爱德华描述石头优点时用的方法同15世纪和16世纪的魔法论述中勾勒的一些程序有突出相似性，例如准备适合占卜的表面，或俘获鸟类和兽类的把戏。[119]一位同时精通炼金术和魔法的践行者，比如一位理查德·琼斯甚或一位威廉·布洛姆菲尔德，可能也会好奇将炼金术精质或哲学家之石替换成这类魔法程序时会产生什么。[120]对于这样一位追根究底的读者，炼金术论述提供了可供推测超完美物质(如石头)在真实世界之含义的原材料。也许我们甚至能在中世纪的精质传统中鉴定出爱德华那兼收并蓄的捕鸟石的来源，比如看一看他关于月亮石那令人惊叹的描述：

> [鸟儿们]随即将来到你面前沐浴明亮的光线，让你马上能用手活捉它们，可怜的笨鸟！自然的秘密如此伟大，所以它们没有力量逃跑或飞走，它们如此迷恋这灿烂的狂喜时刻和那里的明亮光线。[121]

352

鲁伯斯西萨的约翰也称赞过他那种葡萄酒精质的天国般的芳香，于是，假如容器被放在房屋的一角，这芳香的气味就会吸引所有进来的人——这是关于实践成功的一个可观测的标志或记号。[122]这个"天国般的"记号在《关于自然秘密亦即精质的书》中甚至被进一步详细阐述，雷蒙德在此设想这种精质引诱着真正来自天空的鸟儿：

> 假如一种最美妙的气味发散出来,是那种尘世的芳香皆不能媲美的气味,程度之深,使这被放在房屋一角的容器通过一个看不见的奇迹而吸引了所有进来的人,或者当这容器被放在塔楼上时,会吸引感官被容器的气味触及的所有鸟儿,以致它们围着它停着;然后,我的儿,你将如你所愿地拥有我们的精质,它在别处被称为我们的"植物水银"。[123]

这个段落在托名柳利"多种石头"模式的奠基作品之一里,若透过自然魔法传统的透镜来阅读,就可能显示出一种截然不同的关于石头的视野,此视野把来自一种炼金医学的植物石转变成一种能够引诱倒霉的鸟类走向厄运的潜在有害物质。

但是,不同于将铅黄转化为铅丹或把里普利和伊夫的文本拼接在一起,将炼金术产品置换进一个魔法程序,就让我们远离了阿什莫尔的大多数炼金术权威所支持的那种实践传统。然而对一个熟悉该传统的读者来说,就连爱德华《健康财富的缩影》中的奇谈怪论也不会引起担忧。艾萨克·牛顿是17世纪最后几十年里最严格的炼金术实验主义者之一,他就对爱德华和《不列颠炼金术剧场》的内容都加以特别留意。[124]通过炼金术阅读,几乎所有术语都能构成一个炼金术代号,且几乎所有传说都是一个掩饰炼金术操作的故事。

353

英格兰炼金术的终点

截至17世纪50年代,关于动物石、植物石和矿物石的旧模式遭到来自两个方向的攻击,且两种情况下都是被看似盟友的人攻击。乔治·斯塔基在透过欧陆炼金术的透镜分析里普利的作品时,让焦点不仅从铅切换到锑块,还从医学切换到质变术。阿什莫尔走得更远,用一种彻底不同的炼金术石头分类法重写了三件套的故事,他的分类法没有利用实践炼金术文献,而是利用自然魔法和天使魔法的文献。阿什莫尔和斯塔基对往昔路径的处理在许多方面都区别明显,但他们有一个共性——都为学术注意力偏离较早的英格兰实践出了力,哪怕他们也宣称概括了这些真正的传统。这两位作者的作品在他们的时代影响重大,在当今也易于获得现代印本和在线编校本,它们提供了进入炼金术丛林的清晰可辨的小路,这些小路依然被一般读者和专家们心怀感激地踏过。[125]但与所有小路一样,这些路线会略过林地更大的部分,因为每条路线都是单一时代——起源于中世纪的一种传统中的诸多个别时刻——的产物,这些个别时刻有许多依旧在林间的幽暗中未被看到,也未经编辑。

想穿透这些灌木丛，就要求我们也学会如何像炼金术士们那样阅读我们的资料，对技术术语和寓言的潜在多种含义同样保持警觉。但我们也必须像历史学家那样阅读，注意把个别践行者的活动和动机安放在他们自己的时代、地点和可获得 354 权威的语境下。实践传统的地位调来换去，这常常足以令一个读者晕头转向，但总体趋势还是能辨识出来——大量有机产品缩小到只剩金属；金属的垄断被破除，变成一个三种（或更多）石头的模式，然后又回到金属垄断；多种石头模式令人吃惊地与一种形式上独树一帜的天使魔法传统合并。这些路径频频重合，且个体践行者很少将自己限定在一条路径上，即使像里普利或斯塔基那样在后来因为一种特定实践而获得殊荣的人也是。

实用注解——通过测试与重新阐释书面资料这种连续循环而再造较早的实践——令此类转变中的许多都隐而不显，通过重复同样的术语和基本主题而创造出一种岁月静好的错觉。实用注解为炼金术实践做了什么，托名作品就为炼金术历史达成了同种东西。正如古物研究者在更广阔的英语知识景观下容纳炼金术，他们也寻求为他们那些迥然不同也常常重叠的资源强加秩序，所用的方法在很大程度上就是教会历史学家用的那种，后者努力从一堆零碎的、伪造的，要不然就是无法证实的文献中重构“英吉利教会”的历史。[126]他们设计行家传承关系的尝试不再有历史分量，但不同种类的谱系允许我们追踪在时间长河里，使用炼金术文本和实践时的变化，这些变化从中世纪手抄本中所有权标记的积聚到在新构想下“嵌套”旧文本。如此这般对权威材料反复重申，揭示出像洛克和凯利这样的炼金术士常常为了给一种独具特色的实践或一份高风险的赞助请求赋予古老权威性，而如何重新使用他们的资源。在他们手中，《雷蒙德的缩略程序》被缩减为《邓斯坦之作》，并在《黄金大门的钥匙》中再度扩展。里普利的《炼金术精髓》被吸收进洛克的《论文》，该论文反过来又在一篇以双关语方式嵌合洛克名字的后出论述——《里普利城堡的撬锁人》（*Picklock to Ripley His Castle*）——中被概括。[127]

这些持续不断的改编——无论是改编实践、文本还是历史叙述——为近代早期炼金术的勃勃生机提供了最强有力的证据，一如现代对全体托名作品进行冷静 355 的重新评估是一个确凿的迹象，表明学者们不再把炼金术看作通往化学的成果斐然的路径或关于往昔的可靠记载。只要炼金术依旧是个鲜活的传统，它就会应时而变，哪怕它的作者们奋力展现出一个不变的统一体形象。通过一代代不仅要制作石头，还要谋生，并且要讲出道理的新的读者-践行者的努力，实践的多样性被折叠又再折叠，变成关于不受时间影响之连贯的叙事。

【注释】

[1] Elias Ashmole, "Prologomena", *Theatrum Chemicum Britannicum*, ed. Elias Ashmole, sig. A2r.

[2] 关于阿什莫尔的最重要资料依然是 C. H. Josten ed., *Elias Ashmole: His Autobiographical and Historical Notes, His Correspondence, and Other Contemporary Sources Relating to His Life and Work*, 5 vols.（Oxford: Oxford University Press, 1967）。也见 Vittoria Feola, *Elias Ashmole and the Uses of Antiquity*（Paris: Librairie Blanchard, 2012）；Bruce Janacek, *Alchemical Belief: Occultism in the Religious Culture of Early Modern England*（University Park: Pennsylvania State University Press, 2011）, chap. 5。

[3] 关于斯塔基生平与作品的主要资料是 Newman, *Gehennical Fire*；斯塔基的实验和阅读实践也见 Newman and Principe, *Alchemy Tried in the Fire*。

[4] 在这些评注中，《乔治·里普利先生给爱德华国王的公开书信》（Sir George Ripley's Epistle, to King Edward Unfolded）在未获斯塔基同意的情况下刊印于 Samuel Hartlib, *Chymical, Medicinal, and Chyrurgical Addresses*（London: G. Dawson for Giles Calvert, 1655），对《炼金术合成》之《要点概括》的评注刊于 Eirenaeus Philalethes, *A Breviary of Alchemy; or a Commentary upon Sir George Ripley's Recapitulation: Being a Paraphrastical Epitome of his Twelve Gates*（London: for William Cooper, 1678）。斯塔基这些对里普利的评注，包括《布里德灵顿律修会修士乔治·里普利先生公开的幻象》（The Vision of Sr George Ripley, Canon of Bridlington, Unfolded）汇集成 *Ripley Reviv'd: or An Exposition Upon Sir George Ripley's Hermetico-Poetical Works*（London: William Cooper, 1677—1678）。

[5] 斯塔基除了阐述里普利的韵文，还出版了他自己的一首炼金术诗歌《炼金术精髓》，这个标题让人想起里普利著名的同名论著，见 Eirenaeus Philoponus Philalethes, *The Marrow of Alchemy, Being an Experimental Treatise, Discovering the Secret and Most Hidden Mystery of the Philosophers Elixer. Divided Into Two Parts*（London: A.M. for Edward Brewster, 1654）。

[6] Elias Ashmole ed., *Theatrum Chemicum Britannicum*, sigs. A2v-A3r.

[7] Ibid., sig. A4v.

[8] 现在编辑出版，题为 George Starkey, *Alchemical Notebooks and Correspondence*, ed. Lawrence M. Principe and William R. Newman（Chicago: University of Chicago Press, 2004）。

[9] 尤见 Newman and Principe, *Alchemy Tried in the Fire*。牛顿的手写笔记中塞满了来自中世纪资料的摘要，他也通过印本研究这些内容。例如，他有里普利的 *Opera omnia chemica*, ed. Ludwig Combach（藏 Cambridge, Trinity College Library, NQ 10.149），还有对《炼金术精髓》《炼金术瞳孔》和《黄金大门的钥匙》的摘抄（汇为 Cambridge, King's College Library, MS Keynes 17）。关于他的《不列颠炼金术剧场》副本，见下文注释[124]。

[10] 英格兰印刷业扩张的政治、经济和技术因素见 James Raven, *The Business of Books: Booksellers and the English Book Trade, 1450—1850*（New Haven: Yale University Press, 2007）。

[11] Lauren Kassell, "Secrets Revealed: Alchemical Books in Early-Modern England", *History of Science* 48（2011）: 1—27 and A1—38, on 1.卡塞尔的数据依据 William Cooper, *A Catalogue of Chymical Books Which Have Been Written Originally or Translated into English*, printed with W. C. Esquire, *The Philosophical Epitaph*（London: William Cooper, 1673）。库珀刊印了这份目录的新版本，分别是 *A Catalogue of Chymicall Books. In Three Parts*（London: William Cooper, 1675）和

The Continuation or Appendix to The Second Part of the Catalogue of Chymical Books（London：William Cooper，1688）。

[12] 阿什莫尔在《不列颠炼金术剧场》的一个插了空白页的副本上补充笔记，这个副本就是为了修订此书准备的，现在装订成两个独立卷册，分别是 Oxford，Bodleian Library，MS Ashmole 971 & 972。

[13] 塞茨纳尔及《炼金术剧场》见 Gilly，"On the Genesis of L. Zetzner's *Theatrum Chemicum*"；Kahn，*Alchimie et paracelsisme*，112—121。

[14] 阿什莫尔在《不列颠炼金术剧场》sig. A2v 中挑出利兰德和贝尔，并在他的结论性注释中频频提及他们的作品。阿什莫尔对古籍资料的使用见 Feola，*Elias Ashmole*。

[15] Elias Ashmole ed.，*Theatrum Chemicum Britannicum*，sig. B2v.

[16] 这标志着阿什莫尔先前在著作身份上的谦逊态度消退了。1650 年，他以自己名字的异位构形形式 James Hasolle 之名出版了阿瑟·迪伊和让·德帕格内(Jean D'Espagnet)的炼金术论述；Arthur Dee，*Fasciculus chemicus，or，Chymical collections：expressing the ingress，progress，and egress of the secret Hermetick science，out of the choisest and most famous authors... whereunto is added，the Arcanum，or，Grand secret of hermetick philosophy*，ed. and trans. Elias Ashmole（London：J. Flesher for Richard Mynne，1650）。

[17] Ashmole，"Prologomena"，*Theatrum Chemicum Britannicum*，ed. Elias Ashmole，sig. B3v.

[18] Ibid.，sig. A2v.

[19] 近代早期对隐修院时代的"怀旧之情"见 Margaret Aston，"English Ruins and English History：The Dissolution and the Sense of the Past"，*Journal of the Warburg and Courtauld Institutes* 36（1973）：231—255；Harriet K. Lyon，"The Afterlives of the Dissolution of the Monasteries，1536—c. 1700"（PhD diss.，University of Cambridge，2018）。

[20] Oxford，Bodleian Library，MS Ashmole 1459，pt. 1，fol. 4v.

[21] Ibid.，fol. 26v.

[22] "Ex Libro Collectaneoru*m* G[eorg]ij R[ipley]"，Oxford，Bodleian Library，MS Ashmole 1459，fol. 27v.阿什莫尔在《不列颠炼金术剧场》第 456 页提到里普利这段撤回声明。

[23] Elias Ashmole ed.，*Theatrum Chemicum Britannicum*，193.

[24] "Testamentu*m* Joh*ann*is Dee philosophi sum[m]i ad Joannem Gwynn transmissum/1568"，in London，British Library，MS Harley 2407，fol. 69r-v；刊印于 Elias Ashmole ed.，*Theatrum Chemicum Britannicum*，334，带阿什莫尔笔记的副本藏 Oxford，Bodleian Library，MS Ashmole 972，334。

[25] 剑桥大学三一学院图书馆手稿 O.2.16 中查诺克手写的几页现藏 Oxford，Bodleian Library，MS Ashmole 1441，85—88 & 98。除了第 98 页的笔记例外，其余都刊印于 F. Sherwood Taylor，"Thomas Charnock"，*Ambix* 2（1946）：148—176，on 160—162。阿什莫尔对剑桥大学三一学院图书馆手稿 O.2.16 的誊录本后来被补充进牛津大学博德利图书馆阿什莫尔手稿 1441，99—104，刊印于 Taylor，"Thomas Charnock"，on 162—163。泰勒虽然不知晓三一学院的手稿，但他正确地推测出查诺克的原始书籍最终会浮出水面(ibid.，176)。

[26] Elias Ashmole ed.，*Theatrum Chemicum Britannicum*，425.

[27] 讨论见上文第 236—237 页。

[28] 我无法明确鉴定蒙特福特的身份，他可能是一位医师，曾在医师学院七度出任审查员，见 Norman Moore，"Moundeford，Thomas（1550—1630）"，rev. Patrick Wallis，*Oxford Dictionary of National Biography*。他所誊录的中世纪隐修院资料的几个汇编本后来汇入阿什莫尔的藏书，现为 Oxford，Bodleian Library，MS Ashmole 1406（pt. 4）& 1423。Bodleian Library，MS Rawlinson B.306也是蒙特福特手书，其中有几个部分似乎是从现为阿什莫尔手稿 1479 的理查德·沃尔顿的手抄本中抄录的，暗示出与伦敦的一份关联。

[29] Oxford，Bodleian Library，MS Ashmole 1459，pt. 2，5.

[30] 见下文第 330、332、340 页。

[31] Oxford, Bodleian Library, MS Ashmole 1406, fols. 240r, 238v.沃尔顿小修道院是一所本笃会修院,因此没有律修会修士。蒙特福特所指的更可能是英格兰最大的奥古斯丁派修院沃尔瑟姆修道院。

[32] Oxford, Bodleian Library, MS Ashmole 1423, fol. 1v; 71.他大概是指约克郡诺斯特尔的奥古斯丁派小修道院。

[33] Oxford, Bodleian Library, MS Rawlinson B.306, fols. 66r-71v.

[34] Oxford, Bodleian Library, MS Ashmole 1459, pt. 2, fol. 28v.关于 Maturus iacuit/ Ripe-lay,见上文第 271 页。

[35] Oxford, Bodleian Library, MS Ashmole 972, fol. 320r.桑基的名字 Sankey 常常被拼成 Sanchy 或 Zanchy,见 A. J. Shirren, "'Colonel Zanchy' and Charles Fleetwood", *Notes and Queries* 168 (1953): 431—435。

[36] Oxford, Bodleian Library, MS Ashmole 1441, 89—95.

[37] Jonathan Andrews, "Richard Napier (1559—1634)", *Oxford Dictionary of National Biography*.

[38] 罗伯森在 Oxford, Bodleian Library, MS Ashmole 1424, fol. 50r 及 Ashmole 1406, pt. 3, fol. 214r 透露了他的别名,他在这两处加了一条给一位不知名的收受人(名字不幸被装订者裁掉了)的笔记:"你可怜的仆人托马斯·弗莱彻(Thomas fle[tcher])给 t[...]力量。"罗伯森抄写的手抄本包括 London, British Library, MS Sloane 1744(含日期为 1602 年、1604 年和 1606 年的篇章);Oxford, Bodleian Library, MS Ashmole 1394 (pt. 5), 1407, 1408 (pts. 3—4),1418(pt. 1 编于 1605—1606 年 11 月;pt. 2 编于 1606 年 9 月;pt. 3 编于 1604 年 10 月以后),1421(含日期为 1614 年和 1615 年的篇章),1424(编于 1614 年 4 月 23 日—1623 年 4 月);Glasgow University Library, MS Ferguson 133(编于 1606 年 6 月 23 日)。Oxford, Bodleian Library, MS Ashmole 1441 (pt. 2)发现了罗伯森手书的较短作品。对阿什莫尔藏品中的罗伯森手稿及注释的详述见 Black, *Descriptive, Analytical, and Critical Catalogue*, index, 138。

[39] 罗伯森除了注释内皮尔的手抄本,也常在他的抄本中承认这位朋友的功劳,比如阿什莫尔手稿 1418, pt. 1, fol. 24r。他依据之前为罗伯特·加兰德所有、现为阿什莫尔 1486 的手抄本制作了几份誊录本,加兰德于 1596 年 11 月 20 日在这份手抄本上加了自己的名字和交织字母图案(fol. 27r)。罗伯森以理查德·内皮尔为中介抄写福尔曼的手抄本,见 Lauren Kassell, *Medicine and Magic in Elizabethan London: Simon Forman: Astrologer, Alchemist, and Physician* (Oxford: Clarendon Press, 2005), 229。卡塞尔也注意到罗伯森和泰勒之间的可能关联(私人交流所得)。

[40] Oxford, Bodleian Library, MS Ashmole 1418, pt. 2, 110.对该文本的讨论见上文第一章。

[41] Oxford, Bodleian Library, MS Ashmole 1421, fol. 44r.

[42] Ibid., fols. 44r-62v,包括从 Oxford, Bodleian Library, MS Ashmole 1486, pt. 5 复制来的容器和炉子的图形。罗伯森的注释出现在阿什莫尔手稿 1486, pt. 5 之 fols. 18r、19v、22r、23r 及他处。

[43] 此联系由佩妮·拜耳(Penny Bayer)提出,她注意到坎伯兰夫人有一部主要由泰勒书写的手抄本(Kendal Archive Centre, MS Hothman 5,所谓玛格丽特手抄本),Penny Bayer, "Lady Margaret Clifford's Alchemical Receipt Book and the John Dee Circle", *Ambix* 52 (2006): 71—84。

[44] "The Admonition of Sir Robert Greene", London, British Library, MS Sloane 1744, fols. 22v-29, 抄自 Oxford, Bodleian Library, MS Ashmole 1492, pt. 9, 197—205; "Raymundus to kinge Edward off Woodstocke"(布洛姆菲尔德的《实践》,罗伯森从中移除了作为导言的请愿书和传记内容),Oxford, Bodleian Library, MS Ashmole 1418, pt. 3, fols. 78v-81r,抄自 MS Ashmole 1492, pt. 9, 151—154; "Of the Menstrewes", MS Ashmole 1418, pt. 3, fols. 68v-70v,抄自 MS Ashmole 1478, pt. 2, fols. 97r-98v,这个版本包括写着"1548 年 8 月 25 日"的书籍末页。此日期可能适合弗里洛夫,因为他翻译过这份藏品中靠前的篇目的一篇——托名培根的《阿维森纳的秘密》,fol. 96r 写明"由罗伯特·弗里洛夫于 1550 年 12 月 15 日自拉丁文译为英语"。

[45] Oxford, Bodleian Library, MS Ashmole 1418, pt. 3, fols. 17r-30r(《他就这样用信誉之言开始了他给约翰·巴蒂斯特·德·瑟巴歇爵士的关于锑块的论述,亚历山大·冯·苏赫滕》);43v-47v[《柯

奈留斯·阿尔维塔努斯·阿鲁斯·洛狄乌斯(Cornelius Alvetanus Arus Rodius)关于制作神圣仙丹》]。

[46] Oxford, Bodleian Library, MS Ashmole 972, fol. 286r:"萨缪尔·诺顿认为托马斯·诺顿的老师和乔治·里普利是两个人,见他《炼金术之钥》的序言。"

[47] Ibid., fol. 318v.

[48] Glasgow University Library, MS Ferguson 133, fols. 1r-6v.《一份短小但真实的小册子》见上文第122—124页。

[49] Oxford, Bodleian Library, MS Ashmole 1421.这部汇编的标志是,每一页的顶端都有土星(铅)的符号,起始篇目是fol. 2v的《依据帕拉塞尔苏斯制作红铅》(To make Red lead after P*ar*acelsus),结尾篇目是fol. 9v的《色利康的工作》(The worke of Sericon)。

[50] Ibid., fol. 5v.

[51] Oxford, Bodleian Library, MS Ashmole 1424, pt. 2, 9.

[52] Ibid., 10.

[53] Oxford, Bodleian Library, MS Ashmole 1418, pt. 2, fol. 26r.

[54] London, British Library, MS Sloane 1423, fol. 29r.

[55] Harkness, *The Jewel House*, chap.5.

[56] 波特的编辑策略见Keiser, "Preserving the Heritage", 189—214; Rampling, "Depicting the Medieval Alchemical Cosmos", 75—76。

[57] London, British Library, MS Sloane 3580A, fol. 142r,也见fol. 144v的一条类似笔记。里普利在《炼金术合成》中使用铜的问题见Rampling, "Establishing the Canon", 205—206;上文第三章。

[58] London, British Library, MS Sloane 3580A, fol. 214v.波特在fol. 143v也记下里普利在《炼金术精髓》中使用色利康,但没记录他自己对该术语的阐释。

[59] 这篇《乔治·里普利给约克主教的植物》的介绍见Rampling, "The Catalogue of the Ripley Corpus" 30。这篇论述在描述"在这门艺术中被多姿多彩地命名以欺骗傻瓜的那些东西"的一个段落里实际上以引用《炼金术精髓》来结束,Oxford, Bodleian Library, MS Ashmole 1407, pt. 4, 27(托马斯·罗伯森手书)。

[60] London, British Library, MS Sloane 288, fol. 95r.

[61] Oxford, Bodleian Library, MS Ashmole 1407, pt. 4, 25.

[62] London, British Library, MS Sloane 3645, fol. 40r:"我认为写给英格兰国王爱德华四世。"

[63] Lock, *Treatise*, ed. Grund, in *Misticall Wordes and Names Infinite*, 224 (ll. 25—28).洛克见上文第7章。

[64] Ibid., 225 (ll. 37—42);也见第301页对这些句子的评注。格伦德讨论了顶着《穷人的宝藏》(*Thesaurus pauperum*)之名的《乔治·里普利给约克主教的植物》,并说它不是里普利派文本,见Grund, *Misticall Wordes and Names Infinite*, 52—54。

[65] 主要的例外是《论精质书》,鲁伯斯西萨的约翰在此书第88页描述了一种通过用葡萄酒精质蒸馏锑块获得的医用药剂,"从被称为铅质白铁矿的锑块中提炼第五精质的科学"。当15世纪英语文本提到锑块时——包括《炼金术合成》的《警告》(里普利在此否定它是一种成分),常与鲁伯斯西萨的这一段有关。例如不列颠图书馆斯隆手稿3747, fol. 94r包含了来自《论精质书》的一段摘要《锑块的精质》。

[66] "锑块战争"(1566—1666年)始于巴黎全体医学从业人员禁止在医药中使用锑合成物的努力,见Kahn, *Alchimie et Paracelsisme*。

[67] 苏赫滕对锑块的使用见Alexander von Suchten, *Liber unus de Secretis Antimonii, das ist von der grossen Heimligkeit des Antimonii* (Strassburg, 1570); *Antimonii Mysteria Gemina*... (Leipzig, 1604)。讨论也见Newman and Principe, *Alchemy Tried in the Fire*, 50—56。巴希尔·瓦伦汀是个虚构的炼金术人物,可能是"他"的第一位编辑约翰·托尔德(Johann Thölde)创造出来的,尤见Basil Valentine, *Triumph-Wagen Antimonii*... *An Tag geben, durch Johann Thölden*... (Leipzig,

1604)，讨论见 Claus Priesner，“Johann Thoelde und die Schriften des Basilius Valentinus”，in *Die Alchemie in der europäischen Kultur-und Wissenschaftgeschichte*，ed. Christoph Meinel（Wiesbaden：Harrassowitz，1986），107—118。

[68] “Of Cako”，Oxford，Bodleian Library，MS Ashmole 208，fols. 78—93v；Kassell，*Medicine and Magic*，176—186.

[69] 典型锑产品吐酒石（酒石酸锑钾）是使用酒石酸制作的。一张锑制备的表格见 R. Ian McCallum，*Antimony in Medical History*：*An Account of the Medical Uses of Antimony and Its Compounds since Early Times to the Present*（Edinburgh：Pentland Press，1999），99—102。

[70] John of Rupescissa，*De consideratione Quintae essentiae rerum omnium*，90.

[71] 例如 *Paracelsus*，*his Archidoxis comprised in ten books*：*disclosing the genuine way of making quintessences*，*arcanums*，*magisteries*，*elixirs*，*&c* ...，trans. J. H.（London，1660），bk. 6，82—83：“黄金和白铁矿，锑块和铅，它们的形成和汇集可以彼此相比较，然而优点相互分离。”我在此使用的是 Paracelsus，*Archidoxa ... Zehen Bücher*（Basel，1570）的英译本。鲁伯斯西萨的约翰说锑块时究竟指的是什么物质并不清楚，他只描述其为“一种铅制的白铁矿”。不过，他清楚地将之与铅化合物区分开，*De consideratione Quintae essentiae rerum omnium*，90。鲁伯斯西萨的炼金术对 *Archidoxix* 一书的影响见 Dane Thor Daniel，“Invisible Wombs：Rethinking Paracelsus's Concept of Body and Matter”，*Ambix* 53（2006）：129—142。

[72] 硫化锑也能轻易从黑色变为红色，通过热升华或通过溶解于碱性浸出液并用任何酸使之淀析。非常感谢劳伦斯·普林西比指出这种重要的颜色变化。

[73] London，British Library，MS Sloane 1095（1550—1600），fol. 75r.

[74] Oxford，Bodleian Library，MS Ashmole 1486，pt. 5，1.迪伊和色利康见 Rampling，“John Dee and the Alchemists”；上文第 8 章。

[75] *Bosome-Book*，101.

[76] 几个例子见 Principe，“‘Chemical Translation’ and the Role of Impurities in Alchemy”。

[77] Elias Ashmole ed.，*Theatrum Chemicum Britannicum*，374.

[78] Getty Research Institute，MS 18/10，31—32.诺顿在此把鲁伯斯西萨的约翰的“锑块”阐释为红铅。他在别处也把红铅等同于“摩羯座”和铅丹：“罗达吉里乌斯（Rodagirius）也称铅为摩羯座，被焚烧或煅烧过后他们称那是铅丹。”（ibid.，23）

[79] 见上文第 278—279 页。

[80] Getty Research Institute，MS 18/10，32.这一段在 Oxford，Bodleian Library，MS Ashmole 1421 中的罗伯森誊录本中被省略。

[81] Getty Research Institute，MS 18/10，32.

[82] 例如 Getty Research Institute，MS 18/10，31：“植物用在石头中不是为了给予任何金属般的优点，而只是用于制备金属，使这优点能被更好地提取；不过基于同样的理由，我将证明有些植物会被给予进入金属的许可。”

[83] “The Vision of Sr George Ripley，Canon of Bridlington，Unfolded”，1.

[84] Ibid.，2.

[85] Ibid.，7.

[86] Eirenaeus Philalethes，*Introitus apertus ad occlusum Regis palatium*（Amsterdam：Johannes Janssonius van Waesbergen，1667）.

[87] 威廉·纽曼详细破译了斯塔基对里普利第一道大门《煅烧》之描述中的这样一段，见 William Newman，*Gehennical Fire*，115—169，尤见 125—133。

[88] “智者的钢”和“智者的磁铁”分别在《国王紧闭宫殿的入口》的第三章和第四章（在第 6—7 页）描述；第六章（第 9 页）出现了提取自星状金属渣（“混沌”）的“智者的风”。

[89] 利姆尼亚之土或封印之土，是一年一度在利姆诺斯（Lemnos）岛聚集起来的红色的土，一种众所周知的治疗蛇咬伤的药。

[90] "The Vision of Sr George Ripley, Canon of Bridlington, Unfolded", 8.

[91] 讨论见上文第 95 页。

[92] 关于这些发展和它们与炼金术的理论建立及实验的关系，尤见 Christoph Lüthy, John E. Murdoch, and William R. Newman eds., *Late Medieval and Early Modern Corpuscular Matter Theories*(Leiden: Brill, 2001); Antonio Clericuzio, *Elements, Principles, and Corpuscles: A Study of Atomism and Chemistry in the Seventeenth Century* (Dordrecht: Kluwer, 2000); Newman, *Atoms and Alchemy*。

[93] Newman and Principe, *Alchemy Tried in the Fire*.

[94] *Ripley Reviv'd*, 23.

[95] Newman, *Gehennical Fire*, 135—141.

[96] London, British Library, MS Sloane 689, fol. 20r.

[97] Ibid., fol. 21r.尽管这文本的附件晦涩难懂，但它们可能指一种锑块、银和水银的合金，水银在其中负责溶解金属渣。

[98] Ibid., fols. 22v-23r.

[99] *The Golden Age: or, the Reign of Saturn Reviewed, Tending to set forth a True and Natural Way, to prepare and fix common Mercury into Silver and Gold… An Essay. Written by Hortolanus Junr* (London: J. Mayos for Rich. Harrison, 1698).

[100] Ibid., 3—4.

[101] Johann Seger Weidenfeld, *De secretis adeptorum sive de usu spiritus vini Lulliani libri IV. Opus practicum per concordantias philosophorum inter se discrepantium…* (London, 1684; re-ed. Hamburg, 1685)，以英语出版时题为 *Four Books of Johannes Segerus Weidenfeld Concerning the Secrets of the Adepts, or, of the Use of Lully's Spirit of Wine…* (London, 1685)。

[102] *The Golden Age*, 155.

[103] 简而言之，湿路径使用液体溶剂(如葡萄酒基溶媒)，而干路径使用水银，见 Principe, *The Aspiring Adept*, 153。两种路径在里普利炼金术中得到调适。

[104] Salmon, *Medicina Practica*.二型《炼金术精髓》见 Rampling, "The Catalogue of the Ripley Corpus", 131。

[105] 牛顿对费乐里希斯的运用见 William R. Newman, "Starkey's *Clavis* as Newton's *Key*", *Isis* 78 (1987): 564—574; Newman, *Newton the Alchemist*。费乐里希斯的评注在现代也被用于注释《炼金术合成》，见 Stanton J. Linden, *George Ripley's Compound of Alchymy*。

[106] 赫尔蒙特派理论见 Georgiana D. Hedesan, *An Alchemical Quest for Universal Knowledge: The "Christian Philosophy" of Jan Baptist Van Helmont (1579—1644)*(Oxford: Routledge, 2016); 赫尔蒙特对实验(及其中世纪前身)的态度见 Newman and Principe, *Alchemy Tried in the Fire*, chap. 2。

[107] Antonio Clericuzio, "From van Helmont to Boyle: A Study of the Transmission of Helmontian Chemical and Medical Theories in Seventeenth-Century England", *British Journal for the History of Science* 26 (1993): 303—334; Andrew Wear, *Knowledge and Practice in English Medicine, 1550—1680*(Cambridge: Cambridge University Press, 2000), chaps. 8—9; Charles Webster, "English Medical Reformers of the Puritan Revolution: A Background to the 'Society of Chemical Physicians'", *Ambix* 14 (1967): 16—41. 赫尔蒙特对斯塔基和波义耳的影响见 Newman and Principe, *Alchemy Tried in the Fire*。

[108] 这项事业的结局是从查理二世(Charles II)那里赢得一张特许状，但这个成果可能被当年伦敦爆发的一场格外严重的瘟疫颠覆，瘟疫令请愿人中的四人死亡，还伴随着对赫尔蒙特学说之智识和道德基础的担忧加剧，见 Harold J. Cook, "The Society of Chemical Physicians, the New Philosophy, and the Restoration Court", *Bulletin of the History of Medicine* 61 (1987): 61—77; Wear, *Knowledge and Practice in English Medicine*, 428—433。

[109] Hedesan, *An Alchemical Quest*, 181.

[110] Oxford, Bodleian Library, MS Ashmole 1421, fol. 191r.尽管如此,他引用了里普利《炼金术精髓》的章节和他在《怀中书》里的蛋壳流程,作为的确可以从血液中提取一种"硫磺"并能从蛋灰中提取一种白土的证据,fols. 192r-v, 193v-94r。

[111] 萨缪尔·李在 George Ripley, *Opera omnia chemica*, ed. Ludwig Combach, Beinecke Library, Yna31, 649r, 175 中的笔记。关于李的炼金术书籍和他对里普利的锑块阐释,见 Calis et al., "Passing the Book", on 100—101。

[112] Elias Ashmole ed., *Theatrum Chemicum Britannicum*, sig. A4v.

[113] Ibid., sig. Br.

[114] Ibid., sig. Bv.

[115] Ibid.

[116] Principe, *The Aspiring Adept*, 197—200.也见 Kassell, "Reading for the Philosophers' Stone"; William R. Newman, "Newton's Reputation as an Alchemist and the Tradition of Chymiatria", in *Reading Newton in Early Modern Europe*, ed. Elizabethanne A. Boran and Mordechai Feingold (Leiden: Brill, 2017), 313—327, on 324—327; Janacek, *Alchemical Belief*, chap. 5。

[117] Cambridge, King's College Library, MS Keynes 22, fol. 13r (艾萨克·牛顿手书)。

[118] 阿什莫尔对魔法的兴趣见 Lauren Kassell, "The Economy of Magic in Early Modern England", in *The Practice of Reform in Health, Medicine, and Science, 1500—2000: Essays for Charles Webster*, ed. Margaret Pelling and Scott Mandelbrote (Aldershot: Ashgate, 2005), 43—57; Vittoria Feola, "Elias Ashmole's Collections and Views about John Dee", *Studies in History and Philosophy of Science* 43 (2012): 530—538。

[119] 关于此类实践的代表性选篇见 Richard Kieckhefer, *Forbidden Rites: A Necromancer's Manual of the Fifteenth Century* (University Park: Pennsylvania State University Press, 1998)。也见 Klaassen, *Transformations of Magic*。

[120] 鉴于斐奇诺关于世界灵魂的概念和阿格里帕随后对此观念的普及,对各种传统的如此拼接可能至少提供了一种引人入胜的思想实验,见上书第 4—5 章。

[121] Cambridge, King's College Library, MS Keynes 22, fol. 12r.

[122] John of Rupescissa, *De consideratione Quintae essentiae rerum omnium*, 27—28.

[123] *Liber de secretis naturae, seu quinta essentia*, fols. 23v-24r.

[124] 牛顿与慷慨爱德华见 Newman, "Newton's Reputation as an Alchemist", 324—327。牛顿的《不列颠炼金术剧场》副本现藏 University of Pennsylvania, Philadelphia: Van Pelt Rare Book and Manuscript Library, E. F. Smith Collection, QD25.A78 1652。他也誊写过个别诗歌,包括布洛姆菲尔的《百花》(藏 King's College Library, MS Keynes 15, fols. 1r-4r)和《狩猎绿狮子》(*The Hunting of the Green Lyon*, in MS Keynes 20, fols. 1r-3v)。

[125] 多亏一个 1966 年重印本的出版和数据库 *Early English Books Online*,《不列颠炼金术剧场》依旧是当今读者关于英语炼金术韵文的主要资料库;Elias Ashmole ed., *Theatrum Chemicum Britannicum*, with introduction by Allen G. Debus (New York: Johnson Reprint Corporation, 1966)。伊任奈乌斯·费乐里希斯的作品汇集于 S. Merrow Broddle comp., *Alchemical Works: Eirenaeus Philalethes Compiled* (Boulder, CO: Cinnabar, 1994),也可获得多种格式的在线版。

[126] 近代早期构建炼金术历史和构建教会史的行为有明显可比性。天主教学者和新教学者的伪作、托名之作和对教会史的构建在安东尼·格拉夫顿(Anthony Grafton)的作品中有广泛讨论,尤其见 Anthony Grafton, "Church History in Early Modern Europe"。

[127] 关于洛克的《论文》被置换,见 Grund, *Misticall Wordes*, 24—28。蒂默曼追踪炼金术诗歌间之互文关联的方法论也提供了一种处理匿名材料的工具,Timmermann, *Verses on the Elixir*。

参考文献

手稿资料

Bologna, Biblioteca Universitaria di Bologna
MS 142(109), vol. 2
MS 457, vol. 23, pt. 3

Boston, Massachusetts Historical Society
Winthrop 20c

Cambridge, Cambridge University Library
MS DD.3.83
MS FF.4.12
MS FF.4.13
MS KK.1.3

Cambridge, Corpus Christi College Library
MS 99
MS 112
MS 395

Cambridge, King's College Library
MS Keynes 15
MS Keynes 17
MS Keynes 20
MS Keynes 22

Cambridge, Queens' College Library
MS 49

Cambridge, Trinity College Library
MS O.2.16
MS O.2.33
MS O.4.39
MS O.5.31
MS O.8.24
MS O.8.25
MS O.8.32
MS O.8.9
MS R.14.14
MS R.14.56
MS R.14.58

Cieszyń, Książnica Cieszyńska
MS SZ DD.vii.33

Copenhagen, Royal Library
GKS 242
GKS 1727
GKS 1746

Edinburgh, Royal College of Physicians of Edinburgh
MS Anonyma 2, vol. 1

Florence, Biblioteca Nazionale Centrale
MS Magliabechiano XVI. 113

Glasgow, Glasgow University Library
MS Ferguson 91
MS Ferguson 102
MS Ferguson 133
MS Hunter 251
MS Hunter 253
MS Hunter 403

The Hague, Royal Library of the Netherlands
MS 46(Bibliotheca Philosophica Hermetica)

Hatfield, Hatfield House
Cecil Papers 271/1

Kassel, Landesbibliothek und Murhardsche Bibliothek der Stadt Kassel
2° MS chem. 19
4° MS chem. 67
4° MS chem. 68

Kendal, Kendal Archive Centre
MS Hothman 5

Leiden, Leiden Universiteitsbibliotheek
MS Vossianus Chym. F.3

Leipzig, Universitätsbibliothek
MS 0398

London, British Library
MS Add. 10302
MS Add. 11388
MS Add. 15549
MS Add. 36674
MS Cotton Titus B.V.
MS Harley 660
MS Harley 1887
MS Harley 2407
MS Harley 2411
MS Harley 3528
MS Harley 3542
MS Harley 3703
MS Harley 3707
MS Lansdowne 19
MS Lansdowne 21
MS Lansdowne 101
MS Lansdowne 703
Royal MS 7 C XVI
MS Sloane 288
MS Sloane 363
MS Sloane 513
MS Sloane 689
MS Sloane 1091
MS Sloane 1095
MS Sloane 1423
MS Sloane 1744
MS Sloane 1842
MS Sloane 2128
MS Sloane 2170
MS Sloane 2175
MS Sloane 2325
MS Sloane 2413
MS Sloane 3188
MS Sloane 3189
MS Sloane 3191
MS Sloane 3579
MS Sloane 3580A
MS Sloane 3580B
MS Sloane 3604
MS Sloane 3645
MS Sloane 3654
MS Sloane 3667
MS Sloane 3682
MS Sloane 3707
MS Sloane 3744
MS Sloane 3747

London, Lincoln's Inn Library
MS Hale 90

London, National Archives
C 66/475
C 66/490
C 66/506
C 66/522
C 66/538
KB 27/629
SP 1/69
SP 1/73
SP 1/222

SP 4/1
SP 12/36
SP 46/2
SP 46/8
SP 70/80
SP 70/146
SP 81/6
SP 92/32
STAC 2/14/111
STAC 2/14/112
STAC 3/7/85

London, Wellcome Library
MS 239

Los Angeles, Getty Research Institute
MS 18, vol. 10, pt. 2
MS 18, vol. 11

New Haven, Beinecke Rare Book & Manuscript Library
MS Mellon 12
MS Mellon 33
Note of Samuel Lee, Yna31, 649r

Oxford, Bodleian Library
MS Ashmole 208
MS Ashmole 391
MS Ashmole 759
MS Ashmole 971/972
MS Ashmole 1394
MS Ashmole 1406
MS Ashmole 1407
MS Ashmole 1408
MS Ashmole 1415
MS Ashmole 1418
MS Ashmole 1421
MS Ashmole 1423
MS Ashmole 1424
MS Ashmole 1426
MS Ashmole 1441
MS Ashmole 1442
Ms Ashmole 1445
MS Ashmole 1450
MS Ashmole 1451
MS Ashmole 1459
MS Ashmole 1467
MS Ashmole 1478
MS Ashmole 1479
MS Ashmole 1480
MS Ashmole 1485
MS Ashmole 1486
MS Ashmole 1487
MS Ashmole 1490
MS Ashmole 1492
MS Ashmole 1493
MS Ashmole 1507
MS Ashmole 1508
MS Ashmole 1790
MS Digby 133
MS Laud Misc. 708
MS Rawlinson B.306
MS Rawlinson D.241
MS Rawlinson poet 182
MS Savile 18

Oxford, Corpus Christi College Library
MS 118
MS 125
MS 136
MS 172
MS 336

Oxford, Queen's College Library
MS 307

Paris, Bibliothèque Nationale
MS Lat. 12993
MS Lat. 14007

Philadelphia, Van Pelt-Dietrich Library Center, University of Pennsylvania
Codex 111

Vatican City, Biblioteca Apostolica Vaticana
MS Reg. Lat. 1381

Vienna, Österreichische Nationalbibliothek
Sammlung von Handschriften und alten Drücken, Cod. 8964[Fugger-Zeitungen 1591]

Warminster, Longleat House MS 178
The Dudley Papers, MS DUI

1800年之前的出版资料

Agnello, Giovanni Battista. *Espositione sopra un Libro intitolato Apocalypsis spiritus secreti*. London: John Kingston for Pietro Angeliono, 1566.

——[John Baptista Lambye]. *A Reuelation of the Secret Spirit: Declaring the Most Concealed Secret of Alchymie*. Trans. Richard Napier. London: John Haviland for Henrie Skelton, 1623.

Agrippa von Nettesheim, Heinrich Cornelius. *De incertitudine et vanitate scientiarum et artium atque de excellentia verbi Dei declamatio invectiva*. Cologne, 1527.

——. *De Nobilitate et Praecellentia Foeminei Sexus*. Cologne, 1532.

——. *Three Books of Occult Philosophy*. Trans. J. F. London: R. W. for Gregory Moule, 1651[i.e., 1650].

——. *The Vanity of Arts and Sciences*. London: Samuel Speed, 1676.

Agrippa von Nettesheim, Heinrich Cornelius[attr. to]. *De arte chimica (The Art of Alchemy): A Critical Edition of the Latin Text with a Seventeenth-Century English Translation*. Ed. Sylvain Matton. Paris: S.É.H.A.; Milan: Archè, 2014.

Ashmole, Elias ed. *Theatrum Chemicum Britannicum: Containing Severall Poeticall Pieces of Our Famous English Philosophers, Who Have Written the Hermetique Mysteries in Their Owne Ancient Language. Faithfully Collected into One Volume with Annotations Thereon*. London: J. Grismond for Nathanial Brooke, 1652.

Avicenna[pseud.]. *De anima in arte alchimiae*. In *Artis Chemicae Principes, Avicenna atque Geber*, ed. Mino Celsi. Basel: Pietro Perna, 1572.

Bale, John. *Index Britanniae Scriptorum: John Bale's Index of British and Other Writers*. Ed. Reginald Lane Poole and Mary Bateson. 1902. Reprint, Cambridge: D. S. Brewer, 1990.

——. *Scriptorum illustrium maioris Brytanniae... Catalogus*. Basel: Johannes Oporinus, 1557.

Barnaud, Nicolas ed. *Quadriga aurifera (Prima rota: Tractatus de philosophia metallorum, a doctissimo... viro anonymo conscriptus; 2a rota: Georgii Riplei... Liber duodecim portarum; 3a rota: Liber de mercurio et lapide philosophor. Georgii Riplei; 4a rota: Scriptum... docti viri cuius nomen excidit, elixir solis Theophrasti Paracelsi tractans)*. Leiden: Christophorus Raphelengius, 1599.

Biringuccio, Vannoccio. *De la pirotechnia. Libri. X*. Venice: Curtio Navò, 1540.

Bonus, Petrus. *Pretiosa margarita novella de thesauro, ac pretiosissimo philosophorum lapide*. Ed. Giovanni Lacinio. Venice: Aldo Manuzio, 1546.

B[ostocke], R[ichard]. *The difference betwene the auncient phisicke, first taught by the godly forefathers, consisting in vnitie peace and concord: and the latter phisicke proceeding from idolaters, ethnickes, and heathen: as Gallen, and such other consisting in dualitie, discorde, and contrarietie...* London: [G. Robinson]for Robert Walley, 1585.

Brunschwig, Hieronymus. *Liber de arte distillandi de simplicibus*. Strassburg: J. Grüninger, 1500.

——. *The vertuose boke of distyllacyon of the waters of all maner of herbes*. Trans. Laurence Andrewe. London: Laurence Andrewe, 1527.

Casaubon, Meric. *A True and Faithful Relation of What Passed for Many Years Between Dr John Dee and Some Spirits*. London: Garthwait, 1659.

Chrysogonus Polydorus ed. *Alchemiae Gebri Arabis*. Bern: Mathias Apiarius, 1545. Reprint of Chrysogonus Polydorus, ed., *In hoc volumine de alchimia continentur*. Nuremberg: Johannes Petreius, 1541.

Collectanea Chymica：*A Collection of Ten Several Treatises in Chymistry*，*concerning The Liquor Alkahest*，*the Mercury of Philosophers*，*and other Curiosities worthy the Perusal*... London：for William Cooper，1684.

Combach，Ludwig ed. *Tractatus aliquot chemici singulares summum philosophorum arcanum continentes*，*1. Liber de principiis naturae*，*& artis chemicae*，*incerti authoris. 2. Johannis Belye Angli*... *tractatulus novus*，*& alius Bernhardi Comitis Trevirensis*，*ex Gallico versus. Cum fragmentis Eduardi Kellaei*，*H. Aquilae Thuringi*，*& Joh. Isaaci Hollandi*... Geismar：Salomonis Schadewitz for Sebaldi Köhlers，1647.

Condeesyanus，Hermann[i.e.，Johann Grasshof] ed. *Harmoniae imperscrutabilis Chymico-Philosophicae*，*sive Philosophorum Antiquorum Consentientium*. Frankfurt，1625.

Conring，Hermann. *De Hermetica Aegyptiorum vetere et Paracelsicorum nova medicina liber unus*. Helmstedt：Henning Müller，1648.

Cooper，William. *A Catalogue of Chymical Books Which Have Been Written Originally or Translated into English*，printed with W. C. Esquire，*The Philosophical Epitaph*. London：William Cooper，1673.

——. *A Catalogue of Chymicall Books. In Three Parts*. London：William Cooper，1675.

——. *The Continuation or Appendix to The Second Part of the Catalogue of Chymical Books*. London：William Cooper，1688.

De Alchimia opuscula complura veterum philosophorum... Frankfurt am Main：Cyriacus Iacobus，1550.

Dee，Arthur. *Fasciculus chemicus*，*or*，*Chymical collections*：*expressing the ingress*，*progress*，*and egress of the secret Hermetick science*，*out of the choisest and most famous authors*... *whereunto is added*，*the Arcanum*，*or*，*Grand secret of hermetick philosophy*. Ed. and trans. Elias Ashmole. London：J. Flesher for Richard Mynne，1650.

Du Chesne，Joseph. *Ad Veritatem Hermeticae Medecinae ex Hippocratis veterumque decretis ac Therapeusi*，... *adversus cujusdam Anonymi phantasmata Responsio*. Paris：Abraham Saugrain，1604.

Dugdale，Sir William. *The Baronage of England*，*or*，*An Historical Account of the Lives and Most Memorable Actions of Our English Nobility in the Saxons Time to the Norman Conquest*... London：Thomas Newcomb，for Abel Roper，John Martin，and Henry Herringman，1675—1676.

Eden，Richard. *The Decades of the newe worlde or west India*，*Conteyning the nauigations and conquestes of the Spanyardes*，*with the particular description of the moste ryche and large landes and Ilandes lately founde in the west Ocean perteynyng to the inheritaunce of the kinges of Spayne*. London：Richard Jugge，1555.

Eirenaeus Philoponus Philalethes. *A Breviary of Alchemy*；*or a Commentary upon Sir George Ripley's Recapitulation*：*Being a Paraphrastical Epitome of His Twelve Gates*. London：for William Cooper，1678.

——. *Introitus apertus ad occlusum Regis palatium*. Amsterdam：Johannes Janssonius van Waesbergen，1667.

——. *The Marrow of Alchemy*，*Being an Experimental Treatise*，*Discovering the Secret and Most Hidden Mystery of the Philosophers Elixer. Divided Into Two Parts*. London：A.M. for Edward Brewster，1654.

——. *Ripley Reviv'd*：*or An Exposition Upon Sir George Ripley's Hermetico-Poetical Works*. London：William Cooper，1677—1678.

——. *The Secret of the Immortal Liquor called Alkahest*，*or Ignis-Aqua*. London：For William Cooper，1683.

Erbinäus von Brandau，Matthias. *Warhaffte Beschreibung von der Universal-Medicin*. Leipzig：F. Lanckisch，1689.

Gallus Carniolus，Jacobus[Jacob Handl]. *Quatuor vocum Liber I. Harmoniarum Moralium*... Prague：Georgius Nigrinus，1589.

Geber[pseud.]. *De alchimia. Libri tres*. Strasbourg: Johann Grüninger, 1529.

Gessner, Conrad. *Bibliotheca universalis, sive catalogus omnium scriptorum locupletissimus, in tribus linguis, Latin, Graeca, & Hebraica: extantium & non extantium veterum & recentiorum*... Zurich: Christophorus Froschouerus, 1545.

——. *The newe iewell of health wherein is contayned the most excellent secretes of phisicke and philosophie*... Trans. George Baker. London: Henrie Denham, 1576.

——. *Pandectarum sive Partitionum universalium libri XXI*. Zurich: Christophorus Froschouerus, 1548.

——. *Thesavrvs Evonymi Philiatri De remediis Secretis*... Zurich: Andreas Gesner and Rudolf Wyssenbach, 1552.

Grado[Gradi], Giovanni Matteo Ferrari da. *Consilia*...*cum tabula Consiliorum ecundum viam Avicenne ordinatorum utile repertorium*.[Venice]: [Mandato et impensis heredum Octaviani Scoti & sociorum, impressa per Georgium Arrivabenum], [1514].

Gratarolo, Guglielmo ed. *Verae alchemiae artisque metallicae, citra aenigmata, doctrina, certusque modus, scriptis tum novis tum veteribus nunc primum & fideliter maiori ex parte editis, comprehensus*. Basel: Heinrich Petri and Peter Perna, 1561.

Guibert, Nicholas. *Alchymia ratione et experientia ita demum viriliter impugnata*... Strasbourg: Lazarus Zetzner, 1603.

Hartlib, Samuel. *Chymical, Medicinal, and Chyrurgical Addresses*. London: G. Dawson for Giles Calvert, 1655.

Hortulanus Junior[pseud.]. *The Golden Age: Or, the Reign of Saturn Reviewed, Tending to Set Forth a True and Natural Way, to Prepare and Fix Common Mercury into Silver and Gold*... *An Essay. Written by Hortolanus Junr*. London: J. Mayos for Rich. Harrison, 1698.

Humphrey, Lawrence. *Interpretatio linguarum: seu de ratione conuertendi & explicandi autores tam sacros quam profanos, libri tres*. Basel: Hieronymus Froben, 1559.

John of Rupescissa. *De consideratione Quintae essentiae rerum omnium, opus sanè egregium*. Basel: Conrad Waldkirch, 1597.

Kelley, Edward. *Tractatus duo egregii, de lapide philosophorum*. Hamburg: Schultze, 1676.

Lenglet-Dufresnoy, Nicolas. *Histoire de la Philosophie Hermétique*. Paris: Coustelier, 1742.

Libavius, Andreas. "Analysis Dvodecim Portarvm Georgii Riplaei Angli, Canonici Regularis Britlintonensis". In *Syntagmatis arcanorum chymicorum: tomus[primus] secundus*..., 400—436. Frankfurt: Nicolaus Hoffmann, 1613—1615.

Maier, Michael. *Tripus Aureus, hoc est, Tres Tractatus Chymici Selectissimi*... Frankfurt: Lucas Jennis, 1618.

Manget, Jean-Jacques ed. *Bibliotheca chemica curiosa*. 2 vols. Geneva: Chouet, 1702.

Martire d'Anghiera, Pietro. *De orbe novo decades*.[Alcalá]: [Arnaldi Guillelmi], [1516].

Münster, Sebastian. *A treatyse of the newe India with other new founde landes and islandes, aswell eastwarde as westwarde, as they are knowen and found in these oure dayes*... Trans. Richard Eden. London: S. Mierdman for Edward Sutton, [1553].

Norton, Samuel. *Mercurius Redivivus, seu Modus conficiendi Lapidem Philosophicum*... Ed. Edmund Deane. Frankfurt, 1630.

Oviedo, Gonzalo Fernández. *Historia general y natural de las Indias*. Seville, 1530—1555.

Pantheo, Giovanni Agostino. *Voarchadumia contra Alchimiam: Ars distincta ab Archimia, et Sophia*. Venice: Giovanni Tacuino, 1530.

Paracelsus, His Archidoxis Comprised In Ten Books: Disclosing the Genuine Way of Making Quintes-

sences, Arcanums, Magisteries, Elixirs, & C... Trans. J. H. London: For W.S., 1660.

Penot, Bernard G. ed. *Dialogus inter Naturam et Filium Philosophiae, Accedunt Abditarum rerum Chemicarum Tractatus Varii scitu dignissimi ut versa pagina indicabit*. Frankfurt, 1595.

Petreius, Johannes. *In hoc volumine de Alchemia continentur haec. Gebri Arabis*. Nuremberg: Johannes Petreius, 1451.

Reuchlin, Johannes. *De arte cabalistica libri tres*. Anshelm, 1517.

Richenbourg, Jean Maugin de ed. *Bibliotheque des philosophes*, 4 vols. Paris: André Cailleau, 1740—1754.

Ripley, George. *The Compound of Alchymy... Divided into Twelue Gates*. Ed. Raph Rabbards. London, 1591.

——. *Opera omnia chemica*. Ed. Ludwig Combach. Kassel, 1649.

——. *Opuscula quaedam Chemica. Georgii Riplei Angli Medvlla Philosophiae Chemicae. Incerti avtoris canones decem, Mysterium artis mira brevitate & perspicuitate comprehendentes... Omnia partim ex veteribus Manuscriptis eruta, partim restituta*. Frankfurt am Main: Johann Bringer, 1614.

Roth-Scholtz, Friedrich ed. *Deutsches Theatrum Chemicum, auf welchem der berühmtesten Philosophen und Alchymisten Schrifften...* 3 vols. Nürnberg: Felsecker, 1728—1730.

Sandys, George. *Anglorum Speculum, or, The Worthies of England in Church and State Alphabetically Digested into the Several Shires and Counties Therein...* London: for John Wright, Thomas Passinger, and William Thackary, 1684.

Secreta secretorum Raymundi Lulli et hermetis philosophorum in libros tres divisa. Cologne: Goswin Cholinus, 1592.

Suchten, Alexander von. *Antimonii Mysteria Gemina...* Leipzig, 1604.

——. *Liber unus de Secretis Antimonii, das ist von der grossen Heimligkeit des Antimonii*. Strassburg, 1570.

Taisner, Jean. *A Very Necessarie and Profitable Booke Concerning Navigation*. Trans. Richard Eden. London: Richard Jugge, [1575].

Tanner, Thomas. *Bibliotheca Britannico-Hibernica: sive, de scriptoribus, qui in Anglia, Scotia, et Hibernia ad saeculi XVII initium floruerunt, literarum ordine juxta familiarum nomina dispositis commentarius*. London, 1748.

Thoroton, Robert. *The Antiquities of Nottinghamshire*. Ed. John Throsby. 2nd ed. Nottingham: G. Burbage, 1790.

——. "Osberton". In *Thoroton's History of Nottinghamshire: Volume 3, Republished With Large Additions By John Throsby*, ed. John Throsby. Nottingham, 1796.

Ulstad, Philipp. *Coelum philosophorum seu de secretis naturae*. Fribourg [Strasbourg]: [Johann Grüninger], 1525.

Usk, Thomas. "Testament of Love". In Geoffrey Chaucer, *The Workes of Geffray Chaucer Newly Printed*, ed. William Thynne. London, 1532.

Valentine, Basil. *Triumph-Wagen Antimonii... An Tag geben, durch Johann Thölden...* Leipzig, 1604.

Vigenère, Blaise de. *A Discourse of Fire and Salt, Discovering many secret Mysteries, as well Philosophicall, as Theologicall*. London: Richard Cotes, 1649.

——. *Traicté du Feu et du Sel*. Paris: Abel l'Angelier, 1618.

Weidenfeld, Johann Seger. *De secretis adeptorum sive de usu spiritus vini Lulliani libri IV. Opus practicum per concordantias philosophorum inter se discrepantium...* London, 1684; re-ed. Hamburg, 1685.

——. *Four Books of Johannes Segerus Weidenfeld Concerning the Secrets of the Adepts, or, of the Use of Lully's Spirit of Wine...* London, 1685.

Weston, Elizabeth Jane. *Parthenica*. Vol. I. Prague: Paulus Sessius, [1606].

Zetzner, Lazarus. *Theatrum chemicum, præcipuos selectorum auctorum tractatus de chemiæ et lapidis philosophici antiquitate, veritate, iure, præstantia et operationibus*... 6 vols. Ursel and Strasbourg, 1602—1661.

1800年之后的出版资料

Alford, Stephen. *London's Triumph: Merchant Adventurers and the Tudor City*. London: Allen Lane, 2017.

Allen, Martin. *Mints and Money in Medieval England*. Cambridge: Cambridge University Press, 2012.

Allmand, Christopher. *The Hundred Years War: England and France at War, c. 1300—c. 1450*. Rev. ed. 1988. Cambridge: Cambridge University Press, 2001.

Ames-Lewis, Francis. *The Intellectual Life of the Early Renaissance Artist*. New Haven: Yale University Press, 2000.

Andrews, Jonathan. "Richard Napier(1559—1634)". *Oxford Dictionary of National Biography*(Oxford: Oxford University Press, 2004; online ed., 2007).

Andrews, Kenneth R. *Trade, Plunder, and Settlement: Maritime Enterprise and the Genesis of the British Empire, 1480—1630*. Cambridge: Cambridge University Press, 1984.

Arber, Edward. "The Life and Labors of Richard Eden, Scholar, and Man of Science". In *The First Three English Books on America: [? 1511]—1555 A.D.*, ed. Arber, xxxvii—xlviii. Birmingham: [Printed by Turnbull & Spears, Edinburgh], 1885.

Archer, Ian W. "Smith, Sir Thomas(1513—1577)". *Oxford Dictionary of National Biography*(Oxford: Oxford University Press, 2004; online ed., 2007).

Arnald de Villanova. *Opera medica omnia*. Vol. 5, 1: *Tractatus de intentione medicorum*, ed. Michael R. McVaugh. Barcelona: Publicacions I Edicions de la Univ. de Barcelona, 2000.

Ash, Eric H. *Power, Knowledge, and Expertise in Elizabethan England*. Baltimore: Johns Hopkins University Press, 2004.

Ashmole, Elias ed. *Theatrum Chemicum Britannicum*. With introduction by Allen G. Debus. New York: Johnson Reprint Corporation, 1966.

Aston, Margaret. "English Ruins and English History: The Dissolution and the Sense of the Past". *Journal of the Warburg and Courtauld Institutes* 36(1973): 231—255.

Backhouse, Janet. "The Royal Library from Edward IV to Henry VII". In *The Cambridge History of the Book in Britain*, vol. 3, *1400—1557*, ed. Lotte Hellinga and J. B. Trapp, 267—273. Cambridge: Cambridge University Press, 1999.

Bäcklund, Jan. "In the Footsteps of Edward Kelley: Some MSS References at the Royal Library in Copenhagen Concerning an Alchemical Circle around John Dee and Edward Kelley". In *John Dee: Interdisciplinary Studies in English Renaissance Thought*, ed. Stephen Clucas, 295—330. Dordrecht: Springer, 2006.

Bacon, Roger. *De universali regimine senum et seniorum*. In *Opera hactenus inedita Rogeri Bacon*, fasc. 9, ed. Andrew G. Little and Edward Withington. Oxford: Clarendon Press, 1928.

——. *Opus majus*. Ed. John Henry Bridges. 2 vols. Oxford: Clarendon Press, 1897.

——. *Opus tertium*. In *Opera quaedam hactenus inedita Rogeri Baconis*, fasc. 1, ed. J. S. Brewer, 3—310. London: Longman, Green, Longman, and Roberts, 1859.

——. *Secretum secretorum cum glossi et notulis, tractatus brevis et utilis ad declarandum quedam obscure dicta Fratris Rogeri*. In *Opera hactenus inedita Rogeri Baconis*, fasc. 5, ed. Robert Steele, 1—175. Oxford: Clarendon Press, 1920.

Baggs, A. P., Ann J. Kettle, S. J. Lander, A. T. Thacker, and David Wardle. "Houses of Cistercian Monks: The Abbey of Combermere". In *A History of the County of Chester*, vol. 3, ed. C. R. Elrington and B. E. Harris, 150—156. London: Victoria County History, 1980.

Bailey, Michael D. "Diabolic Magic". In *The Cambridge History of Magic and Witchcraft in the West: From Antiquity to the Present*, ed. David J. Collins, 361—392. New York: Cambridge University Press, 2015.

Balsem, Astrid C. "Books from the Library of Andreas Dudith(1533—89) in the Library of Isaac Vossius". In *Books on the Move: Tracking Copies through Collections and the Book Trade*, ed. Robin Myers, Michael Harris, and Giles Mandelbrote, 69—86. London: Oak Knoll Press, 2007.

Baskerville, Geoffrey. *English Monks and the Suppression of the Monasteries*. London: Jonathan Cape, 1937.

Bassnett, Susan. "Absent Presences: Edward Kelley's Family in the Writings of John Dee". In *John Dee: Interdisciplinary Studies in English Renaissance Thought*, ed. Stephen Clucas, 285—294. Dordrecht: Springer, 2006.

Bayer, Penny. "Lady Margaret Clifford's Alchemical Receipt Book and the John Dee Circle". *Ambix* 52 (2006): 71—84.

Beaujouan, Guy, and Paul Cattin. "Philippe Éléphant(mathématique, alchimie, éthique)". In *Histoire littéraire de la France*, vol. 41, *Suite du quatorzième siècle*, 285—363. Paris: Imprimerie nationale, 1981.

Bell, David N. "A Cistercian at Oxford: Richard Dove of Buckfast and London". *Studia monastica* 31 (1989): 67—87.

——. "Monastic Libraries: 1400—1557". In *The Cambridge History of the Book in Britain*, vol. 3, *1400—1557*, ed. Lotte Hellinga and J. B. Trapp, 229—254. Cambridge: Cambridge University Press, 2008.

Bellamy, J. G. *The Law of Treason in England in the Later Middle Ages*. Cambridge: Cambridge University Press, 1970.

Betteridge, Thomas. *Tudor Histories of the English Reformations, 1530—83*. Aldershot: Ashgate, 1999.

Binksi, Paul, and Stella Panayotova. *The Cambridge Illuminations: Ten Centuries of Book Production in the Medieval West*. London: Harvey Miller, 2005.

Black, William Henry. *A Descriptive, Analytical, and Critical Catalogue of the Manuscripts Bequeathed unto the University of Oxford by Elias Ashmole, Esq., M.D., F. R. S.* Oxford: Oxford University Press, 1845.

Blok, Frans Felix. *Contributions to the History of Isaac Vossius's Library*. Amsterdam: North-Holland, 1974.

Boeren, P. C. *Codices Vossiani chymici*. Leiden: Universitaire pers Leiden, 1975.

Brenner, Robert. *Merchants and Revolution: Commercial Change, Political Conflict, and London's Overseas Traders, 1550—1653*. London: Verso, 2003.

Brewer, J. S. *The Reign of Henry VIII from His Accession to the Death of Wolsey*. Ed. James Gairdner. 2 vols. London: John Murray, 1884.

Broddle, S. Merrow comp. *Alchemical Works: Eirenaeus Philalethes Compiled*. Boulder, CO: Cinnabar, 1994.

Bryson, Alan. "Whalley, Richard(1498/9—1583)". *Oxford Dictionary of National Biography* (Oxford: Oxford University Press, 2004; online ed., 2007).

Bueno, Mar Rey. "*La Mayson pour Distiller des Eaües* at El Escorial: Alchemy and Medicine at the

Court of Philip II, 1556—1598". *Medical History* 29(2009): 26—39.

Calendar of Entries in the Papal Registers Relating to Great Britain and Ireland: Papal Letters. Vol. 11, *1455—1464*, prepared by J. A. Twenlow. London: Her Majesty's Stationery Office, 1893.

Calendar of Letter-Books of the City of London. Vol. 1, *1400—1422*, ed. Reginald R. Sharpe. London: His Majesty's Stationery Office, 1909.

Calendar of State Papers Domestic: Edward, Mary, and Elizabeth, 1547—80. London: Her Majesty's Stationery Office, 1856.

Calendar of State Papers Domestic: Elizabeth, Addenda, 1566—79. London: Her Majesty's Stationery Office, 1871.

Calis, Richard, Frederic Clark, Christian Flow, Anthony Grafton, Madeline McMahon, and Jennifer M. Rampling. "Passing the Book: Cultures of Reading in the Winthrop Family, 1580—1730". *Past and Present* 241(2018): 69—141.

Calvet, Antoine. *Les oeuvres alchimiques attribuées à Arnaud de Villeneuve: Grand oeuvre, médecine et prophétie au Moyen-Âge*. Paris: S.É.H.A.; Milan: Archè, 2011.

Campbell, Andrew, Lorenza Gianfrancesco, and Neil Tarrant eds. "Alchemy and the Mendicant Orders of Late Medieval and Early Modern Europe". *Ambix* 65(2018): 201—209.

Campbell, James Stuart. "The Alchemical Patronage of Sir William Cecil, Lord Burghley". Master's thesis, Victoria University of Wellington, 2009.

Carley, J. P. ed. *The Libraries of King Henry VIII*. London: The British Library in association with The British Academy, 2000.

——. "Monastic Collections and Their Dispersal". In *The Cambridge History of the Book in Britain*, vol. 4, *1557—1695*, ed. John Bernard and D. F. McKenzie, with Maureen Bell, 339—348. Cambridge: Cambridge University Press, 2002.

Carlson, David. "The Writings and Manuscript Collection of the Elizabethan Alchemist, Antiquary, and Herald, Francis Thynne". *Huntington Library Quarterly* 52(1989): 203—272.

Carpenter, David. "Gold and Gold Coins in England in the Mid-Thirteenth Century". *Numismatic Chronicle* 147(1987): 106—113.

Carusi, Paola. "*Animalis herbalis naturalis*. Considerazioni parallele sul 'De anima in arte alchimiae' attribuito ad Avicenna e sul '*Miftāh al-hikma*'(Opera di un allievo di Apollonia di Tiana)". *Micrologus* 3(1995): 45—74.

Challis, C. E. "Mint Officials and Moneyers of the Tudor Period". *British Numismatic Journal* 45 (1975): 51—76.

——. *The Tudor Coinage*. New York: Manchester University Press, 1978.

Charlton, Kenneth. "Holbein's 'Ambassadors' and Sixteenth-Century Education". *Journal of the History of Ideas* 21(1960): 99—109.

Clark, James G. "Reformation and Reaction at St Albans Abbey, 1530—58". *English Historical Review* 115(2000): 297—328.

Clark, Stuart. *Thinking with Demons: The Idea of Witchcraft in Early Modern Europe*. Oxford: Oxford University Press, 1997.

Clericuzio, Antonio. *Elements, Principles, and Corpuscles: A Study of Atomism and Chemistry in the Seventeenth Century*. Dordrecht: Kluwer, 2000.

——. "From van Helmont to Boyle: A Study of the Transmission of Helmontian Chemical and Medical Theories in Seventeenth-Century England". *British Journal for the History of Science* 26(1993): 303—334.

Clucas, Stephen ed. *John Dee: Interdisciplinary Studies in English Renaissance Thought*. Dordrecht:

Springer，2006.
——. "John Dee's Angelic Conversations and the *Ars notoria*: Renaissance Magic and Mediaeval Theurgy". In Clucas, *John Dee*, 231—273.
Clulee, Nicholas H. "Astronomia inferior: Legacies of Johannes Trithemius and John Dee". In *Secrets of Nature: Astrology and Alchemy in Early Modern Europe*, ed. William R. Newman and Anthony Grafton, 173—233. Cambridge, MA: MIT Press, 2001.
——. *John Dee's Natural Philosophy: Between Science and Religion*. Oxford: Routledge, 1988.
Collette, Carolyn P., and Vincent DiMarco. "The Canon's Yeoman's Tale". In *Sources and Analogues of the Canterbury Tales*, vol. 2, ed. Robert M. Correale and Mary Hamel, 715—747. Cambridge: D. S. Brewer, 2005.
Connolly, Margaret. *Sixteenth-Century Readers, Fifteenth-Century Books: Continuities of Reading in the English Reformation*. Cambridge: Cambridge University Press, 2019.
Cook, Harold J. "The Society of Chemical Physicians, the New Philosophy, and the Restoration Court". *Bulletin of the History of Medicine* 61(1987): 61—77.
Coote, Lesley A. *Prophecy and Public Affairs in Later Medieval England*. Woodbridge: York Medieval Press, 2000.
Corbett, J. A. *Catalogue des manuscrits alchimiques latins*. 2 vols. Paris: Office International de Labraire, 1939, 1951.
Cox, J. Charles. "The Religious Pension Roll of Derbyshire, temp. Edward VI". *Journal of the Derbyshire Archaeological and Natural History Society* 28(1906): 10—43.
Crankshaw, David J., and Alexandra Gillespie. "Parker, Matthew(1504—1575)". *Oxford Dictionary of National Biography*(Oxford: Oxford University Press, 2004; online ed., 2007).
Crisciani, Chiara. "Alchimia e potere: Presenze francescane(secoli XIII—XIV)". In *I Francescani e la politica: Atti del convegno internazionale di studio, Palermo 3—7 dicembre 2002*, ed. Alessandro Musco, 223—235. Palermo: Biblioteca Francescana—Officina di Studi Medievali, 2007.
——. "Opus and sermo: The Relationship between Alchemy and Prophecy(12th—14th Centuries)". *Early Science and Medicine* 13(2008): 4—24.
Crisciani, Chiara, and Michela Pereira. "Black Death and Golden Remedies: Some Remarks on Alchemy and the Plague". In *The Regulation of Evil: Social and Cultural Attitudes to Epidemics in the Late Middle Ages*, ed. Agostino Paravicini Bagliani and Francesco Santi, 7—39. Florence: SISMEL, 1998.
Daniel, Dane Thor. "Invisible Wombs: Rethinking Paracelsus's Concept of Body and Matter". *Ambix* 53(2006): 129—142.
Dapsens, Marion. "De la Risālat Maryānus au *De Compositione alchemiae*: Quelques réflexions sur la tradition d'un traité d'alchimie". *Studia graecoarabica* 6(2016): 121—140.
Debus, Allen G. *The Chemical Philosophy: Paracelsian Science and Medicine in the Sixteenth and Seventeenth Centuries*. 2 vols. New York: Science History Publications, 1977.
——. *The English Paracelsians*. London: Oldbourne Press, 1965.
Dee, John. *The Diaries of John Dee*. Ed. Edward Fenton. Charlbury: Day Books, 1998.
——. *The Private Diary of Dr. John Dee, and the Catalog of His Library of Manuscripts*. Ed. James Orchard Halliwell. London: Printed for the Camden Society, 1842.
De Schepper, Susanna L. B. "'Foreign' Books for English Readers: Published Translations of Navigation Manuals and Their Audience in the English Renaissance, 1500—1640". PhD diss., University of Warwick, 2012.
DeVun, Leah. *Prophecy, Alchemy, and the End of Time: John of Rupescissa in Medieval Europe*. New York: Columbia University Press, 2009.

Dewar, Mary. *Sir Thomas Smith, Tudor Intellectual in Office*. London: Athlone Press, 1964.

Dickins, Bruce. "The Making of the Parker Library". *Transactions of the Cambridge Bibliographical Society* 6(1972—76): 19—34.

Dickinson, J. C. *The Origins of the Austin Canons and Their Introduction into England*. London: S. P. C. K., 1950.

Dodds, Madeleine Hope. "Political Prophecies in the Reign of Henry VIII". *Modern Language Review* 11(1916): 276—284.

Donald, M. B. "Burchard Kranich (c. 1515—1578), Miner and Queen's Physician, Cornish Mining Stamps, Antimony, and Frobisher's Gold". *Annals of Science* 6(1950): 308—322.

——. *Elizabethan Monopolies: The History of the Company of Mineral and Battery Works from 1565 to 1604*. Edinburgh: Oliver & Boyd, 1961.

——. "A Further Note on Burchard Kranich". *Annals of Science* 7(1951): 107—108.

Dudík, Beda. *Iter romanum: Im Auftrage des hohen maehrischen Landesausschusses in den Jahren 1852 und 1853*. Pts. 1—2. Vienna: F. Manz, 1855.

Duncan, Edgar H. "The Literature of Alchemy and Chaucer's Canon's Yeoman's Tale: Framework, Theme, and Characters". *Speculum* 43(1968): 633—656.

Dupré, Sven ed. *Laboratories of Art: Alchemy and Art Technology from Antiquity to the 18th Century*. Cham: Springer, 2014.

Duwes, Giles. "An introductorie for to lerne to rede, to pronounce and to speke French trewly". In *L'éclaircissement de la langue française... la grammaire de Gilles Du Guez*, ed. F. Génin Paris: Imprimerie nationale, 1852.

Eamon, William. "Masters of Fire: Italian Alchemists in the Court of Philip II". In *Chymia: Science and Nature in Medieval and Early Modern Europe*, ed. Miguel López Pérez, Didier Kahn, and Mar Rey Bueno, 138—156. Newcastle-upon-Tyne: Cambridge Scholars, 2010.

——. *Science and the Secrets of Nature: Books of Secrets in Medieval and Early Modern Culture*. Princeton: Princeton University Press, 1994.

Eamon, William, and Gundolf Keil. "*Plebs amat empirica*: Nicholas of Poland and His Critique of the Medieval Medical Establishment". *Sudhoffs Archiv* 71(1987): 180—196.

Easton, Stewart C. *Roger Bacon and His Search for a Universal Science: A Reconsideration of the Life and Work of Roger Bacon in the Light of His Own Stated Purposes*. Oxford: Blackwell, 1952.

Elton, G. R. *Policy and Police: The Enforcement of the Reformation in the Age of Thomas Cromwell*. Cambridge: Cambridge University Press, 1972.

Elzinga, J. G. "York, Sir John (*d*. 1569)". *Oxford Dictionary of National Biography* (Oxford: Oxford University Press, 2004; online ed., 2007).

Emden, B. *A Biographical Register of the University of Oxford to A.D. 1500*. Vol. 3. Oxford: Clarendon Press, 1959.

Evans, John. "The First Gold Coins of England". *Numismatic Chronicle and Journal of the Numismatic Society* 20(1900): 218—251.

Evans, R. J. W. *Rudolf II and His World: A Study in Intellectual History, 1576—1612*. Oxford, 1973. Reprint, London: Thames & Hudson, 1997.

Farmer, David L. "Prices and Wages, 1350—1500". In *The Agrarian History of England and Wales*, vol. 3, *1348—1500*, ed. Edward Miller, 431—525. Cambridge: Cambridge University Press, 1991.

Farmer, S. A. ed. and trans. *Syncretism in the West: Pico's 900 Theses (1486); The Evolution of Traditional Religious and Philosophical Systems*. Tempe, AZ: Medieval & Renaissance Texts & Studies, 1998.

Feingold, Mordechai. "The Occult Tradition in the English Universities of the Renaissance: A Reassessment". In *Occult and Scientific Mentalities in the Renaissance*, ed. Brian Vickers, 73—94. Cambridge: Cambridge University Press, 1984.

Feola, Vittoria. *Elias Ashmole and the Uses of Antiquity*. Paris: Librairie Blanchard, 2012.

——. "Elias Ashmole's Collections and Views about John Dee". *Studies in History and Philosophy of Science* 43(2012): 530—538.

Ficino, Marsilio. *Three Books on Life: A Critical Edition and Translation*. Ed. and trans. Carol V. Kaske and John R. Clark. Binghamton, NY: Medieval & Renaissance Texts & Studies in Conjunction with the Renaissance Society of America, 1989.

Findlen, Paula. *Possessing Nature: Museums, Collecting, and Scientific Culture in Early Modern Italy*. Berkeley: University of California Press, 1994.

Flynn, Colin George. "The Decline and End of the Lead-Mining Industry in the Northern Pennines, 1865—1914: A Socio-Economic Comparison between Wensleydale, Swaledale, and Teesdale". PhD diss., Durham University, 1999.

Forbes, R. J. *A Short History of the Art of Distillation*. Leiden: Brill, 1970.

Ford, L. L. "Audley, Thomas, Baron Audley of Walden(1487/8—1544)". *Oxford Dictionary of National Biography*(Oxford: Oxford University Press, 2004; online ed., 2007).

Forshaw, Peter J. "Cabala Chymica or Chemia Cabalistica—Early Modern Alchemists and Cabala". *Ambix* 60(2013): 361—389.

——. "'Chemistry, that Starry Science': Early Modern Conjunctions of Astrology and Alchemy". In *Sky and Symbol*, ed. Nicholas Campion and Liz Greene, 143—184. Lampeter: Sophia Centre Press, 2013.

Foster, Joseph ed. *Alumni Oxonienses, 1500—1714*. 4 vols. Oxford: Parker and Co., 1891—1892.

Fowler, R. C. "Alchemy in Essex". In *The Essex Review: An Illustrated Quarterly Record of Everything of Permanent Interest in the County*, vol. 16, ed. Edward A. Fitch and C. Fell Smith, 158—159. Colchester: Behnam & Co., 1907.

Foxe, John. *The Unabridged Acts and Monuments Online(1570 edition)*. 1587. Sheffield: HRI Online Publications, 2011. http//www.johnfoxe.org.

French, Peter J. *John Dee: The World of the Elizabethan Magus*. London: Routledge & Kegan Paul, 1972.

French, Roger. *Canonical Medicine: Gentile da Foligno and Scholasticism*. Leiden: Brill, 2001.

——. *Medicine before Science: The Business of Medicine from the Middle Ages to the Enlightenment*. Cambridge: Cambridge University Press, 2003.

French, Roger, and Andrew Cunningham, *Before Science: The Invention of the Friars' Natural Philosophy*. Aldershot: Ashgate, 1996.

Fuller, Thomas. *The History of the Worthies of England: A New Edition*. Ed. P. Austin Nuttall. 2 vols. London: Thomas Tegg, 1840.

Galluzzi, Paolo. "Motivi paracelsiani nella Toscana di Cosimo II e di Don Antonio de' Medici: Alchimia, medicina, 'chimica' e riforma del sapere". In *Scienze, credenze occulte, livelli di cultura*, ed. Paola Zambelli, 189—215. Florence: Olschki, 1982.

Gaskill, Malcolm. "Witchcraft and Evidence in Early Modern England". *Past and Present* 198(2008): 33—70.

Gentilcore, David. *Medical Charlatanism in Early Modern Italy*. Oxford: Oxford University Press, 2006.

Geoghegan, D. "A Licence of Henry VI to Practise Alchemy". *Ambix* 6(1957): 10—17.

Getz, Faye. "Kymer, Gilbert(d. 1463)". *Oxford Dictionary of National Biography* (Oxford: Oxford University Press, 2004; online ed., 2007).

——. *Medicine in the English Middle Ages*. Princeton: Princeton University Press, 1998.

——. "Mirfield, John[Johannes de Mirfeld](d. 1407)". *Oxford Dictionary of National Biography* (Oxford: Oxford University Press, 2004; online ed., 2007).

——. "To Prolong Life and Promote Health: Baconian Alchemy and Pharmacy in the English Learned Tradition". In *Health, Disease, and Healing in Medieval Culture*, ed. Sheila Campbell, Bert Hall, and David Klausner, 141—150. New York: Palgrave, 1992.

Gilly, Carlos. "On the Genesis of L. Zetzner's *Theatrum Chemicum* in Strasbourg". In *Magia, alchimia, scienza dal '400 al '700: L'influsso di Ermete Trismegisto*, ed. Carlos Gilly and Cis van Heertum, 1: 451—467. Florence: Centro Di, 2002.

Given-Wilson, Chris. *Chronicles: The Writing of History in Medieval England*. London: Hambledon Continuum, 2004.

Goltz, Dietlinde. *Studien zur Geschichte der Mineralnamen in Pharmazie, Chemie und Medizin von den Anfängen bis Paracelsus*. Wiesbaden: Franz Steiner, 1972.

Goodman, David C. *Power and Penury: Government, Technology, and Science in Philip II's Spain*. Cambridge: Cambridge University Press, 1988.

Gould, J. D. *The Great Debasement: Currency and the Economy in Mid-Tudor England*. Oxford: Clarendon Press, 1970.

Gower, John. *Confessio Amantis*. Vol. 2, ed. Russell A. Peck, trans. Andrew Galloway. 2nd ed. Kalamazoo, MI: Medieval Institute Publications, 2013.

Grafton, Anthony. "Church History in Early Modern Europe: Tradition and Innovation". In *Sacred History: Uses of the Christian Past in the Renaissance World*, ed. Katherine Van Liere et al., 3—26. Oxford: Oxford University Press, 2012.

——. *Commerce with the Classics: Ancient Books and Renaissance Readers*. Ann Arbor: University of Michigan Press, 1997.

——. *Defenders of the Text: The Traditions of Humanism in an Age of Science, 1450—1800*. Cambridge, MA: Harvard University Press, 1991.

——. *Joseph Scaliger: A Study in the History of Classical Scholarship*. Vol. 1, *Textual Criticism and Exegesis*. Oxford: Clarendon Press, 1983.

——. "Matthew Parker: The Book as Archive". *History of Humanities* 2(2017): 15—50.

Grafton, Anthony, and Megan Williams. *Christianity and the Transformation of the Book: Origen, Eusebius, and the Library of Caesarea*. Cambridge, MA: Harvard University Press, 2008.

Grant, Edward. *The Foundations of Modern Science in the Middle Ages: Their Religious, Institutional, and Intellectual Contexts*. Cambridge: Cambridge University Press, 1996.

——. *God and Reason in the Middle Ages*. Cambridge: Cambridge University Press, 2009.

——. "Medieval Natural Philosophy: Empiricism without Observation". In *The Nature of Natural Philosophy in the Late Middle Ages*, 195—224. Washington, DC: Catholic University of America Press, 2010.

Green, Richard Firth. *Poets and Princepleasers: Literature and the English Court in the Late Middle Ages*. Toronto: Toronto University Press, 1980.

Grund, Peter J. "Albertus Magnus and the Queen of the Elves: A 15th-Century English Verse Dialogue on Alchemy". *Anglia: Zeitschrift für englische Philologie* 122(2004): 640—662.

——. "'Ffor to make Azure as Albert biddes': Medieval English Alchemical Writings in the Pseudo-Albertan Tradition". *Ambix* 53(2006): 21—42.

——. "The Golden Formulas: Genre Conventions of Alchemical Recipes in the Middle English Period". *Neuphilologische Mitteilungen* 104.4(2003): 455—475.

——. "*Misticall Wordes and Names Infinite*": *An Edition and Study of Humfrey Lock's Treatise on Alchemy*. Tempe: Arizona Center for Medieval and Renaissance Studies, 2011.

——. "A Previously Unrecorded Fragment of the Middle English Short Metrical Chronicle in Bibliotheca Philosophica Hermetica M199". *English Studies* 87(2006): 277—293.

Gwei-Djen, Lu. Joseph Needham, and Dorothy Needham. "The *Coming of Ardent Water*". *Ambix* 19 (1972): 69—112.

Gwyn, David. "Richard Eden, Cosmographer and Alchemist". *Sixteenth Century Journal* 15(1984): 13—34.

Hadfield, Andrew. "Eden, Richard(*c*. 1520—1576)". *Oxford Dictionary of National Biography* (Oxford: Oxford University Press, 2004; online ed., 2007).

Halleux, Robert. "Les ouvrages alchimiques de Jean de Rupescissa". *Histoire littéraire de la France* 41 (1981): 241—277.

——. *Les textes alchimiques*. Turnhout: Brepols, 1979.

——. "The Reception of Arabic Alchemy in the West". In *Encyclopedia of the History of Arabic Science*, ed. Roshdi Rashed, 3: 886—902. London: Routledge, 1996.

Hamilton, Marie P. "The Clerical Status of Chaucer's Alchemist". *Speculum* 16(1941): 103—108.

Hammond, Frederick. "Odington, Walter(*fl*. *c*. 1280—1301)". *Oxford Dictionary of National Biography*(Oxford: Oxford University Press, 2004; online ed., 2007).

Handl, Jacob. *The Moralia of 1596*. Ed. Allen B. Skei. Middleton, WI: Madison, A-R Editions, 1970.

Harkness, Deborah E. *The Jewel House*: *Elizabethan London and the Scientific Revolution*. New Haven: Yale University Press, 2007.

——. *John Dee's Conversations with Angels*: *Cabala*, *Alchemy*, *and the End of Nature*. Cambridge: Cambridge University Press. 1999.

——. "Managing an Experimental Household: The Dees of Mortlake and the Practice of Natural Philosophy". *Isis* 88(1997): 247—262.

Harley, David. "Rychard Bostok of Tandridge, Surrey(c. 1530—1605), M. P., Paracelsian Propagandist and Friend of John Dee". *Ambix* 47(2000): 29—36.

Hatcher, John. "Plague, Population, and the English Economy, 1348—1530". In *British Population History*: *From the Black Death to the Present Day*, ed. Michael Anderson, 9—94. Cambridge: Cambridge University Press, 1996.

Haye,Thomas. *Das lateinische Lehrgedicht im Mittelalter*: *Analyse einer Gattung*. Leiden: Brill, 1997.

Heale, Martin. *The Abbots and Priors of Late Medieval and Reformation England*. New York: Oxford University Press, 2016.

Hedesan, Georgiana D. *An Alchemical Quest for Universal Knowledge*: *The "Christian Philosophy" of Jan Baptist Van Helmont(1579—1644)*. Oxford: Routledge, 2016.

Henry, John. "Occult Qualities and Experimental Philosophy". *History of Science* 24(1986): 335—381.

Hicks, Michael. "Neville, George(1432—1476)". *Oxford Dictionary of National Biography* (Oxford: Oxford University Press, 2004; online ed., 2007).

Hinckley, Marlis Ann. "Diagrams and Visual Reasoning in Pseudo-Lullian Alchemy, 1350—1500". MSt thesis, King's College, University of Cambridge, 2017.

Hobbins, Daniel. *Authorship and Publicity before Print*: *Jean Gerson and the Transformation of Late Medieval Learning*. Philadelphia: University of Pennsylvania Press, 2013.

Hogart, Ron Charles ed. *Alchemy*: *A Comprehensive Bibliography of the Manly P. Hall Collection of*

Books and Manuscripts; Including Related Material on Rosicrucianism and the Writings of Jacob Böhme. Intro. Manly P. Hall. Los Angeles: The Philosophical Research Society, 1986.

Houlbrooke, Ralph. "Parkhurst, John(1511? —1575)". *Oxford Dictionary of National Biography*(Oxford: Oxford University Press, 2004; online ed., 2007).

Houston, R. A. *Literacy in Early Modern Europe: Culture and Education, 1500—1800*. London: Longman, 1988.

Hughes, Jonathan. *Arthurian Myths and Alchemy: The Kingship of Edward IV*. Stroud: Sutton Publishing, 2002.

——. *The Rise of Alchemy in Fourteenth-Century England: Plantagenet Kings and the Search for the Philosopher's Stone*. London: Continuum, 2012.

Hutchison, Keith. "What Happened to Occult Qualities in the Scientific Revolution?" *Isis* 73(1982): 233—253.

Isidore of Seville. *Isidori Hispalensis episcopi Etymologiarum sive originum libri XX*. Ed. W. M. Lindsay. Oxford: Oxford University Press, 1911.

James, M. R. *A Descriptive Catalogue of the Manuscripts in the Library of Corpus Christi College, Cambridge*. 2 vols. Cambridge: Cambridge University Press, 1912.

——. *The Sources of Archbishop Parker's Collection of MSS at Corpus Christi College, Cambridge*. Cambridge: Cambridge Antiquarian Society, 1899.

——. *The Western Manuscripts in the Library of Trinity College Cambridge: A Descriptive Catalogue*. Vol. 3. Cambridge: Cambridge University Press, 1902.

Janacek, Bruce. *Alchemical Belief: Occultism in the Religious Culture of Early Modern England*. University Park: Pennsylvania State University Press, 2011.

Jardine, Lisa, and Anthony Grafton. "'Studied for Action: How Gabriel Harvey Read His Livy.'" *Past and Present* 129(1990): 30—78.

Jones, Peter Murray. "Alchemical Remedies in Late Medieval England". In *Alchemy and Medicine from Antiquity to the Eighteenth Century*, ed. Jennifer M. Rampling and Peter M. Jones. London: Routledge, forthcoming.

——. "Complexio and Experimentum: Tensions in Late Medieval English Practice". In *The Body in Balance: Humoral Medicines in Practice*, ed. Peregrine Horden and Elizabeth Hsu, 107—128. New York: Berghahn, 2013.

——. "Four Middle English Translations of John of Arderne". In *Latin and Vernacular: Studies in Late-Medieval Texts and Manuscripts*, ed. A. J. Minnis, 61—89. Cambridge: D. S. Brewer, 1989.

——. "Mediating Collective Experience: The *Tabula Medicine* (1416—1425) as a Handbook for Medical Practice". In *Between Text and Patient: The Medical Enterprise in Medieval and Early Modern Europe*, ed. Florence Eliza Glaze and Brian K. Nance, Micrologus' Library 39, 279—307. Florence: SISMEL, 2011.

——. "The Survival of the *Frater Medicus*? English Friars and Alchemy, ca. 1370—ca. 1425". *Ambix* 65 (2018): 232—249.

Jordan, William Chester. *The Great Famine: Northern Europe in the Early Fourteenth Century*. Princeton: Princeton University Press, 1997.

Josten, C. H. ed. *Elias Ashmole: His Autobiographical and Historical Notes, His Correspondence, and Other Contemporary Sources Relating to His Life and Work*. 5 vols. Oxford: Oxford University Press, 1967.

Kahn, Didier. *Alchimie et Paracelsime en France à la fin de la Renaissance (1567—1625)*. Geneva: Librairie Droz, 2007.

——. "Littérature et alchimie au Moyen Age: De quelques textes alchimiques attribués à Arthur et Merlin". *Micrologus* 3(1995): 227—262.

——. "The *Turba philosophorum* and Its French Version(15th c.)". In *Chymia: Science and Nature in Medieval and Early Modern Europe*, ed. Miguel López Pérez, Didier Kahn, and Mar Rey Bueno, 70—114. Newcastle-upon-Tyne: Cambridge Scholars, 2010.

Kahn, Didier, and Hiro Hirai eds. "Pseudo-Paracelsus: Forgery and Early Modern Alchemy, Medicine and Natural Philosophy". *Early Science and Medicine* 5—6(2020): 415—575.

Kaplan, Edward. "Robert Recorde(c. 1510—1558): Studies in the Life and Works of a Tudor Scientist". PhD diss., New York University, 1960.

Karpenko, Vladimír, and Ivo Purš. "Edward Kelly: A Star of the Rudolfine Era". In *Alchemy and Rudolf II: Exploring the Secrets of Nature in Central Europe in the 16th and 17th Centuries*, ed. Ivo Purš and Vladimír Karpenko, 489—534. Prague: Artefactum, 2016.

Kassell, Lauren. "The Economy of Magic in Early Modern England". In *The Practice of Reform in Health, Medicine, and Science, 1500—2000: Essays for Charles Webster*, ed. Margaret Pelling and Scott Mandelbrote, 43—57. Aldershot: Ashgate, 2005.

——. *Medicine and Magic in Elizabethan London: Simon Forman: Astrologer, Alchemist, and Physician*. Oxford: Clarendon Press, 2005.

——. "Reading for the Philosophers' Stone". In *Books and the Sciences in History*, ed. Marina Frasca-Spada and Nick Jardine, 132—150. Cambridge: Cambridge University Press, 2000.

——. "Secrets Revealed: Alchemical Books in Early-Modern England". *History of Science* 48(2011): 1—27, A1—38.

Keiser, George R. "Preserving the Heritage: Middle English Verse Treatises in Early Modern Manuscripts". In *Mystical Metal of Gold: Essays on Alchemy and Renaissance Culture*, ed. Stanton J. Linden, 189—214. New York: AMS, 2007.

Kelley, Edward. *The Alchemical Writings of Edward Kelly*. Trans. Arthur Edward Waite. London: James Elliott, 1893.

Kempers, Bram. *Painting, Power, and Patronage: The Rise of the Professional Artist in the Italian Renaissance*. Trans. Beverley Jackson. London: Penguin, 1984.

Kendrick, T. D. *British Antiquity*. New York: Barnes & Noble, 1950.

Kieckhefer, Richard. *Forbidden Rites: A Necromancer's Manual of the Fifteenth Century*. University Park: Pennsylvania State University Press, 1998.

——. *Magic in the Middle Ages*. New York: Cambridge University Press, 1989.

Kieffer, Fanny. "The Laboratories of Art and Alchemy at the Uffizi Gallery in Renaissance Florence: Some Material Aspects". In *Laboratories of Art: Alchemy and Art Technology from Antiquity to the 18th Century*, ed. Sven Dupré, 105—127. Cham: Springer, 2014.

Kipling, Gordon. "Duwes[Dewes], Giles[pseud. Aegidius de Vadis](d. 1535)". *Oxford Dictionary of National Biography*(Oxford: Oxford University Press, 2004; online ed., 2007).

Kitching, Christopher. "Alchemy in the Reign of Edward VI: An Episode in the Careers of Richard Whalley and Richard Eden". *Bulletin of the Institute of Historical Research* 44(1971): 308—315.

Klaassen, Frank. *The Transformations of Magic: Illicit Learned Magic in the Later Middle Ages and Renaissance*. University Park: Pennsylvania State University Press, 2013.

Knafla, Louis A. "Thynne, Francis(1545? —1608)". *Oxford Dictionary of National Biography*(Oxford: Oxford University Press, 2004; online ed., 2007).

Knighton, C. S. "Freake, Edmund(*c*. 1516—1591)". *Oxford Dictionary of National Biography* (Oxford: Oxford University Press, 2004; online ed., 2007).

Knowles, David, and R. Neville Hadcock. *Medieval Religious Houses*: *England and Wales*. London: Longman, 1971.

Kocher, Paul H. "Paracelsan Medicine in England: The First Thirty Years(ca. 1570—1600)". *Journal of the History of Medicine* 2(1947): 451—480.

Kraus, Paul. *Jābir b. Ḥayyān*: *Contribution à l'histoire des idées scientifiques dans l'Islam*. 2 vols. Cairo: Institut français d'archéologie orientale, 1943.

Kühlmann, Wilhelm, and Joachim Telle eds. *Alchemomedizinische Briefe*, *1585 bis 1597*. Stuttgart: Franz Steiner, 1998.

——. *Corpus Paracelsisticum*: *Dokumente frühneuzeitlicher Naturphilosophie in Deutschland*. Tübingen: Max Niemeyer, 2001—.

Lambley, Kathleen. *The Teaching and Cultivation of the French Language in England during Tudor and Stuart Times*. Manchester: Manchester University Press, 1920.

Langland, William. *The Vision of Piers Plowman*: *A Critical Edition of the B-Text Based on Trinity College Cambridge MS B.15.17*. Ed. A. V. C. Schmidt. 2nd ed. London: J. M. Dent, 1995.

Lehrich, Christopher I. *The Language of Demons and Angels*: *Cornelius Agrippa's Occult Philosophy*. Leiden: Brill, 2003.

Lenke, Nils, Nicolas Roudet, and Hereward Tilton. "Michael Maier—Nine Newly Discovered Letters". *Ambix* 61(2014): 1—47.

Leong, Elaine. "'Herbals she peruseth': Reading Medicine in Early Modern England". *Renaissance Studies* 28(2014): 556—578.

——. *Recipes and Everyday Knowledge*: *Medicine*, *Science*, *and the Household in Early Modern England*. Chicago: University of Chicago Press, 2019.

Leong, Elaine, and Alisha Rankin eds. *Secrets and Knowledge in Medicine and Science*, *1500—1800*. Farnham: Ashgate, 2011.

Lerer, Seth. *Boethius and Dialogue*: *Literary Method in "The Consolation of Philosophy"*. Princeton: Princeton University Press, 1985.

Letters and Papers, *Foreign and Domestic*, *Henry VIII*. Vol. 5, *1531—1532*, ed. James Gairdner. London: Her Majesty's Stationery Office, 1880.

Letters and Papers, *Foreign and Domestic*, *Henry VIII*. Vol. 7, *1534*, ed. James Gairdner. London: Her Majesty's Stationery Office, 1883.

Letters and Papers, *Foreign and Domestic*, *Henry VIII*. Vol. 14, pt. 1, *January—July 1539*, ed. James Gairdner and R. H. Brodie. London: Her Majesty's Stationery Office, 1894.

Letters and Papers, *Foreign and Domestic*, *Henry VIII*. Vol. 14, pt. 2, *August—December 1539*, ed. James Gairdner and R. H. Brodie. London: Her Majesty's Stationery Office, 1895.

Letters and Papers, *Foreign and Domestic*, *Henry VIII*. Vol. 21, pt. 2, *September 1546—January 1547*, ed. James Gairdner and R. H. Brodie. London: His Majesty's Stationery Office, 1910.

Levitin, Dmitri. *Ancient Wisdom in the Age of the New Science*: *Histories of Philosophy in England*, *c. 1640—1700*. Cambridge: Cambridge University Press, 2015.

Linden, Stanton J. *Darke Hierogliphicks*: *Alchemy in English Literature from Chaucer to the Restoration*. Lexington: University Press of Kentucky, 1996.

Lippmann, Edmund O. von. "Thaddäus Florentinus[Taddeo Alderotti] über den Weingeist". *Archiv für Geschichte der Medizin* 7(1913—14): 379—389.

Long, Pamela O. *Artisan/Practitioners and the Rise of the New Sciences*, *1400—1600*. Corvallis: Oregon State University Press, 2011.

——. *Openness*, *Secrecy*, *Authorship*: *Technical Arts and the Culture of Knowledge from Antiquity to the Renaissance*. Baltimore: Johns Hopkins University Press, 2001.

Lubac, Henri de. *Exégèse médiévale: Les quatre sens de l'Écriture*. 4 vols. Paris: Aubier, 1959, 1961, 1964.

——. *Medieval Exegesis: The Fourfold Sense of Scripture*. Trans. Mark Sebanc(vol. 1), Edward M. Macierowski(vols. 2 and 3). Grand Rapids, MI: Eerdmans, 1998—2009.

Lüthy, Christoph, John E. Murdoch, and William R. Newman eds. *Late Medieval and Early Modern Corpuscular Matter Theories*. Leiden: Brill, 2001.

Lyon, Harriet K. "The Afterlives of the Dissolution of the Monasteries, 1536—c. 1700". PhD diss., University of Cambridge, 2018.

Maclean, Ian. *Interpretation and Meaning in the Renaissance: The Case of Law*. Cambridge: Cambridge University Press, 1992.

Maddison, Francis, Margaret Pelling, and Charles Webster. *Essays on the Life and Work of Thomas Linacre, c. 1460—1524*. New York: Oxford University Press, 1977.

Mandelbrote, Scott. "Norton, Samuel(1548—1621)". *Oxford Dictionary of National Biography*(Oxford: Oxford University Press, 2004; online ed., 2007).

Mandosio, Jean-Marc. "L'alchimie dans les classifications des sciences et des arts à la Renaissance". In *Alchimie et philosophie à la Renaissance*, ed. Jean-Claude Margolin and Sylvain Matton, 11—41. Paris: Vrin, 1993.

Manzalaoui, Mahmoud. "The Pseudo-Aristotelian Kitab Sirr al-asrar: Facts and Problems". *Oriens* 23—24(1974[1970—1971]): 148—257.

Marshall, Peter. "Forgery and Miracles in the Reign of Henry VIII". *Past and Present* 178(2003): 39—73.

Martelli, Matteo ed. and trans. *The Four Books of Pseudo-Democritus*. Sources of Alchemy and Chemistry 1. Leeds: Maney, 2013.

Martels, Zweder von. "Augurello's 'Chrysopoeia'(1515)—A Turning Point in the Literary Tradition of Alchemical Texts". *Early Science and Medicine* 5(2000): 178—195.

Matton, Sylvain. "Marsile Ficin et l'alchimie: Sa position, son influence". In *Alchimie et philosophie à la Renaissance: Actes du colloque international de Tours(4—7 décembre 1991)*, ed. Sylvain Matton and Jean-Claude Margolin, 123—192. Paris: Vrin, 1993.

Matus, Zachary A. *Franciscans and the Elixir of Life: Religion and Science in the Later Middle Ages*. Philadelphia: University of Pennsylvania Press, 2017.

McCallum, R. Ian. *Antimony in Medical History: An Account of the Medical Uses of Antimony and Its Compounds since Early Times to the Present*. Edinburgh: Pentland Press, 1999.

McKisack, Mary. *Medieval History in the Tudor Age*. Oxford: Clarendon Press, 1971.

McLean, Antonia. *Humanism and the Rise of Science in Tudor England*. New York: Heinemann, 1972.

McVaugh, Michael. "The Nature and Limits of Medical Certitude at Early Fourteenth-Century Montpellier". *Osiris*, 2nd ser., 6(1990): 62—84.

Mitchiner, M. B., and A. Skinner. "Contemporary Forgeries of English Silver Coins and Their Chemical Compositions: Henry III to William III". *Numismatic Chronicle* 145(1985): 209—236.

Molland, George, "Bacon, Roger(c. 1214—1292?)", *Oxford Dictionary of National Biography* (Oxford: Oxford University Press, 2004; online ed., 2007).

Montford, Angela. *Health, Sickness, Medicine, and the Friars in the Thirteenth and Fourteenth Centuries*. Aldershot: Ashgate, 2004.

Moorat, S. A. J. *Catalogue of Western Manuscripts on Medicine and Science in the Wellcome Historical Medical Library*, 2 vols. London: Wellcome Institute for the History of Medicine, 1962—1973.

Moore, Norman. "Moundeford, Thomas(1550—1630)". Rev. Patrick Wallis. *Oxford Dictionary of Na-*

tional Biography(Oxford: Oxford University Press, 2004; online ed., 2007).

Moran, Bruce T. *The Alchemical World of the German Court: Occult Philosophy and Chemical Medicine in the Circle of Moritz of Hessen(1572—1632)*. Stuttgart: Franz Steiner Verlag, 1991.

——. *Andreas Libavius and the Transformation of Alchemy: Separating Chemical Cultures with Polemical Fire*. Sagamore Beach, MA: Science History Publications, 2007.

Moureau, Sébastien. "*Elixir Atque Fermentum*: New Investigations about the Link between Pseudo-Avicenna's Alchemical *De anima* and Roger Bacon; Alchemical and Medical Doctrines". *Traditio: Studies in Ancient and Medieval Thought, History, and Religion* 68(2013): 277—323.

——ed. *La "De anima" alchimique du pseudo-Avicenne*. 2 vols. Florence: SISMEL, 2016.

——. "Les sources alchimiques de Vincent de Beauvais". *Spicæ: Cahiers de l'Atelier Vincent de Beauvais*, n.s., 2(2012): 5—118.

——. "*Min Al-Kīmiyā' Ad Alchimiam*: The Transmission of Alchemy from the Arab-Muslim World to the Latin West in the Middle Ages". In *The Diffusion of the Islamic Sciences in the Western World*, ed. Agostino Paravicini Bagliani, Micrologus' Library 28, 87—142. Florence: SISMEL, 2020.

——. "Questions of Methodology about Pseudo-Avicenna's *De anima in arte alchemiae*: Identification of a Latin Translation and Method of Edition". In *Chymia: Science and Nature in Medieval and Early Modern Europe*, ed. Miguel López Pérez, Didier Kahn, and Mar Rey Bueno, 1—18. Newcastle-upon-Tyne: Cambridge Scholars, 2010.

——. "Some Considerations Concerning the Alchemy of the *De anima in arte alchemiae* of Pseudo-Avicenna". *Ambix* 56(2009): 49—56.

Mout, Nicolette. "Books from Prague: The Leiden *Codices Vossiani chymici* and Rudolf II". In *Prag um 1600: Beiträge zur Kunst und Kultur am Hofe Rudolfs II*, ed. E. Fuécíková, 205—210. Freren: Luca Verlag, 1988.

Multhauf, Robert P. "John of Rupescissa and the Origin of Medical Chemistry". *Isis* 45(1954): 359—367.

Mundill, Robin R. *England's Jewish Solution: Experiment and Expulsion, 1262—1290*. New York: Cambridge University Press, 1998.

Newman, William R. "The Alchemy of Roger Bacon and the *Tres Epistolae* Attributed to Him". In *Comprendre et maîtriser la nature au moyen age: Mélanges d'histoire des sciences offerts à Guy Beaujouan*, 461—479. Geneva: Librarie Droz, 1994.

——. *Atoms and Alchemy: Chymistry and the Experimental Origins of the Scientific Revolution*. Chicago: University of Chicago Press, 2006.

——. *Gehennical Fire: The Lives of George Starkey, an American Alchemist in the Scientific Revolution*. Cambridge, MA: Harvard University Press, 1994.

——. "The Genesis of the *Summa perfectionis*". *Archives internationales d'histoire des sciences* 35 (1985): 240—302.

——. "New Light on the Identity of Geber". *Sudhoffs Archiv für die Geschichte der Medizin und der Naturwissenschaften* 69(1985): 76—90.

——. *Newton the Alchemist: Science, Enigma, and the Quest for Nature's "Secret Fire"*. Princeton: Princeton University Press, 2018.

——. "Newton's Reputation as an Alchemist and the Tradition of Chymiatria". In *Reading Newton in Early Modern Europe*, ed. Elizabethanne A. Boran and Mordechai Feingold, 313—327. Leiden: Brill, 2017.

——. "The Philosophers' Egg: Theory and Practice in the Alchemy of Roger Bacon". *Micrologus* 3 (1995): 75—101.

——. *Promethean Ambitions*: *Alchemy and the Quest to Perfect Nature*. Chicago: University of Chicago Press, 2004.

——. "Starkey's *Clavis* as Newton's *Key*". *Isis* 78(1987): 564—574.

——ed. *The Summa Perfectionis of Pseudo-Geber*: *A Critical Edition*, *Translation*, *and Study*. Leiden: Brill, 1991.

——. "Technology and Alchemical Debate in the Late Middle Ages". *Isis* 80(1989): 423—445.

Newman, William R., and Anthony Grafton eds. *Secrets of Nature*: *Astrology and Alchemy in Early Modern Europe*. Cambridge, MA: MIT Press, 2001.

Newman, William R., and Lawrence M. Principe. *Alchemy Tried in the Fire*: *Starkey*, *Boyle*, *and the Fate of Helmontian Chymistry*. Chicago: University of Chicago Press, 2002.

——. "Alchemy vs. Chemistry: The Etymological Origins of a Historiographic Mistake". *Early Science and Medicine* 3(1998): 32—65.

Nichols, John Gough. *Narratives of the Days of the Reformation*, *Chiefly from the Manuscripts of John Foxe*, *Martyrologist*. London: Camden Society, 1849.

Norrgrén, Hilde. "Interpretation and the Hieroglyphic Monad: John Dee's Reading of Pantheus's Voarchadumia". *Ambix* 52(2005): 217—245.

Norris, John A. "The Mineral Exhalation Theory of Metallogenesis in Pre-modern Mineral Science". *Ambix* 53(2006): 43—65.

North, J. D. *The Ambassadors' Secret*: *Holbein and the World of the Renaissance*. London: Hambledon, 2002.

——. "Chronology and the Age of the World". In *Stars*, *Minds*, *and Fate*: *Essays in Ancient and Medieval Cosmology*, 91—117. London: Hambledon, 1989.

Norton, Thomas. *The Ordinal of Alchemy*. Ed. John Reidy. Oxford: Early English Text Society, 1975.

Nothaft, Carl Philipp Emanuel. "Walter Odington's De etate mundi and the Pursuit of a Scientific Chronology in Medieval England". *Journal of the History of Ideas* 77(2016): 183—201.

Nummedal, Tara. *Alchemy and Authority in the Holy Roman Empire*. Chicago: University of Chicago Press, 2007.

Obrist, Barbara. "Alchemy and Secret in the Latin Middle Ages". In *D'un principe philosophique à un genre littéraire*: *Les secrets*; *Actes du colloque de la Newberry Library de Chicago*, *11—14 Septembre 2002*, ed. D. de Courcelles, 57—78. Paris: Champion, 2005.

——. "Art et nature dans l'alchimie médiévale". *Revue d'histoire des sciences* 49(1996): 215—286.

——. "Nude Nature and the Art of Alchemy in Jean Perréal's Early Sixteenth-Century Miniature". In *Chymists and Chymistry*, ed. Lawrence M. Principe, 113—124. Sagamore Beach, MA: Science History Publications, 2006.

——. "Visualization in Medieval Alchemy". *HYLE—International Journal for Philosophy of Chemistry* 9(2003): 131—170. www.hyle.org/journal/issues/9-2/obrist.htm.

Oliver, Eugène. "Bernard G[illes] Penot(Du Port), médecin et alchimiste". Ed. Didier Kahn. *Chrysopoeia* 5(1992—1996): 571—667.

Omont, H. "Les manuscrits français des rois d'Angleterre au chateau de Richmond". In *Études romanes dédiés à Gaston Paris*, 1—13. Paris: É. Bouillon, 1891.

Otten, Willemien. "The Return to Paradise: Role and Function of Early Medieval Allegories of Nature". In *The Book of Nature in Antiquity and the Middle Ages*, ed. A. Vanderjagt and K. VanBerkel, 97—121. Leuven: Peeters, 2005.

Ovid. *Fastorum libri sex*: *The Fasti of Ovid*. Vol. 3, *Commentary on Books 3 and 4*. Ed. and trans. James George Frazer. Cambridge: Cambridge University Press, 1929.

Oxley, James Edwin. *The Reformation in Essex to the Death of Mary*. Manchester: Manchestesr University Press, 1965.

Page, R. I. *Matthew Parker and His Books*. Kalamazoo, MI: Medieval Institute Publications, 1993.

Page, Sophie. *Magic in the Cloister: Pious Motives, Illicit Interests, and Occult Approaches to the Medieval Universe*. University Park: Pennsylvania State University Press, 2013.

Page, William ed. *A History of the County of Somerset*. Vol. 2. London: Victoria County History, 1911.

Page, William, and J. Horace Round eds. *A History of the County of Essex*. Vol. 2. London: Constable, 1907.

Park, Katherine. "Observation in the Margins, 500—1500". In *Histories of Scientific Observation*, ed. Lorraine Daston and Elizabeth Lunbeck, 15—44. Chicago: University of Chicago Press, 2011.

Parry, Glyn. *The Arch-Conjuror of England: John Dee and Magic at the Courts of Renaissance Europe*. New Haven: Yale University Press, 2012.

Parry, Graham. *The Trophies of Time: English Antiquarians of the Seventeenth Century*. Oxford: Oxford University Press, 1995.

Parry, William T., and Edward A. Hacker. *Aristotelian Logic*. Albany: State University of New York Press, 1991.

Parsons, Jotham. *Making Money in Sixteenth-Century France: Currency, Culture, and the State*. Ithaca, NY: Cornell University Press, 2014.

Pastorino, Cesare. "Weighing Experience: Francis Bacon, the Inventions of the Mechanical Arts, and the Emergence of Modern Experiment". PhD diss., Indiana University Bloomington, 2011.

Patten, Jonathan K. van. "Magic, Prophecy, and the Law of Treason in Reformation England". *American Journal of Legal History* 27(1983): 1—32.

Pejml, Karel. *Dějiny české alchymie*. Prague: Litomyši, 1933.

Pereira, Michela. *The Alchemical Corpus Attributed to Raymond Lull*. London: Warburg Institute, 1989.

——. "Alchemy and the Use of Vernacular Languages in the Late Middle Ages". *Speculum* 74(1999): 336—356.

——. "Arnaldo da Vilanova e l'alchimia: Un'indagine preliminare". In *Actes de la I Trobada internacional d'estudis sobre Arnau de Vilanova*, vol. 2, ed. Josep Perarnau, 95—174. Barcelona: Institut d'Estudis Catalans, 1995.

——. "Filosofia naturale lulliana e alchimia: Con l'inedito epilogo del *Liber de secretis naturae seu de quinta essentia*". *Rivista di storia della filosofia* 41(1986): 747—780.

——. "I francescani e l'alchimia". *Convivium Assisiense* 10(2008): 117—157.

——. "Le figure alchemiche pseudolulliane: Un indice oltre il testo?" In *Fabula in tabula: Una storia degli indici dal manoscritto al testo elettronico*, ed. Claudio Leonardi, Marcello Morelli, and Francesco Santi, 111—118. Spoleto: Centro italiano di studi sull'alto Medioevo, 1994.

——. "L'elixir alchemico fra *artificium* e *natura*". In *Artificialia: La dimensione artificiale della natura umana*, ed. Massimo Negrotti, 255—267. Bologna: CLUEB, 1995.

——. *L'oro dei filosofi: Saggio sulle idee di un alchimista del Trecento*. Spoleto: Centro Italiano di Studi sull'Alto Medioevo, 1992.

——. "Mater Medicinarum: English Physicians and the Alchemical Elixir in the Fifteenth Century". In *Medicine from the Black Death to the French Disease*, ed. Roger French, Jon Arrizabalaga, Andrew Cunningham, and Luis Garcia-Ballester, 26—52. Aldershot: Ashgate, 1998.

——. "*Medicina* in the Alchemical Writings Attributed to Raymond Lull(14th—17th Centuries)". In *Alchemy and Chemistry in the Sixteenth and Seventeenth Centuries*, ed. Piyo Rattansi and Antonio

Clericuzio, 1—15. Dordrecht: Kluwer, 1994.

——. "Natura naturam vincit". In *De natura*: *La naturaleza en la Edad Media*, ed. José Luis Fuertes Herreros and Ángel Poncela González, 1: 101—120. Porto: Húmus, 2015.

——. "Sulla tradizione testuale del *Liber de secretis naturae seu de quinta essentia* attribuito a Raimondo Lullo: Le due redazioni della *Tertia distinctio*". *Archives internationales des sciences* 36(1986): 1—16.

——ed. "Un lapidario alchemico: Il *Liber de investigatione secreti occulti* attribuito a Raimondo Lullo; Studio introduttivo ed edizione". *Documenti e studi sulla tradizione filosofica medievale* 1(1990): 549—603.

——. "'Vegetare seu transmutare': The Vegetable Soul and Pseudo-Lullian Alchemy". In *Arbor Scientiae*: *Der Baum des Wissens von Ramon Lull. Akten des Internationalen Kongresses aus Anlaβ des 40-jährigen Jubiläums des Raimundus-Lullus-Instituts der Universität Freiburg i. Br.*, ed. Fernando Domínguez Reboiras, Pere Villalba Varneda, and Peter Walter, 93—119. Turnhout: Brepols, 2002.

Pereira, Michela, and Barbara Spaggiari eds. *Il Testamentum alchemico attribuito a Raimondo Lullo*: *Edizione del testo latino e catalano dal manoscritto Oxford*, *Corpus Christi College*, *244*. Florence: SISMEL, 1999.

Perifano, Alfredo. *L'alchimie à la cour de Côme Ier de Médicis*: *Culture scientifique et système politique*. Paris: Honoré Champion, 1997.

Petrina, Alessandra. *Cultural Politics in Fifteenth-Century England*: *The Case of Humphrey*, *Duke of Gloucester*. Leiden: Brill, 2004.

Pollard, J. *North-Eastern England during the Wars of the Roses*. Oxford: Clarendon Press, 1990.

Popper, Nicholas. *Walter Ralegh's "History of the World" and the Historical Culture of the Late Renaissance*. Chicago: University of Chicago Press, 2012.

Posset, Franz. *Johann Reuchlin(1455—1522)*: *A Theological Biography*. Berlin: De Gruyter, 2015.

Power, Amanda. *Roger Bacon and the Defence of Christendom*. New York: Cambridge University Press, 2013.

Priesner, Claus. "Johann Thoelde und die Schriften des Basilius Valentinus". In *Die Alchemie in der europäischen Kultur-und Wissenschaft geschichte*, ed. Christoph Meinel, 107—118. Wiesbaden: Harrassowitz, 1986.

Principe, Lawrence M. "Apparatus and Reproducibility in Alchemy". In *Instruments and Experimentation in the History of Chemistry*, ed. Frederic L. Holmes and Trevor H. Levere, 55—74. Cambridge, MA: MIT Press, 2000.

——. *The Aspiring Adept*: *Robert Boyle and His Alchemical Quest*. Princeton: Princeton University Press, 1998.

——. "Blomfild, William(fl. 1529—1574)". *Oxford Dictionary of National Biography* (Oxford: Oxford University Press, 2004; online ed., 2007).

——. "'Chemical Translation' and the Role of Impurities in Alchemy: Examples from Basil Valentine's *Triump-Wagen*". *Ambix* 34(1987): 21—30.

——. "Chymical Exotica in the Seventeenth Century, or, How to Make the Bologna Stone". *Ambix* 63 (2016): 118—144.

——, ed. *Chymists and Chymistry*: *Studies in the History of Alchemy and Early Modern Chemistry*. Sagamore Beach, MA: Chemical Heritage Foundation and Science History Publications, 2007.

——. *The Secrets of Alchemy*. Chicago: University of Chicago Press, 2013.

Prinke, Rafał T. "Beyond Patronage: Michael Sendivogius and the Meaning of Success in Alchemy". In *Chymia*: *Science and Nature in Medieval and Early Modern Europe*, ed. Miguel López Pérez, Didier Kahn, and Mar Rey Bueno, 175—231. Newcastle-upon-Tyne: Cambridge Scholars, 2010.

Pritchard，Alan. "Thomas Charnock's Book Dedicated to Queen Elizabeth". *Ambix* 26(1979)：56—73.

Pumfrey，Stephen. "John Dee：The Patronage of a Natural Philosopher in Tudor England". *Studies in History and Philosophy of Science* 43(2012)：449—459.

Pumfrey，Stephen，and Frances Dawbarn. "Science and Patronage in England，1570—1626：A Preliminary Study". *History of Science* 42(2004)：137—188.

Purš，Ivo. "Tadeáš Hájek of Hájek and His Alchemical Circle". In *Alchemy and Rudolf II：Exploring the Secrets of Nature in Central Europe in the 16th and 17th Centuries*，ed. Ivo Purš and Vladimír Karpenko，423—457. Prague：Artefactum，2016.

Purš，Ivo，and Vladimír Karpenko. "Alchemy at the Aristocratic Courts of the Lands of the Bohemian Crown". In *Alchemy and Rudolf II：Exploring the Secrets of Nature in Central Europe in the 16th and 17th Centuries*，ed. Ivo Purš and Vladimír Karpenko，47—92. Prague：Artefactum，2016.

Ralley，Robert. "The Clerical Physician in Late Medieval England". PhD diss.，University of Cambridge，2005.

Rampling，Jennifer M. "The Alchemy of George Ripley，1470—1700". PhD diss.，University of Cambridge，2010.

——. "Analogy and the Role of the Physician in Medieval and Early Modern Alchemy". In *Alchemy and Medicine from Antiquity to the Enlightenment*，ed. Jennifer M. Rampling and Peter M. Jones. London：Routledge，forthcoming.

——. "The Catalogue of the Ripley Corpus：Alchemical Writings Attributed to George Ripley(d. *ca*. 1490)". *Ambix* 57(2010)：125—201.

——. "Depicting the Medieval Alchemical Cosmos：George Ripley's Wheel of Inferior Astronomy". *Early Science and Medicine* 18(2013)：45—86.

——. "English Alchemy before Newton：An Experimental History". *Circumscribere* 18(2016)：1—11.

——. "Establishing the Canon：George Ripley and His Alchemical Sources". *Ambix* 55(2008)：189—208.

——. *The Hidden Stone：Alchemy，Art，and the Ripley Scrolls*. Oxford：Oxford University Press，forthcoming.

——. "How to Sublime Mercury：Reading Like a Philosopher in Medieval Europe". *History of Knowledge*，24 May 2018，https：//wp.me/p8bNN8—23p.

——. "John Dee and the Alchemists：Practising and Promoting English Alchemy in the Holy Roman Empire". *Studies in History and Philosophy of Science* 43(2012)：498—508.

——. "Reading Alchemically：Early Modern Guides to 'Philosophical' Practices". In "Learning by the Book：Manuals and Handbooks in the History of Knowledge"，ed. Angela Creager，Elaine Leong，and Matthias Grote，*BJHS Themes* 5(forthcoming).

——. "Transmission and Transmutation：George Ripley and the Place of English Alchemy in Early Modern Europe". *Early Science and Medicine* 17(2012)：477—499.

——. "Transmuting Sericon：Alchemy as 'Practical Exegesis' in Early Modern England". *Osiris* 29(2014)：19—34.

Rankin，Alisha. "How to Cure the Golden Vein：Medical Remedies as *Wissenschaft* in Early Modern Germany". In *Ways of Making and Knowing：The Material Culture of Empirical Knowledge*，ed. Pamela H. Smith，Amy R. W. Mayers，and Harold J. Cook，113—137. Ann Arbor：University of Michigan Press，2014.

——. *Panaceia's Daughters：Noblewomen as Healers in Early Modern Germany*. Chicago：University of Chicago Press，2013.

Raphael，Renee. *Reading Galileo：Scribal Technology and the "Two New Sciences"*. Baltimore：Johns

Hopkins University Press, 2017.

Raven, James *The Business of Books: Booksellers and the English Book Trade, 1450—1850*. New Haven: Yale University Press, 2007.

Read, John. "Alchemy under James IV of Scotland". *Ambix* 2(1938): 60—67.

Reynolds, Melissa. "'Here Is a Good Boke to Lerne': Practical Books, the Coming of the Press, and the Search for Knowledge, ca. 1400—1560". *Journal of British Studies* 58(2019): 259—288.

Rhodes, Neil, Gordon Kendal, and Louise Wilson eds. *English Renaissance Translation Theory*. London: Modern Human Research Association, 2013.

Richardson, H. G. "Year Books and Plea Rolls as Sources of Historical Information". *Transactions of the Royal Historical Society*, 4th ser., 5(1922): 28—70.

Riehl, L. D. "John Argentein and Learning in Medieval Cambridge". *Humanistica Lovaniensa* 33 (1984): 71—85.

Ripley, George. *Compound of Alchemy(1591)*. Ed. Stanton J. Linden. Aldershot: Ashgate, 2001.

Roberts, Julian, and Andrew G. Watson eds. *John Dee's Library Catalogue*. Cambridge: Bibliographical Society, 1990.

Rodríguez-Guerrero, José. "Un repaso a la alquimia del Midi Francés en al siglo XIV(parte I)". *Azogue: Revista electrónica dedicada al estudio histórico crítico de la alquimia* 7(2010—13): 75—141.

Rotondò, Antonio. "Brocardo, Jacopo". *Dizionario biografico degli italiani 14(1972)*. http://www.treccani.it/enciclopedia/iacopo-brocardo_(Dizionario-Biografico)/.

Ruska, Julius ed. *Turba Philosophorum: Ein Beitrag zur Geschichte der Alchemie*. Quellen und Studien zur Geschichte der Naturwissenschaften und der Medizin 1. Berlin: Springer, 1931.

Schuler, Robert M. "An Alchemical Poem: Authorship and Manuscripts". *The Library*, 5th ser., 28 (1973): 240—243.

——. *Alchemical Poetry 1575—1700, from Previously Unpublished Manuscripts*. New York: Garland, 1995.

——. "Charnock, Thomas(1524/6—1581)". *Oxford Dictionary of National Biography* (Oxford: Oxford University Press, 2004; online ed., 2007).

——. "Hermetic and Alchemical Traditions of the English Renaissance and Seventeenth Century, with an Essay on Their Relation to Alchemical Poetry, as Illustrated by an Edition of 'Blomfild's Blossoms', 1557". PhD diss., University of Colorado, 1971.

——. "Three Renaissance Scientific Poems". *Studies in Philology* 75(1978).

——. "William Blomfild, Elizabethan Alchemist". *Ambix* 20(1973): 75—87.

Secret, François. *Les Kabbalistes chrétiens de la Renaissance*. Paris: Dunod, 1964.

——. "Réforme et alchimie". *Bulletin de la Société de l'histoire du protestantisme français(1903—2015)* 124(1978): 173—186.

Secretum Secretorum: Nine English Versions. Ed. Mahmoud Manzalaoui. Oxford: Oxford University Press, 1977.

Shackelford, Jole. *A Philosophical Path for Paracelsian Medicine: The Ideas, Intellectual Context, and Influence of Petrus Severinus(1540/2—1602)*. Copenhagen: Museum Tusculanum Press, 2004.

Sherman, William H. *John Dee: The Politics of Reading and Writing in the English Renaissance*. Amherst: University of Massachusetts Press, 1995.

Shipman, Joseph C. "Johannes Petreius, Nuremberg Publisher of Scientific Works 1524—1580, with a Short-Title List of His Imprints". In *Homage to a Bookman: Essays on Manuscripts, Books, and Printing Written for Hans P. Kraus on His 60th Birthday Oct. 12, 1967*, ed. H. Lehmann-Haupt, 147—216. Berlin: Mann, 1967.

Shirren, A. J. "'Colonel Zanchy' and Charles Fleetwood". *Notes and Queries* 168(1953): 431—435.

Simpson, Richard. "Sir Thomas Smith's Stillhouse at Hill Hall: Books, Practice, Antiquity, and Innovation". In *The Intellectual Culture of the English Country House, 1500—1700*, ed. Matthew Dimmock, Andrew Hadfield, and Margaret Healy, 101—116. Manchester: Manchester University Press, 2015.

Singer, Dorothea Waley, and Annie Anderson. *Catalogue of Latin and Vernacular Alchemical Manuscripts in Great Britain and Ireland Dating from before the XVI Century*. 3 vols. Brussels: Maurice Lamertin, 1928, 1930, 1931.

Siraisi, Nancy G. *Taddeo Alderotti and His Pupils: Two Generations of Italian Medical Learning*. Princeton: Princeton University Press, 1981.

Slack, Paul. *The Impact of Plague in Tudor and Stuart England*. Oxford: Clarendon Press, 1990.

Smalley, Beryl. *The Study of the Bible in the Middle Ages*. Oxford: Clarendon Press, 1941.

Smith, Cyril Stanley, and John G. Hawthorne eds. and trans. *Mappae clavicula: A Little Key to the World of Medieval Techniques*. Philadelphia: AMS, 1974.

Smith, Lesley. *The Glossa Ordinaria: The Making of a Medieval Bible Commentary*. Leiden: Brill, 2009.

Smith, Pamela H. "Alchemy as a Language of Mediation at the Hapsburg Court". *Isis* 85(1994): 1—25.

——. *The Business of Alchemy: Science and Culture in the Holy Roman Empire*. Princeton: Princeton University Press, 1994.

——. *The Body of the Artisan: Art and Experience in the Scientific Revolution*. Chicago: University of Chicago Press, 2004.

——. "Vermilion, Mercury, Blood, and Lizards: Matter and Meaning in Metalworking". In *Materials and Expertise in Early Modern Europe: Between Market and Laboratory*, ed. Ursula Klein and E. C. Spary, 29—49. Chicago: University of Chicago Press, 2010.

Starkey, George. *Alchemical Notebooks and Correspondence*. Ed. Lawrence M. Principe and William R. Newman. Chicago: University of Chicago Press, 2004.

Stavenhagen, Lee ed. and trans. *A Testament of Alchemy: Being the Revelations of Morienus to Khālid ibn Yazid*. Hanover, NH: Brandeis University Press, 1974.

Steele, Robert. "Practical Chemistry in the Twelfth Century: Rasis de aluminibus et salibus". *Isis* 12 (1929): 10—46.

Stow, John. *A Survey of London*. Reprinted from the text of 1603(1908), XLVIII—LXVII. http://www.british-history.ac.uk/report.aspx?compid=60007&strquery=alchemy.

Taape, Tillmann. "Distilling Reliable Remedies: Hieronymus Brunschwig's 'Liber de arte distillandi' (1500) between Alchemical Learning and Craft Practice". *Ambix* 61(2014): 236—256.

——. "Hieronymus Brunschwig and the Making of Vernacular Knowledge in Early German Print". PhD diss., Pembroke College, University of Cambridge, 2017.

Tatlock, J. S. P. "Geoffrey of Monmouth's Vita Merlini". *Speculum* 18(1943): 265—87.

Tavormina, M. Teresa. "Roger Bacon: Two Extracts on the Prolongation of Life". In *Sex, Aging, and Death in a Medieval Medical Compendium: Trinity College Cambridge MS R.14.52, Its Texts, Language, and Scribe*, ed. M. Teresa Tavormina, 1: 327—372. Tempe: Arizona Center for Medieval and Renaissance Studies, 2006.

Taylor, F. Sherwood. "The Idea of the Quintessence". In *Science, Medicine, and History: Essays on the Evolution of Scientific Thought and Medical Practice Written in Honour of Charles Singer*, ed. Edgar A. Underwood, 1: 247—265. Oxford: Oxford University Press, 1953.

——. "Thomas Charnock". *Ambix* 2(1946): 148—176.

Telle, Joachim. "Astrologie und Alchemie im 16. Jahrhundert: Zu den astroalchemischen Lehrdichtungen von Christoph von Hirschenberg und Basilius Valetinus". In *Die okkulten Wissenschaften in der Renaissance*, ed. August Buck, 227—253. Wiesbaden: O. Harrassowitz, 1992.

Theisen, W. R. "The Attraction of Alchemy for Monks and Friars in the 13th—14th Centuries". *American Benedictine Review* 46(1995): 239—251.

——. "John Dastin's Letter on the Philosopher's Stone". *Ambix* 33(1986): 78—87.

Theophilus. *On Divers Arts: The Foremost Medieval Treatise on Painting, Glassmaking, and Metalwork*. Ed. and trans. John G. Hawthorne and Cyril Stanley Smith. New York: Dover, 1979.

Thomas, Keith. *Religion and the Decline of Magic*. London: Weidenfeld & Nicolson, 1971. Reprint, London: Penguin, 1991.

Thomas, Phillip D. ed. *David Ragor's Transcription of Walter of Odington's "Icocedron"*. Wichita: Wichita State University, 1968.

Thomson, Rodney M. *A Descriptive Catalogue of the Medieval Manuscripts of Corpus Christi College, Oxford*. Oxford: D. S. Brewer, 2011.

——. "John Dunstable and His Books". *Musical Times* 150(2009): 3—16.

Thorndike, Lynn. *A History of Magic and Experimental Science*. 8 vols. New York: Columbia University Press, 1923—58.

Tillotson, John H. ed. and trans. *Monastery and Society in the Late Middle Ages: Selected Account Rolls from Selby Abbey, Yorkshire, 1398—1537*. Woodbridge: Boydell and Brewer, 1988.

Timmermann, Anke. "Alchemy in Cambridge: An Annotated Catalogue of Alchemical Texts and Illustrations in Cambridge Repositories". *Nuncius* 30(2015): 345—511.

——. *Verse and Transmutation: A Corpus of Middle English Alchemical Poetry*. Leiden: Brill, 2013.

Tout, T. F. *Chapters in the Administrative History of Mediaeval England: The Wardrobe, the Chamber, and the Small Seals*. Vol. 4. Manchester: Manchester University Press, 1928.

Turner, Wendy J. "The Legal Regulation and Licensing of Alchemy in Late Medieval England". In *Law and Magic: A Collection of Essays*, ed. Christine A. Corcos, 209—225. Durham, NC: Carolina Academic Press, 2010.

Vine, Angus. *In Defiance of Time: Antiquarian Writing in Early Modern England*. Oxford: Oxford University Press, 2010.

——. *Miscellaneous Order: Manuscript Culture and the Early Modern Organization of Knowledge*. Oxford: Oxford University Press, 2019.

Voigts, Linda Ehrsam. "The *Master* of the *King's Stillatories*". In *The Lancastrian Court: Proceedings of the 2001 Harlaxton Symposium*, ed. Jenny Stratford, 233—252. Donington: Shaun Tyas, 2003.

——. "Multitudes of Middle English Medical Manuscripts, or the Englishing of Science and Medicine". In *Manuscript Sources of Medieval Medicine: A Book of Essays*, ed. Margaret R. Schleissner, 183—195. New York: Garland, 1995.

——. "The 'Sloane Group': Related Scientific and Medical Manuscripts from the Fifteenth Century in the Sloane Collection". *British Library Journal* 16(1990): 26—57.

Voigts, Linda Ehrsam, and Patricia Deery Kurtz comps. *Scientific and Medical Writings in Old and Middle English: An Electronic Reference*. Ann Arbor: University of Michigan Press, 2000. CD-ROM.

Walker, D. P. *Spiritual and Demonic Magic from Ficino to Campanella*. London: Warburg Institute, 1958. Reprint, University Park: Pennsylvania State University Press, 2000.

Waller, William Chapman. "An Essex Alchemist". *Essex Review* 13(1904): 19—23.

Walsham, Alexandra. *Providence in Early Modern England*. Oxford: Oxford University Press, 2001.

——. "Providentialism". In *The Oxford Handbook of Holinshed's Chronicles*, ed. Felicity Heal, Ian W. Archer, and Paulina Kewes, 427—442. Oxford: Oxford University Press, 2012.

Warner, George F., and Julius P. Gilson. *Catalogue of Western Manuscripts in the Old Royal and King's Collections*. 2 vols. London: Trustees of the British Museum, 1921.

Watson, Andrew G. "Robert Green of Welby, Alchemist and Count Palatine, c. 1467—c. 1540". *Notes and Queries*, Sept. 1985, 312—313.

Wear, Andrew. *Knowledge and Practice in English Medicine, 1550—1680*. Cambridge: Cambridge University Press, 2000.

Webster, Charles. "Alchemical and Paracelsian Medicine". In *Health, Medicine, and Mortality in the Sixteenth Century*, ed. Charles Webster, 301—334. Cambridge: Cambridge University Press, 1979.

——. "English Medical Reformers of the Puritan Revolution: A Background to the 'Society of Chemical Physicians'." *Ambix* 14(1967): 16—41.

Weiss, Roberto. *Humanism in England during the Fifteenth Century*. 3rd ed. Oxford: Blackwell, 1967.

Wiener, Carol Z. "The Beleaguered Isle: A Study of Elizabethan and Early Jacobean Anti-Catholicism". *Past & Present* 51(1971): 27—62.

Wilding, Michael. "A Biography of Edward Kelly, the English Alchemist and Associate of Dr John Dee". In *Mystical Metal of Gold: Essays on Alchemy and Renaissance Culture*, ed. Stanton J. Linden, 35—89. New York: AMS Press, 2007.

Williams, Steven J. "Esotericism, Marvels, and the Medieval Aristotle". In *Il segreto*, ed. Thalia Brero and Francesco Santi, Micrologus' Library 14, 171—191. Florence: SISMEL, 2006.

——. *The Secret of Secrets: The Scholarly Career of a Pseudo-Aristotelian Text in the Latin Middle Ages*. Ann Arbor: University of Michigan Press, 2003.

Witten, Laurence C., II, and Richard Pachella comps. *Alchemy and the Occult: A Catalogue of Books and Manuscripts from the Collection of Paul and Mary Mellon Given to Yale University Library*. Vol. 3, *Manuscripts: 1225—1671*. New Haven: Yale University Library, 1977.

Woolf, D. R. *Reading History in Early Modern England*. Cambridge: Cambridge University Press, 2000.

Young, Francis. *Magic as a Political Crime in Medieval and Early Modern England: A History of Sorcery and Treason*. London: I. B. Tauris, 2018.

Zika, Charles. *Reuchlin und die okkulte Tradition der Renaissance*. Sigmaringen: Thorbecke, 1998.

——. "Reuchlin's *De Verbo Mirifico* and the Magic Debate of the Late Fifteenth Century". *Journal of the Warburg and Courtauld Institutes* 39(1976): 104—138.

索　引①

（斜体数字指图片和表格所在页码。）

① （1）本索引中的页码为原书页码，即本书的边码。（2）主索引条目下的次级条目是对主条目的细化分类。（3）有些索引条目（主条目和次级条目皆然）不是专用名词，而是对文中所涉及内容的概括，所以可能与正文中出现的表述略有出入。（4）个别专有名词指向注释中引用的拉丁文，但这些拉丁文因为"译者序"讲述过的原因已被删除，所以在指示的页码看不到。（5）索引中偶有条目重复、页码错置或缺漏等错误，凡发现的已经纠正。——译者注

① 本书除了 *De secretis naturae*,还有一本被简称为 *De secretis naturae* 的 *Liber de secretis naturae, seu quinta essentia*(《关于自然秘密亦即精质的书》),此处指示另见的两个作者分别是这两部书的作者,所以该条索引应当是同时指这两部书。——译者注

① 这一则只在注释中作为参考资料条目出现,正文没有译名,所以保留原文。——译者注

① 此处是意大利语拼法，正文中是英语化拼法，所以译名也不同。——译者注

图书在版编目(CIP)数据

实验之火 ：锻造英格兰炼金术 ：1300—1700 年 /
(英) 兰博臻著 ；吴莉苇译. — 上海 ：格致出版社 ：
上海人民出版社，2024.7
(格致人文)
ISBN 978 - 7 - 5432 - 3568 - 7

Ⅰ. ①实… Ⅱ. ①兰… ②吴… Ⅲ. ①炼金-冶金史
-英格兰-1300 - 1700 Ⅳ. ①TF831 - 095.61

中国国家版本馆 CIP 数据核字(2024)第 079648 号

责任编辑 顾 悦
装帧设计 路 静

格致人文
实验之火:锻造英格兰炼金术(1300—1700 年)
[英]兰博臻 著
吴莉苇 译

出 版 格致出版社
上海人民出版社
(201101 上海市闵行区号景路 159 弄 C 座)
发 行 上海人民出版社发行中心
印 刷 上海颛辉印刷厂有限公司
开 本 720×1000 1/16
印 张 23.25
插 页 3
字 数 400,000
版 次 2024 年 7 月第 1 版
印 次 2024 年 7 月第 1 次印刷
ISBN 978 - 7 - 5432 - 3568 - 7/K・236
定 价 108.00 元

The Experimental Fire: Inventing English Alchemy, 1300—1700, by Jennifer M. Rampling, ISBN:9780226710709

上海市版权局著作权合同登记号:图字 09-2024-0031

·格致人文·

《实验之火:锻造英格兰炼金术(1300—1700 年)》
[英]兰博臻/著　吴莉苇/译

《奥斯曼帝国统治下的东南欧(1354—1804 年)》
[匈]彼得·F.休格/著　张萍/译

《酒:一部文化史》
[加拿大]罗德·菲利普斯/著　马百亮/译

《史学导论:历史研究的目标、方法与新方向(第七版)》
[英]约翰·托什/著　吴英/译

《中世纪文明(400—1500 年)》
[法]雅克·勒高夫/著　徐家玲/译

《中世纪的儿童》
[英]尼古拉斯·奥姆/著　陶万勇/译

《史学理论手册》
[加拿大]南希·帕特纳　[英]萨拉·富特/主编　余伟　何立民/译

《人文科学宏大理论的回归》
[英]昆廷·斯金纳/主编　张小勇　李贯峰/译

《从记忆到书面记录:1066—1307 年的英格兰(第三版)》
[英]迈克尔·托马斯·克兰奇/著　吴莉苇/译

《历史主义》
[意]卡洛·安东尼/著　黄艳红/译

《苏格拉底前后》
[英]弗朗西斯·麦克唐纳·康福德/著　孙艳萍/译

《奢侈品史》

[澳]彼得·麦克尼尔　[意]乔治·列洛/著　李思齐/译

《历史学的使命(第二版)》

[英]约翰·托什/著　刘江/译

《历史上的身体:从旧石器时代到未来的欧洲》

[英]约翰·罗布　奥利弗·J.T.哈里斯/主编　吴莉苇/译